カラーで見る
ドイツのジェット／
ロケット機

メッセーシュミット Me262A-1a W.Nr.112385
第７戦闘航空団第Ｉ飛行隊第3中隊
1945年４月　シュテンダル

ハインケル He178V2　1939年　マリーエンエーエ

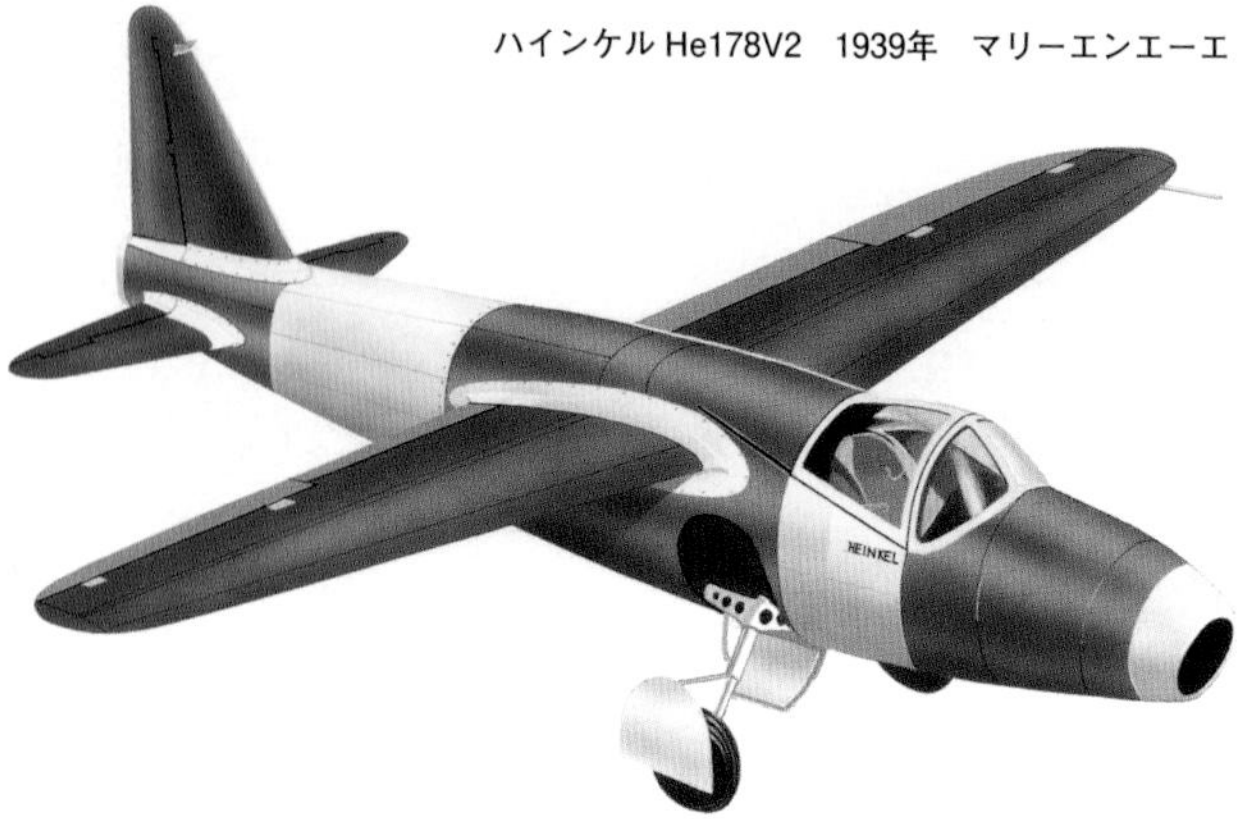

ハインケル He280V3“GJ＋CB” 1942年　ロストック

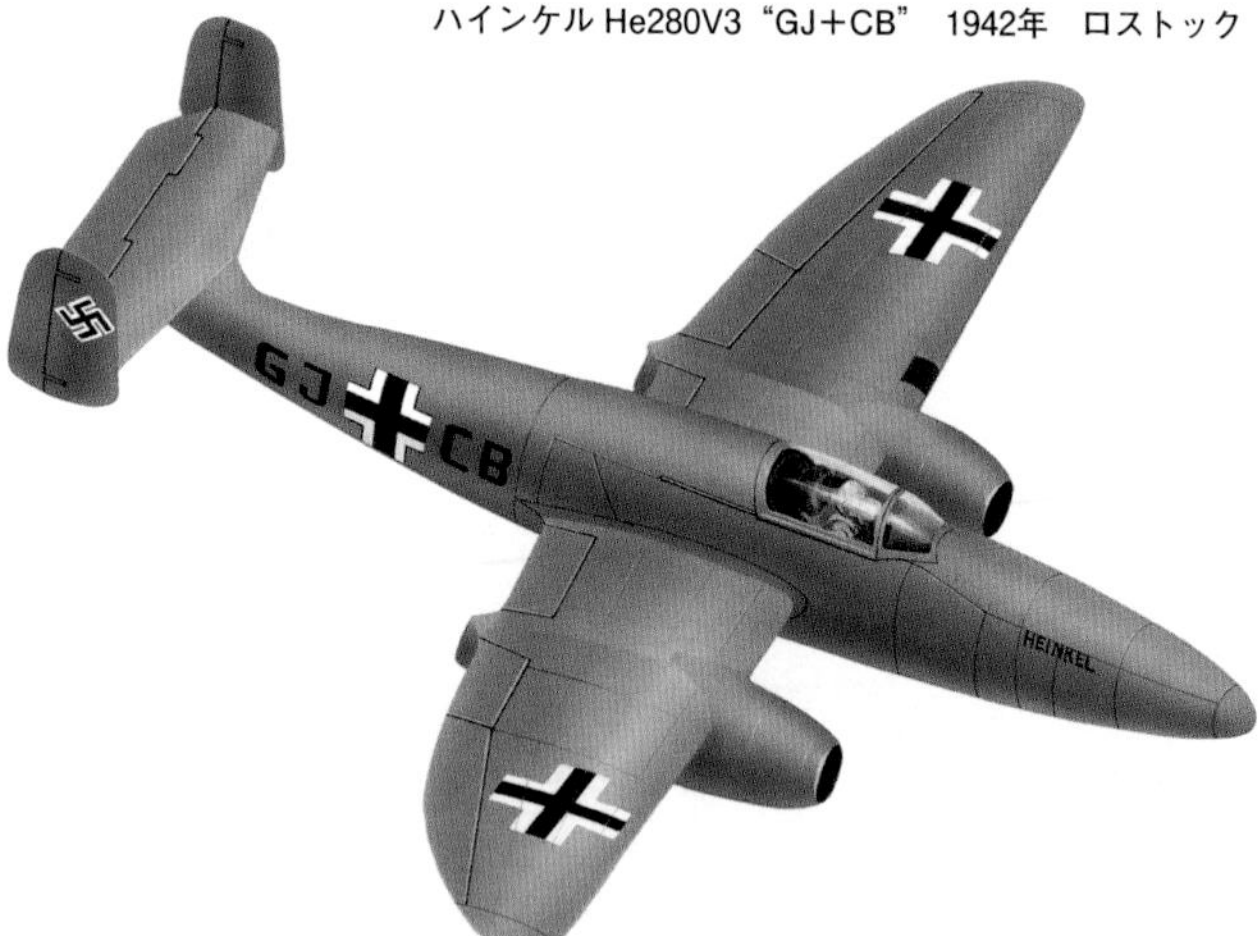

メッサーシュミット Me163A V1
1941年秋　ペーネミュンデ

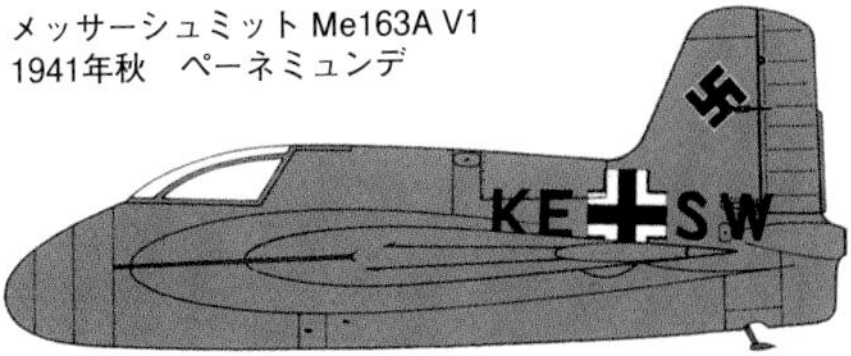

メッサーシュミット Me163B-1a W.Nr.190599
第400戦闘航空団第Ⅰ飛行隊第２中隊
1944年末　ブランディス

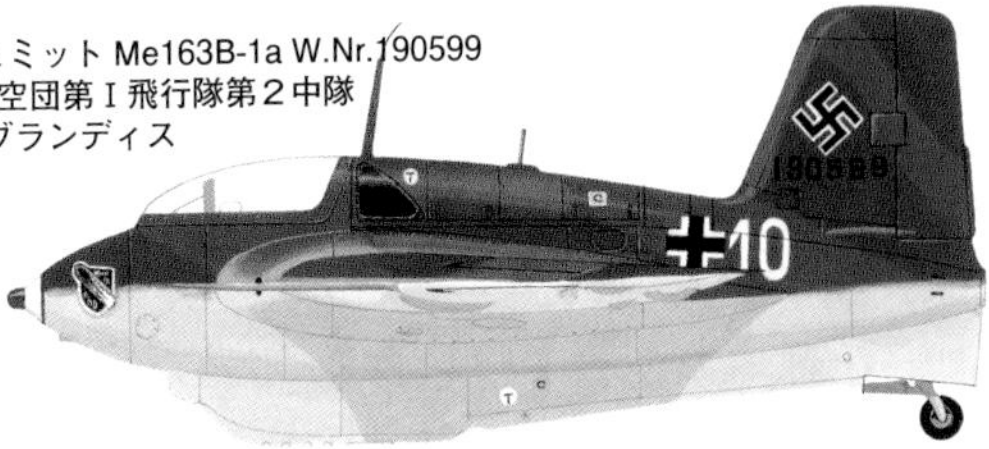

メッサーシュミット Me163B-1a W.Nr.191454
第400戦闘航空団第Ⅱ飛行隊第６中隊
1945年　ブランディス

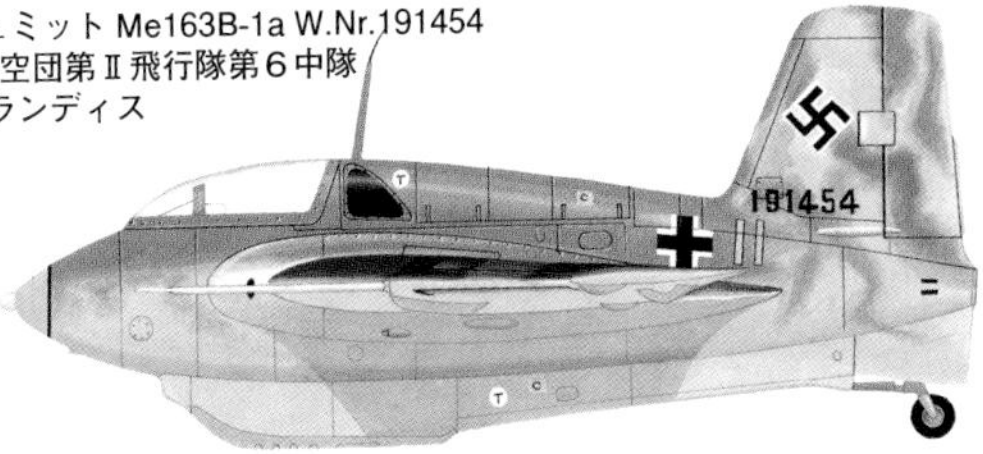

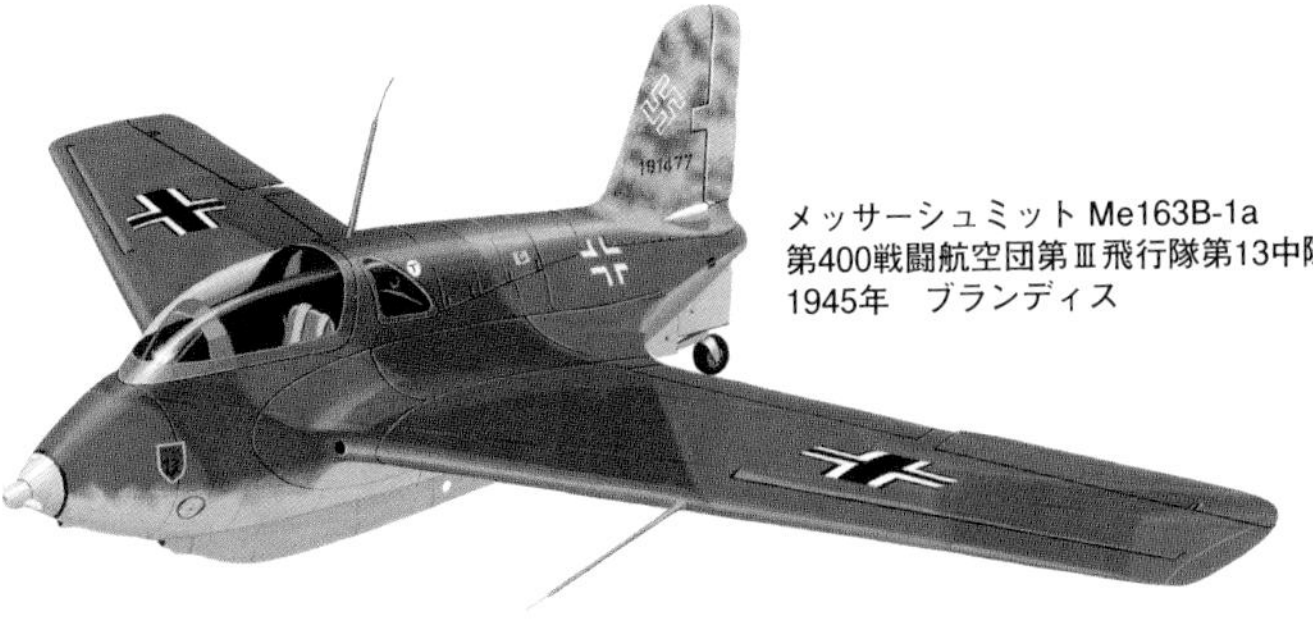

メッサーシュミット Me163B-1a
第400戦闘航空団第Ⅲ飛行隊第13中
1945年　ブランディス

メッサーシュミット Me262V3 “PC＋UC” 1942年７月 ライプハイム

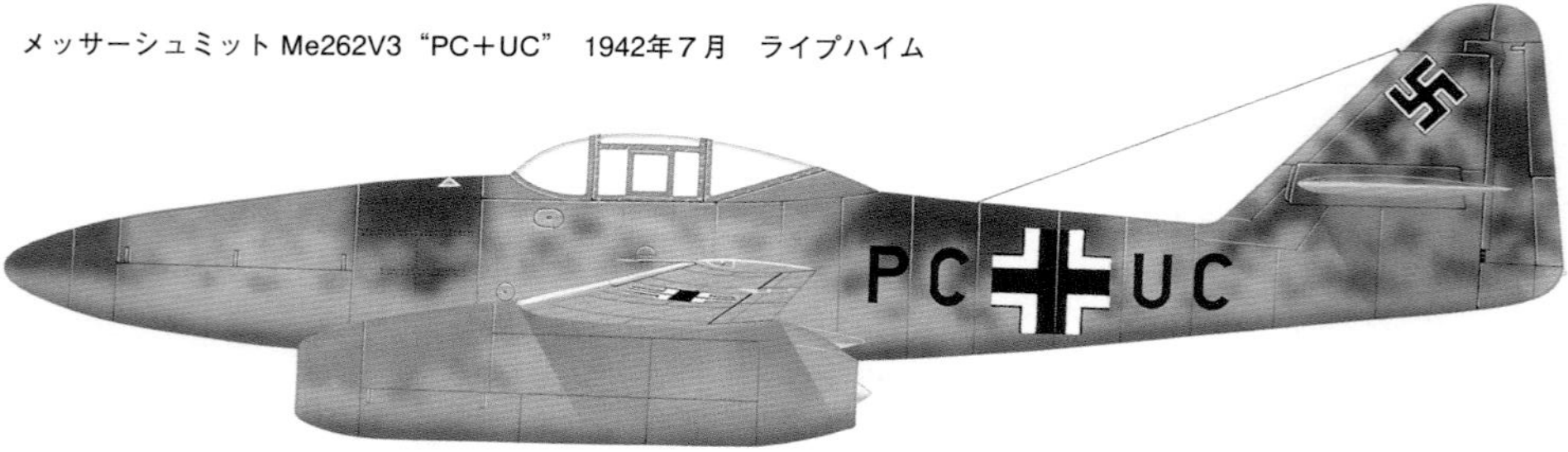

メッサーシュミット Me262A-1a ノヴォトニー隊 1944年10月 アハマー

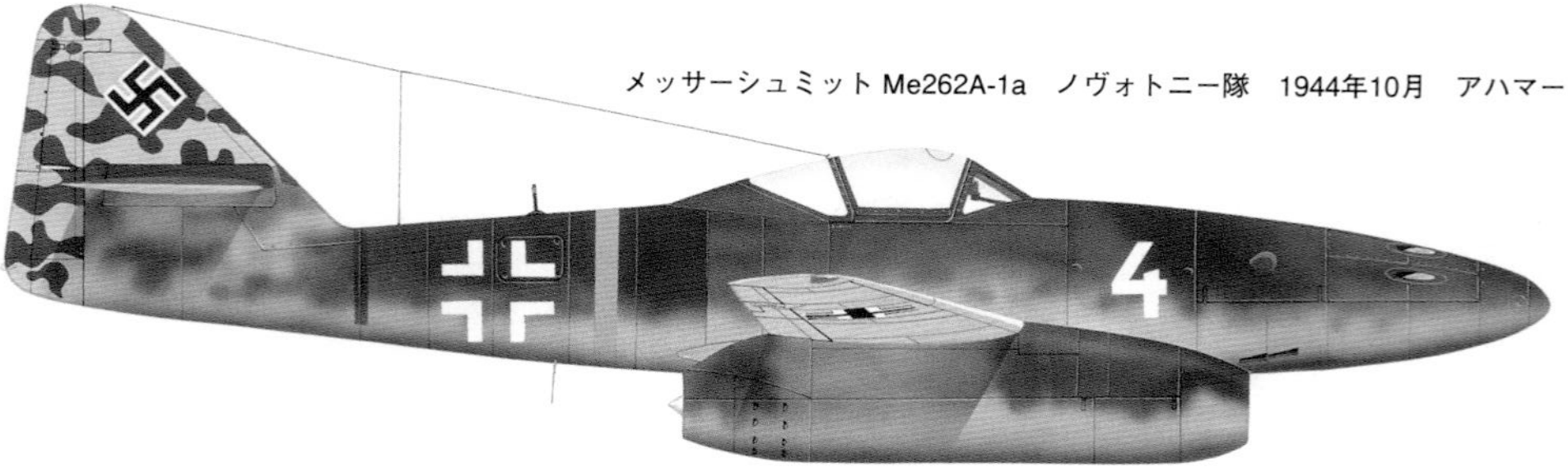

メッサーシュミット Me262A-1a　第7戦闘航空団本部小隊
1945年初め　ブランデンブルク・ブリースト

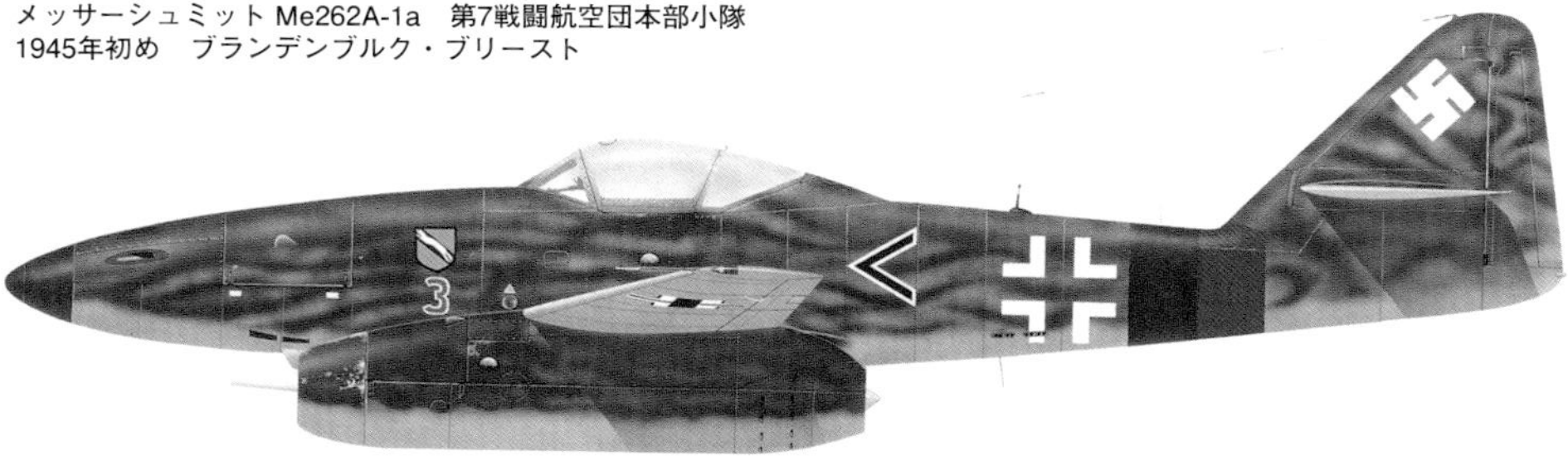

メッサーシュミット Me262B-1a/U1 W.Nr.110635
第11夜間戦闘航空団第Ⅲ飛行隊第10中隊　クルト・ヴェルター中尉搭乗機
1945年５月　ブルク

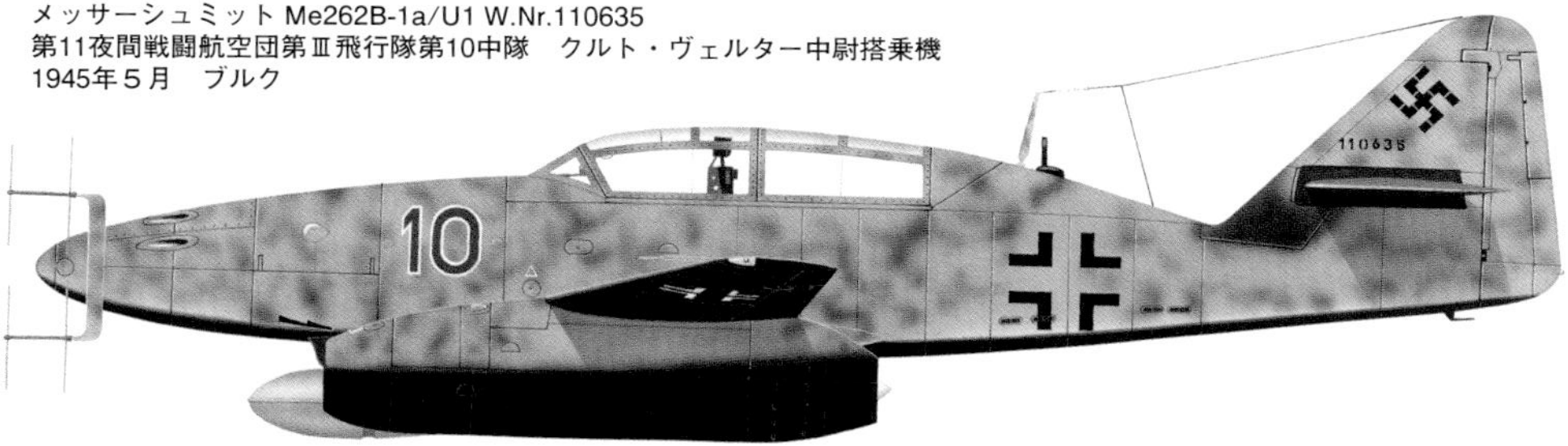

アメリカ陸軍航空軍のボーイングB-17G爆撃機編隊を迎撃する、第1戦闘航空団第Ⅰ飛行隊第1中隊のハインケルHe162A-2 W.Nr.120277というシチュエーションで描いたイラスト。1945年4月、ドイツ本土上空。

アラドAr234B-2の基本塗装。使用色はRLM81/82/76

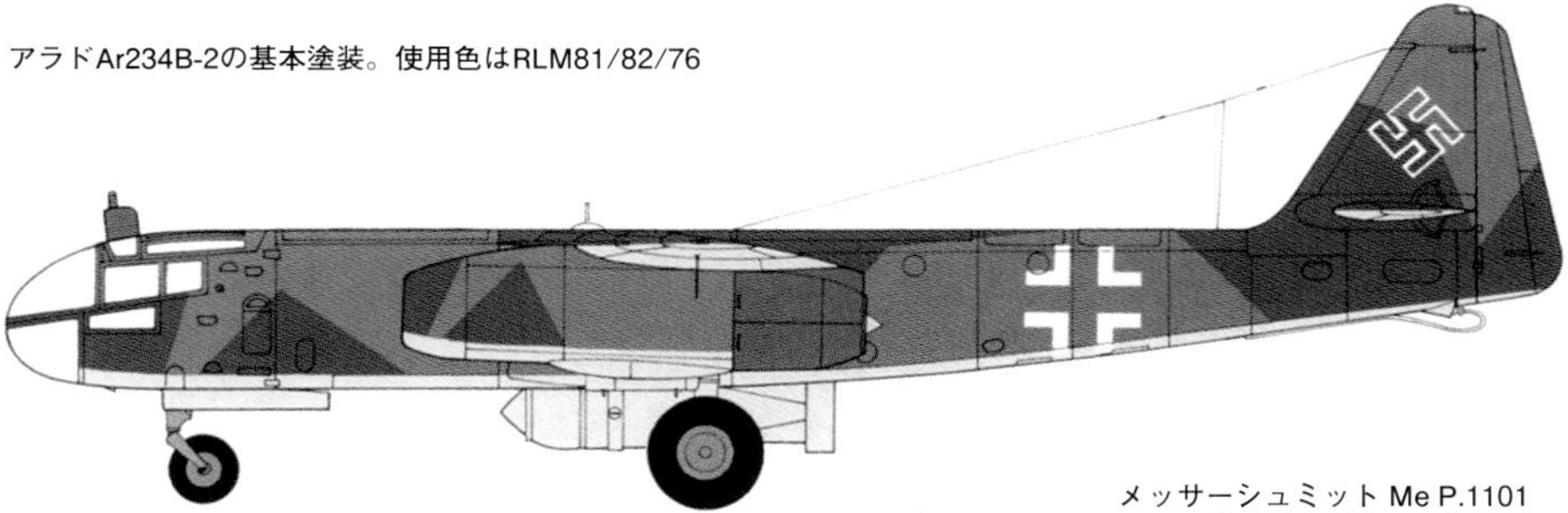

メッサーシュミット Me P.1101
生産機を想定した塗装例

バッフェム Ba349 M23
“ナッター” 1945年

ホルテンHo(Go)229A-1
生産機を想定した塗装例

NF文庫
ノンフィクション

ドイツのジェット／ロケット機

世界を震撼させた超高速機のメカニズム

野原 茂

潮書房光人新社

序文

今日、軍用、民間を問わず、航空機のほとんどはジェットエンジン機で占められる。この、今をときめくジェット機が、最初に産声をあげたのは、第二次世界大戦が勃発する直前の1939年8月、ドイツのハインケル社においてであった。

そして、そのドイツが、戦争に敗れ去る直前に、世界に先駆けてMe262ジェット戦闘機を実戦に投入して、軍事航空界に革命をもたらしたのである。

今でこそ、他に比肩しうる存在がない、超大国として君臨するアメリカでさえ、ジェットエンジンとジェット機の開発では、当時、ドイツに大きく水をあけられ、盟友イギリスの後塵をも拝していたのが実情であった。

もっとも、ジェットエンジンとジェット機の開発が、ドイツの独壇場だったというわけではない。ジェットエンジンの原理は、すでに1910年、ルーマニア人技師のアンリ・コアンダが製作したタービン機によって、各国の一部の研究者には広く知られていた。

しかも、そのジェットエンジンの、最初の試運転に成功したのは、イギリス空軍のフランク・ホイットル大佐であった（1937年）。

しかし、レシプロエンジンと違って、非常な高温に晒されるタービン翼車の製作など、技術的に難しい問題があり、行政上のゴタゴタなども重なって、イギリスが開発にモタついている間に、ドイツのハインケル社に先を越されてしまったのだ。

当のドイツといえど、その後のジェット軍用機開発が順調にいったかといえば、そうではなく、むしろイギリス以上に、政治的な不条理にほんろうされて、あたら貴重な時間を、無為に消費したというのが実情だった。

ドイツが、昼夜を問わぬ英、米軍機の空襲に晒されるようになって、遅まきながら、迎撃戦闘機としてのジェット機の価値を認識し、最優先開発に邁したけれども、すでに手遅れであった。これは、ジェット機よりも、ひと足早く優先権を与えられたMe163ロケット戦闘機も同様だった。

1945年5月8日、ナチス・ドイツ第三帝国が、連合国、ソ連に対して無条件降伏し、5年8ヵ月におよんだヨーロッパの戦争が終息したとき、ドイツのジェット、ロケットエンジンと、それを搭載する各種機体の研究、開発は、信じ難いほどの高レベルに達しており、先を争って各社の資料、機体を没収した連合軍、ソ連軍も、それらを見て驚愕を隠さなかった。

没収した中には、Me163、Me262、He162、Ar234といった、戦争末期に連合軍機と空戦を交え、あるていど存在を知られていた機体の、さらなる改良／発展型はもちろん、それらに続く、いわば第Ⅱ世代のジェット機、Ho229全翼形態戦闘機、MeP.

1101可変後退角主翼戦闘機、Ju287前進角主翼四発爆撃機などもふくまれていた。

未完の各社試作／計画機の中には、驚くべきことに、最大速度が1000㎞／hを超えるラムジェットエンジン機、さらには、SF映画〝スターウォーズ〟に出てきてもおかしくはないような、完全なデルタ翼戦闘機の姿もあった。

戦後から今日に至る、ジェット機の歴史を振り返ってみて、ラムジェットなどは、夢想に近いようなものでしかなかったが、軸流式のターボジェットエンジン、後退角主翼など、今日では常識とされる、ジェット機のノウハウを最初に実現し、戦後、米、ソを頂点にしたジェット機開発に、大きな影響を与えたという点においては、ドイツの遺産の偉大さは、誰もが認めるところである。

その破格の超高速はともかくとして、諸々のリスクから、兵器としては失敗作と断じられる、ロケット戦闘機Me163にしても、液体燃料ロケットエンジンの先駆という点では大きな価値があり、戦後、アメリカに移住した、そのロケットエンジン研究者の一人、ヴェルナー・フォン・ブラウンが、やがて同国のアポロ宇宙計画に多大なる功績を残し、ひいては、その流れが、のちのスペースシャトルまで、連綿と受け継がれていたことを考えれば、その凄さを納得できるであろう。

大戦中、ドイツと同盟関係にあった日本は、米陸軍航空軍B-29の脅威が高まったことで、急ぎドイツからMe163、Me262の設計資料を取り寄せ、1年という短期間のうちに、『秋水』『橘花』を完成させた。

その陰にあった、技術者たちの、血のにじむような努力は称賛に値するが、当時、ドイツで進められていた多くの革新的研究を思うと、彼我の航空技術力の、隔たりの大きさが痛感される。

本書は、大戦のさなかに慌しく世に送り出され、束の間、鮮烈な光を放ったものの、敗戦と同時にうたかたのごとく消え去った、ドイツのジェット、ロケット軍用機、そして、未完のまま、製図版の上にだけ存在した、試作／計画機たちに、ささやかなスポットを当てたものである。

Me262、Me163、Ar234、He162の各実用機については、構造図、細部写真を交えて相応のページを割き、類書との違いを意識した。

ジェットエンジン、後退角主翼などに関し、専門的に詳しく解説しようとすれば、それなりの航空工学、内燃機関、空気力学の知識を必要とし、筆者の手に余ってしまう。負け惜しみではないが、たとえ、そのような本をつくったところで、一般的な読者に受け入れられるというわけでもなく、営利目的出版物としての成功は、おぼつかないだろう。

その意味で、本書は、あくまで〝ヒコーキ好き〟の視点で捉えた、肩の凝らないモノグラフと考えていただきたい。読者の好評を博せれば幸いだ。

野原　茂

ドイツのジェット／ロケット機——目次

第七章　前代未聞、ミサイル戦闘機

第八章　見果てぬ夢、ラムジェット動力機

ドイツのジェット／ロケット機

世界を震撼させた超高速機のメカニズム

第一章　ハインケルの動力革命

ロケット機の先駆、He176

原始的な火薬ロケットを、航空機の主動力として使ってみようという考えは、すでに1920年代に各国の一部技術者の間で現実化されており、ドイツでは1928年6月11日、後にMe163コメート生みの親として知られる、アレクサンダー・リピッシュ博士の設計になる「エンテ」グライダーが、70秒間、距離1200mのロケット飛行に成功した。また、自動車界の大物、フリッツ・フォン・オペルも、メーカー宣伝の一環として、1929年9月30日、自らオペル/サンダーRak1ロケット機を飛ばし、研究者の〝ロケット機熱〟をあおった。

しかし、火薬ロケットのパワーはともかく、一瞬に燃え尽きてしまう〝燃料〟と、爆発の危険が常につきまとい、ロケットの作動が〝運まかせ〟に等しいような状況では、とても実用機動力にはならず、事故が相次いだこともあって、1930年代初め頃までに、ドイツのロケット機熱はすっかり冷

▶史上初めて、純ロケット動力による飛行を記録した、レシプロ戦闘機He112。ロケットエンジンを搭載したのは、先行生産型のA-0である。写真は原型4号機V4。

めてしまった。

そんな状況のなかで、航空機用動力としてではなく、陸戦兵器のロケット弾、あるいは潜水艦発射魚雷の主動力として、ロケット動力の研究に没頭していた2人の優秀なエンジニアがいた。うち1人は宇宙旅行協会のヴェルナー・フォン・ブラウンで、後にV2ミサイルを生み、戦後アメリカに移住、アポロ計画の推進者として同国宇宙開発に大きな足跡を印す人物だ。

ブラウンは、固体燃料（火薬）に代わって、メチルアルコールと液体酸素を使用する、推力300kgのロケットエンジンを完成させ、これに注目したハインケル社主、エルンスト・ハインケル博士の私的な援助により、1937年4月末、He112改造機に搭載し、レシプロエンジンによって高度800mまで上昇、水平飛行に移った後、レシプロエンジンを停止させロケットエンジンに点火、機体はたちまち300km／hから460km／hに急加速し、実験は成功した。

さらに6月末には、離陸から水平飛行、着陸まで、レシプロエンジンを一切使用しない、〝純ロケット飛行〟に史上はじめて成功し、ロケット動力の実用化には自信をつかんだ。

He176 1号機

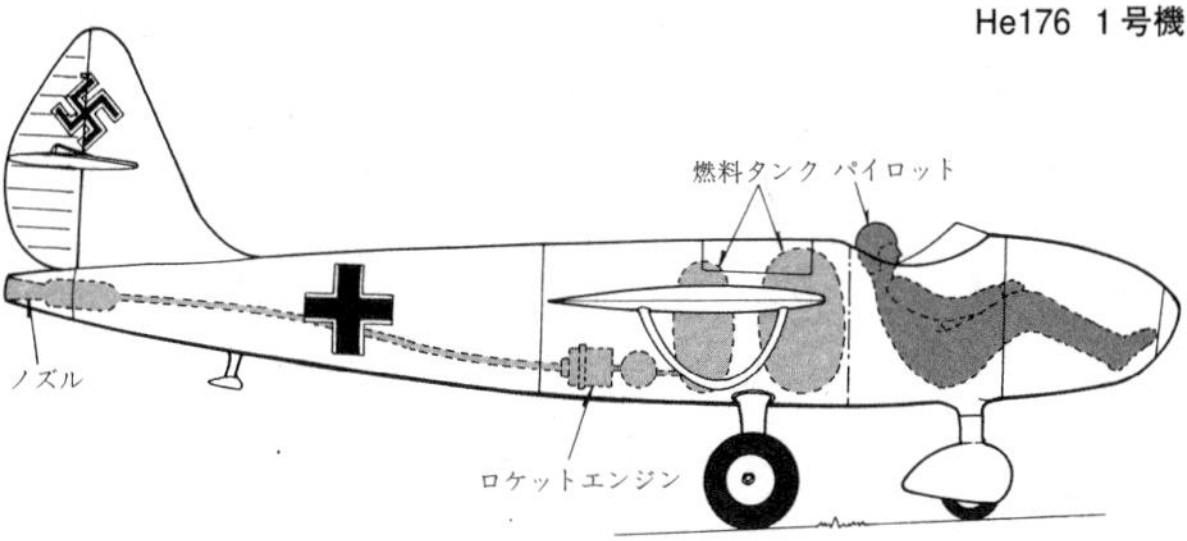

いっぽう、バルト海に面したキール軍港の、ゲルマニア造船所で働いていたもう1人の若い技術者、ヘルムート・ヴァルターは、日本海軍の九三式酸素魚雷と同じく、航跡を残さない魚雷推進装置として、小型ロケットエンジンの開発に取り組んでおり、やがてDVL（ドイツ国立航空研究所）の要求により、航空機用動力としてのHWK-RI-203の開発に着手した。

HWK-RI-203は、ブラウンのロケットと異なり、燃料には過酸化水素を用い、これに安定剤として燐酸塩、または過マンガン酸カルシウムを加えた。前者は〝T液〟、後者は〝Z液〟として知られる。

He112改造機による実験で自信を得たハインケル社は、HWK-RI-203にも注目し、このロケットエンジンを搭載した小型機により、時速1000km/hの世界速度記録樹立を秘かに計画した。その小型機がHe176である。

He176は、高速を発揮することだけを目的とした機体で、全幅5m、全長5・2m、全高1・44m、重量1620kgの超ミニ・サイズ、機体表面に余分な突起の全くない、中翼配置の片持式単葉機だった。1号機のコクピットは開放式であったが、2号機の胴体前方は下部を除いてガラス張りとされ、パイロットは、機首先端近くの方向舵ペダルに思いきり足をのばした状態で、後方にややリクライニングした格好で搭乗した。

He176の速度記録挑戦は、二段階に分けて実施されることになり、まず比較的低速（750km/h程度）の実験機として1号機を充て、この1号機のテストを終了してから、本来の1000km／hに挑戦する2号機の製作に着手することとした。1号機は前述のヴァルターHWK-RI-203を搭載し、降着装置は固定式とされた。

2号機は、2年以内に完成を予定した、ブラウンの推力900kgのロケットエンジンを搭載することとされ、高速飛行時の非常脱出を可能にするため、コクピットをふくめた前部胴体を圧搾空気で切り離し、パラシュート降下し、この間にパイロットがキャノピーを飛散させ、自らのパラシュートで降下する方法が採られた。

He176 1号機は1938年夏に完成し、新しく建設されたばかりの、専用ロケット実験場、ペーネミュンデ（バルト海沿岸）に運ばれた。しかし、HWK-RI-203の完成が遅れたため、初飛行できないまま年を越し、ようやく地上を離れたのは1939年6月20日（滞空時間50秒）となった。

▼He176 2号機の完成予想イラスト。残念なことに、本機の写真は1枚も残されておらず、全体形を把握できるのは、このイラストと三面図くらいである。ガラス張りの機首に、パイロットは、リクライニングした姿勢で座るようになっており、いかにも高速機にふさわしい。

初飛行の報告を受けた航空省は、翌21日、技術局長エルンスト・ウーデット、空軍監察総監エアハルト・ミルヒらをペーネミュンデに派遣し、第2回目の試験飛行に立ち合わせたが、彼らがHe176の飛行後に発した言葉は、ハインケルを大いに失望させた。ウーデットいわく、「これは飛行機ではない、もう開発はやめたまえ。以後の飛行は禁止する……」。高速だが、離陸して1分間にも満たないエンジン稼動時間、在来機ではとても考えられない小さな主翼（高翼面荷重）などが、ウーデットをはじめとした、おエラ方の古い思考力では、理解できなかったのである。

ハインケル必死の懇願にもかかわらず、He176は、7月3日に、ヒトラー総統のために〝見せもの興行飛行〟を行なったのを最後にオクラ入りとなった。

He176 2号機 三面図

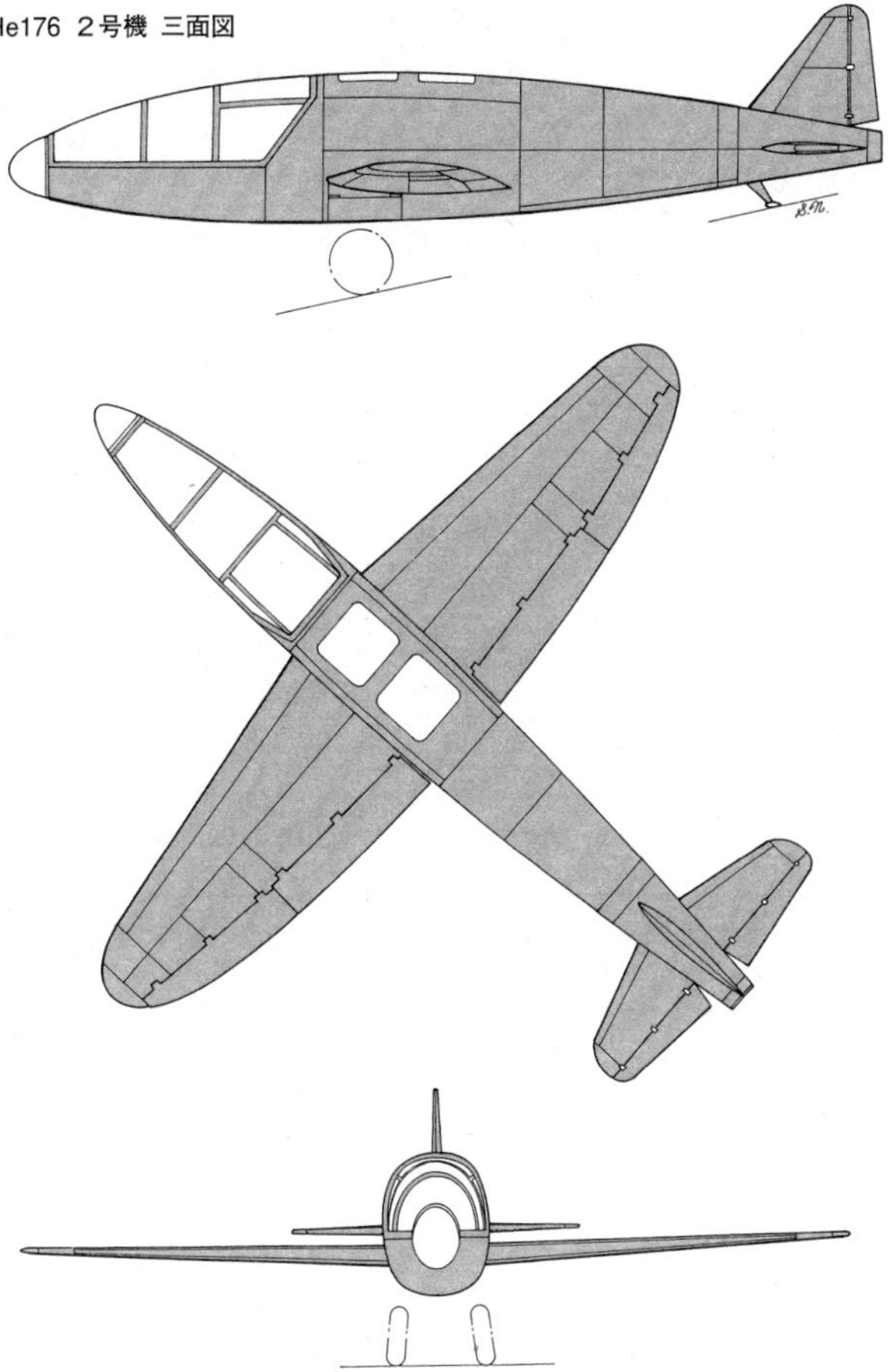

世界最初のジェット機He178

ロケットエンジンの開発が行なわれていた1936年3月、ハインケル博士は、ゲッチンゲン大学第1物理学研究所々長ポール教授の仲介で、1人の若い物理学者を採用した。パープスト・フォン・オーハインと称するこの青年は、ジェットエンジンの研究に没頭しており、ハインケル博士は、彼を中心に、本格的にこの新しい動力の開発を推進しようと決めたのである。

ロケットと同様に、航空機用動力装置としてのジェットの原理は、比較的古くから各国技術者に認識されており、ドイツでも1877年にヨーゼフ・ヴェルタイムという人物が、空気とガスを混合して燃焼させると、噴流（ジェット）が発生することを確認し、特許を認められた。

1908年にはハンス・ホルツヴァルトによって、ドイツ最初のガス・タービンが製作され、コンスタントに一定の力量を発生することが実証された。しかし、レシプロエンジンと違って、高温に耐え得る材料の開発が難しく、タービン、圧縮器などの製作技術も追いつかないという状況のため、航空機用動力として、実用に耐えるようなエンジンは、なかなか出現しなかった。

どうにか完成させることが可能になったのは、それから30年近くも経過した1930年代

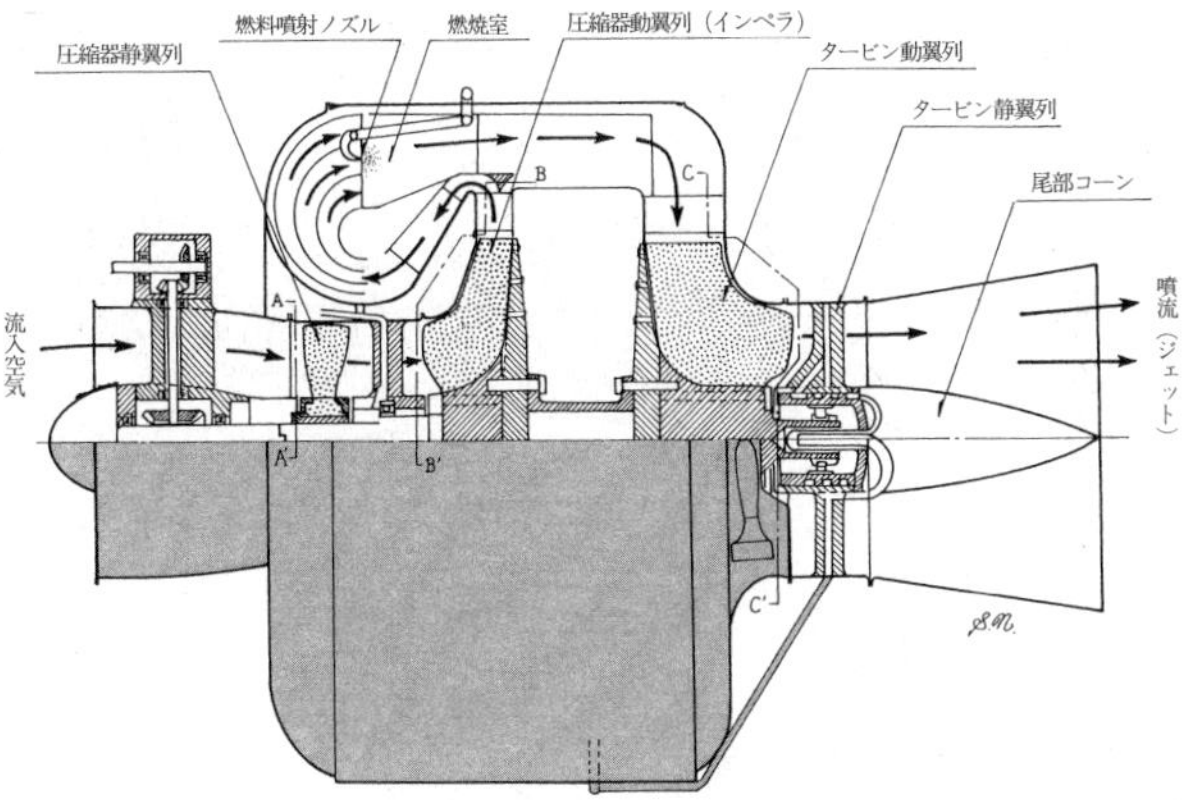

ハインケルHeS 3b
内部断面図

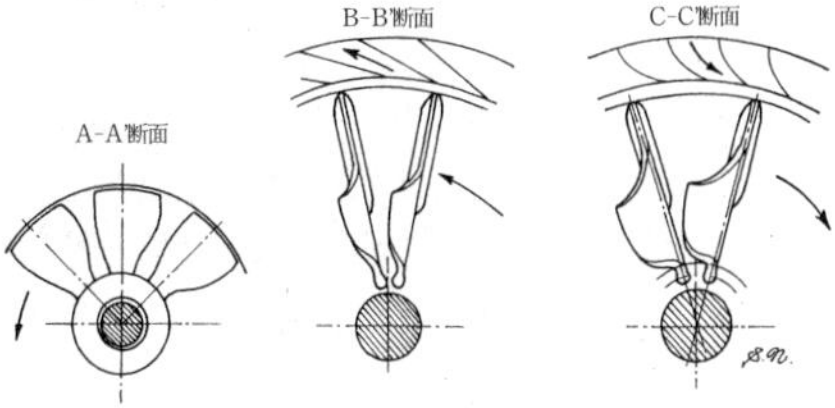

後半で、その最先端をいっていたのがオーハインを中心としたグループだった。
　ハインケル社に入社して1年後の1937年3月、オーハインはいくつかの失敗、改良を重ねながら、ついに処女作HeS 1ターボジェットエンジンの試運転に成功、世界で初めて〝噴流〞エンジンが咆哮したのである。ジェットエンジンの研究では、ドイツより先行していたイギリスの、最初の〝ホイットル・エンジン〞が試運転に成功したのは、その2ヵ月後であった。
　HeS 1は燃料に水素を

He178 1号機（V1）
三面図

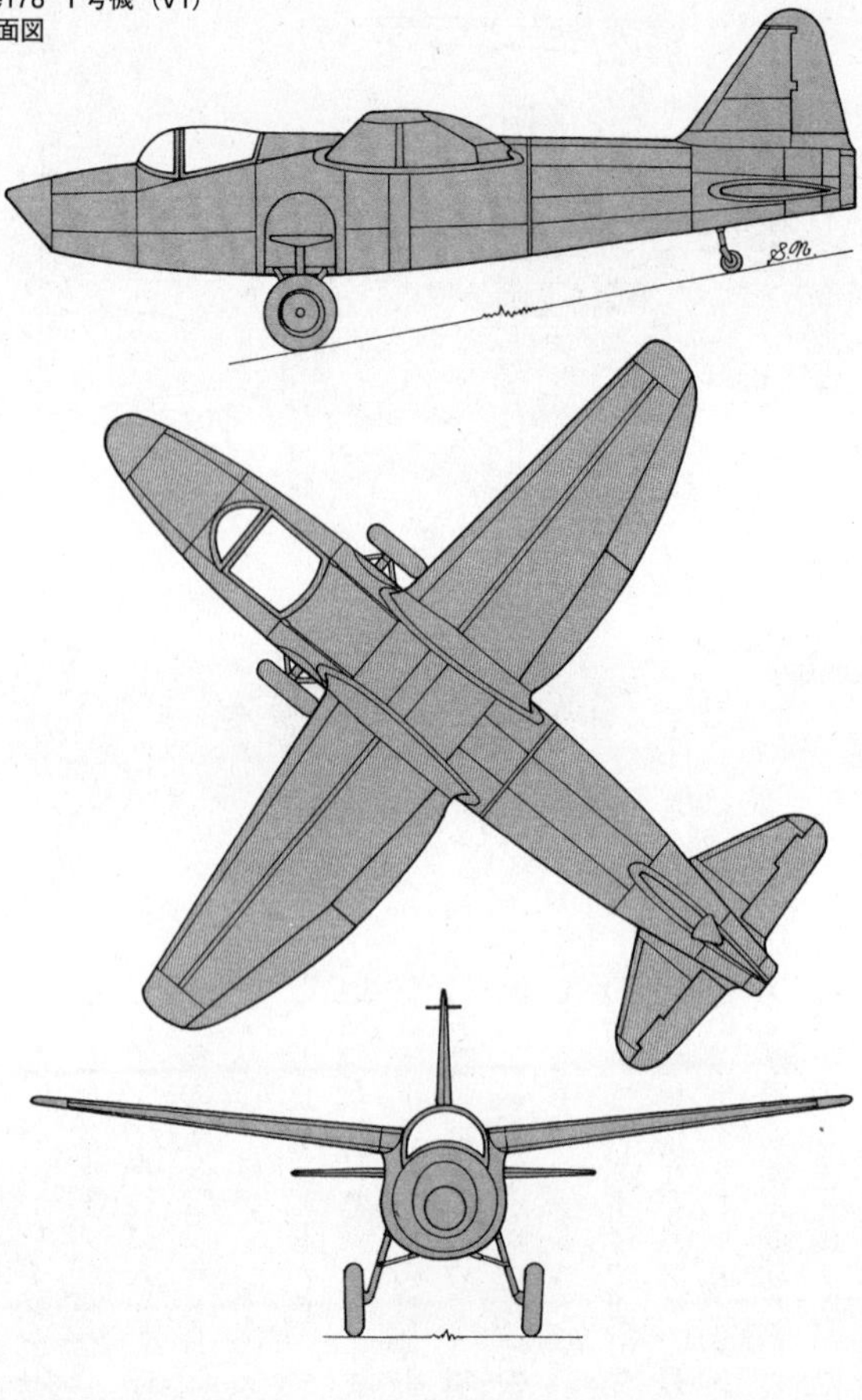

▲テスト飛行のため、離陸滑走するHe178原型１号機V1。トラブルを避けるために、引込式の主脚は固定し、収納部を金属板で塞いでいることがわかる。

▲楕円形だった１号機の主翼を、シンプルな直線テーパー形に改めた、He178原型２号機V2。公表用の修正写真だが、特徴を把握するには充分であろう。一応は、当局の制式発注機にもかかわらず、ナチスのシンボルである鈎十字マークも、空軍の桁十字マークもいっさい描いてないところが、いかにもハインケル社製らしい。

▶真うしろ上方から見た、He178原型２号機。合板製の主翼本体外皮と、羽布張り外皮の補助翼、フラップの色調の違いがはっきりしている。

使い、これを流入空気中に噴霧して点火、爆発させ、噴流（ジェット）を発生するようにしていたが、スロットルによる制御は不可能で、いちど点火したらその作動は〝運まかせ〟であった。推力は250㎏と測定された。

試運転に成功したものの、制御不可能なHeS1では、とても実用エンジンとして使うのは無理であり、オーハインはただちに改良にとりかかり、さらに1年後の1938年3月、HeS3bの試運転にこぎつけた。

HeS3bは、燃料として今日では常識となったガソリンを使うように改め、流入空気を圧縮するため、レシプロエンジンの過給器と同じインペラ（羽根車）を備え、これをタービンによって回転させ、その遠心力で空気を圧縮する方法を採った。いわゆる〝遠心式ターボジェットエンジン〟の形式である。その結果、パワーも向上して450㎏の推力を発揮した。

HeS3bの完成により、航空機用動力としての有効性を確認したハインケル博士は、本エンジンを搭載したテスト機の開発に着手し、当局からHe178の型式名が与えられた。

ヘルテル技師をチーフに、シュベルツラー、ギュンター兄弟を中心に設計がすすめられたHe178は、全幅7・2m、全長7・48m、重量1988㎏、肩翼配置の小型機で、胴体は全金属製モノコック構造、主翼は木製だった。空気取入口は機首先端に開口し、長いダクトで胴体後部内のHeS3bエンジンに導かれ、胴体後端が噴射口になっている。

コクピットは機首先端近くに位置し、降着装置は引込式だったが、非常時を考慮して1号機は固定された。

1939年8月24日、真夏のロストック市近郊マリーエンエーエに所在する、ハインケル社工場エプロンにHe178 1号機が引き出され、地上テストが始まった。本機に搭載されたHeS3bは、オーハインらの努力によってさらに改良され、推力500kgに向上していた。

エーリッヒ・ヴァルジッツの操縦により、3日間の地上滑走テストを済ませた1号機は、8月27日の早朝、ついに6分間の初飛行に成功、ハインケル社はロケット機に続いて、ジェット機でも世界最初の栄誉を手にした。

ハインケル博士は、ただちにベルリンのウーデットに電話を入れ、興奮しながら結果を報告したが、ウーデットの返事はそっけなく〝それはおめでとう、ヴァルジッツにも。だが私は眠い、もう少し寝かせてくれ〟と言って切ってしまった。

第一次大戦時の英雄ウーデットには、ジェット機が自身の理解力を超える存在で、革命的動力機として認識できなかったのである。

ハインケル博士は、少なからず失望を覚えたが、すぐに気を取り直し、将来は必ずジェット機の時代になると確信し、開発の続行を決意した。

1939年11月1日、ハインケルの熱意に動かされた航空省は、しぶしぶHe178のテスト飛行を視察するために、空軍司令官ゲーリングの代理ミルヒ、ウーデット、ルホトほか少数の随員をマリーエンエーエに派遣し、ヴァルジッツの駆るHe178のジェット飛行に驚きをみせたが、ハインケル博士の期待した、賞賛の言葉と拍手、実用化への打診などはま

▲技術局長という立場にありながら、ジェットエンジン機について、当初はまったく無知で、ハインケル博士を嘆かせた、エルンスト・ウーデット大将（最終階級）。

ったくなかった。戦後の回想記の中で、ハインケル博士はこの時の気持を〝冷水をかけられたようだった〟と表現している。

もっとも、こうした上層部の無関心ぶりとは裏腹に、ウーデット自身が率いる航空省技術局は、ジェットエンジンに少しは興味を示しており、ナチスに好意的なメッサーシュミット社に機体開発、ＢＭＷ、ユンカース社エンジン部門にはそれぞれエンジンの開発を指示（１９３８年）していた。

それにもかかわらず、ジェット機を自主開発したハインケル社には、なんの優遇処置も与えられなかったのである。当時、ハインケル社で開発中の、ＨｅＳ３ｂの改良発展型ＨｅＳ８ａエンジンに、ドイツ空軍として、ジェットエンジン第1号を示す１０９-００１の制式兵器型式名を与えたことなどは、慰めにもならなかった。

こうして、最大速度７００km／ｈを予定し、航空機史上に革命的なインパクトをもたらしたにもかかわらず、Ｈｅ１７８は表舞台に出ることなく消え去った。１９３９年末には、エンジンを推力５５０kgに向上したＨｅＳ６とし、主翼を直線テーパーに改めた2号機も完成したが、本格的なテストを実施しないまま、オクラ入りになっている。

不遇のHe280

He178が、歴史的なジェット初飛行を達成する2ヵ月前の1939年6月20日、ハインケル社は、He178に続く2作目のジェット機、He180のモックアップを公表した。He180は、新型HeS8aエンジンを搭載する、単発ジェット戦闘機として計画されていた。

HeS8aは、HeS6aをさらに改良し、直径を小さくして軽量化しつつ、推力は700kgに向上するはずであった。

しかし、He178の経験から、小柄な機体の胴体内にエンジンを搭載すると、空気取入ダクト、噴射口などを含めて、胴体内のスペースの大半を動力部にとられてしまい、実用戦闘機としての諸装備スペースを確保するのが、困難であることが分かった。しかも、長い空気取入ダクトと噴射口は、エンジンのパワーをフルに引き出せない恐れもある。

そこで、ハインケル社は1939年10月に、エンジンを両主翼下面に各1基懸吊する双発形式に変更、機体名もHe280と改め、開発作業を再スタートした。これによって機体サイズもやや大型化し、全幅12m、全長10m、重量約4300kgとなった。機体は全金属製で、中翼配置の主翼は、ナセルを境いに内翼が水平、外翼に上反角がつけられている。主翼前縁は機軸に直角な直線、後縁は外翼部が楕円形とされ、ハインケル社機らしい特徴があった。

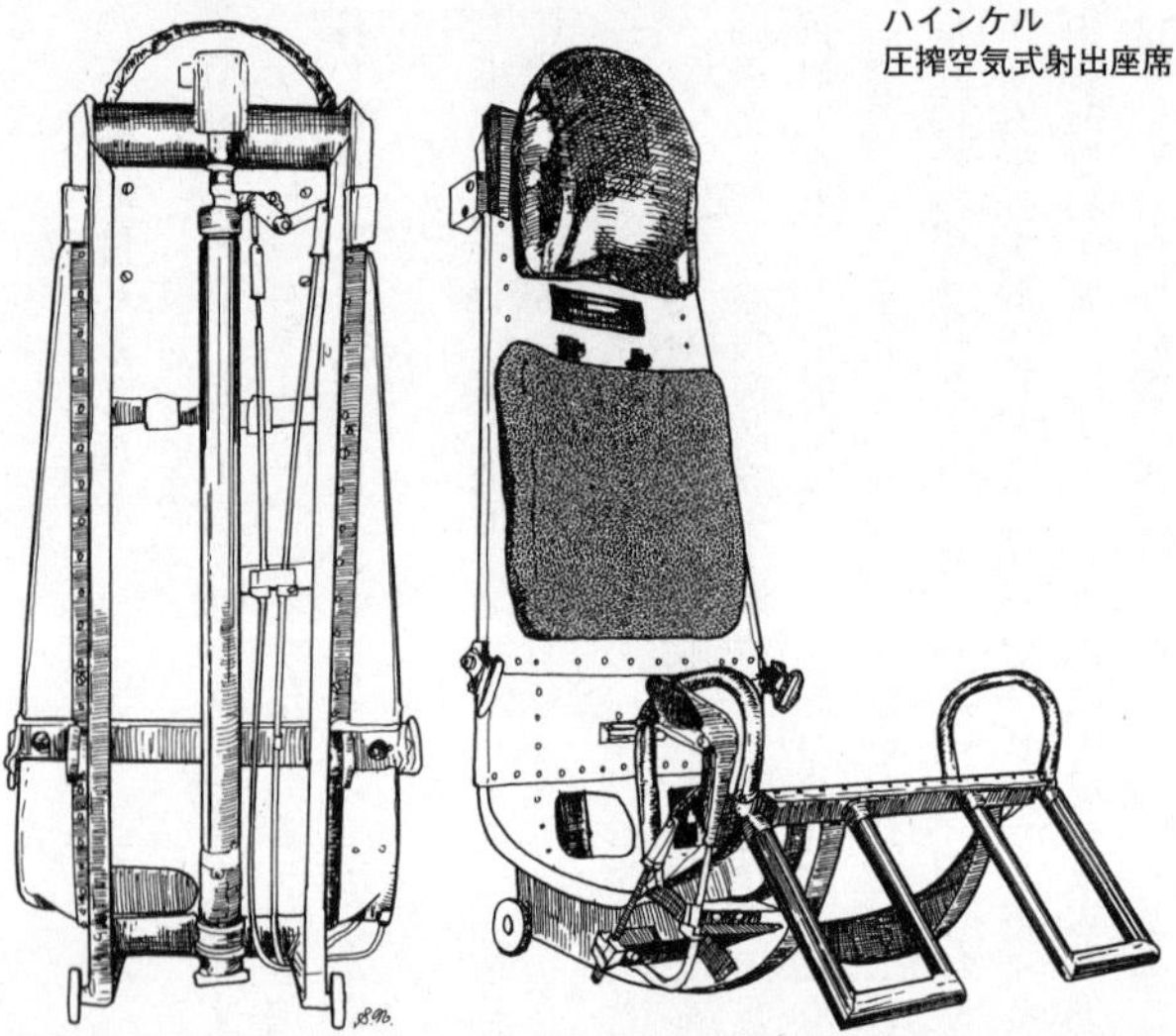

ハインケル
圧搾空気式射出座席

水平尾翼は、胴体後端を一段高くして取り付けられ、垂直尾翼は左、右2枚に分けた。

胴体は流線形にまとめられ、機首先端にMG151／20 20㎜機関銃3挺の武装を予定していた。He280で画期的なことは、ドイツ機として初めて前脚式降着装置を採用したことである。レシプロエンジン機のような尾脚式では、ジェット排気が水平に流れず、地表に当たってしまい、離着陸時のパワーをロスしてしまうので、前脚式は理にかなっていた。今日では常識と片付けられてしまうこんなことも、揺籃期のジェット機には大変なことだったのである。

もうひとつ、He280の素晴しい功績は、これも今日では常識とされる、

ハインケル HeS 8aターボジェットエンジン構造図

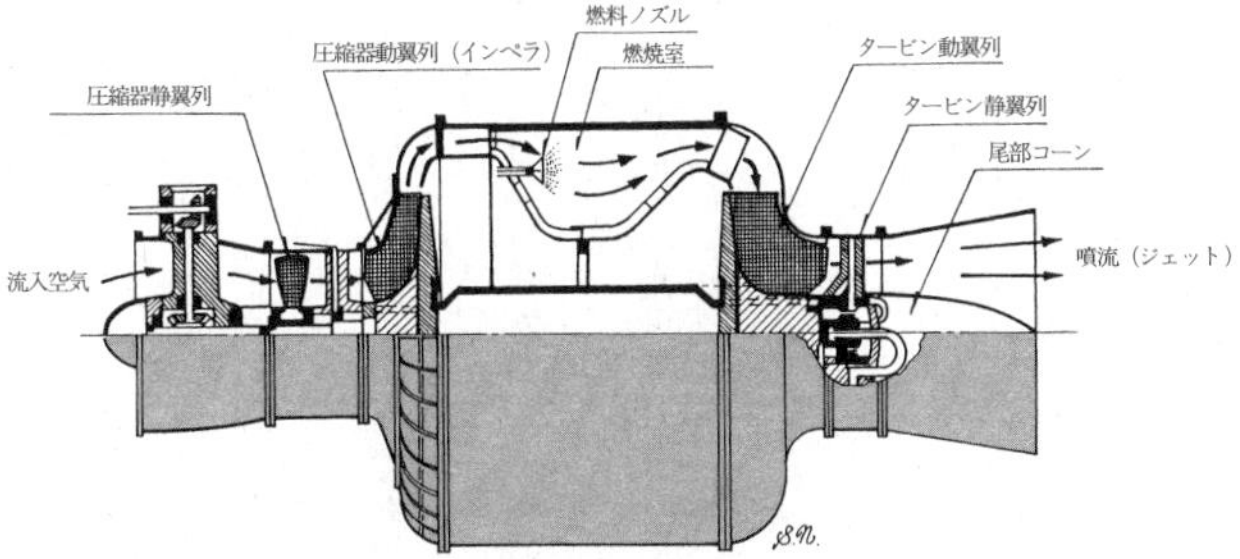

▲予定したHeS 8aエンジンが間に合わず、バラストの入った、ダミーのナセルを主翼下面に取り付け、He111双発爆撃機に曳航されて初飛行した、原型１号機He280V1、コード“DL＋AS”。

射出座席の採用であろう。当時のレシプロ戦闘機の実用速度域は５００〜５５０㎞／h、この程度なら、パイロットは非常時に操縦席から脱出しパラシュート降下できる。しかし、計画された最大速度７６０〜８００㎞／hのHe２８０から、自力で脱出するのは困難であり、ハインケル社は機体開発と並行して、射出座席の開発も行なわなければならなかった。

座席は、前ページ図に示すように、防弾板を兼ねる高い背当てに、射出時の衝撃にパイロットが耐えられるよう、足掛と手掛を取り付けた頑丈な構造で、背当てのうしろ側には、射出軌道を保持するための、ガイド・バーが付いている。

射出エネルギーは、現在の主流である火薬ではなく、容量40・2ℓのボンベに入った、130気圧の圧搾空気に頼った。右側手掛に付いた、レバーを引くことにより射出される。パイロットを含めた座席重量は120kgが標準とされ、計算では最大900km／hまでの速度域内で、高さ5・7mまで射出可能とされた。その際、可動キャノピー部も、圧搾空気により飛散するようになっていた。

1940年9月22日、先に機体だけ完成した1号機He280V1（W.Nr2800000１コードDL+AS）は、両主翼下面に涙滴状のダミーのナセルを付けて、He111Bに曳航され、高度4030mにて曳航索を切り離し、滑空で最大速度280km／hを記録した。なおHe280V1は、その後、45回の滑空テストを実施したが、ついに本来のHeS8aエンジンは搭載されず、1942年11月には、後のV1飛行爆弾用動力として有名になる、アルグスAs014パルスジェットエンジン4基を、主翼下に吊してテスト・ベッド機となった。

He280として、最初にHeS8aを搭載したのは、2号機のHe280V2（W.Nr2800002コードJG+CA）で、1941年3月30日、タルネヴィッツ空軍実験センターのパイロット、フリッツ・シェーファーの操縦により、3分間の初飛行に成功した。本機は世界最初の双発ジェット機の飛行を記録したことになった。

6日後の4月5日、He280V2はマリーエンエーエにウーデット中将以下、ルホト、アイゼンロール、ライテンバッハ、シェルプら航空省高官を招いて試飛行を行ない、ジェットエンジンの威力をまざまざとみせつける、700㎞／hの快速を披露した。

それまで、ジェット機に対して全く無知だったウーデットも、戦争や内外からの教訓によって、ジェット機を理解するようになっており、He280の試飛行を見た直後に驚嘆し、ハインケル博士に対して、〝ハインケル博士感謝する、よくやってくれた。ハインケル社史上、今日が最も誇れる日かもしれぬ。本機のような機体を数機でいいから海峡（ドーバー、イギリス海峡のこと）に持っていき、イギリス野郎に高性能をみせつけてやりたい。さすればやつらの航空軍需プログラムは大混乱に陥るだろう〟と賛辞を惜しまなかった。

実際、この時点で航空省がHe280を正しく評価し、ただちに採用していれば、1942年7月以降、連合軍爆撃機によるドイツ占領区域、および本土空襲は、あるいは1〜2年遅らせることができたかもしれない。HeS8aの完全稼動保償時間が、わずか1時間足らずとはいえ、迎撃戦闘機としてなら、これでもなんとかなったはずだ。とにかく700㎞／h以上の高速は、1941年当時のレシプロエンジン戦闘機では、絶対に実現不可能な性能だったのだから……。

しかし、ウーデットの称賛にもかかわらず、新型機の採用可否を決定する、航空省技術局の反応は以前どおり冷ややかで、増加試作機9機（後に追加されて計24機となる）を、おざなりに発注しただけであった。

He280 原型２号機（V2）

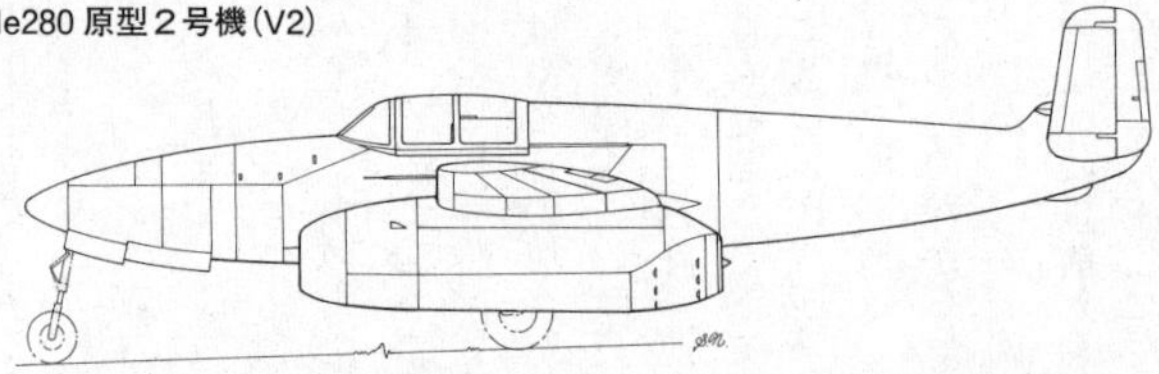

▲1941年３月30日、HeS 8aエンジンを搭載してHe280の最初のジェット飛行を記録した原型２号機He280V2、コード“GJ＋CA”。写真は当日の初飛行時の撮影と思われ、胴体コードはまだ未記入である。ナセルが取り外され、HeS 8aエンジンがむき出しになっているのは、この時点で、燃料もれのトラブルが解決できていなかったため、火災を防ぐための処置。

ハインケル博士は、当時の最新鋭レシプロ戦闘機Ｆｗ１９０Ａとの模擬空戦を実施し、これを圧倒して、Ｈｅ２８０の優秀性をさらに強くアピールしたりなどして働きかけた。

これに対する回答は、５００kg爆弾１発、または２５０kg爆弾２発を搭載可能にした、戦闘爆撃機的な計画型Ｈｅ２８０Ｂ－１（Ｊｕｍｏ００４またはＢＭＷ００３エンジンを搭載）の３００機発注（１９４２年11月）だった。

そのＨｅ２８０Ｂ－１ ３００機発注も、よく考えれば全く矛盾したものので、戦闘機としてのＨｅ２８０の長所（高速度）を自ら放棄してしまうことであった。こんな機体なら、なにもＨｅ２８０でなく、レシプロ

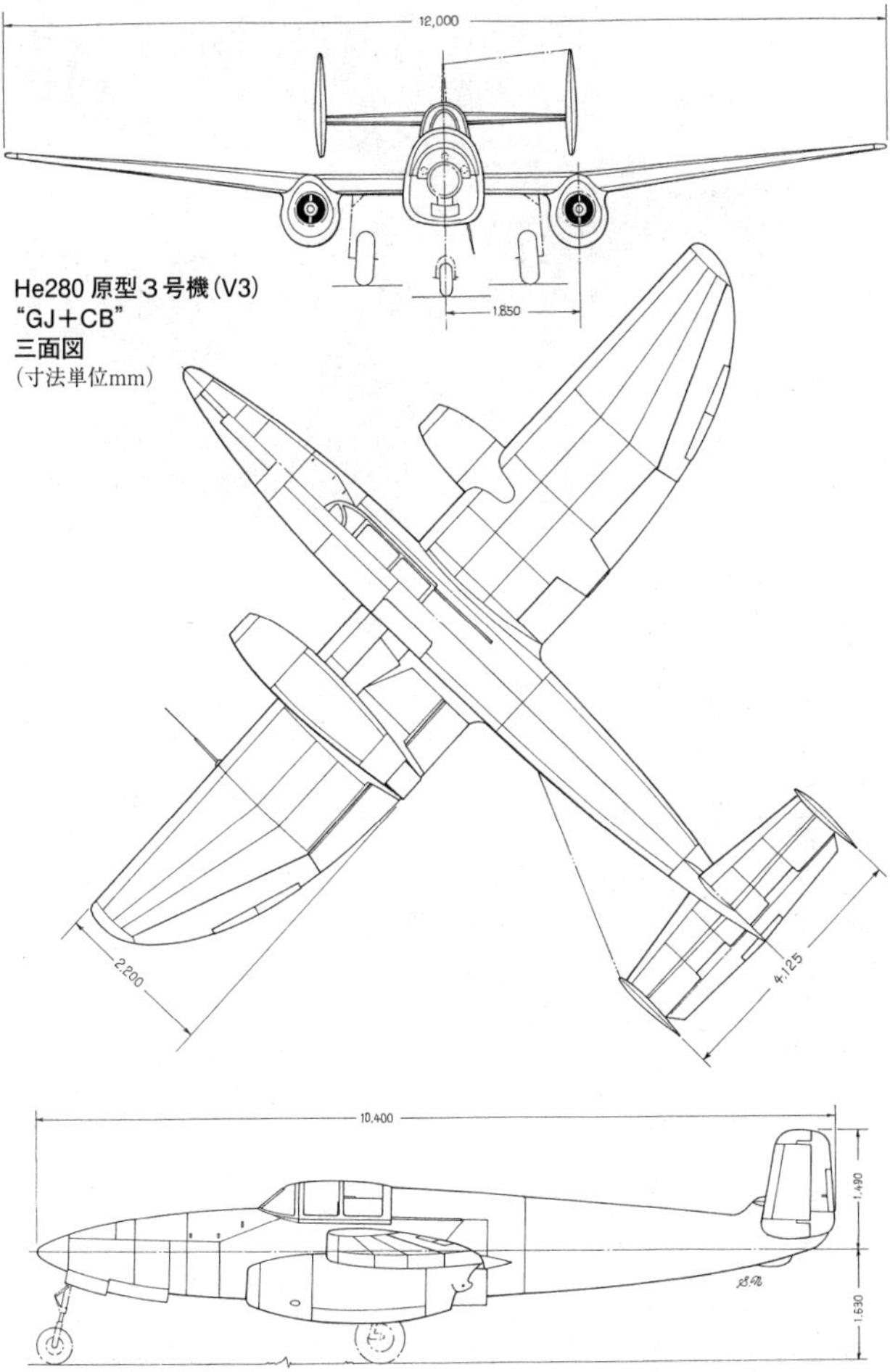

He280 原型３号機（V3）
“GJ＋CB”
三面図
（寸法単位mm）

▶原型3号機He280V3、コード〝GJ+CB〟の右エンジン・ナセル。ナセル先端が取り外されHeS 8aの前部がむき出しになっている。

双発機Bf110、Me210などで充分だった。要するに、当局は最初からハインケルのジェット機を、本気で採用する気などなかったのである。

これほどあからさまに〝ハインケルつぶし〟が行なわれた背景には、1941年11月の、ウーデットの自殺も大きく影響していた。ジェット機に対して当初は全く無理解だったウーデットだが、ハインケル博士との個人的なつきあいは長く、目に見えない部分で、ナチスの個人的偏見から博士をかばってくれていたのも事実だった。その歯止めがなくなってしまったために、ナチスの風当たりが強くなったのだ。

また、別な次元では、後発のメッサーシュミットMe262（この時点ではまだ初飛行もしていない）の開発が進んでおり、技術局自体がよく理解できないジェット機を、Me262 1本に絞っていたことも見逃せない。

戦争という国家非常時でさえ、こうした馬鹿げた論理が横行してしまうところにも、ナチス・ドイツの弱

▶He280V3のコクピットにおさまったテスト・パイロットのフリッツ・シェーファー。He178までハインケル社製機のテストを担当したエーリッヒ・ヴァルジッツが空軍に転出した後、He280のテストを主に担当したのがシェーファーだった。

▲テスト飛行を終え、着陸寸前のHe280V3。1942年夏の撮影で、この当時、すでに700km/hを超えるジェット戦闘機が、実用間近だったことに、あらためて驚嘆せずにはいられない。

点があった。

結局、He280は通算8号機で製作が打ち切られ、1943年3月27日、前記した発注分He280B-1 300機を含めて、航空省はHe280開発の全面中止を命じた。この後ハインケル社は、ジェット機開発から完全に干されてしまい、ようやく陽の目をみるのは、敗戦直前に採用されるHe162である。

〔He280試作機一覧〕

●He280V1W.Nr2800000001DL+AS、1940年9月22

He280 胴体内部配置図（寸法単位mm）

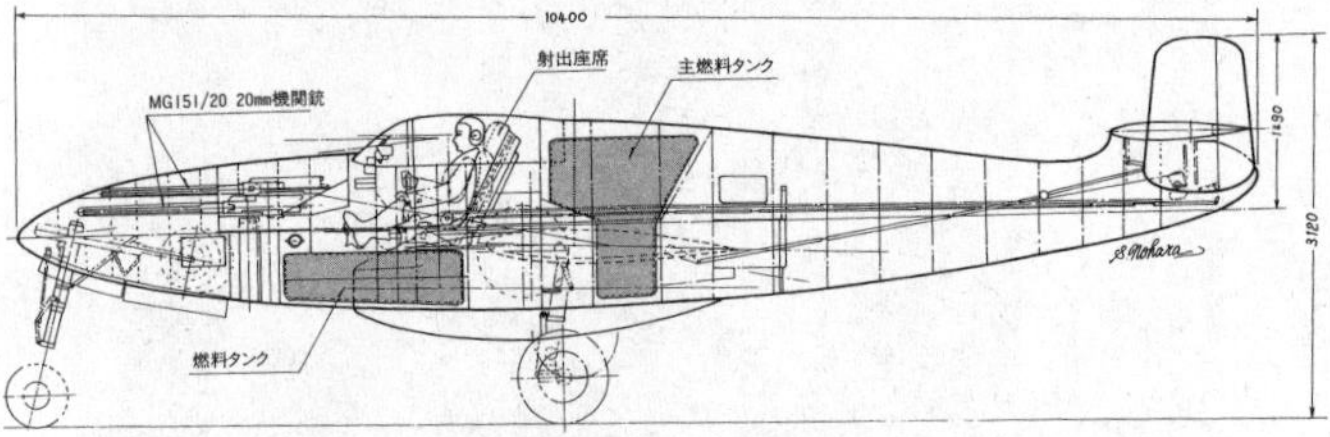

▲1943年２月８日、テスト飛行中に右側エンジンが故障して停止し、胴体着陸したHe280V3。ハインケルの期待も空しく、当局は、結局、Me262を重用し、He280を見捨てた。

日、無動力初飛行。１９４２年11月18日、アルグスＡｓ０１４パルスジェットエンジン（推力１５０kg）４基搭載。

●Ｈｅ２８０Ｖ２Ｗ．Ｎｒ２８０００００２ＧＪ＋ＣＡ

ＨｅＳ８ａ搭載、１９４１年３月30日初飛行。のちユンカースＪｕｍｏ００４Ｂエンジンに換装、８００km／hを記録する。

●Ｈｅ２８０Ｖ３Ｗ．Ｎｒ２８０００００３ＧＪ＋ＣＢ

ＨｅＳ８ａ搭載、１９４２年７月５日初飛行。最大速度７００km／hを記録。

●He280V4 W.Nr2800000004
　BMW003エンジン搭載予定だったが、飛行せず。
●He280V5 W.Nr2800000005
　BMW003エンジン搭載予定だったが、飛行せず。
●He280V6 W.Nr2800000006
　BMW003エンジン搭載予定だったが、飛行せず。
●He280V7 W.Nr2800000007 NU+EB
（のちD-IEXMの民間登録記号に変更）1943年4月19日に初飛行（滑空）無動力の空力テスト機として115回以上のテスト飛行を実施。
●He280V8 W.Nr2800000008 NU+EC
　1943年7月19日初飛行、HeS 8aエンジン搭載、のちにエンジンを取り外して、V型尾翼の空力テスト機となる。

ハインケルのジェットエンジン

ジェットエンジンの原理そのものは、きわめて単純で、流入した空気を圧縮し、これにガソリンを噴霧して、混合気体にしたうえで点火爆発させ、その排気がタービンを回しながら、ノズルより後方に噴き出し、推進力となるわけである。レシプロエンジンも、爆発行程までは同じで、その爆発力でピストンを動かし、これをクランク軸が回転運動に変えて、プロペラを介さない分、ジェットエンジンのほうが、爆発のエネルギーを効率よく発揮できることが分かる。

空気を圧縮する方法は2種類あり、ひとつは、レシプロエンジンの過給器（スーパーチャージャー）に付いているのと同じ、インペラ（羽根車）を使い、これを回転させて、遠心力によって圧縮空気を得る方法。空気は、インペラによりエンジンの外周へ送られるので、流路は蛇行す

▲比較のためJumo 004Bと並べられたHeS 8a（右）。軸流式と遠心式の違いによる両エンジンの特徴の差がよくでている。

る。この圧縮器を遠心式圧縮器と称し、遠心式ターボジェットエンジンと呼ぶ。

もうひとつは、エンジン筒内に据えつけられた静翼と、回転する動翼（羽根車）を軸方向に数段重ねに並べ、流入空気を、後方へ順に送りながら次第に圧縮していく方法。この圧縮器を軸流式圧縮器と称し、これを備えたものを軸流式ターボジェットエンジンと呼ぶ。

遠心式は、構造が簡単という長所をもつが、構造的にエンジン筒直径が大きくなり、機内装備に不適で、インペラの数も制限されるため、初期の低推力レベルならともかく、一定以上の圧縮比向上、すなわち推力向上は困難な欠点がある。反対に、軸流式は構造が複雑で、遠心式より重くなるが、エンジン筒径を変えることなく、静／動翼の数を増やせることで、発展的な推力向上が望めるのが長所だった。現代のジェットエンジンがほとんど軸流式なのもそのためだ。

オーハイン技師が手がけた、HeS１～HeS０１１aまでのハインケル社のエンジンは、インペラの前方に静翼を配しているため、イギリスのホイットル・エンジンのような、純粋な遠心式圧縮器ではないが、基本的には、遠心式ターボジェットエンジンの部類に入る。

HeS 8a ターボジェットエンジン外観

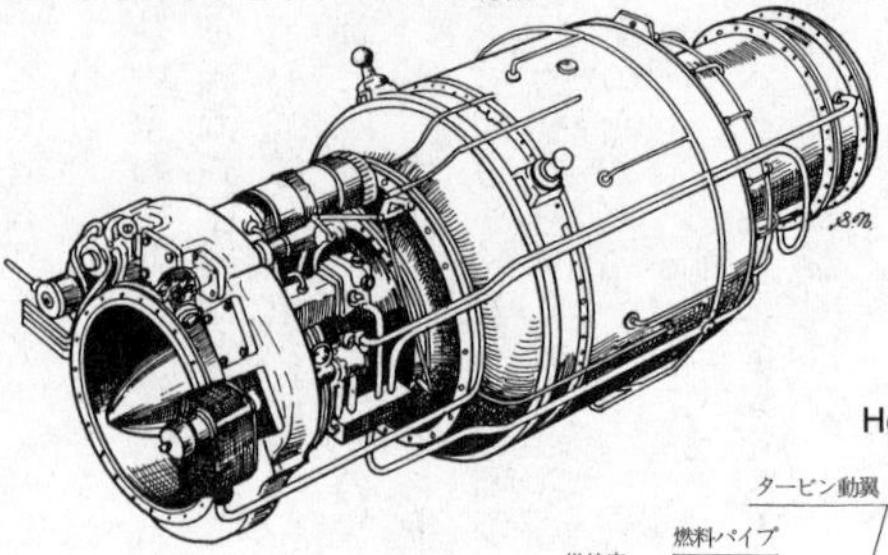

HeS 8aの内部構造図

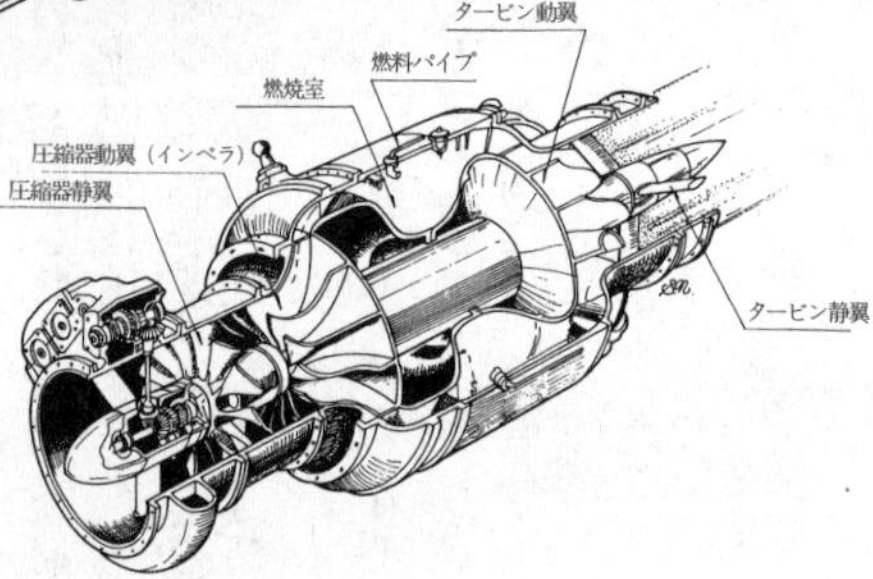

HeS 8aのHe280への装備図

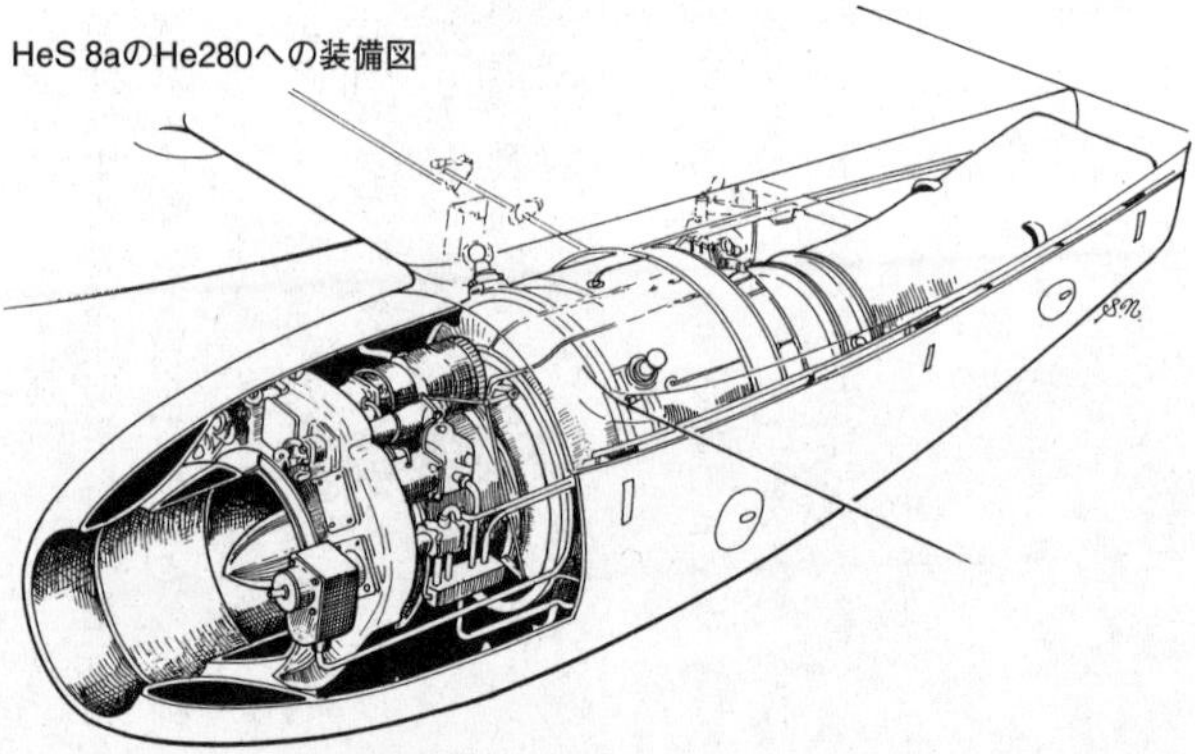

第二章　驚異のロケット戦闘機Ｍｅ１６３〝コメート〟

ロケット戦闘機の誕生

航空機史上唯一の実用ロケット戦闘機として、Me163〝コメート〟（彗星）の名はあまりにも有名だ。ロケット戦闘機はアメリカ、ソ連でも実験段階まで開発は進んだが、実用化までに至らず、ただ1国ドイツだけがそれを成し得たのである。ただ、結果的にみれば、膨大な予算、資材、労力を投じたわりには、実績があまりにも惨めで、兵器としてのMe163は完全な失敗作だったが……。

とにかく、当時としては夢のような、超高速1000km／hを可能にするパワーは素晴らしいが、ロケットエンジンの燃費もまた破格の高さで、その稼働時間が、わずか数分間という現実を前にしては、用兵者側も考えてしまうのが当然であろう。使うとしても迎撃機、それも半径数十km以内の範囲しか行動できないのでは、よほど重要な局点防空任務に就かせる以外に使い道がなかった。したがって、戦争の推移をみても、ドイツ、日本以外に、本機のようなロケット戦闘機の必要性はなかったのである。Me163は、いわばドイツの置かれた特殊な状況により、はじめて実用化された機体ともいえるだろう。

Me163が生まれるきっかけとなったのは、1920年代初期から、ドイツの無尾翼機研究の第一人者として知られた、アレクサンダー・リピッシュ博士（1894〜1976）が、1938年に航空省から、彼が以前に製作したデルタⅠⅩC（DFS39）と称するレシ

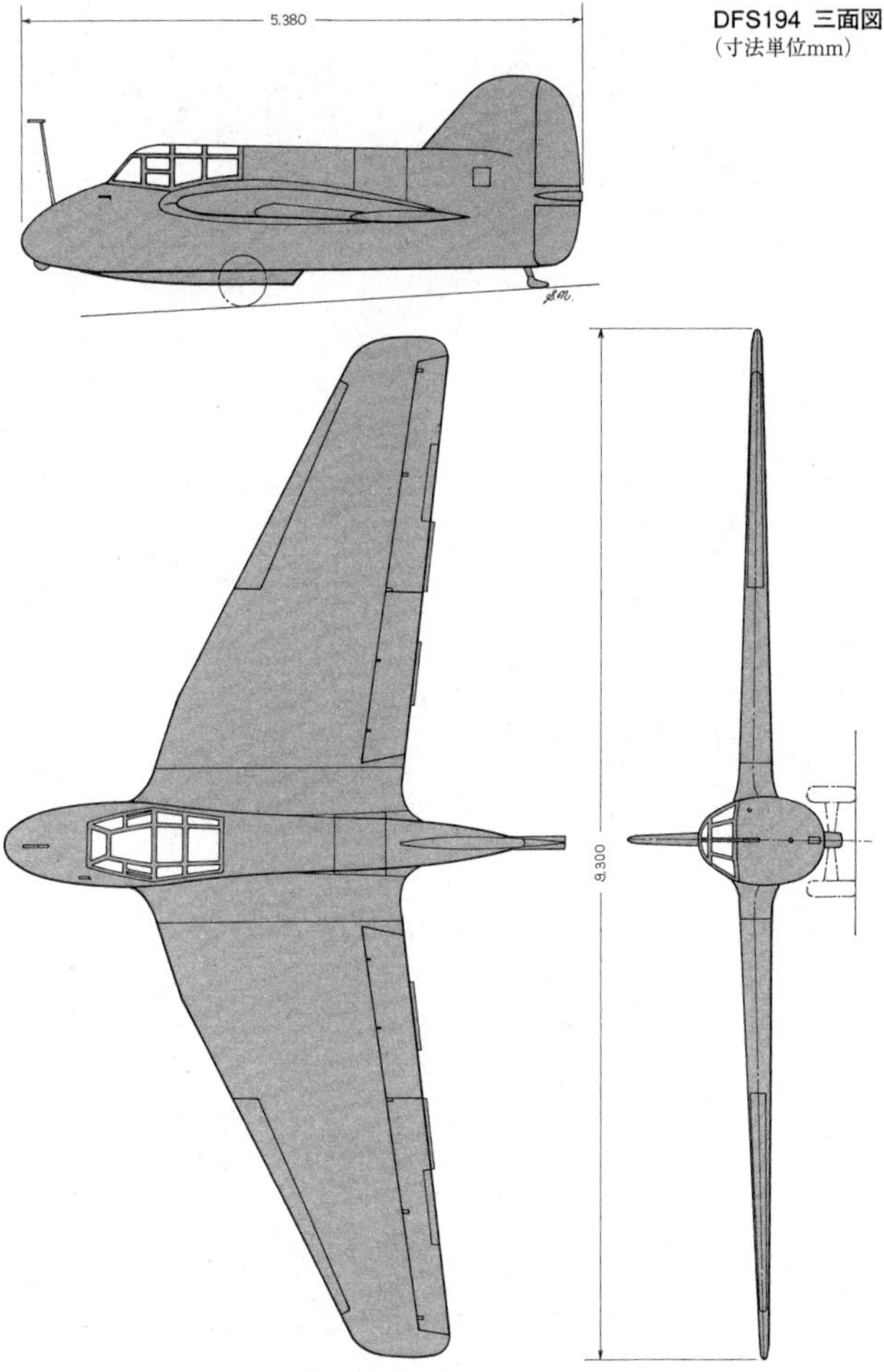

DFS194 三面図
(寸法単位mm)

プロ無尾翼機をベースとした機体に、He176の項で紹介したヴァルターHWK-RIロケットエンジンを搭載して、〝ロケット機〟のテストを行ないたいと申し入れてきたことに始まる。

DFS194と命名されたこの無尾翼機は、全幅9・3m、全長5・3mの小型機で、胴体は金属製だが主翼は木製だった。主翼は前縁に2段の後退角がつけられ、後縁もわずかながら後退角がついている。外翼前縁にスラットを備え、昇降舵の働きは補助翼(エレボン)が兼ねた。操縦室は、ちょうど主翼前縁付近に位置し、胴体後端に背の低い垂直尾翼が付く。上、下2枚に分けられた方向舵の間に、ロケット噴射口が開口した。

フリーな設計者の立場だったリピッシュ博士だが、DFS194の製作にあたっては、大会社に入ったほうが有利と判断し、1939年1月、メッサーシュミット社に部下10人を率いて入社、とくに「L」部門を創設してロケット機開発に専念することになった。

DFS194の機体そのものは、製作上とくに難しいことはなかったので、1939年夏には完成したが、ロケットエンジンHWK-RIの完成が遅れたため、初飛行は1939年末にずれ込んだ。推力わずか400kgのロケットエンジンにもかかわらず、DFS194はテストで300、480、550km/hと速度を高めていき、素晴らしい上昇力と相まって、ロケット無尾翼機の存在を当局に強く印象づけた。

無尾翼形態そのものは、この時点でとりたてて目新しくはなかったが、余分な空気抵抗物を取り去った、航空機の理想的形態として、各国の一部の設計者を魅了していた。もっとも、レシプロ動力機にこの形態を応用しても、それほどメリットはなく、実用機としての価値はほとんど期待されていなかった。

これがロケット、ジェットエンジン機に応用されると俄然、大きな威力を発揮する。のちのアメリカ空軍F－102、－106、B－58、フランス空軍のミラージュなどのデルタ翼機の成功はこれを証明しており、無尾翼形態をさらに一歩徹底した全翼形態も、今日ではアメリカ空軍のステルス爆撃機B－2にもみられるとおりである。

●Me163A

DFS194の成功を受けて、航空省は、さらに3機の発展型原型機リピッシュP.01V1、V2、V3を発注したが、これらは間もなくMe163AV1～V3の制式名を与えられた。

前年夏に、ロケット機として先駆をなしていたハインケルHe176は、当局からあっさり見放されていたが、DFS194が、まがりなりにも認められたのは、単なる政治的理由以外に、無尾翼形態という斬新さが強く影響していたと思われる。

Me163AV1～3は、DFS194と寸度的にはほぼ同一ながら、胴体をリファインし、キャノピーの枠を除去、垂直尾翼は背を高め、主翼との接合部を滑らかにするなどの改良が加えられた。主翼前縁の〝折れ線〟部も中央付近に移り、外翼前縁のスラットは固定式スロットに変更、補助翼（エレボン）とフラップの間がやや離された。ロケットエンジン

▶ロケットエンジンに点火し、離陸滑走に移らんとするDFS194。のちのMe163Aと比較しても、側面形はかなり異なっている。

も、さらに推力を向上したHWK-RII-203（750kg）に変更され、最大速度850km／h（！）を予定した。

1号機Me163A V1、コード〝KE+SW〟は1940年末に完成したが、例によってHWK-RII-203が間に合わず、翌1941年はじめ、Bf110に曳航され滑空により初飛行した。ハイニ・ディットマーの操縦する本機は、ダイブしながら最大速度855・8km／hを記録、空力的には申し分のない出来であることを実証した。

同年7月に入って、ようやくHWK-RII-203ロケットエンジンが完成し、8月13日、Me163A V1は初めてのロケット飛行に成功する。この間、航空省はさらにMe163A V4、V5の2機を追加発注していた。

1941年10月2日、この日はMe163にとっても大きな転機となった。ハイニ・ディットマーが搭乗した原型第3号機Me163A V3、コード〝CD+IM〟は、Bf110に曳航されて離陸、高度3965mに上昇したところで、曳航索を切り離してロケットエンジンに点火、機はみるみる加速して、ついに計器速度600m.p.h

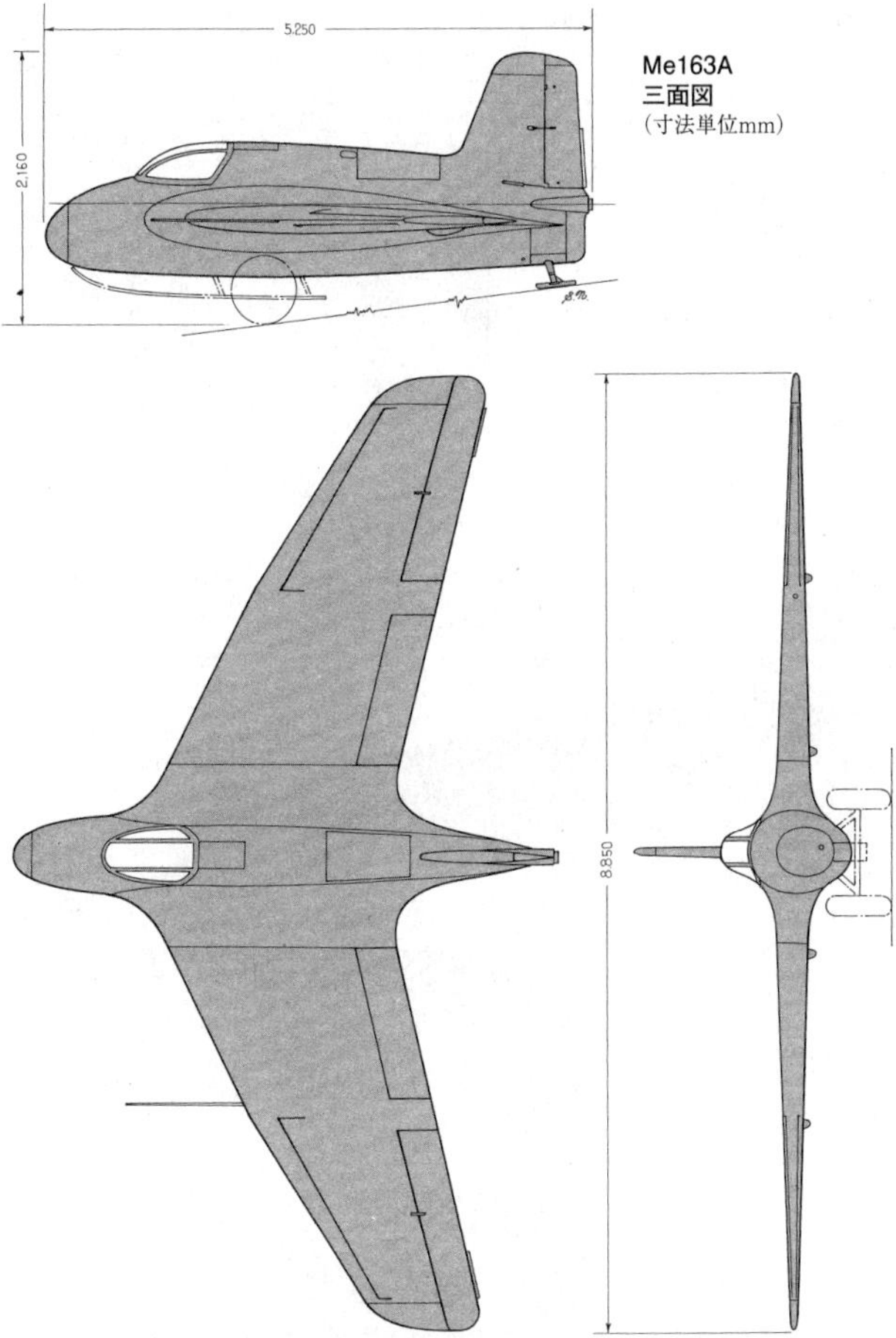

Me163A
三面図
(寸法単位mm)

（976・6㎞／h）を超えた（!）。その瞬間Me163A V3は激しい縦ゆれに見舞われ、操縦不能に陥ったが、ディットマーは冷静にロケットエンジンのスイッチを切り、機体を減速して無事に滑空で着陸した。

後日、地上の測定機により、この時の正確な速度が割り出され、なんと623・85m.p.h（1011・26㎞／h――マッハ0・84）を出したことが確認され、関係者一同を狂喜させた。むろん、2年前にレシプロのMe209V

▲▶1942年8月に、ロケット飛行を成功させた、Me163Aの原型1号機V1、コード"KE+SW"。DFS194と比較して、機体設計が一変したが、のちの量産型Bシリーズからみれば、まだ実用戦闘機にはほど遠く、実験機の域を出ていない。

1が記録した755・138km／hの世界速度記録は、あっさり更新されたわけだが、すでに戦争が始まっていたため、FAA公認記録になることもなかった。その代わりに、この快挙を成し遂げた3人の功労者、リピッシュ博士、ヴァルター技師、ディットマーに対し、空軍は、リリエンタール勲章を授与してその労を称えた。

●Me163B-0

レシプロ機では到底実現不可能な、Me163Aの超高速に大きな衝撃をうけた航空省は、同月22日、ただちにMe163を迎撃戦闘機として実用化することを決定し、新たに先行生産型Me163

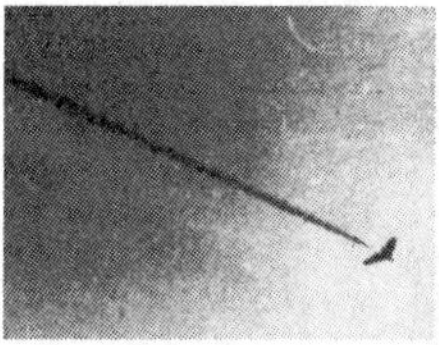

▲▶ロケットエンジン機特有の、濃いスモークを曳きながら、ペーネミュンデ基地上空をテスト飛行する、Me163A 1号機（V1）。

▲四発重爆迎撃威力を高めるため、両主翼下面に、R4M 55mm空対空ロケット弾各6発ずつ懸吊し、テストをうけたMe163Aの1機。1945年2月、ウーデット・フェルト基地での撮影。

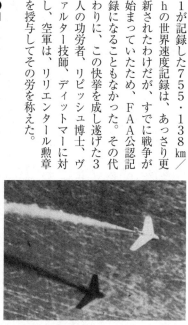

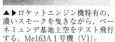

B-0 70機を発注、1940年前半までに実用態勢に入れるよう要求した。

B-0は、実用を前提にしたため、RⅡ-203よりさらにパワーの大きい改良型RⅡ-209ロケットエンジン（推力1700kg）を搭載することとされ、これにあわせて燃料タンクも大型化、無線機や諸装備、武装を施すなどで、A型とは寸度的にほぼ同じものの、全面的に再設計された。胴体はかなり太くなり、主翼は前縁の段差がなくなってスッキリとした後退翼になった。失速防止のため、翼端に向かって5・7°の振り下げ角が付けられたのも大きな変化であろう。Me163AVの重量は、空虚時に1450kg、全備時に2400kgであったが、B-0はそれぞれ1777kg、3950kgと大幅に増加しており、降着装置の強化も必要だった。離陸用のドリーは2個の大きなタイヤ（700×175㎜）を1組にし、Me163AVで橇式だった尾脚も、引込式の車輪（260×85㎜）付きに変更された。

着陸用橇（スキッド）は、下方に張り出した胴体に、

Me163B-0

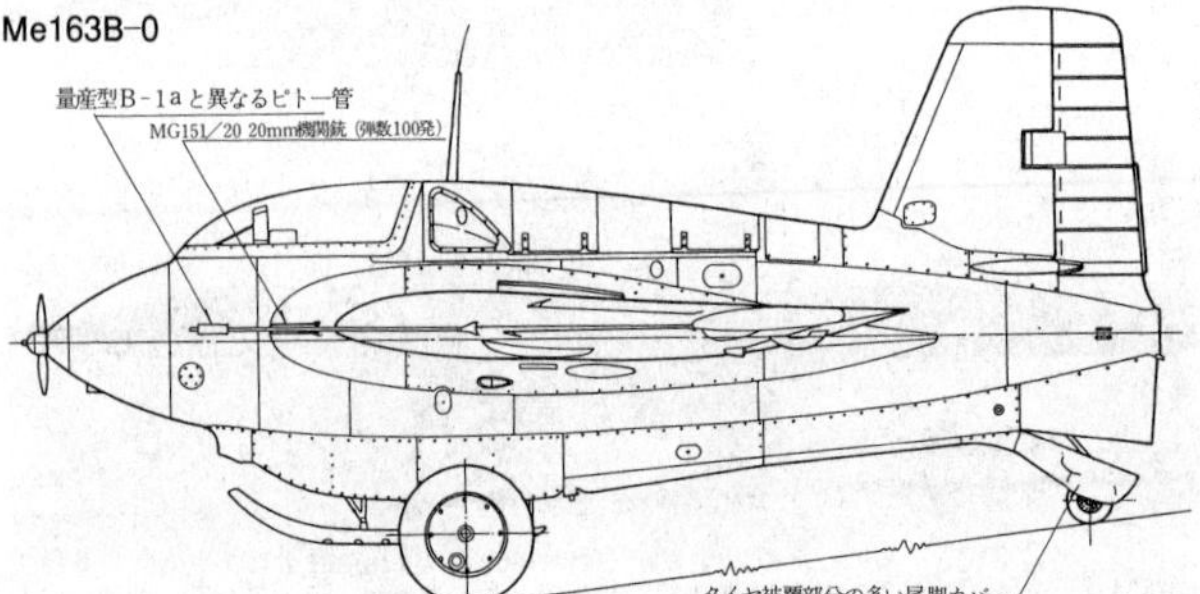

▶胴体後部上面のパネルを外し、燃料のC液を注入する地上員。T液ともども、燃料の取り扱いには細心の注意を要し、とくにT液の場合、小さなゴミ、虫が混入しただけでも、爆発の恐れがあった。

◀搭乗する前に、特殊飛行服を着用するMe163のパイロット。この飛行服は、操縦室の両側にあるT液タンクから、事故などで燃料が漏れた場合に備えるもので、石綿ミポラム繊維製である。これを着ていないと、T液が人体を"溶解"させてしまう。

▶梯子を使って、Me163B-0に乗り込むパイロット。人物と比較して、本機がきわめて小柄な機体であることが実感できる。パイロットの前面に立つ、厚さ90㎜の防弾ガラスが目を引く。

強固なものが備え付けられ、油圧により出し入れされる。武装は、両主翼付根内にMG151／20 20㎜機関銃各1挺を装備した。

B-0の1号機は、Me社アウグスブルク工場にて1942年4月に完成し、以下69機の組み立ても同社レーゲンスブルク工場、および下請のクレム社で開始された。しかし、肝心のHWK-RⅡ-209および、-211ロケットエンジンの完成は遅れ、次々にロールアウトしたB-0も滑空テストで時間をつぶすしか方法がなかった。とりわけ、T液とZ液を燃料とするMe163AのRⅡ-203および-209ロケットエンジンに対し、T液とC液を燃料とするRⅡ-211は燃料供給系統、燃焼室などの製作にあたり、さらに多くの問題を費やさなければならなかったのである。

一匹の小さな虫、またはゴミが混入しただけで爆発するT液、ガラスかエナメル、もしくは電解皮膜処理の容器以外は全て腐食させてしまう、C液の取り扱いも悩みのタネであった。ようやく両ロケットエンジンの実用化のメドがついたのは、1943年に入ってからである。これに先立って、空軍はMe163を迎撃戦闘機として実用するための、綜合テスト部隊〝第16実験隊〟(Erprobungs Kommando 16――EK16)を1942年夏に編制しており、隊長には、Bf109に乗り、72機以上撃墜を記録していたヴォルフガング・シュペーテ大尉が選ばれていた。

同年2月21日、RⅡ-209を搭載したB-0第8号機(Me163B-0V8)、コード〝VD+ER〟が、ルドルフ・オーピッツの操縦によって初飛行に成功した。この時点で、

Me163Bの動力は、推力の大きいRII-211に決定しており、RII-209はいわば間に合わせの搭載であった。

本命のRII-211が、当局から制式兵器名称HWK-109/509Aと名付けられ、ようやくEK16に届いたのは1943年8月であり、当初、1943年前半に実用化するという、当局の構想から大きく遅れていた。ロケットエンジンの開発は、ドイツとて並大抵のことではなかったのである。

9月に入ると、EK16の人員は指導員5名、パイロット23名を含めて150名まで増え、史上前例のないロケット戦闘機の実戦投入に向けて激しい訓練が続けられた。

EK16における、Me163パイロット養成の過程は、まず軽量のグルナウ・ベビー、クラーニッヒ両グライダーにより100回の滑空を行ない、次に翼面過重の大きいハビヒト・グライダーに移行、Me163Aにより無動力滑空を6回、同ロケット飛行を3回、Me163B-0によるロケット飛行を2回というカリキュラムで行なわれた。

とくに、全行程を通して徹底的にマスターすることを要求されたのが、正確な着陸である。すなわち、燃料を使い切ったMe163は、通常機のように着陸やり直しが許されないのだ。進入コースが悪くとも、そのまま着陸する以外に方法がない。滑走路を外れて不整地に突っ込み、転覆したりして機体に衝撃を与えれば、わずかに残ったT液が爆発し、あるいはタンクから漏れたT液に体が溶かされて一巻の終わりとなる。そのため、訓練中に多くのパイロットが事故で死んだり、負傷した。

なお、Ｍｅ１６３生みの親リピッシュ博士は、この間、社主のメッサーシュミット博士と意見の相違でしばしば対立し、１９４３年5月、部下ともども、ついにＭｅ社を去ってしまっていた。したがって以後のＭｅ１６３開発は、すべて同社スタッフが引き継いで行なったものである。

●Ｍｅ１６３Ｂ-１ａ

Ｂ-０に続いて量産に入った実用型Ｂ-１ａは、ロケットエンジンを小改良型のＨＷＫ-１０９／５０９Ａ-２（推力１７００kg）とし、武装をＭＫ１０８ 30㎜機関砲２門に変更した以外は、Ｂ-０と全く変わらない。

１９４４年1月、ＥＫ16の隊員を基幹として、最初の実戦部隊、第４００戦闘航空団第1中隊（1./ＪＧ４００）が新編されたが、Ｍｅ１６３Ｂ-１ａの供給は遅れ、5月になってようやく1機が納入、6月に３機、7月に17機と続いて、どうにか中隊編成が可能に

▲ロケットエンジンを始動した直後の、Ｍｅ１６３Ｂ-０"05"号機。尾部のノズルから白い噴煙が出ている。左手前は電源車。パイロット、地上員にとって緊張の一瞬である。

なった。

Ｍｅ１６３による実戦初出撃は、１９４４年5月13日、ＥＫ16のシュペーテ大尉の操縦する、真紅のB-0V41、コード〝ＰＫ＋ＱＬ〟によって記録されていたが、この日は戦果なく、3ヵ月後の8月5日、1.／ＪＧ４００の3機のコメートが、マグデブルク上空で3機のP-51Dを撃墜したのが初戦果であった。同月24日には、B-17を3機撃墜して、ロケット戦闘機の前途が明るくなったように思われた。

レシプロ機と隔絶する高速のＭｅ１６３を、ロケット飛行中に捕捉するのは不可能であり、連合軍の受けたショックも大きかったが、間もなくＥＫ16、ＪＧ４００の駐留するバート・ツヴィシェナーン、ブランディス両基地上空を迂回する戦術を採ることで、Ｍｅ１６３からの攻撃は全く避けられることに気付いた。行動半径の小さいＭｅ１６３は、自慢の高速を発揮できなくなってしまったのである。特殊な燃料、整備されたコンクリート滑走路を必要とする本機を、使用できる基地は限定されるため、簡単に移動はできなかった。秋から冬にかけて、天候の悪い日が続くようになると、目視攻撃のＭｅ１６３は、この

▶機体全体にカバーを被せられ、ブランディス基地に待機する、第４００戦闘航空団のＭｅ１６３B-1a。雨模様の天候下では、雨水が機体内部に入ることは絶対に避けなければならない。でないと、水分がわずかでもT液に接触しただけで、大爆発をおこし、機体は木端微塵になってしまう。

Me163B-1a 五面図
（寸法単位mm）

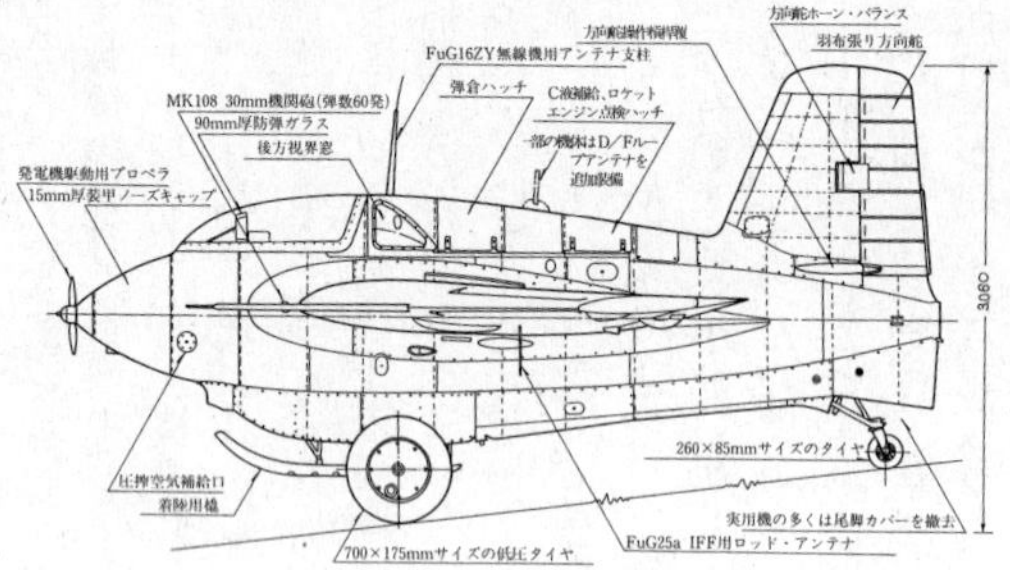

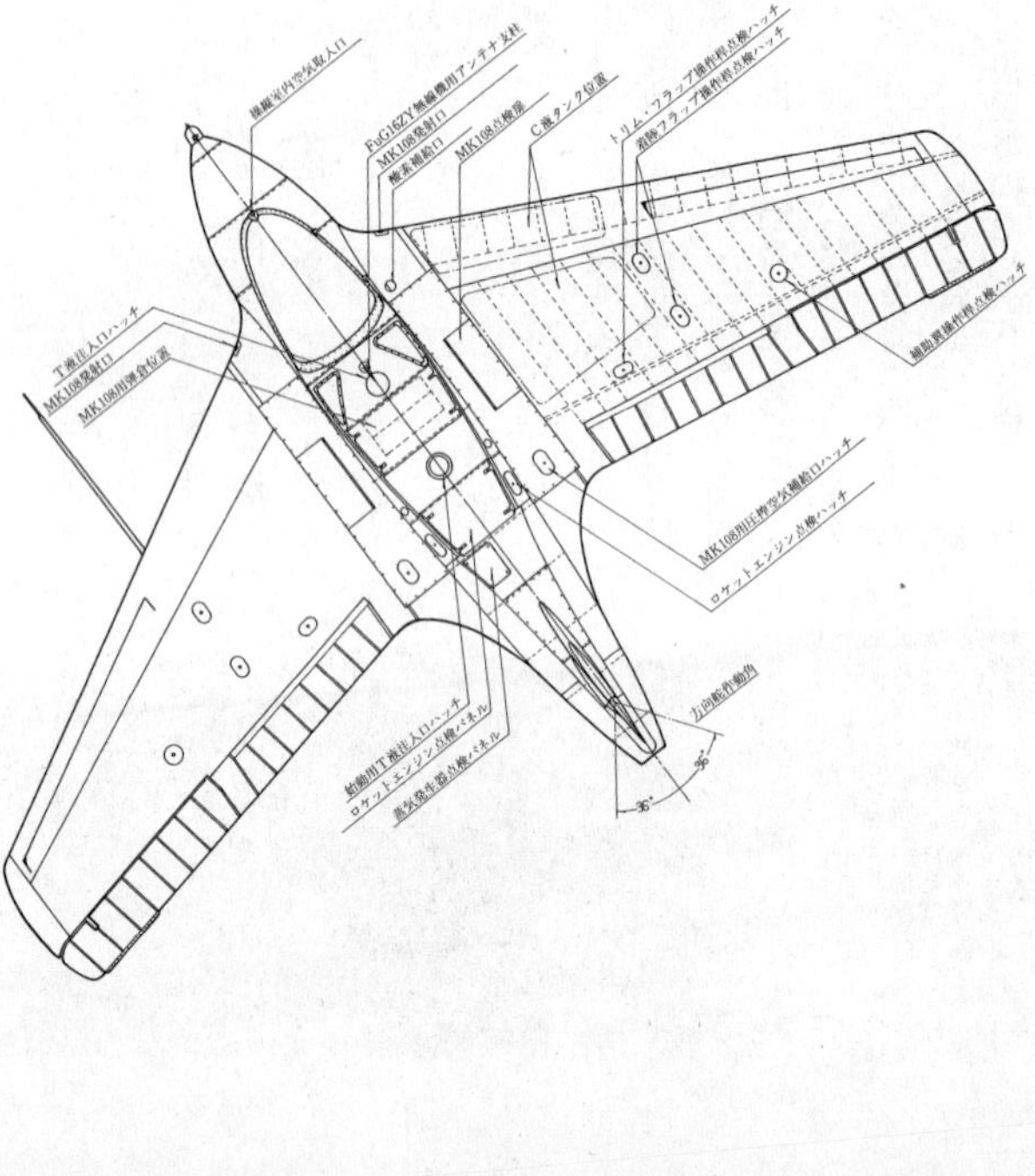

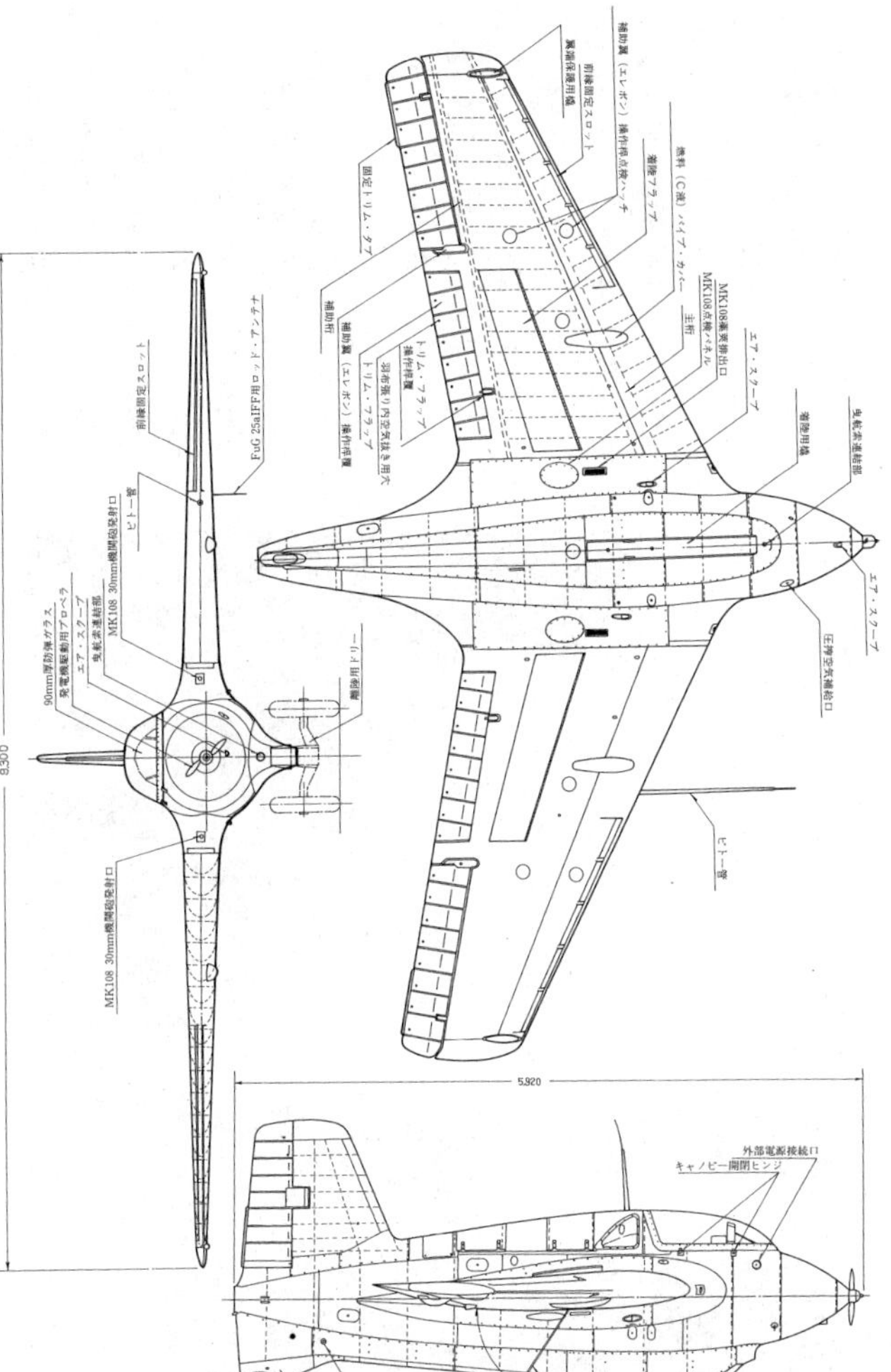

補助翼（エレボン）操作桿点検ハッチ
前縁固定スロット
翼端保護用橇
着陸フラップ
燃料（C液）パイプ・カバー
固定トリム・タブ
補助桁
補助翼（エレボン）操作桿覆
トリム・フラップ操作桿覆
羽布張り内空気抜き用穴
トリム・フラップ
MK108薬莢排出口
MK108点検パネル
主桁
エア・スクープ
着陸用橇
曳航索連結部
エア・スクープ
圧搾空気補給口
ピトー管
FuG 25aIFF用ロッド・アンテナ
前縁固定スロット
ピトー管
MK108 30mm機関砲発射口
曳航索連結部
エア・スクープ
発電機駆動用プロペラ
90mm厚防弾ガラス
離陸用ドリー
MK108 30mm機関砲発射口
9,300
5,920
外部電源接続口
キャノピー開閉ヒンジ
リフト・バー差込孔
タイヤ被覆部を切り取った尾脚カバー
フラップ最大開度45°

面でも行動が制限され、無為に時間を消費する日が続いた。

　この間、ドイツ本土は英、米軍による昼、夜を問わぬ猛爆撃にさらされ、Me163の燃料工場、それを輸送する鉄道網などがズタズタにされ、身動きがとれなくなった。ここに至って、ドイツ空軍期待のロケット戦闘機運用計画は、行き詰まってしまったのである。なお、Me163B-1aは、1944年中に237機、1945年に42機、計279機生産されたといわれる。

●Me163C
フル・スロットルでわずか4

▶エプロンから、トラクターで離陸スタート地点まで牽引されようとする、第16実験隊のMe163B-0。離陸前、着陸後に、自力で移動できない欠点は、運用上の大きなネックのひとつだった。

◀白煙を噴きつつ、離陸した直後のMe163B-0。このあと、すぐにドリーを切り離し、急上昇に移る。パイロットたちは、Me163の離陸・上昇を、〝シャープ発進〟と呼んでいた。

分30秒、最大でも8分間にしか過ぎない Me163Bの航続時間は、実用上の大きなネックであった。そこで、Me社は、Me262を手がけたヴォルデマー・フォイクト技師以下の設計スタッフにより、アルプスに近いオーバーアムメルガウの疎開工場で、改良型の設計に着手した。

まず、燃料節約のために、巡航用の補助燃焼室を追加した、HWK－109／509C－1ロケットエンジン（推力2000kg）を搭載することにし、C、T液タンク容量を増大、巡航時間は12分に延長された。これにともなって胴体長は1120mm、主翼幅は500mm長くなった。武装は、機首内部にMK108 30mm機関砲を2門追加している。

Me163C 上面図

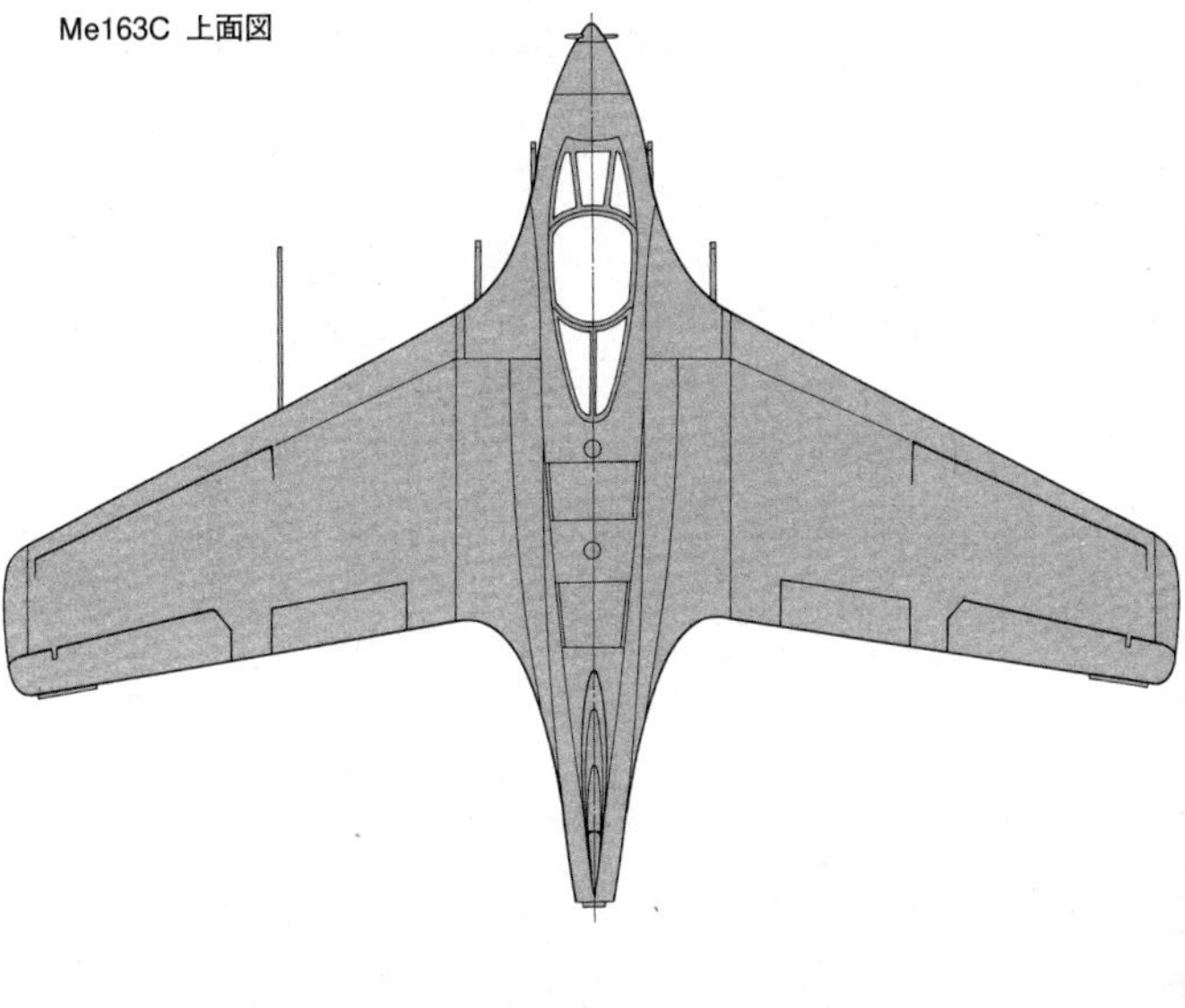

Me163C 三面図（寸法単位mm）（P.61の上面図と組みになる）

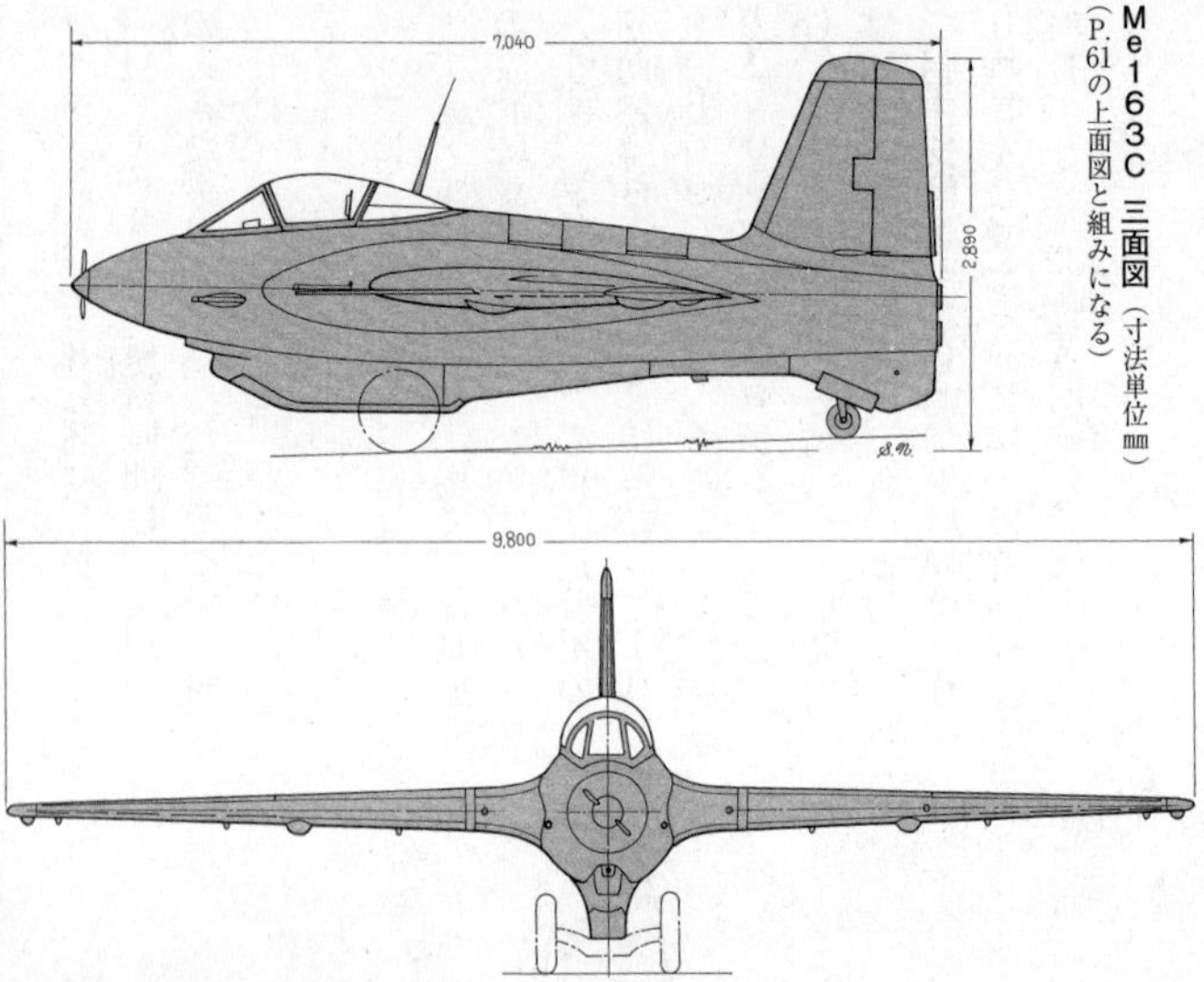

Me163C 胴体内部配置図

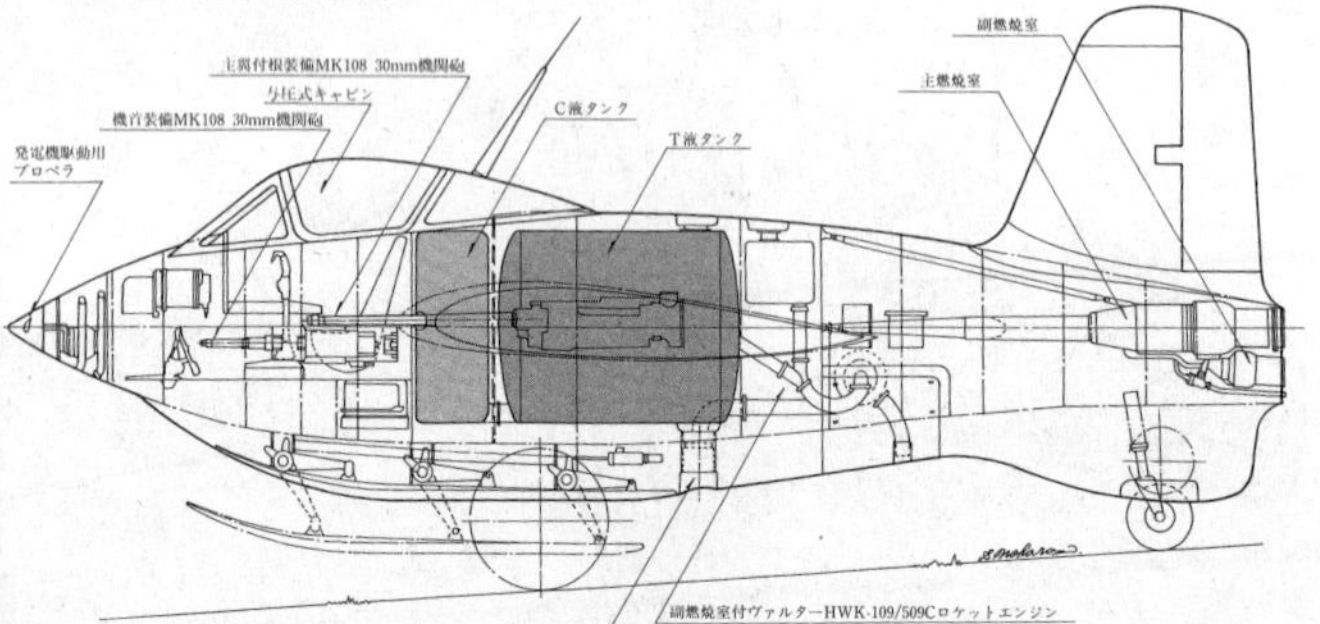

後方視界に難のあった操縦室は、機首に突出して設けられ、360°視界の効く水滴状キャノピーに変更された。室内は与圧化され、作戦限界高度は、12000mから16000mに向上した。

重量も必然的に増加して、全備重量5000kgとなったが、最大速度はMe163Bと変わらないとみられていた。

Me163C原型機は、1944年夏までに3機完成したといわれるが、並行して開発されていたMe163D（Me263）のほうが、より有望とみられたため以後の開発は中止された。

●Me163S

通常機と全く異なる飛行特性のMe163を、新人パイロットが乗りこなすのは容易ではなく、早くから

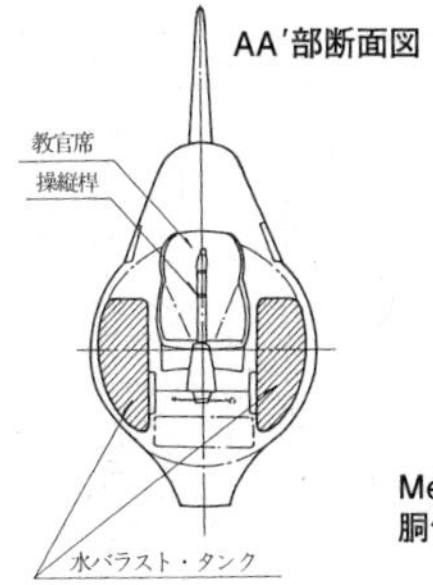

Me163S-1
胴体内部配置図

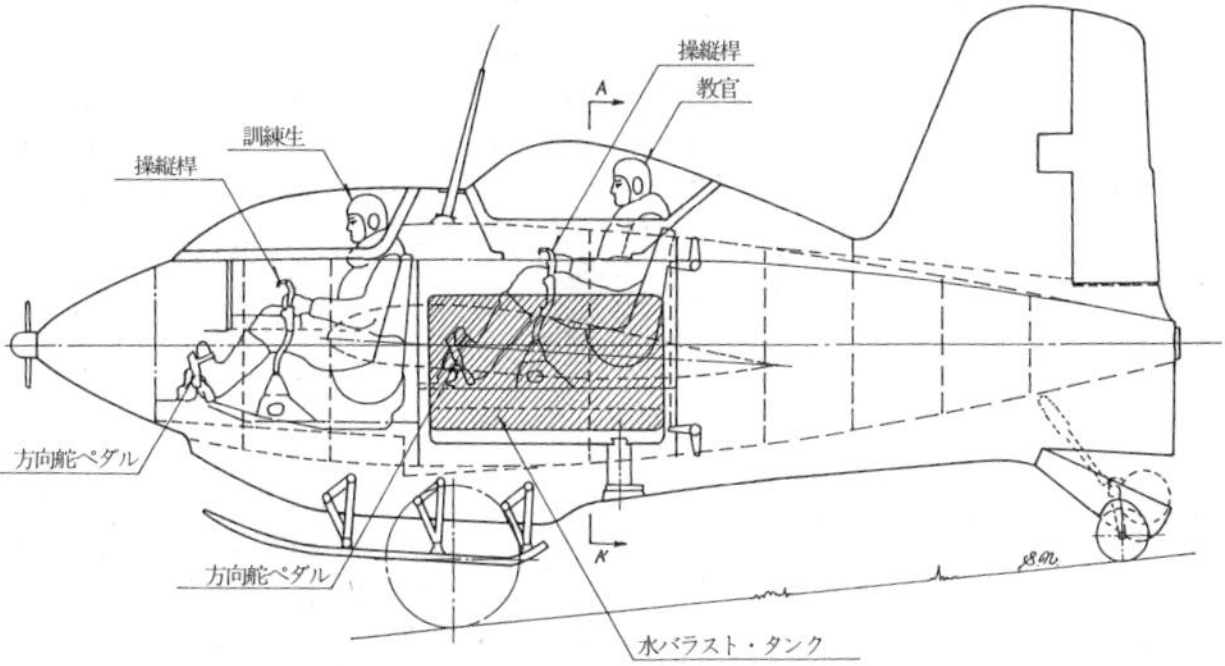

無動力複座練習機型の必要性が叫ばれていた。しかし、機体そのものが異常に小さかったため、教官席（後席）を追加するのが難しく、開発はあとまわしにされ、ようやくMe163Sとして具体化したのは1944年秋になってからである。

B-1aのロケットエンジン、燃料タンク、武装などを撤去して、従来の操縦室の後方に、一段高く教官席を設け、複操縦装置を追加した。重心をコントロールするために、教官席の両側に水バラスト・タンクを備え、主翼内C液タンクも水バラスト・タンクとして使われた。降着装置などはそのままとされている。Me社の計画図には、発電機用プロペラ、アンテナ支柱なども描かれているが、実際には取り外されたと思われる。

1号機は1944年末に完成し、翌1945年1月に、JG400の根拠基地ブランディスに運ばれたが、すでに基地上空は、常時連合軍戦闘機の監視下にあり、無防備のMe163Sがのんびり飛べる状態ではなかった。結局、ほとんど飛行（滑空）する機会のないまま、侵攻してきたソビエト軍に捕獲され、〝94〟の機番号と赤星を記入し、のちにテストされた。

●Me163D／Me263（Ju248）

極端に短い航続時間とともに、Me163Bの大きな問題点として論議されていたのが、着陸後の自力移動が不可能なことであった。空気袋を両翼下に挿入してふくらませ、機体を浮かせてドリーを装着するか、クレーン車で吊り上げて所定の位置まで持ってくるしかなかったからである。一刻を争う迎撃戦のさなかに、こうした手間は運用効率を大きく損ねることでもあった。

そこで、Me163Cの開発と並行して、通常の油圧引込式降着装置を持った改良型の設計が、1942年に開始されることになった。これがMe163Dである。ロケットエンジンはMe163Cと同じくHWK-109/509Cで、胴体はC型より短いが6・8mに延長され、主翼もB型よりわずかに全幅が長くなり9・33mとされた。この主翼の、ちょうど真下の胴体に主脚、操縦室下方に前脚が取り付けられた。収納時は前脚は後方に、主脚は上方へとそれぞれ引き込まれる。

B型の部品を流用したMe163Dの原型1号機は、1944年5月に完成し、両脚を出したままの初飛行に成功したが、ちょうどこの時期Me社では、もうひとつの革命機Me262の開発や在来型機の量産などで手一杯の感もあり、航空省はMe163Dの開発を、全面的にユンカース社に移すことを命じた。もともと、居候の身に近いリピッシュ博士が持ち込んできたMe163に対して、社主メッサーシュミット博士はほとんど興味がなく、リピッシュ博士とケンカ別れ

▶ユンカース社の改造設計によって完成したMe263(Ju248)の1号機、W.Nr381001、コード〝DV+PA〟。細長い円形断面の胴体、与圧キャビンを覆うキャノピー、前脚式降着装置など、Me163Bと一変したスタイルである。

してからは、同社の〝お荷物〟扱いだったので、この決定にホッとしたというのが本音だったろう。

ユンカース社に開発権が移ったMe163Dは、新たにJu248と改称され、ハインケル社主エルンスト・ハインケル博士から、在社当時に〝能無し〟とこきおろされた、ヘルテル技師の担当で改修が加えられることになった。

胴体は全面的に再設計され、操縦室より後方の背部の〝張り出し〟が除去され、全長7・88mの細い真円断面に改められた。これにともない、キャノピーもC型と同じく、機首に水滴状に突出する形に変更されている。

構造は全金属製セミ・モノコック式で、与圧式操縦室、無線機、発電機、前脚をおさめる前部胴体と、主脚、T液タンク3個、C液タンク1個、弾倉をおさめた中央胴体、ロケットエンジンをおさめた後部胴体の3部分から成っている。B型の装甲ノーズは廃止され、かわりに操縦室下面に20㎜、座席後方に12㎜厚の装甲板を、パイロット前面には厚さ100㎜の防弾ガラス、座席の上には20㎜厚の装甲板を取り付けて肩と頭部を防護した。機首先端の発電機駆動用プロペラが、3翅に変更されたのも目立つ。

中翼配置の主翼は全木製で、構造はB型と基本的に変わらないが、外翼前縁の固定スロットは自動式スラットに改め、翼端形状も少し変化して全幅は9・5mとなった。武装はB型と同じく、両主翼付根にMK108 30㎜機関砲各1門（弾数各40発）である。

ヘルテル技師らは、もっと大幅な改修を望んでいたが、航空省の命令で、早急な量産化を目指すため前記範囲にとどめた。ユンカース社は、Ju248の1号機を1944年8月初めに完成させた。同月中は、Ju188の曳航による滑空テストに費し、HWK－109／509Cロケットエンジンの完成を待って、9月から動力飛行テストを開始した。

テストの結果、Ju248は最大速度こそB型と変わらなかったが、航続時間は15分に延長され、前脚式降着装置の導入で、実用性は大幅に改善されたため、ただちに大量生産計画が承認されたが、航空省はこの段階になってJu248の名称をMe263に訂正するよう命じた。もともと本機は、Me社の開発機というのがその理由である。

1944年12月23日、ベルリンの航空省で開かれた会議で、Me263は最優先開発機に指定されたが、前述したように、この頃には、既にロケット戦闘機を効率的に運用する環境が崩壊していた。もはやMe163の実用性を改善したMe263が完成したところで、ドイツ空軍には本機を飛ばす燃料も、完成機を部隊に配属する輸送手段も尽きかけていたのである。

結局、Me263は緊急大量生産のかけ声にもかかわらず、敗戦までに1機の量産機も完成しなかった。

▲Me263V1の機首、および左主翼。与圧キャビン化により、キャノピーはフレームの多い頑丈なものとなった。

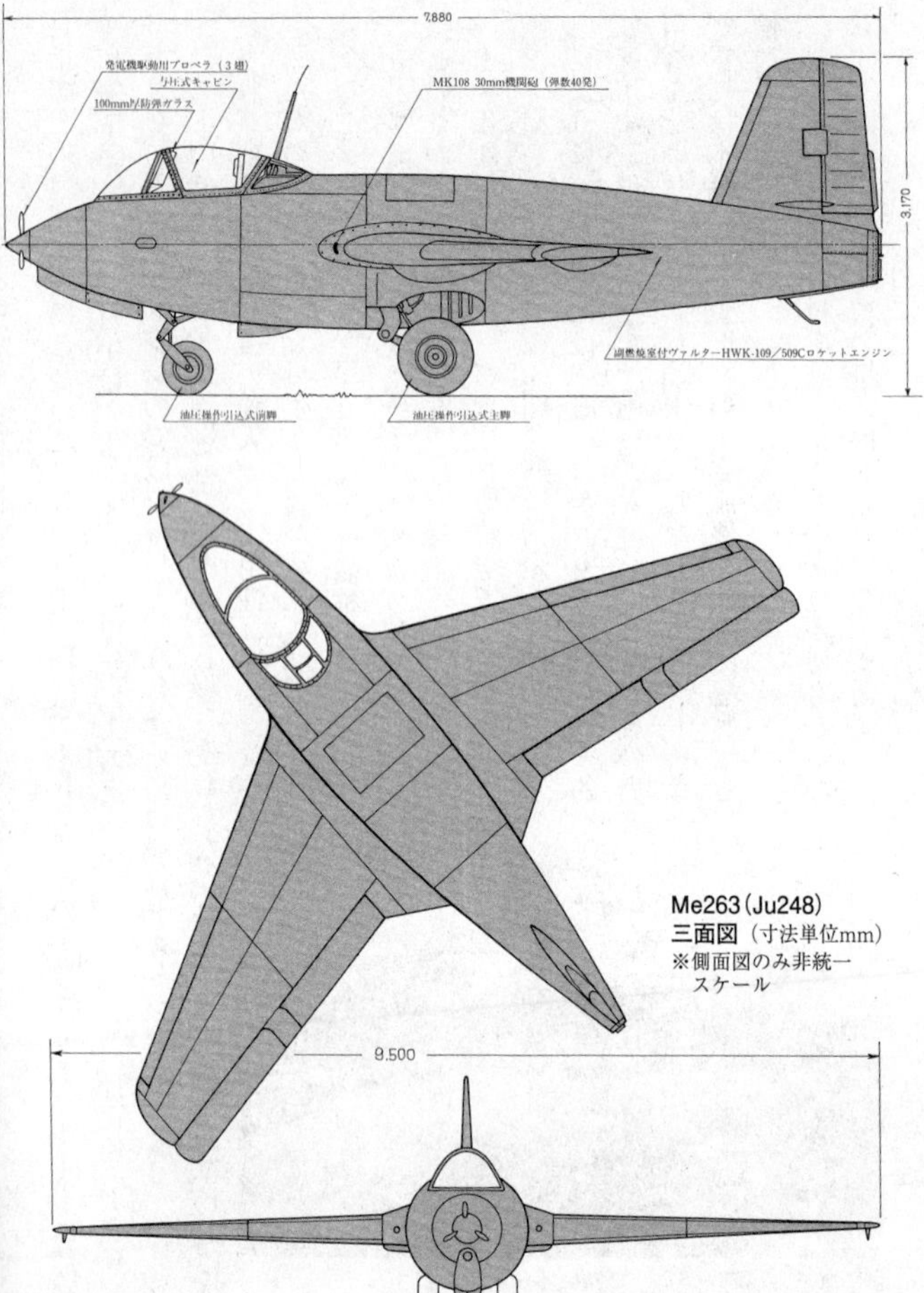

Me263（Ju248）
三面図（寸法単位mm）
※側面図のみ非統一
スケール

Me163Bの機体構造

▲戦後、イギリスにおいて一般公開された、Me163B−1a、W.Nr191912。

Me163B
機体部品構成

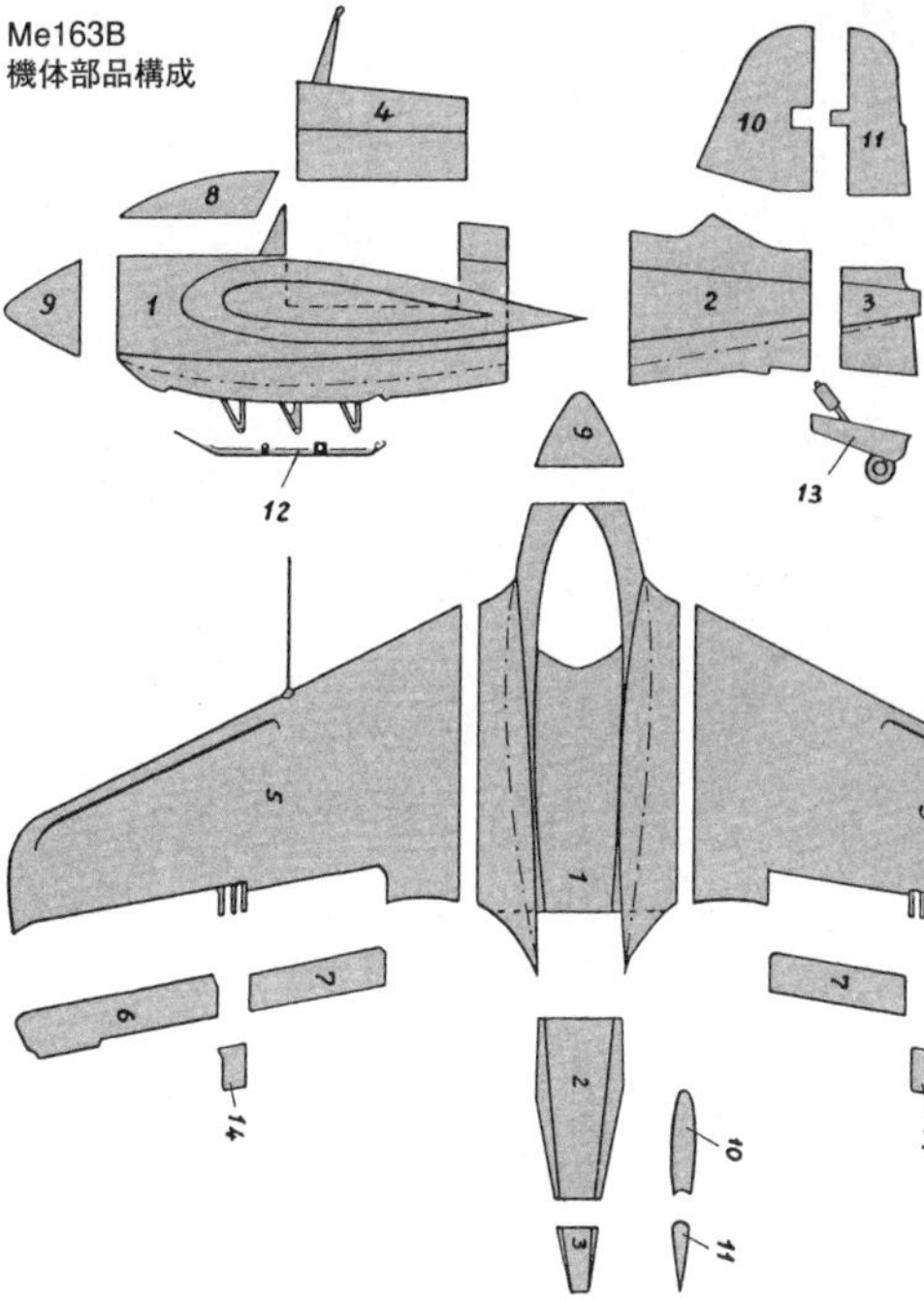

1．前部胴体　2．動力部胴体　3．胴体尾部
4．胴体上部　5．主翼本体　6．補助翼
7．トリム・フラップ　8．キャノピー
9．ノーズ・キャップ　10．垂直安定板
11．方向舵　12．着陸用橇（スキッド）
13．尾脚　14．取り外し式主翼後縁外板

●胴体

機首、前部、上部、後部、尾部の5つのコンポーネンツから成り、機首には無線機、発電機、前部には操縦室、T液タンク、着陸用橇（スキッド）、上部には弾倉、後部にはロケットエンジン、尾脚、尾部には燃焼室などがそれぞれ配置される。

構造は、全金属製セミ・モノコック式で、機首外板は15㎜厚の装甲板、前部と後部胴体は、エンジンの点検が容易なように、着脱式となっていた。

●主翼

翼弦長の約25%位置に主桁、各動翼前縁位置に補助桁を配した全木製構造で、翼面積は19・60㎡、後退角23°（主桁位置）、翼厚比は第1リブで14・4%、第19リブで8・7%である。本体外皮は合板張り、各

Me163B-0 内部構造図

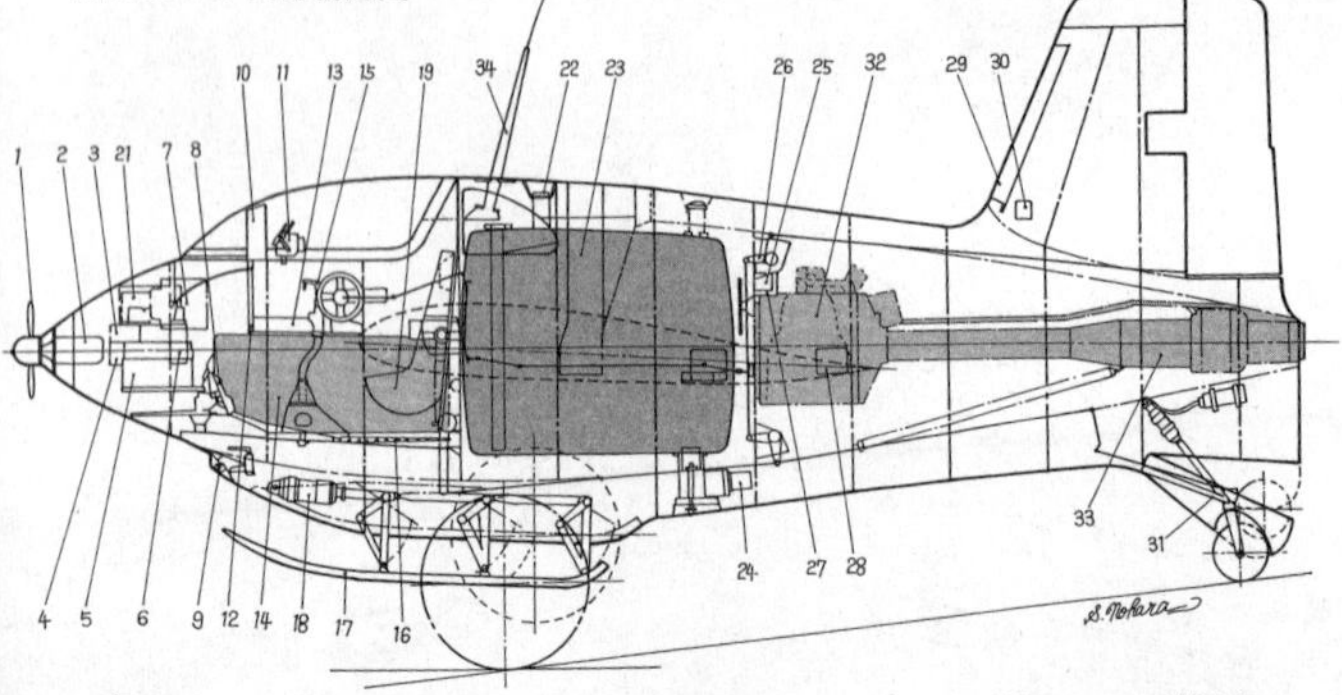

1. 発電機用プロペラ
2. 発動機
3. 無線機雑音消去器
4. スイッチ
5. バッテリー
6. 無線機
7. 無線機（FuG 16ZE）
8. 方向舵ペダル
9. 曳航索連結具
10. 防弾ガラス
11. Revi 16B光像式射撃照準器
12. 主計器板
13. 主計器板台座
14. T液タンク（操縦室内両側60ℓ）
15. 操縦桿握り
16. マニュアル操作索
17. 着陸用橇（スキッド）
18. 着陸用橇作動シリンダー
19. 座席
20. MG151/20 20mm機関銃
21. FuG 16ZE変圧器
22. T液補給口

動翼は羽布張り、内翼下面の着陸フラップは、木製骨組みに金属外皮。主翼前縁は、失速防止のため、翼端に向かって5・7°の捩り下げ角が付けられ、外翼前縁に固定式スロットを設けている。

　昇降舵の働きを兼ねる補助翼（エレボン）の作動角は、上方に22°、下方に27°、着陸フラップ作動時の縦揺れを防止する役目を果たす、トリム・フラップの作動角は上、下方とも10°、着陸フラップの下げ角は最大45°となっていた。

23. T液タンク（1,040ℓ）
24. 燃料排出口
25. 無線機大雑音消去器
26. 無線機小雑音消去器
27. 調節器
28. 配電箱
29. FuG 16ZE用プレート・アンテナ
30. FuG 16ZE用アンテナ調整器
31. 尾脚
32. ヴァルターHWK-109/509A
ロケットエンジン
33. 燃焼室
34. FuG 16ZE無線機用アンテナ支柱
35. 主翼前縁C液タンク（78ℓ）
36. 主翼中央C液タンク（177ℓ）
37. 補助翼操作槓桿
38. 着陸フラップ（下面）
39. 着陸フラップ操作槓桿
40. トリム・フラップ操作槓桿

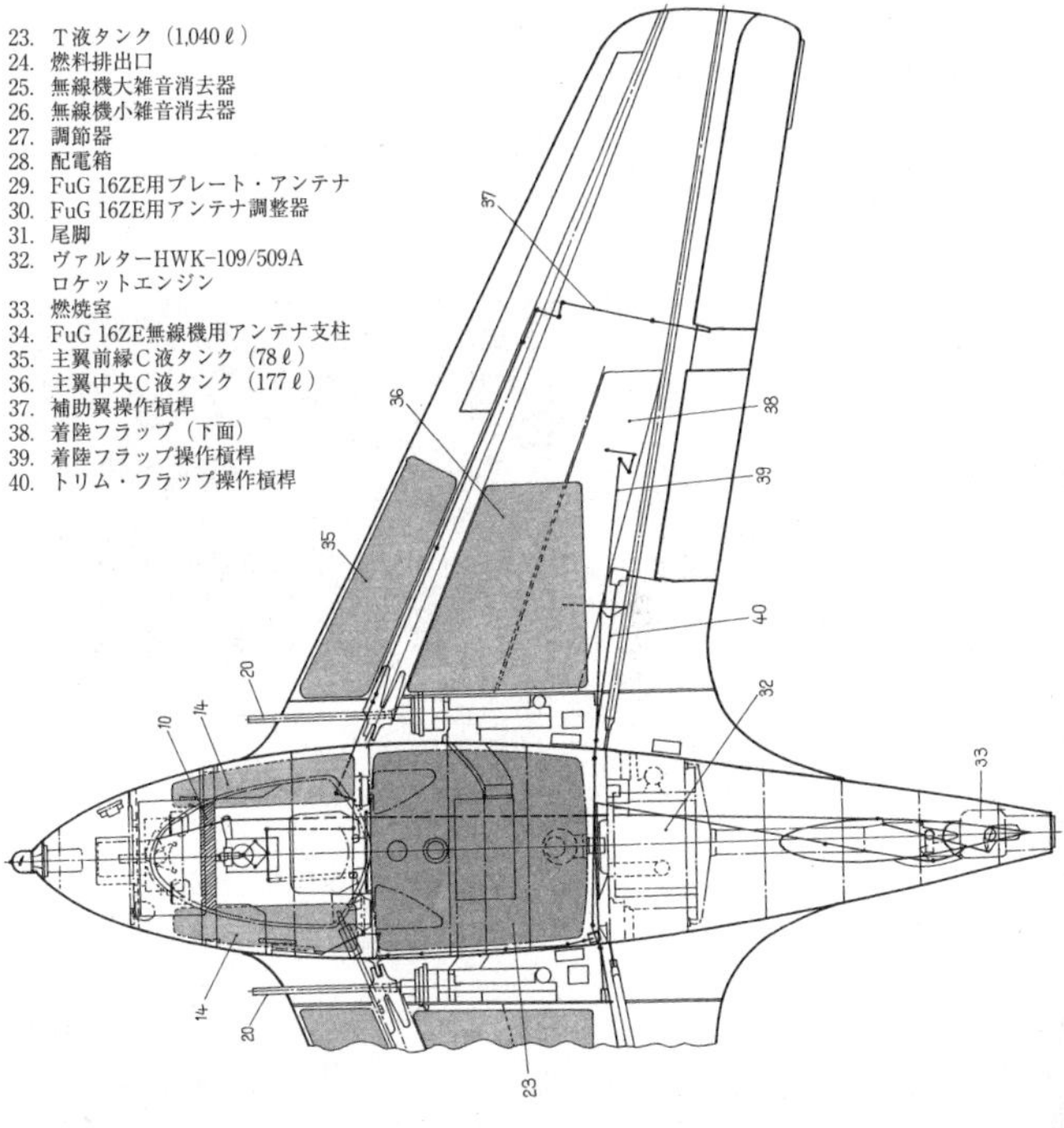

胴体構成

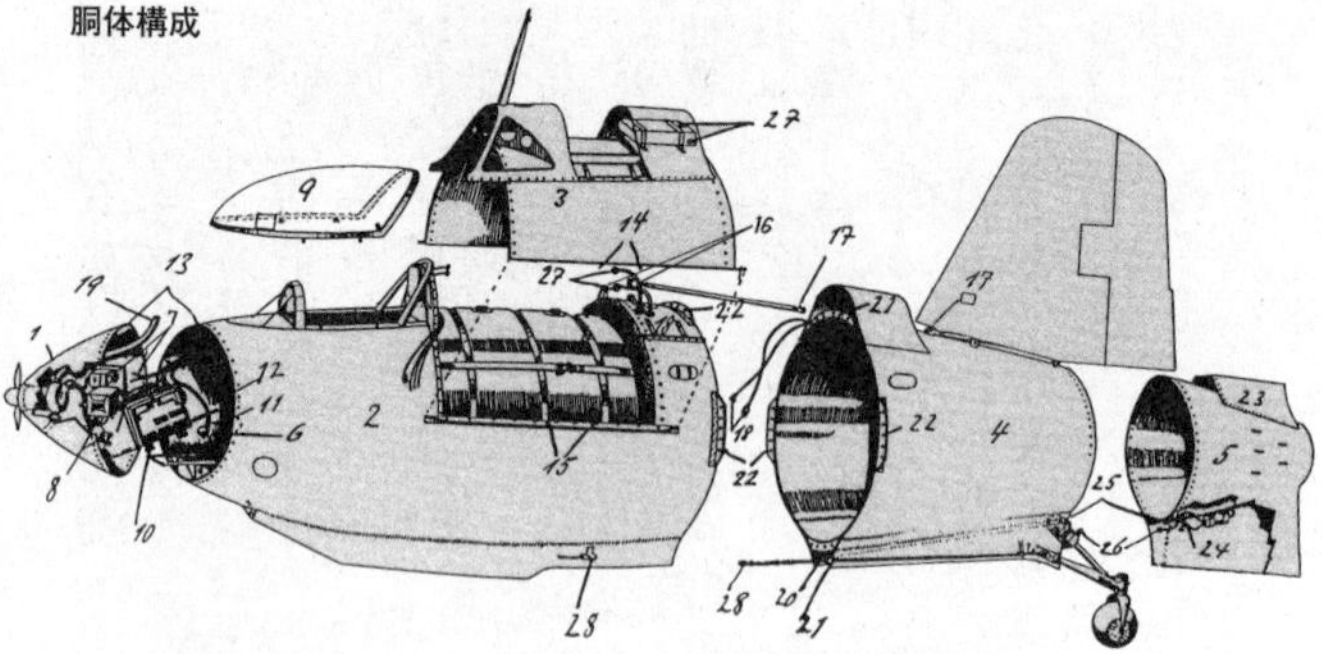

1．ノーズ・キャップ　2．胴体前部　3．胴体中央上部外皮　4．胴体後部　5．胴体尾部　6．バッテリー・コード差込部　7．雑音消去用電気コード　8．レギュレーター用電気コード　9．キャノピー　10. 無線機　11. 圧搾空気導管　12. 圧力油導管　13. ネジ差込部　14. 固定ピン差込部　15. 固定ピン・ガイド　16. プッシュ・ロッド前方連結部　17. 方向舵操作用プッシュ・ロッド後方連結部　18. 電気コード接続部　19. 電気配線　20. 圧力油導管　21. 圧搾空気導管　22. 前、後胴体接続部　23. 方向舵下部フェアリング　24. 圧力油導管　25. 圧搾空気導管　26. 圧力油導管　27. T液導管　28. 尾脚操作桿

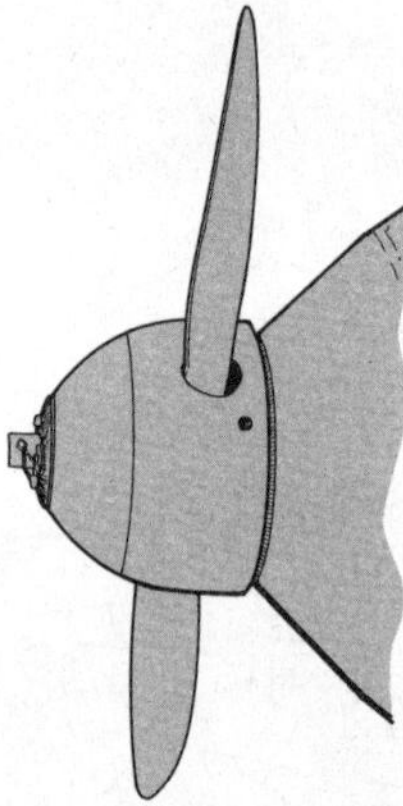

▲機首左側。

発電機駆動用プロペラ

▲キャノピー右側。前、後２つのヒンジを支点にして、全体ごと右側に開く。

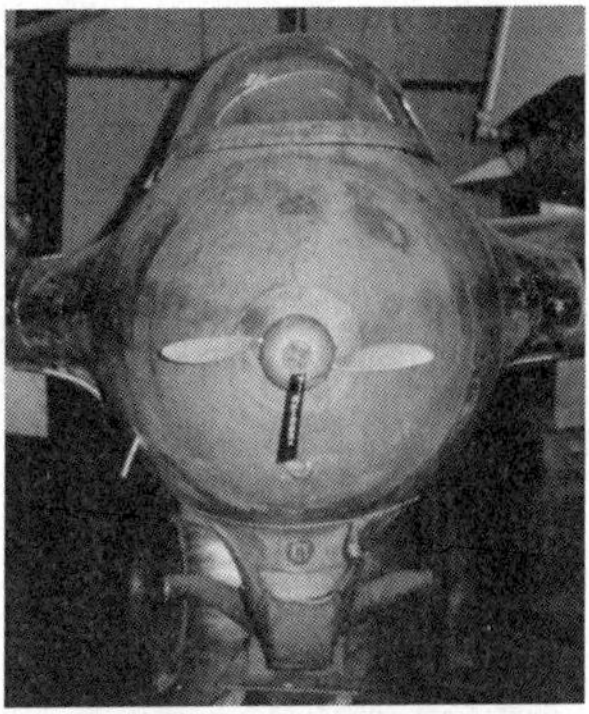

▶機首正面。胴体のフレームは、前、後を通じて円形断面。先端の小プロペラは、風力によって発電動機を駆動するためのもの。

▲胴体上部右側。T、Cのマークは、それぞれ燃料のT、C液の注入部を指示している。

▲〔左〕胴体上部左側。２つのスナップ・ヒンジが付く、前、後のパネルのうち、前者は、MK108 30mm機関砲弾倉の給弾ハッチ。

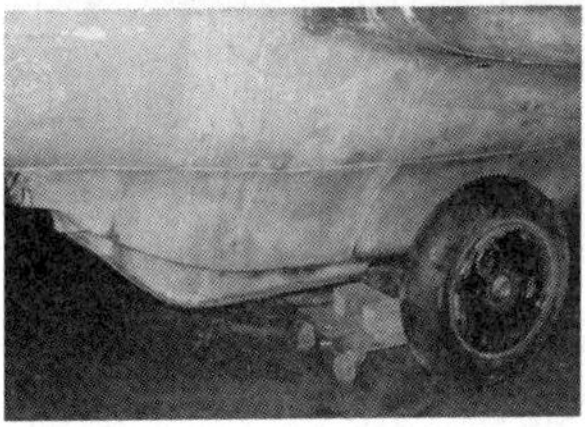

▲胴体下面の着陸用橇、および離陸用ドリー。

▶ファストバック形態キャノピーの本機に、後方視界を与えるための三角形窓。写真は右側を示す。

主翼前縁固定スロット
(左翼の下面側を示す)

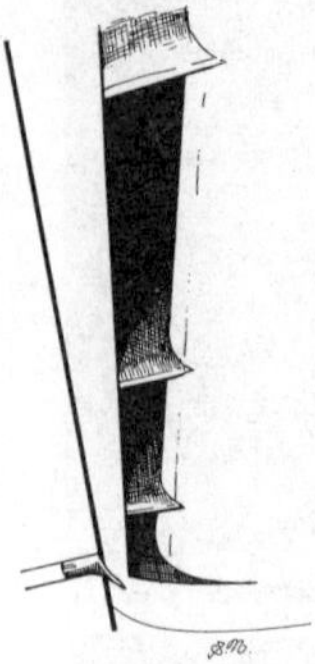

主翼構成
(右翼下面側)

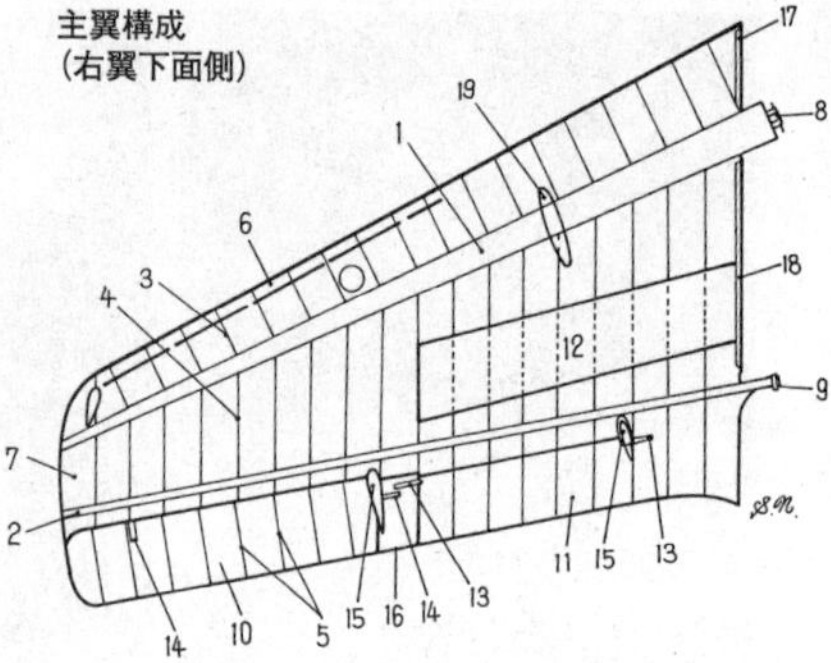

1．主桁　2．補助桁　3．前縁リブ　4．中央リブ　5．後縁リブ　6．スロット　7．翼端キャップ　8．主桁連結部　9．補助桁連結部　10．補助翼　11．トリム・フラップ　12．着陸フラップ　13．トリム・フラップ軸受け　14．補助翼軸受け　15．フェアリング　16．取外し式後縁パネル　17．前部C液タンク・カバー　18．後部C液タンク・カバー　19．燃料パイプ・フェアリング

▶Me163B-1aの、右主翼下面を視点にした、下面全体写真。ロケット戦闘機という肩書きにはそぐわない、全木製の主翼は、わずか数分間で燃料を消費してしまい、単なるグライダーとなって着陸する本機に、相応の操縦安定性をもたせるため、前縁の捩り下げ、同固定スロット、トリム・フラップといった、独特の工夫を施していた。

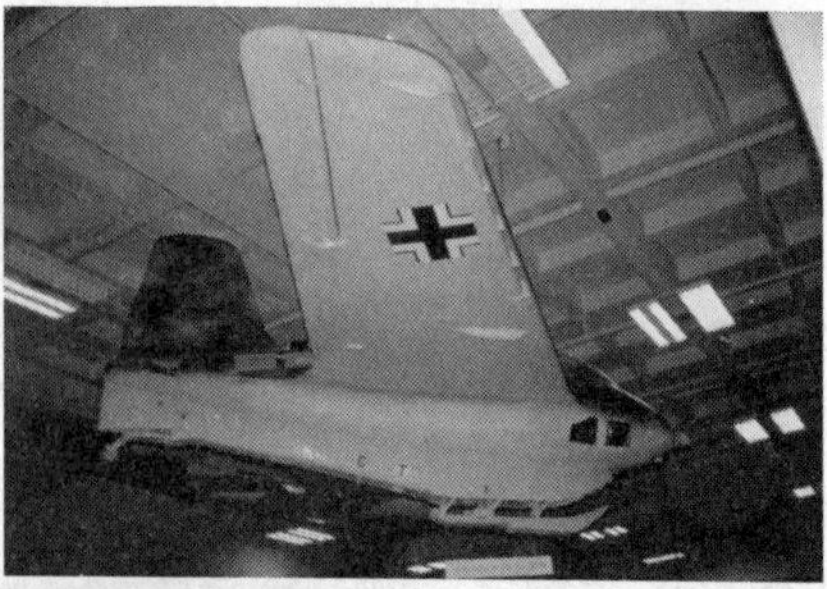

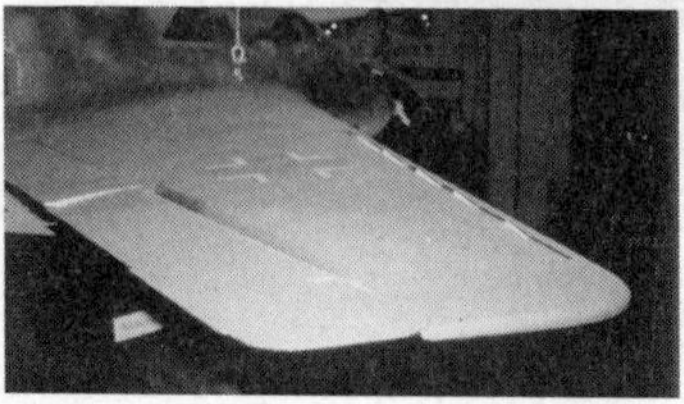

◀右主翼上面を翼端側から見る。前縁の固定スロットの隙間の状態に注目。翼端後縁の補助翼は、無尾翼機なので、昇降舵の働きも兼ねるようになっており、いわゆる“エレボン”と称されるものだった。

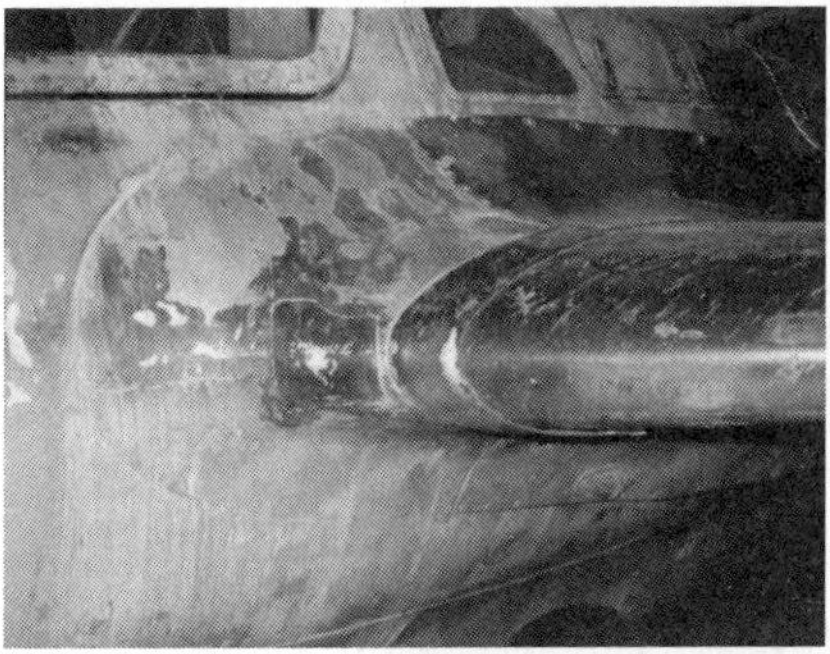

◀左主翼付根前縁部。円形断面の胴体に、中翼配置に取り付けられる主翼は、付根を、大きなフィレット（整形カバー）で覆い、気流の乱れを防いでいる。本来は、そのフィレット前縁に、MK108 30mm機関砲の発射口が開孔するのだが、写真のNASM保管機は、パッチで塞がれている。

▶左主翼付根上面を後方より見る。画面右の胴体と、滑らかにつながるように配慮した、フィレットの状態が把握できる。

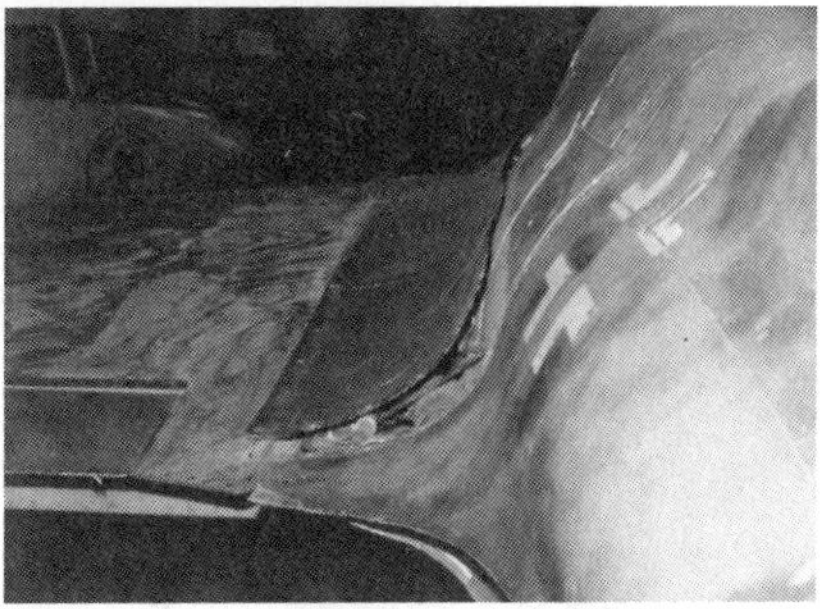

▼左主翼の前縁中央部付近。画面右上が固定スロット、同下に開いた状態の着陸フラップが写っている。

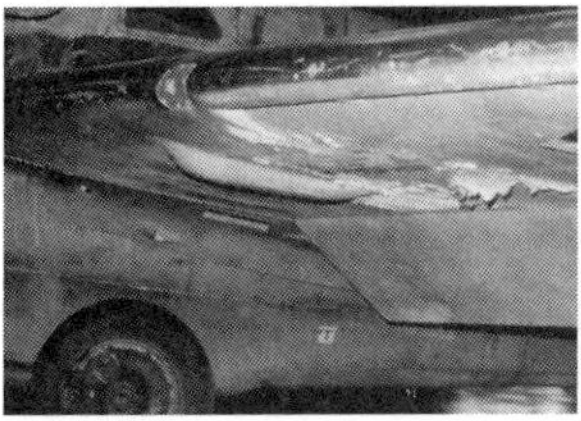

▼左主翼下部中央付近を前方より見る。上方が前縁で、下方にある突起は、翼内の2つのC液タンクをつなぐパイプを、カバーするためのもの。

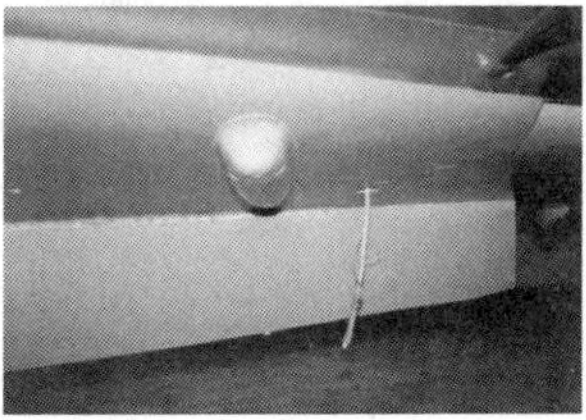

●垂直尾翼

2本桁に8本のリブを配した骨組みの安定板と、4本リブの方向舵から成る。骨組はいずれも木製で、安定板外皮は合板、方向舵は羽布張りである。安定板の第3、3aリブ間の後縁が四角く切り込まれ、ここに方向舵ホーン・バランスが食い込んだ。方向舵は安定板の第1、5リブに取り付けられ、左側下方に操作用槓桿が突出していた。後縁下部には固定トリム・タブが付く。

垂直尾翼部品構成

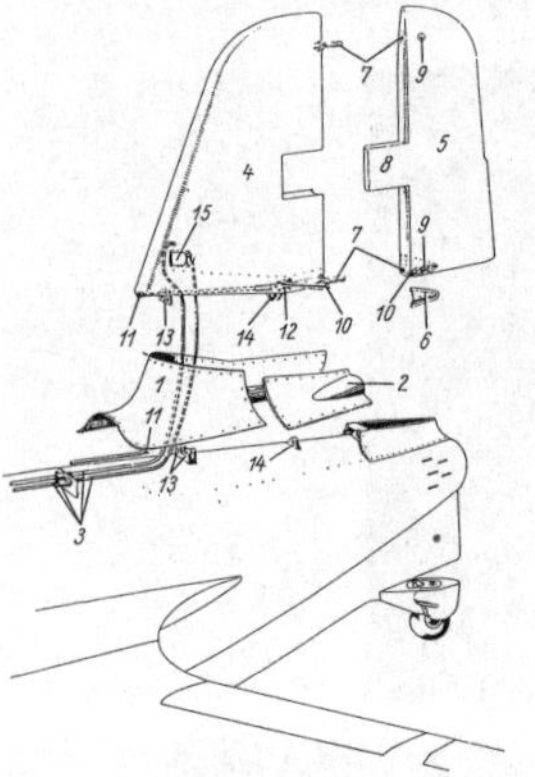

1．垂直安定板前部フィン　2．垂直安定板後部フィン　3．無線機アンテナ用配線　4．垂直安定板　5．方向舵　6．方向舵操作桿フェアリング　7．方向舵取付軸　8．方向舵ホーン・バランス　9．方向舵取付軸点検窓　10．方向舵操作桿　11．方向舵操作用ロッカー・レバー　12．方向舵操作桿連結部　13．垂直安定板前部取付ヒンジ　14．垂直安定板後部取付ヒンジ　15．点検パネル

▲NASMに保管されている、Me163B-1aの尾部右側全体。

垂直尾翼骨組み

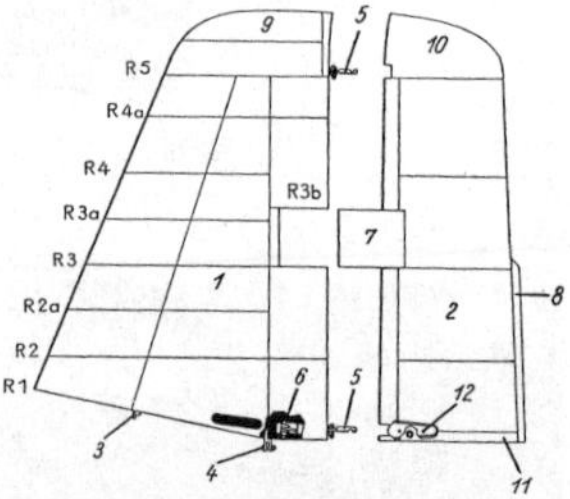

1．垂直安定板　2．方向舵　3．垂直安定板前方取付金具　4．垂直安定板後方取付金具　5．方向舵取付具　6．方向舵操作装置　7．方向舵ホーン・バランス　8．方向舵トリム・タブ　9．垂直安定板上端覆　10．方向舵上端覆　11．方向舵下端覆　12．方向舵操作桿取付部

●降着装置

リピッシュ博士の理想主義に基づいて誕生したMe163は、ロケットエンジンを別にしても、多分に研究機の域を脱していないところがあり、その最たる部分が降着装置だろう。離陸時に用いるドリーは、700×175㎜サイズのタイヤ（空気圧5・5kg／㎠）を、単純な十字形バーの左、右両端に取り付けたもので、バーの中央にある2個のピンを、着陸用橇の両脇に引っかけて装着した。緩衝装置はなく、轍間距離がきわ

着陸用橇（スキッド）の構成

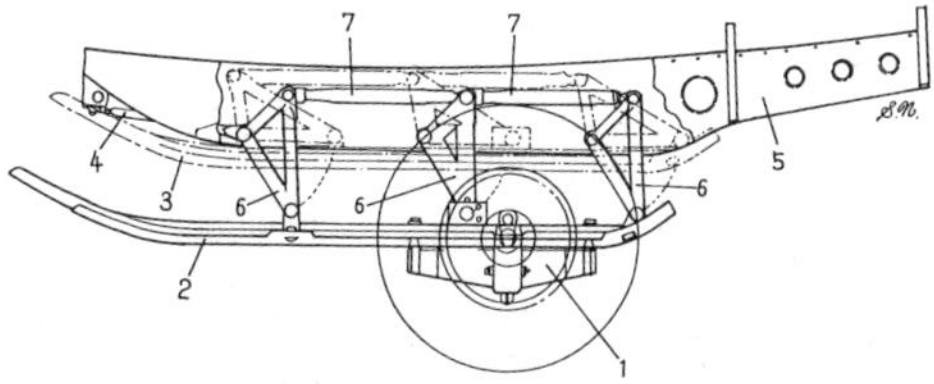

1．ドリー　2．橇（展開位置）　3．橇（収納位置）　4．支柱
5．橇支持架　6．橇取付/出入金具　7．各取付/出入金具連結桿

降着装置要領図

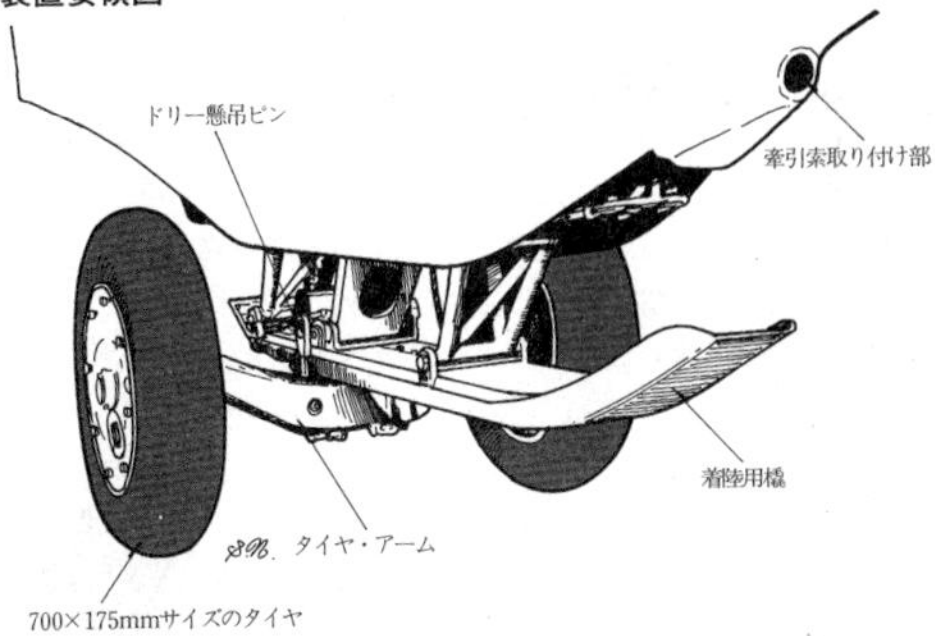

▶Me163B-0の尾脚。出し入れ用油圧シリンダー部の覆いを外したところ。のちの生産型B-1aでは、下部の車輪半分までを覆うカバーは、下図に示すように撤去したものもあった。

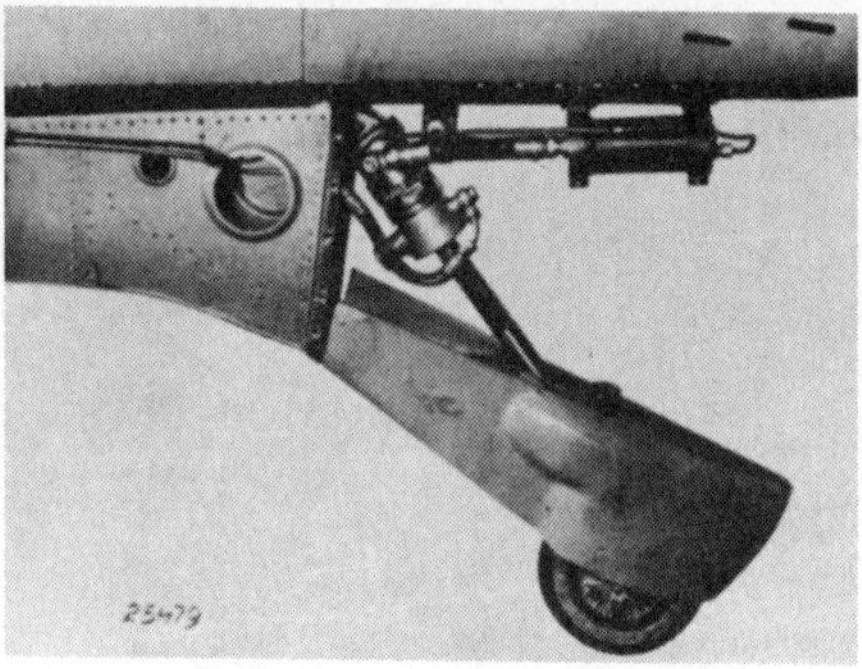

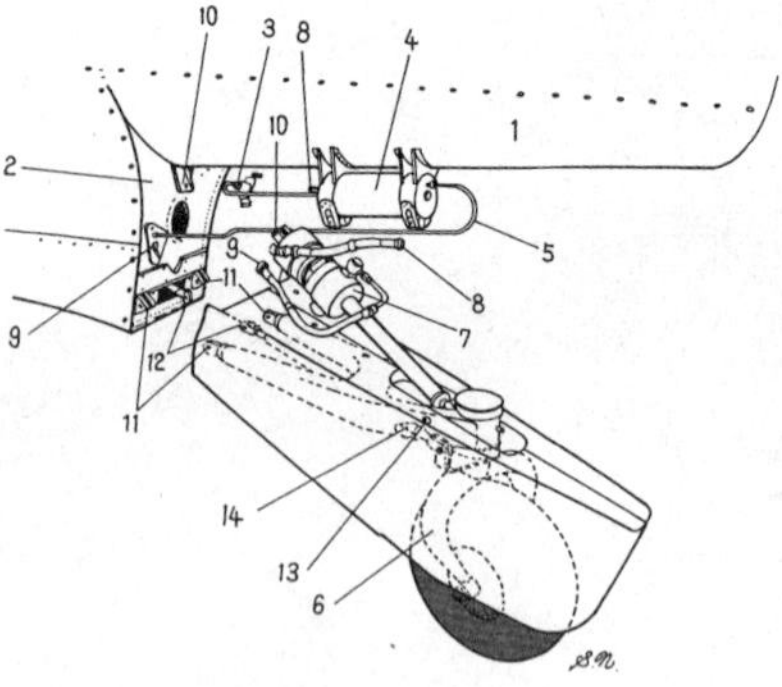

尾脚構造

1．胴体尾部　2．胴体第11隔壁　3．圧力油導管連結部　4．シリンダー　5．圧搾空気導管　6．尾輪フォーク　7．油圧シリンダー　8．圧力油導管連結部　9．圧力油導管連結部　10．油圧シリンダー連結部　11．尾脚取付部　12．尾脚支柱取付部　13．ピストン槓桿取付ボルト　14．尾輪操作槓桿

尾脚覆の変化

Me163B-1a

Me163B-0、B-1a

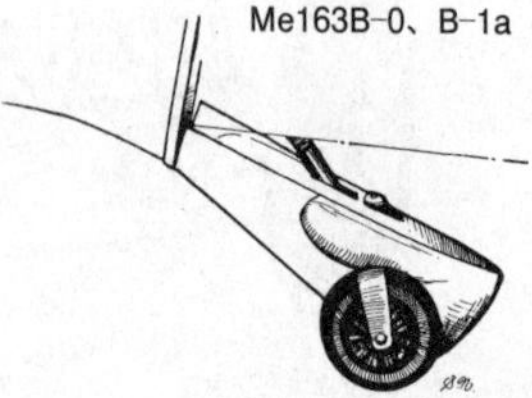

めて狭いこともあって、よく整備されたコンクリート滑走路以外では使えなかった。離陸したら、直ちに操縦室のレバーを引いて、このドリーを投下するわけだが、タイミングが早過ぎると、地上でバウンドしたドリーが機体下面に当たり、大事故をおこす例が少なからずあった。

　着陸用橇は油圧によって上下し、ドリー装着時は下げ、着陸時は上げ位置にセットした。

　尾脚も着陸用橇と連動して油圧により上、下する。尾輪は260×85㎜サイズ。B-0では尾脚覆がタイヤ半分までを覆っていたが、B-1ではタイヤ全体が露出するように切り欠かれ、JG400の装備機の多くは尾脚覆全体を撤去していた。

●操縦室

　通常のレシプロ戦闘機とあまり変わらない配置だが、両サイドに恐怖のT液タンク（防弾タンク）が張り出している点

Me163A操縦室

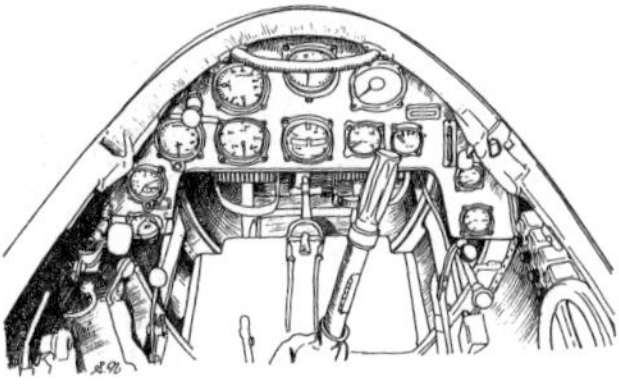

▶Me163は、レシプロ機と隔絶する超高速を誇ったが、やはり、B-17、B-24の四発重爆が迎撃目標だったので、防弾装備はしっかりと施していた。この辺は、当時の日本機とちがい、相手の防御火器の威力を認め、真摯に対応していたといえる。

Me163Bの装甲板配置

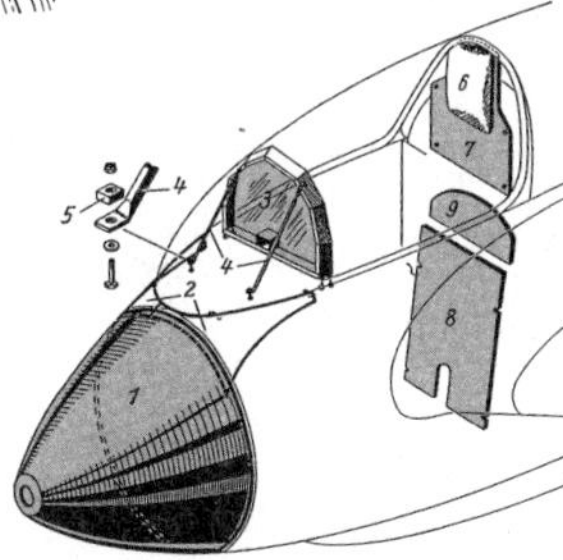

1．装甲ノーズキャップ（15mm厚）　2．前上方装甲板　3．防弾ガラス（90mm厚）　4．防弾ガラス取付支柱　5．ナット　6．ヘッドレスト　7．頭部防弾板　8．背部防弾板　9．肩部防弾板

Me163Bの操縦室

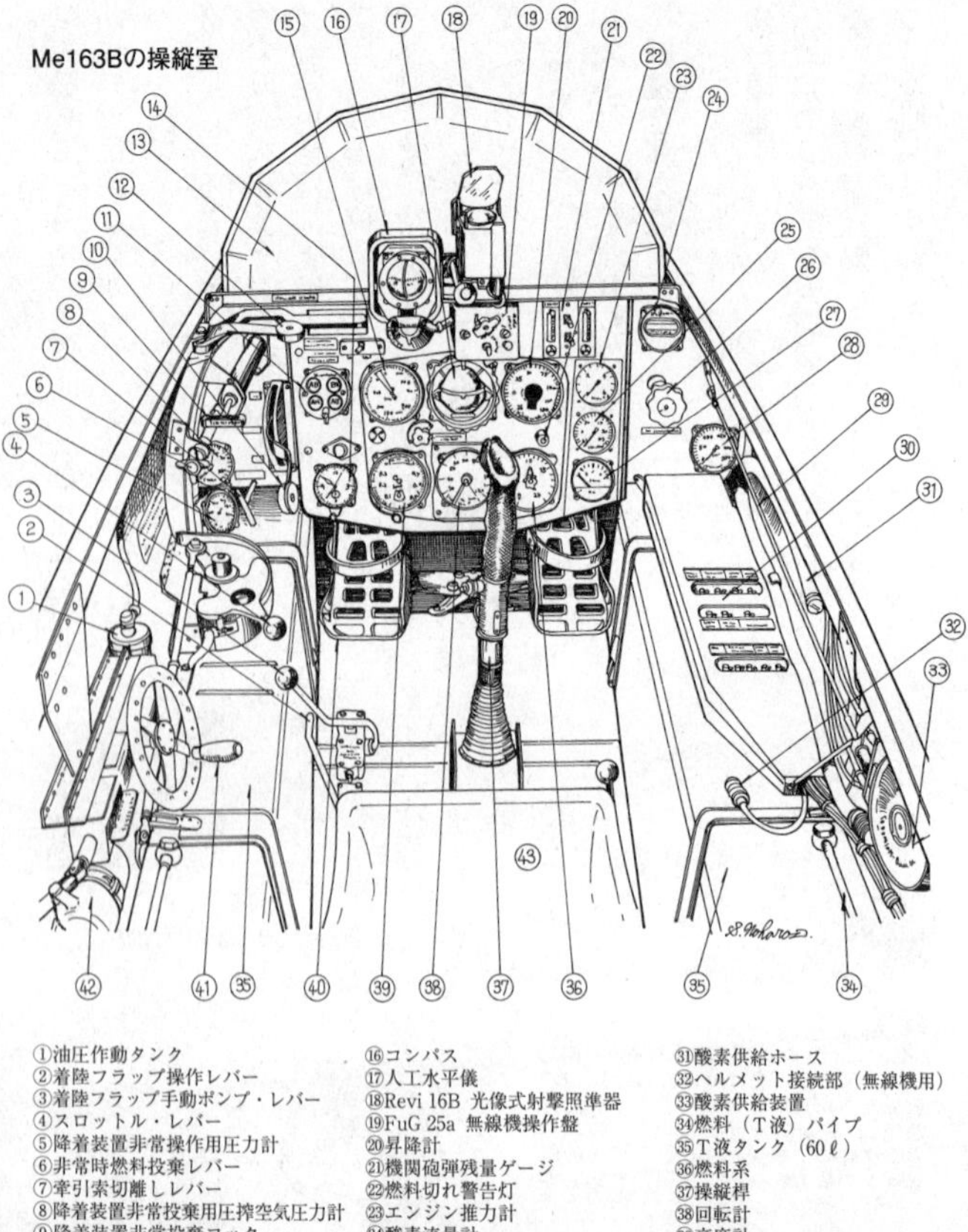

①油圧作動タンク
②着陸フラップ操作レバー
③着陸フラップ手動ポンプ・レバー
④スロットル・レバー
⑤降着装置非常操作用圧力計
⑥非常時燃料投棄レバー
⑦牽引索切離しレバー
⑧降着装置非常投棄用圧搾空気圧力計
⑨降着装置非常投棄コック
⑩降着装置下げレバー
⑪降着装置位置表示計
⑫キャノピー・ロックレバー
⑬防弾ガラス（90mm厚）
⑭航空時計
⑮速度計
⑯コンパス
⑰人工水平儀
⑱Revi 16B 光像式射撃照準器
⑲FuG 25a 無線機操作盤
⑳昇降計
㉑機関砲弾残量ゲージ
㉒燃料切れ警告灯
㉓エンジン推力計
㉔酸素流量計
㉕エンジン推力計
㉖酸素バルブ
㉗温度計
㉘酸素圧力計
㉙キャノピー非常時投棄索
㉚無線機、電気装置関係スイッチ盤
㉛酸素供給ホース
㉜ヘルメット接続部（無線機用）
㉝酸素供給装置
㉞燃料（T液）パイプ
㉟T液タンク（60ℓ）
㊱燃料系
㊲操縦桿
㊳回転計
㊴高度計
㊵方向舵ペダル
㊶トリム・フラップ操作ハンドル
㊷着陸フラップ作動油タンク
㊸座席

Revi 16B 光像式射撃照準器取付要領

パイロット・シート

後面

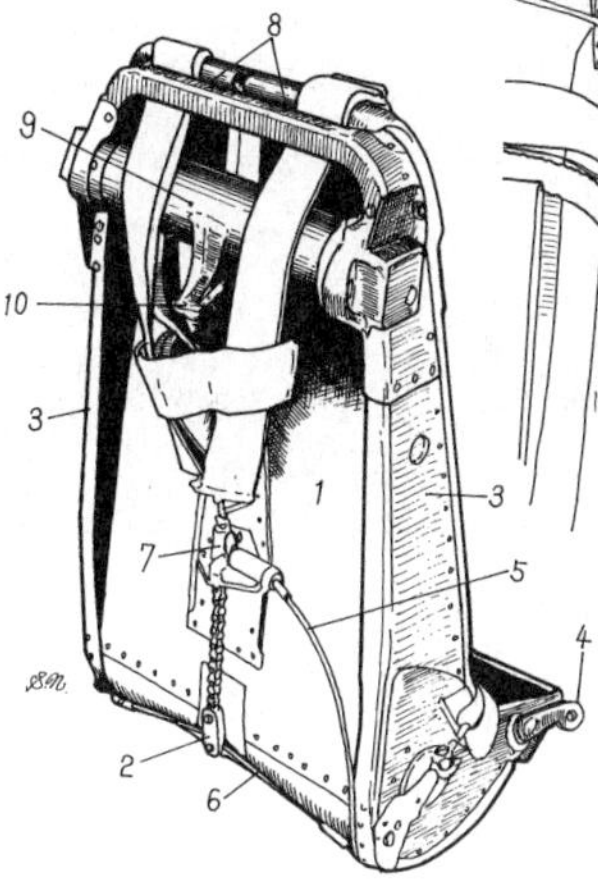

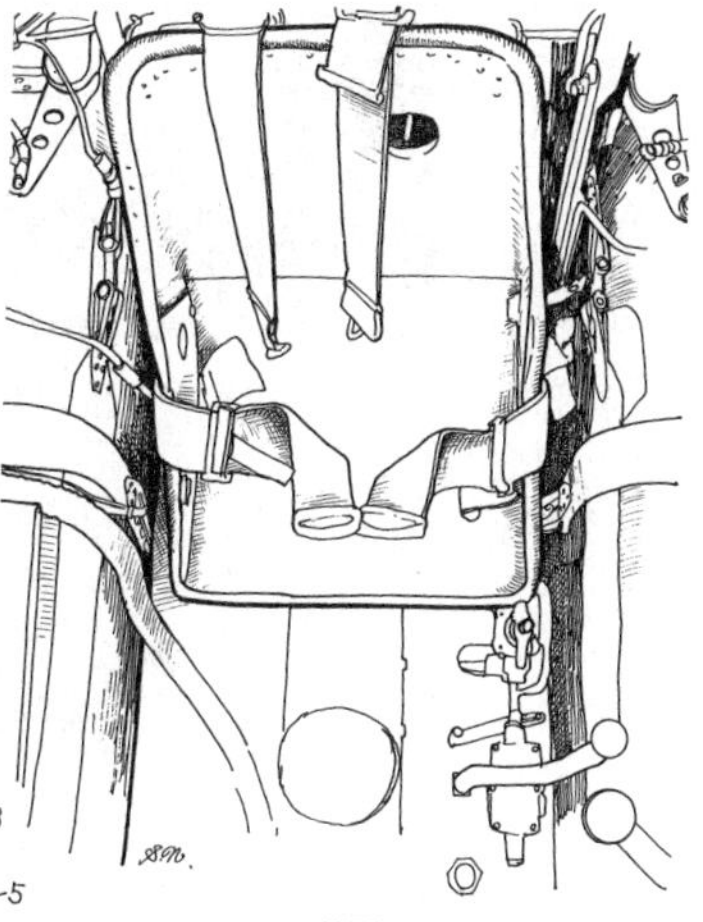

前面

1. シート　2. ガイド・ローラー　3. シート・フランジ　4. ベルト調節レバー　5. ボーデン索　6. ゴム索　7. チェーン・ガイド　8. 背部ベルト通し　9. スプリング　10. サスペンション・フック

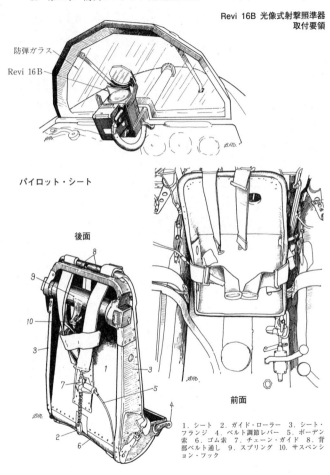

▶イギリスは、コスフォード空軍基地内に所在する、エアロ・スペース・ミュージアムに保存・展示されている、Me163B-1aの操縦室付近全体。以下の3葉も同じ。キャノピーを開けた状態で、厚さ90mmのぶ厚い防弾ガラスが、ひときわ目立つ。

◀操縦室内の正面計器板。ロケットエンジン機といっても、動力関係計器の数は、レシプロエンジン機と大差なく、いたってシンプルなもの。本来は、画面上方の防弾ガラスの手前に、Revi 16B射撃照準器が付くのだが、失われている。

▶操縦室内の右側。パイロット席が取り外されていて、やや拍子抜けの感もあるが、左手前に操縦桿、席の両側に配置された“恐怖のT液タンク”、酸素供給装置などが、ほとんど当時のままの状態で維持されており、リアリティーがある。

◀パイロット席の後方にある、ヘッドレスト、および防弾鋼板。小さな三角形視界窓があるとはいえ、パイロットの後方視界はきわめて狭い。もっとも、着陸時を除けば、本機が敵のレシプロ戦闘機に後方から射たれるという危険は、ほとんどなかったが……。

が異様である。いわば死の溶液を抱えているようなものだ。正面計器板中央に飛行関係計器をまとめて配しているのはＢｆ１０９、Ｍｅ２６２と同じ。正面の防弾ガラスは90㎜厚で、防御火器の充実した、米陸軍四発重爆に対処している。装甲板配置はP．79下右図に示すとおり。比較参考のために、Ｍｅ１６３Ａの操縦室も同下左図に示しておく。

なお、パイロットは、Ｔ液の危険から身を守るため、石綿・ミポラム繊維を使った特殊飛行服を着用し、酸素マスクの常用を義務付けられていたが、その特殊飛行服も、Ｔ液の浸透をいくらか遅らせる効果があるだけで、完全なものではなかった。キャノピーは右側の２個のヒンジで開閉し、非常時には、レバーを引くことで投棄可能。

着陸用橇に緩衝機構がないため、着地の際の強い衝撃で、パイロットが背骨を痛める事故が相次いだことから、本機の座席はシュナイダー博士の考案による、12Ｇまで耐えられるスプリング式となっていた。

射撃照準器は、大戦後半のドイツ戦闘機に共通の、Ｒｅｖｉ16Ｂを用いたが、Ｍｅ１６３があまりにも高速のため、敵機を照準し、射撃するのに許される時間はわずか2〜3秒にすぎず、Ｒｅｖｉ16Ｂではこれに対応しきれないというのが実情だった。

●動力装置

ＨＷＫ－１０９／５０９Ａロケットエンジン本体は、レシプロ、ジェットエンジンからみれば、実にあっさりした構造で、前方のタービン、ポンプなどを収めた制御室と、後方の燃焼室から成り、重量はわずか３６９kgにすぎない。

エンジンの始動要領は、まず小型電動モーターを始動してタービンを回す。タービンはT液の一部を、過マンガン酸カリなどを含む、分解用触媒の入った蒸気発生器へ送り込み、ここで発生した蒸気で、燃料圧送用のタービン・ポンプを動かす。タービン・ポンプはT、C液をそれぞれのタンクから調整装置へ、３対１の割合で送り込み、これらは計18本のパイプを通って燃焼室へ入る。ここでT液とC

▲HWK-109/509Aエンジンの制御室。レシプロエンジンとは比較にならぬシンプルな構造で、タンクから導いたC、T液を、それぞれ６本、12本の細いパイプに、均一に分配して燃焼室に送るのが主な機能。

ヴァルターHWK-109/509A ロケットエンジン

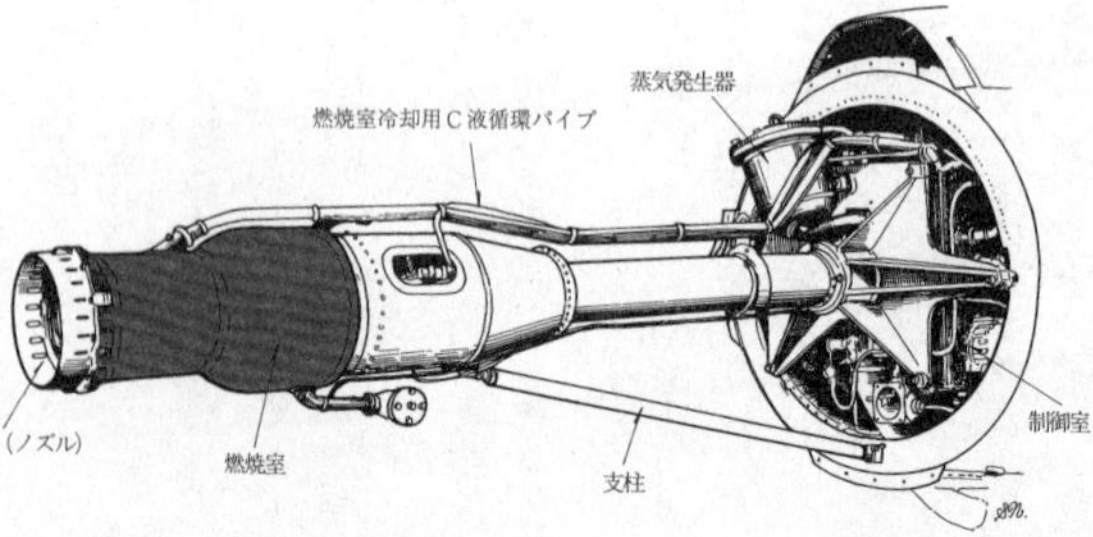

HWK-109/509A ロケットエンジン構造概念図（燃料の流れを示す）

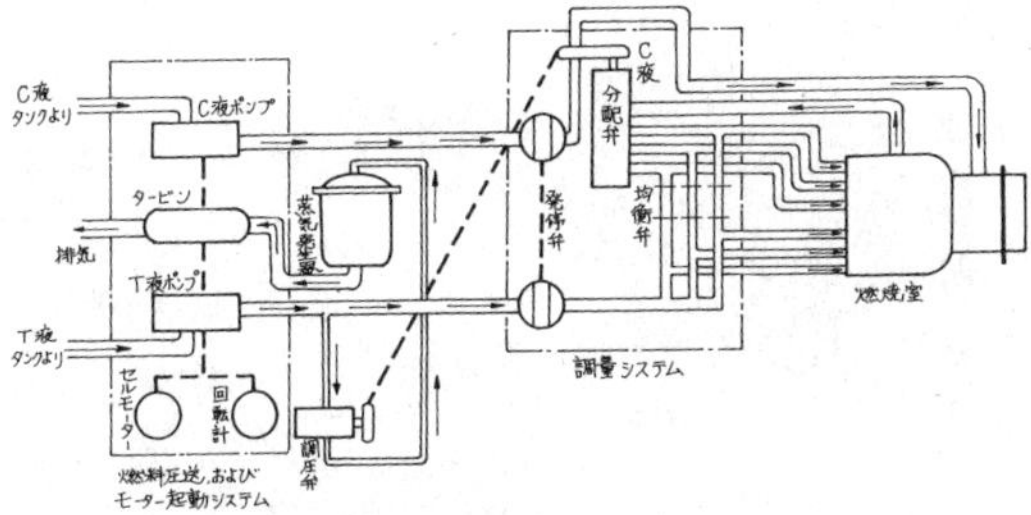

▶飛行前にロケットエンジンの水通しを行なっているところ。危険な燃料を使うので、Me163の飛行前には必ずT、C液タンクに水を満たし、圧力をかけて蒸気発生器から各パイプへ通してみる。4～5分で両液タンクが空になり、パイプに水漏れがないことが確認されて、はじめて使用許可がおりる。

▶ノズルからもうもうと白煙を噴き出し、エンジンを始動した直後のMe163B。HWK-109/509Aエンジンは気まぐれで、常に危険がつきまとい、ときには故障をおこして爆発、人機もろとも木端微塵になってしまうこともあった。

▶スロットル全開、轟音を発して離陸滑走に入ったMe163B-0〝04〟号機。噴射口からは最大推力を示す〝トラ縞〟模様の噴出炎が出ている。

▲航続時間延長を図るため、巡航用の副燃焼室を追加したHWK-109/509Cロケットエンジン。燃焼室2本は上、下に配置されている。試作のみに終わったMe163C、発展型Me263の動力として期待されたが、ついに実用までには至らなかった。

Me263のロケット・ノズル付近

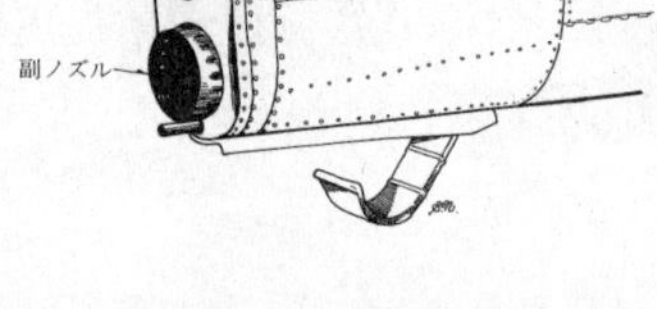

液が接触して、激しい化学分解反応が起こり、最大1700kgという、凄い推力を生み出すのだ。

燃焼室は2重壁の円筒形で、内側壁は気化器へつながっていた。燃焼は、主燃焼室の制御バルブでコントロールされ、C液は燃焼室へ入るまえに、冷却筒の周囲を通るパイプで、あらかじめ温められる。

スロットル・レバーは、オフ、アイドリング、ファースト、セカンド、サードの5段階になっており、離陸時はサード位置、すなわちフル・スロットルである。このとき、T液は毎秒6・2kg、C液は毎秒2・2kgという猛烈な早さで消費し、そのままだとわずか7

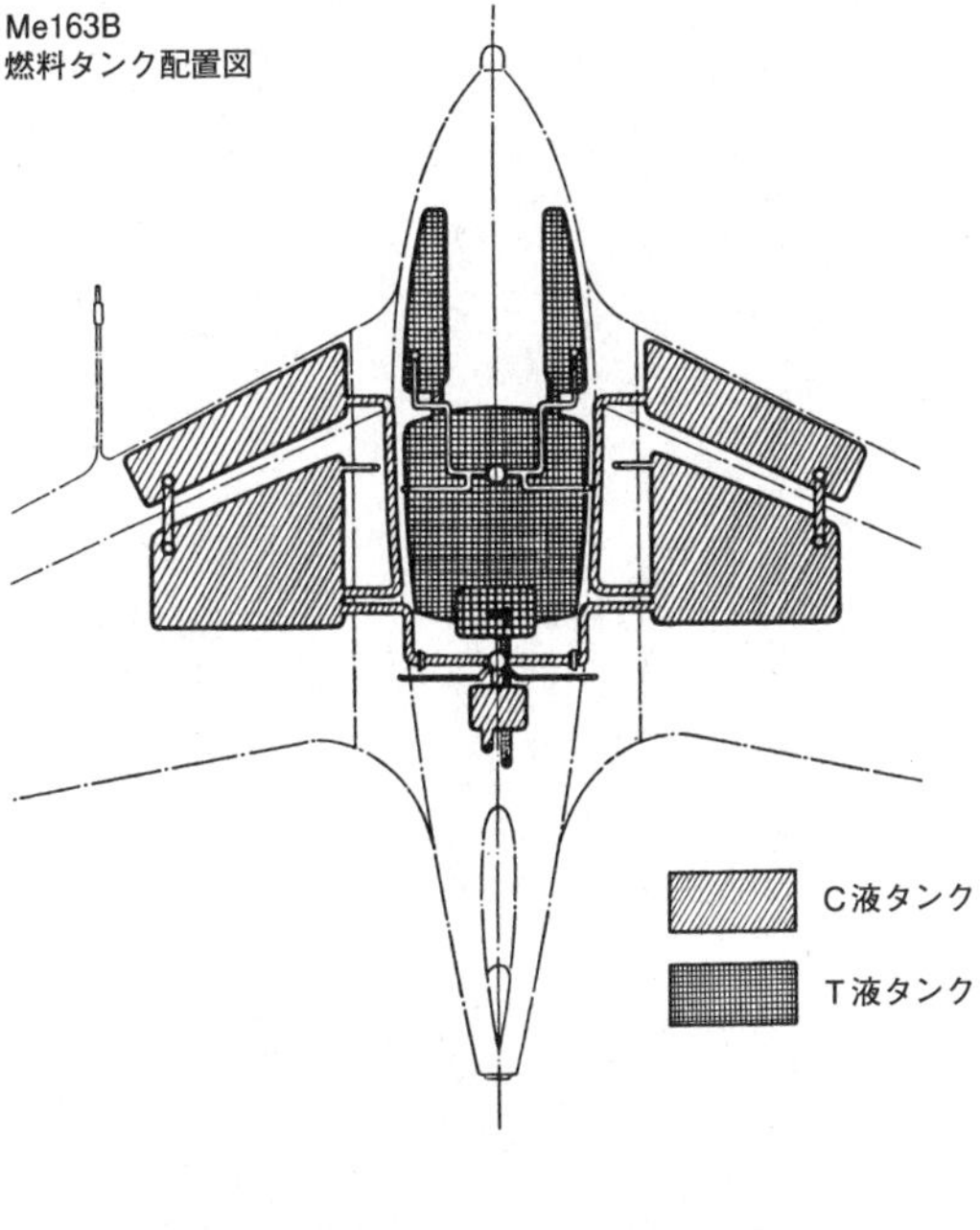

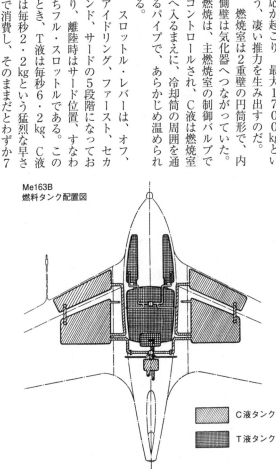

分でタンクが空になってしまう。

●燃料システム

大パワーの源となる燃料の成分は、T液が過酸化水素80%に、安定剤としてのオキシキノリン20%を混合した液体、C液はメタノール（メチルアルコール）57%に、水化ヒドラジン30%、水13%を混合した液体である。C液が燃料そのもので、T液は、燃焼のための酸素供給源の役目を果たした。

両液とも無色透明のため、混同しないように、色分けした容器に保管されたが、小さな虫、ゴミが入っただけで爆発するT液、ガラスかエナメル、もしくは電解皮膜処理を施した容器以外は、なんでも腐蝕してしまうC液の取り扱いは、非常にやっかいだった。T液を通す各パイプ、接続部品は石綿・ミポラム繊維製で、それらの密閉処理は徹底されていた。

T液タンクは操縦室直後に1040ℓと、操縦室両側に60ℓ入の計3個、C液タンクは両翼に78ℓ、177ℓ入をそれぞれ2個ずつ配置された。それらを結ぶパイプは、P.87図に示すようになっていた。なお、これらのタンクは、コクピット両側のT液タンクを除いて防弾対策は施されていなかった。

●武装

先行生産型B-0の途中までは、両主翼付根の射撃兵装は、MG151/20 20㎜機関銃各

1挺（弾数各100発）であったが、四発重爆に対抗するには破壊力不足と判断され、B－0の第47号機以降より、大戦後期のドイツ大口径砲の主力として使われたMK108 30㎜機関砲各1門（弾数各60発）に換装された。

弾倉は、操縦室後方の胴体上部に半円形のものが2個配置され、前方は左翼砲、後方は右翼砲用である。MK108は圧搾空気装填式のため、砲本体の後方に圧搾空気ボンベを携行する。

操縦室の項で述べたように、950km／hのMe163と、400km／h程度の米軍四発重爆編隊では、速度差が500km／h以上もあり、低初速のMK108の有効射程距離600mで目標を捉え、衝突回避限度180mになる前に照準、射撃を行なうのに許される時間は、わずか2～3秒しかなく、よほど優れた射撃、操縦術がなければ、命中弾を与えるのは困難だった。結論をいえば、MK108

コクピット内 射撃装置

1．SZKK 4 残弾表示器　2．主スイッチ　3．安全スイッチ　4．Revi 16B取り付け架　5．照準器光量調節器　6．操縦桿グリップ　7．発射ノブ　8．発射ノブ安全装置

もRev.i 16Bも、しょせんはレシプロ戦闘機レベルの装備品であり、高速のMe163には合わなかったのである。

Me163にふさわしい攻撃兵器の開発が、全く行なわれなかったわけではない。1944年末には、陸戦用対戦車ロケット弾「パンツァー・ファウスト」の考案者として知られる、ラングワイラー博士が、これをベースに未熟なMe163パイロットでも、必ず命中させることができるという、SG500「ヤークト・ファウスト」を開発し、JG400においてテストを実施した。

Me163の両翼付根に、片側5本ずつ計10本のロケット・ランチャーを垂直に立て、敵爆撃機の下方を高速で通過すると、爆撃機の影を光電池が捉えて自動的に発射されるという仕組みだった。この50㎜ロケット弾は、88㎜高射砲に匹敵する破壊力があるといわれ、テストでも上々の成果をあげ、12機のMe163Bに搭載されたが、時すでに遅く、実戦で使用する機会はなかった。

また、1945年2月、EK16のMe163を使って、爆撃機編隊攻撃に非常に有効な新兵器、R4M 55㎜空対空ロケット弾の搭載テストも実施され、同時にタルネヴィッツの兵器センターでは新型ジャイロ式照準器EZ42（アスカニア社製）の装備テストも行なわれたが、既にMe163の運用がマヒしてしまっていたため実用に至らなかった。

Me163B-0 武装配置図

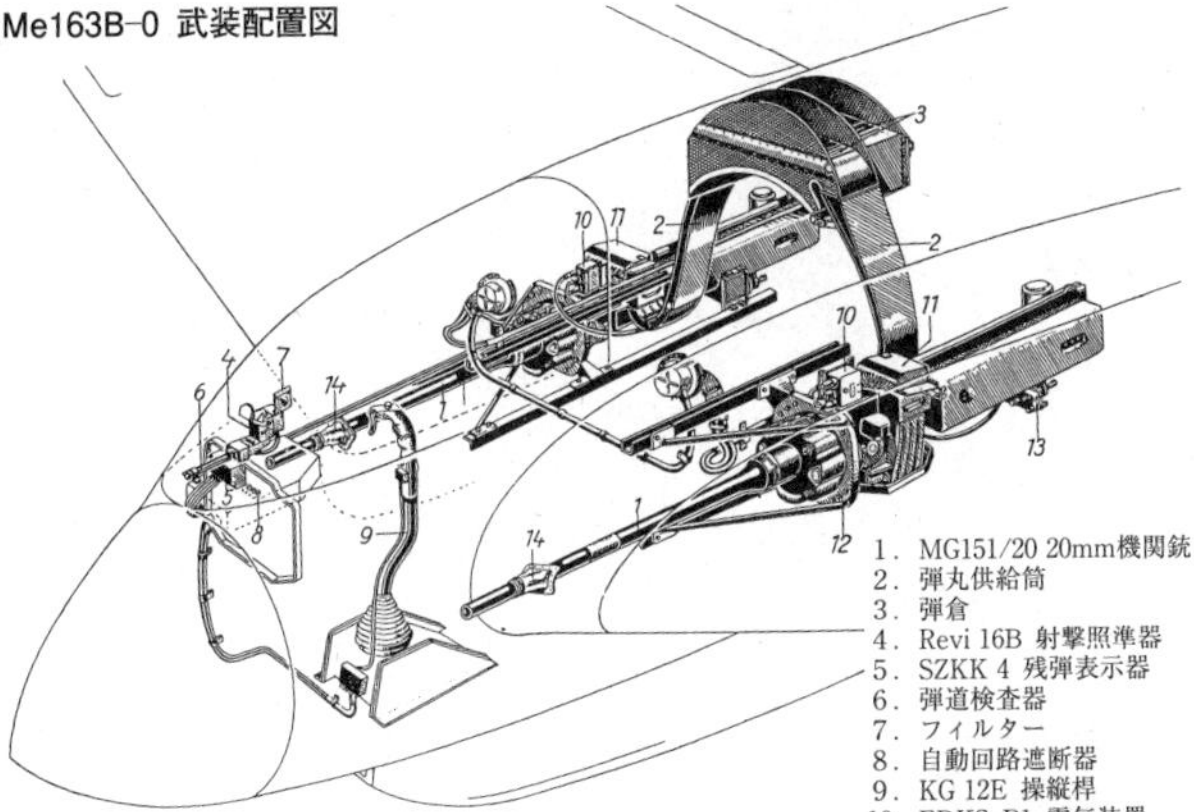

1．MG151/20 20mm機関銃
2．弾丸供給筒
3．弾倉
4．Revi 16B 射撃照準器
5．SZKK 4 残弾表示器
6．弾道検査器
7．フィルター
8．自動回路遮断器
9．KG 12E 操縦桿
10．EDKS-B1 電気装置
11．SVKI-151 装填装置
12．機関銃前方取付金具
13．機関銃後方取付金具
14．防塵カバー

Me163B-1a 武装配置図

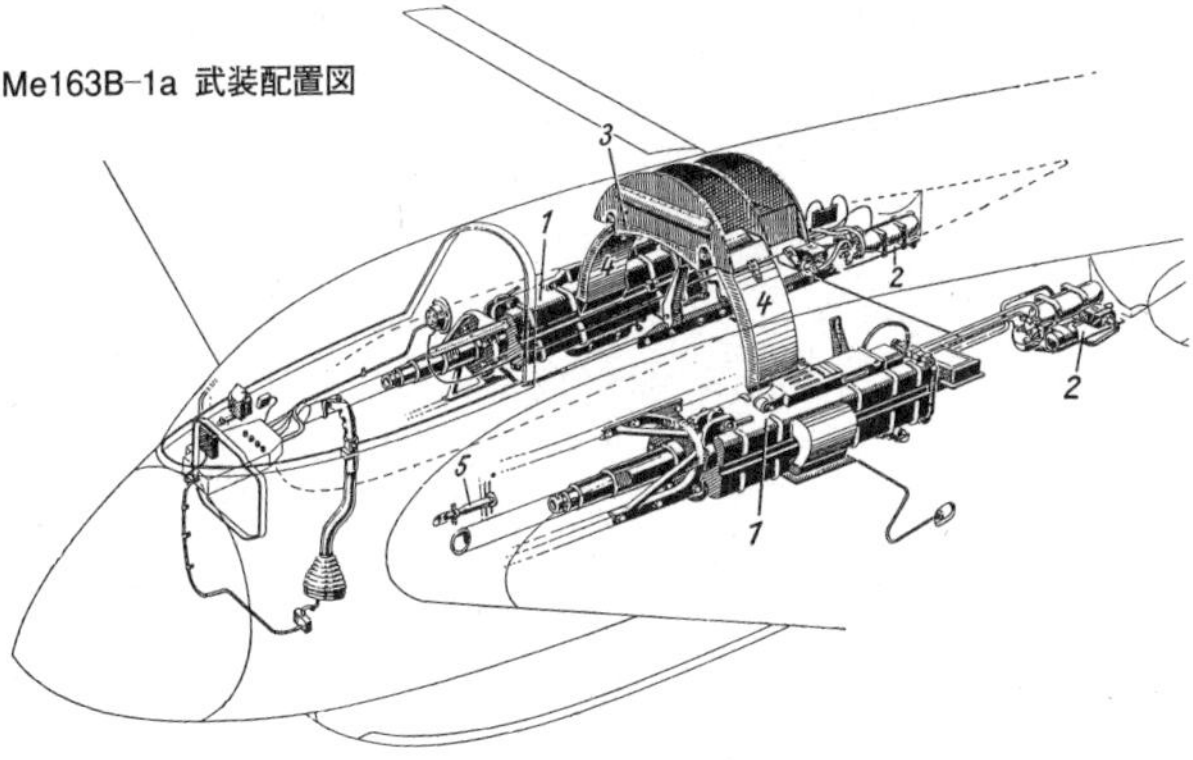

1．MK108 30mm機関砲　2．射撃用圧搾酸素および電気装置　3．弾倉
4．弾丸供給筒　5．弾道検査器

第三章　世界最初の実用ジェット戦闘機Ｍｅ２６２

Me262の誕生と終焉

航空史上最初の実用ジェット戦闘機として、Me262の名声はいまや不動のものとなっている。動力面でもさることながら、後発の米、英ジェット戦闘機が、いずれもレシプロ戦闘機の延長ともいうべき直線翼を採用したのに対し、のちにジェット機の常識となる、後退角付き主翼をすでに持っていたことに象徴されるごとく、機体設計面でも、かなり進んでいたことが特筆される。

しかし、画期的なMe262の生涯も、決して順調ではなかった。むしろ開発〜実用化までの過程をふり返ってみれば、少なくとも、もう1年は早く就役してしかるべきだった。ジェット機開発で先行するハインケル社に対抗し、航空省からメッサーシュミット社に、ジェット戦闘機の開発指示が出されたのは、実に大戦勃発より8ヵ月も前の1939年1月4日のことだ。

ジェットエンジン開発のメーカーに指定されたBMW社は、ほとんどゼロからのスタートに等しい、軸流式ターボジェットエンジン、BMW003の実用化に苦しみ、1941年11月、ようやくテスト運転までこぎつけたものの、推力は要求値よりかなり低く、実用化いまだしの感があり、ついにはMe262への搭載を放棄されてしまった。

このピンチを救ったのが、ドイツのエンジン・メーカーの老舗、ユンカース社エンジン部門の手になるＪｕｍｏ００４である。ＢＭＷ００３の失敗を教訓にして、多少のロスには目をつぶり、手堅い設計で早期実用化を優先させた。このＪｕｍｏ００４を搭載した原型3号機Ｍｅ２６２Ｖ3が、ようやく純ジェット初飛行にこぎつけたのは１９４２年7月18日、すでに開発着手以来3年半が経過していた。

Ｍｅ２６２Ｖ３の最大速度は、現用レシプロ戦闘機を、実に２００㎞／ｈ以上も上まわる８７０㎞／ｈに達することが確実視された。この時点で、ドイツ首脳部（こうした画期的な新兵器の採用可否決定は、航空省の管轄を越え、ヒトラー総統の裁量によって行なわれる）が、Ｍｅ２６２の真価を正しく把握し、適切な指示を出していれば、その後の展開はいくらか変わったものとなったに違いない。

しかし、空軍もヒトラーも、激化する戦争による第一線レシプロ戦闘機の量的充足にのみ振りまわされ、やがて現実化すると予想された、連合軍機によるドイツ本土空襲に対し、最高の迎撃戦力となるであろう、Ｍｅ２６２の存在価値を見通せなかった。そのため、Ｊｕｍｏ００４エンジンを含めた

▲離陸した瞬間のMe262A-1a。

Me262の開発優先度は低くおさえられ、本格的な実戦投入に至るまでに、それから2年以上も費したのである。

この間、ヒトラーの素人的感覚からくる〝電撃爆撃機〟への転用命令も、その実用化の妨げになったのは事実であるが、やはり問題は優先度の低さだった。

1944年11月、猛爆撃によってつぎつぎに廃墟と化する各都市をまのあたりにし、ヒトラーもようやくMe262の戦闘機としての全面使用を認め、正規部隊編制が命じられたが、すでに手遅れであった。Me262の高性能で、本土上空の制空権を奪回するチャンスは、とうに失われてしまっていたのである。

連日1000機におよぶ爆撃機と、同数の護衛戦闘機が来襲する状況下では、たとえMe262が、そのうちの10機や20機撃墜したところで、戦略的には無意味であった。

しかも、Me262とて万能ではない。常時、飛行場上空を連合軍戦闘機が徘徊しているような状態では、出撃もままならず、ただ切歯扼腕する以外に方法がなかった。機動緩慢な離着陸時を襲われたときのMe262ほどモロいものはなく、P-51、P-47によっていとも簡単に撃墜された。事実、敗戦までの戦闘損失のほとんどが、こうした離着陸時を狙われたものであった。

いかなる高性能機といえど、その性能をフルに発揮できる条件が整わなければ、兵器として用をなさない。

ともかく、こうした劣悪な条件下にもかかわらず、ノヴォトニー隊、JG7、JV44などに配属された計約200機のMe262は、わずか半年間の実働期間中に、連合軍機約350機を撃墜する驚異的戦果を記録した。さらに、激しい空襲にもかかわらず、地下、森林工場などで1400機以上のMe262が生産されたことは、驚くべき事実である。まさにドイツ人の不屈の精神力をみる思いだ。

Me262のライバルと目される、イギリス空軍のグロスター・ミーティアMk・Iは、ヨーロッパ大戦終結までに2個中隊に就役したが、最大速度は656km/hと、レシプロのスピットファイアよりも低速という有様で、技術的にはMe262の比ではなく、Me262に4年以上遅れて開発された、アメリカ陸軍航空軍のロッキードP-80は、推力1810kgのJ33エンジン1基で、最大速度890km/hとMe262を凌いでいたが、就役開始が1945年2月となり、大戦には間に合わなかった。

生みの苦しみ

1939年1月4日、航空省技術局から、正式にジェット戦闘機の開発指示が出されると、メッサーシュミット社は、ヴォルデマー・フォイクト技師を長とする設計スタッフを編成して、これにあたらせた。

この時点で、ジェット機の自主開発で先行していたハインケル社からは、具体的に参考になるような情報は得られるはずもなく、フォイクト・チームは、文字どおりジェット機に対して、ゼロからのスタートだった。

当局の要求は単発戦闘機であったので、フォイクト技師は胴体後部にエンジンを配し、機首から長いダクトで空気を取り入れるようにする、いわば、初期ジェット機の標準スタイルをとり、尾翼は後のP．1101と同じく、ノズル上部から後方にブームを張り出して、そこに取り付ける案、または、両主翼から後方に双ブームを張り出す（のちの英空軍デハビランド〝バンパイア〟と同じ）案の2種を提案した。

しかし、エンジン開発メーカーに指定（1938年）されたBMW社のデータでは、社内名P．3302および3304の両エンジンの推力は、レシプロ戦闘機を大幅にしのぐ性能を得るのに必要な、最低推力650kgを実現するのは、かなり先とみられた。

そこで、フォイクトは思いきってP．1065を双発形式に変更し、1939年6月7日、改めて2種の設計案を提出した。それは下図に示すようなデザインで、後のMe262とはかなり異なったイメージである。基本諸元も、全幅9・4m、全長9・3mとひとまわり小さ

P.1065原案

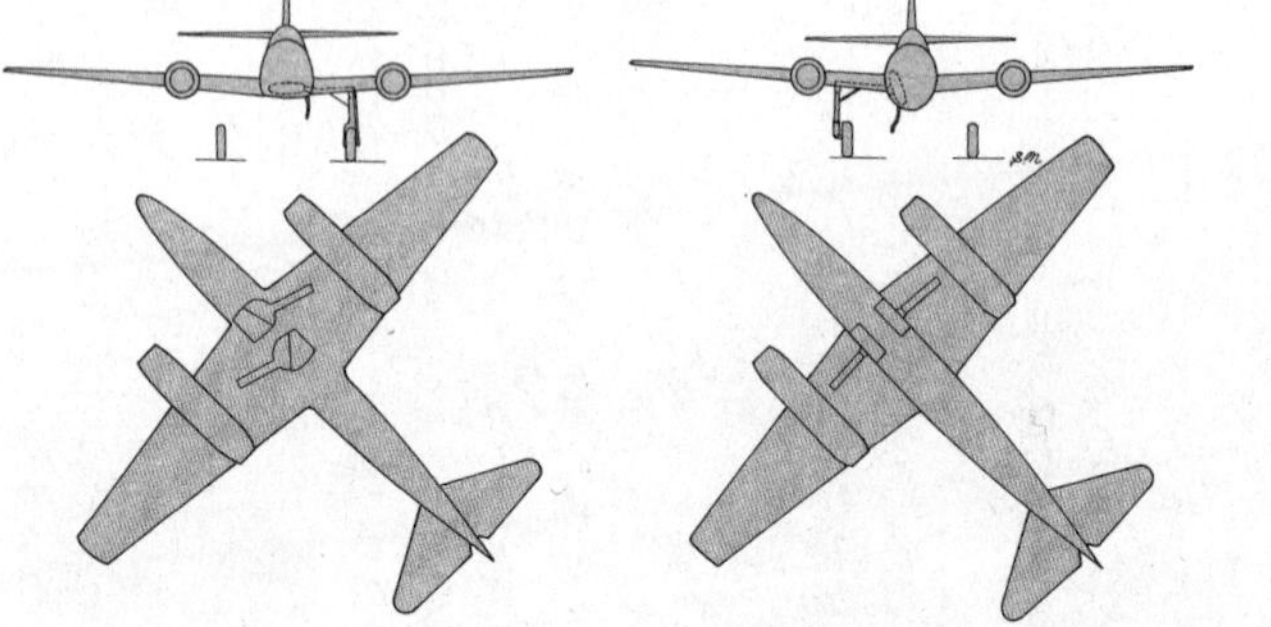

かったが、計画性能は最大速度900km／hで、かなりのものだった。

この2案とも、機体そのものは、当時のレシプロ戦闘機となんら変わりなく、細い胴体に直線テーパー主翼を組み合わせている。ジェットエンジンは、ナセルが主桁を貫くような形で配置された。

高速性能を実現するには、主翼は可能な限り薄くする必要があり、設計案が2種用意されたのはそのためだ。

すなわち、主翼を薄くすると、大重量を支える大きな主脚車輪がおさめきれない。そこで、主脚車輪は胴体内に収納することになり、スペースを有効に使うため、一方

1940年3月21日付けP.1065案（寸法単位mm）
（BMW P.3304、またはJumoTLエンジン×2）

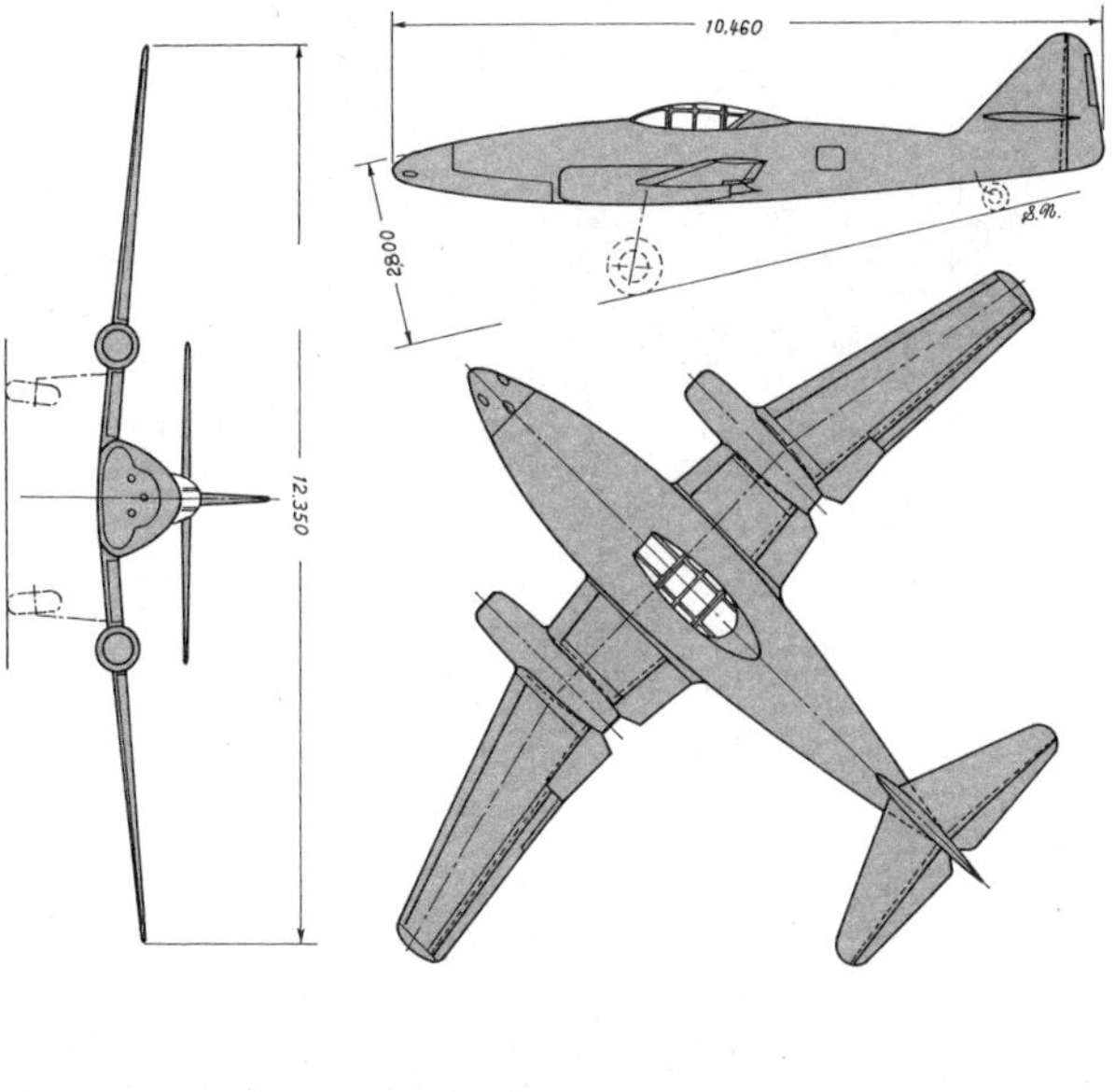

は左、右を前後に食い違いに、一方は主翼を中翼配置とし、胴体側壁に沿って主脚車輪を収納するようにしたわけだ。

しかし、モックアップ（実物大木型模型）製作中の、BMW社とのディスカッションで、P.3302、または3304エンジンのサイズ、重量が当初の計画値よりかなり大きくなることがわかり、重心位置の狂いに対応すべき、何らかの設計変更が必要になった。

1940年3月21日付けで航空省に提示されたP.1065〝改訂版〟は、胴体が三角形断面の〝オムスビ形〟となり、主翼は完全な低翼配置で、外翼には後退角がつけられたほか、胴体、尾翼形状も、後のMe262とほぼ同じ形の空力的に洗練されたものに変わっていた。（P.99図）。

のちに、ジェット機の常識となった後退角付き主翼は、高速度域での衝撃波の発生を遅らせ、臨界マッハ数を引き上げる（つまり高速が出る）という空力的効果があるわけだが、この当時は、まだ後退角の効果はあまり認識されていなかった。むろんレシプロ機では、それを必要とする高速度域まで到達できなかったので当然でもあるが……。

フォイクト技師らも、後退角主翼は、エンジン重量の増加によって生ずる重心の狂いを、なるべく機体設計に大きな変更を加えずに、解決するために採用したにすぎない。外翼に後退角をつければ、空力中心が動き、それで重心変化に釣り合わせようとしたのである。のちに〝画期的〟と称賛されるMe262の後退角付き主翼も、実をいえば〝タナからボタ餅〟だったわけだ。

オムスビ形断面の胴体は、下方のスペースを左右に広げて、主脚車輪を無理なく収納するためと、〝大メシ食い〟のジェットエンジンに必要な、大容量の燃料タンク・スペースを確保するためでもあった。断面積の増加は、空気抵抗の増加も招き、空力的にはマイナスだが、それを補って余りある効果があると判断された。

主翼桁を貫く形の、エンジン装備法にも再検討が加えられ、占領下のフランス、ドイツのゲッチンゲンにおける高速風洞実験データを加味し、主翼下面に装備したほうが空力的に有効と考えられ、間もなく、常識的な主翼下面ポッド式（吊り下げ）が採用され、Ｍｅ２６２の基本形態がようやく固まった。

レシプロ機としての初飛行

ジェット機といっても、機体構造的には、Ｐ．１０６５は当時のレシプロ機と特別に変わったところはなく、原型機の製作は順調に進み、１９４０年末には、メ社アウグスブルク工場で１号機Ｐ．１０６５Ｖ１が完成した、しかし、ＢＭＷ００３（制式名称）エンジンはそのように簡単にはいかず、とても実

▶搭載予定のＢＭＷ００３エンジンが間に合わず、応急的に機首にＪｕｍｏ２１０Ｇ液冷レシプロ・エンジン（７５０ｈｐ）を搭載し、１９４１年４月18日に初飛行した原型１号機Ｍｅ２６２Ｖ１、コード〝ＰＣ＋ＵＡ〟。

Me262原型１号機（V1） 三面図

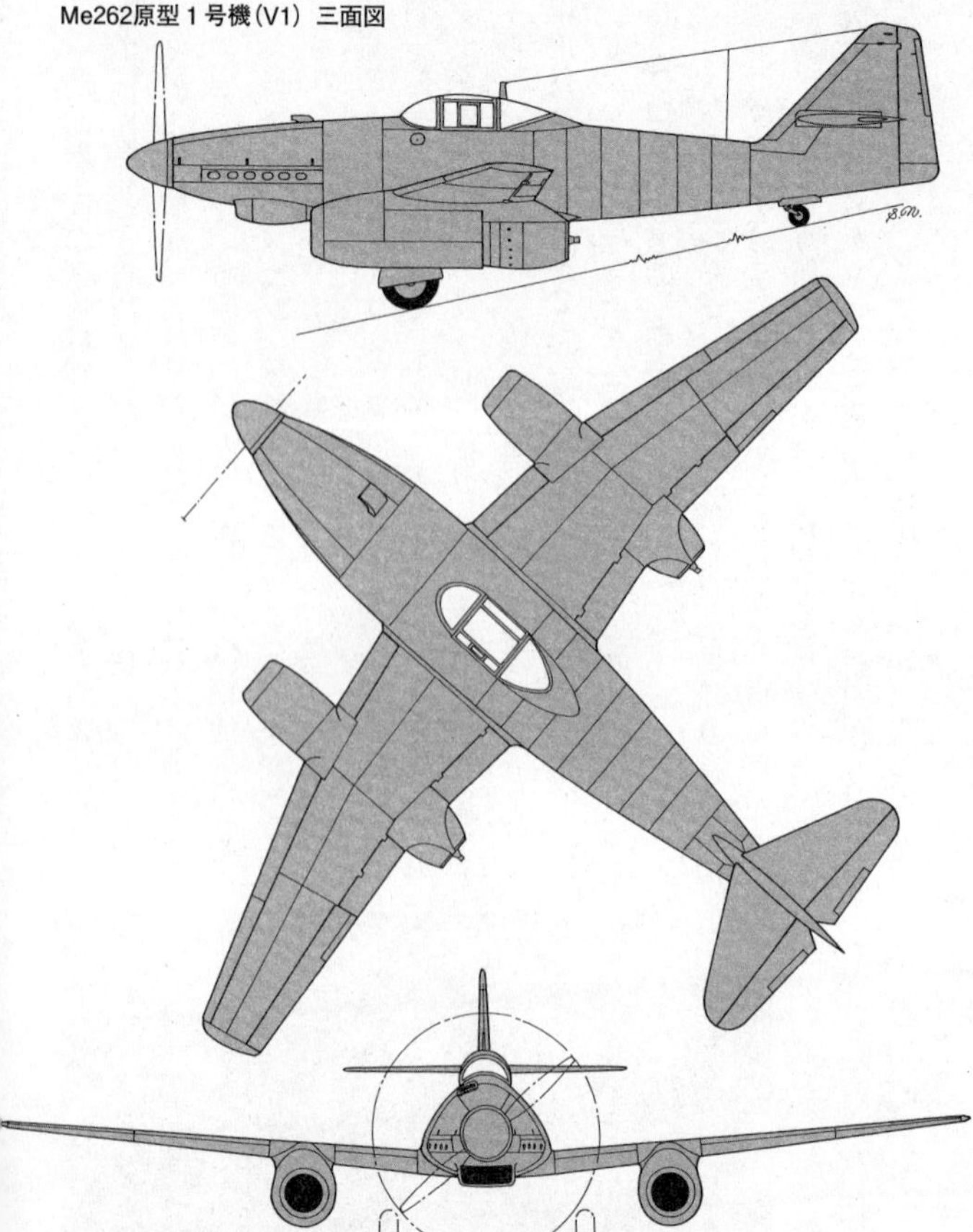

用テストに使えそうな段階にはなかった。なにせ、１９４０年８月の試運転時には、要求推力７００kgに対して、わずか１５０kgしか出なかったのだ。実用化は当分先の話だった。

仕方なく、メ社は、それまでに基本的な空力テストだけでも済ましておこうと考え、なんと、機首にＪｕｍｏ ２１０Ｇ液冷倒立Ｖ型12気筒レシプロエンジン（７５０ｈｐ）を搭載し、１９４１年４月18日、不本意な初飛行を行なった。この時、Ｐ．１０６５Ｖ１は当局からＭｅ２６２Ｖ１の制式型式名を附与された。

その後のテスト飛行で、本機は、最大速度４２０km／ｈを出し、空力的には大きな問題もないことが確認された。

１９４１年11月中旬、推力は要求値になお１５０kgほど足りない５５０kgしか出なかったが、ＢＭＷ００３の試作エンジン第11、14号基がようやくメ社に届き、早速Ｍｅ２６２Ｖ１に搭載された（前ページ三面図）。

入念な整備を行なった後、翌１９４２年３月25日、Ｍｅ２６２Ｖ１は本来のジェット機としての初飛行に臨んだが、高度50ｍに上昇したところで、突然２基のエンジンが停止、テスト・パイロットのフリッツ・ヴェンデルは、ただちにレシプロのＪｕｍｏ ２１０Ｇエンジンを始動して、あやうく墜落を免れた。

エンジン停止の原因は、圧縮器羽根の切損だった。ＢＭＷ００３は根本的な設計変更を余儀なくされ、実用化はさらに遠のいてしまった。

救世主Ｊｕｍｏ００４

ＢＭＷ００３を、搭載エンジンにすることで開発されてきたＭｅ２６２にとって、同エンジンの実用化遅延はピンチとなったが、この危機を救ったのが、ドイツ・エンジンメーカーの名門、ユンカース社エンジン部門の手になるＪｕｍｏ ００４だった。

航空省は、ＢＭＷ ００３の失敗に備え、１９３９年7月、ユンカース社エンジン部門に対して、Ｊｕｍｏ ００４エンジンの開発契約を与えていた。Ｊｕｍｏ ００４はＢＭＷ ００３と同じく軸流式で、８段圧縮器動翼、６段圧縮器静翼、１段タービンをもち、１９４０年5月25日に初試運転に成功していた。

全般的に手堅い設計を採り、ＢＭＷ ００３より重く、大きかったが、信頼性に優れ、パワーも１９４１年8月には６００kgまで向上していた。

当局は、ただちにＭｅ２６２の搭載エンジンを、Ｊｕｍｏ ００４に変更することを命じ、その最初の機体は、原型3号機Ｍｅ２６２ Ｖ３、コード〝ＰＣ＋ＵＣ〟となった。

Ｊｕｍｏ ００４の試作第4、5号基を搭載したＭｅ２６２ Ｖ３は、１９４２年7月18日の朝8時40分、フリッツ・ヴェンデルの操縦により、ライプハイム飛行場から離陸し、Ｍｅ２６２として最初の純ジェット飛行に成功した。12分間の飛行を終えて着陸したヴェンデルは、〝私のターボジェットエンジンは正確に作動し、それはまったく素晴らしい飛行だった。私の新型機の初飛行経験で、Ｍｅ２６２ほど熱狂したものはない〟と語った。

Ｈｅ２８０に遅れること1年3ヵ月、なにかと〝親方鉤十字〟的にみられたＭｅ２６２だ

Me262原型３号機(V3)

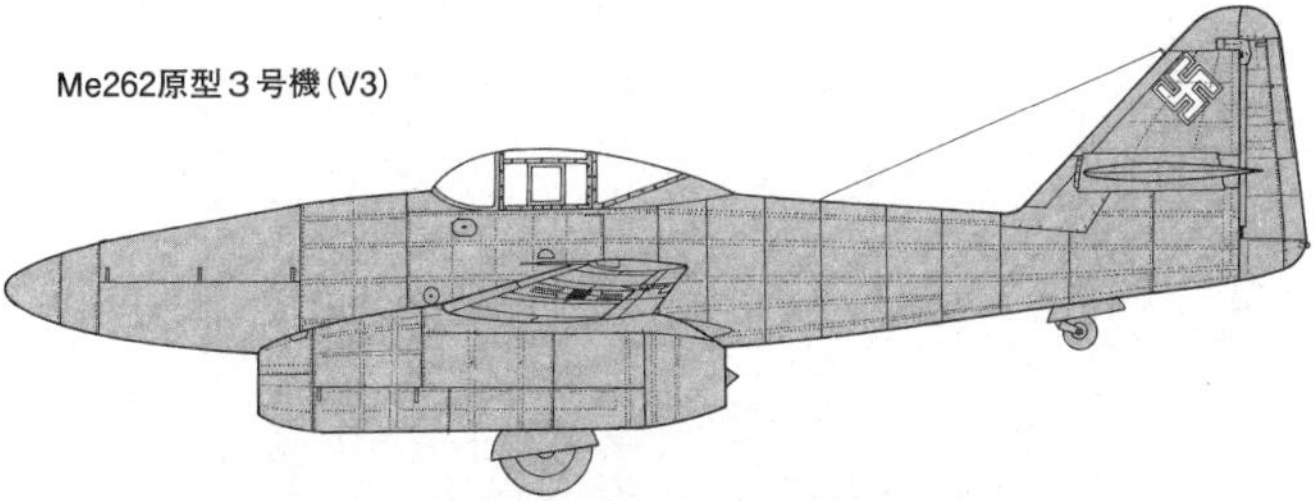

▲アウグスブルクの西方に位置するライプハイム飛行場にて、初飛行直前の整備点検をうける原型３号機Me262V3、コード“PC＋UC”。胴体内前方タンクに燃料（J2）補給中で、操縦室内の点検を終えて外に出ようとしているのは、初飛行を担当したフリッツ・ヴェンデル。ナセル前面には異物吸入防止用の金網が被せてある。1942年７月上旬の撮影。

▶１９４２年７月18日午前８時40分、フリッツ・ヴェンデルの操縦によってＭｅ２６２として最初の純ジェット飛行に離陸した瞬間の３号機Ｍｅ２６２Ｖ３。

が、初飛行成功は当局のメンツを保たせるのに充分だった。設計年度が新しいといえばそれまでだが、He280を空力的、性能的に凌いでいるのは誰の目にも明らかだった。この時点で、He280の前途は完全に絶たれた。

Me262 V3の初飛行は成功したものの、これで本機が即実用化できるわけではなかった。Jumo 004はまだ試作段階であったし、推力も不充分で、構造上の改良も必要とされた。

1942年末には、生産型Jumo 004Bの地上運転が始まった。B型は圧縮器、および空気取入口に改良を加えてあり、重量は初期の試作品に比べて100kgも軽くされている。推力は約800kgまで向上した。

P.104にも記したように、この段階で航空省が、最優先でMe262の早期実用化を促していれば、Jumo 004の改良、生産移行はもっと早まったはずである。しかしBf109、Fw190などのレシプロ戦闘機の生産が最優先とされ、Me262の存在は空軍内部で大きな位置を占めていなかった。したがって、Jumo 004Bの実用化はスローペースで行なわれ、最初の試作品B-0を搭載した、原型5号機Me262 V5が初飛行したのは1943年6月6日、生産型Jumo 004B-1の量産開始は、それから1年後の1944年6月までずれ込んでしまった。

むろん、空軍内には、戦闘機隊総監アドルフ・ガーランド少将のように、Me262の本質を鋭く見抜き、メ社で進行中のレシプロ新型戦闘機の開発をすべて中止してでも、迎撃戦闘機として緊急配備することを強く主張する人物もいた。しかし、決定権をもつヒトラー総統の同意がなければ、いくらガーランドが頑張ったところでどうにもならぬ。

高速爆撃機と呼べ！

１９４３年5月22日、レヒフェルト飛行場にて、自ら原型4号機Ｍｅ２６２Ｖ４に試乗したガーランドは、レシプロ機とは比較にならない高速、静かな飛行ぶりに強い感銘をうけ、着陸後ただちに、空軍監査総監エアハルト・ミルヒ元帥に対し〝まるで天使にあと押しされているような……〟と語った。そしてＭｅ２０９（Ｂｆ１０９の後継機）の開発は即中止し、年内に、とりあえず１００機のＭｅ２６２を生産すべきだと主張した。

しかし、ミルヒ元帥らは、現在の戦争はＢｆ１０９、Ｆｗ１９０で充分事足りると判断しており、Ｍｅ２６２の生産によって、両機の生産効率に影響が出るほうがよほど重大だと考えていた。

さらに、１９４３年11月26日、インスターブルクにおいて〝御前飛行〟を行なったＭｅ２６２Ｖ４、Ｖ６を前にして、ヒトラーは〝これこそ余が待ち望んだ電撃爆撃機だ！〟と言い放ち、Ｍｅ２６２を爆撃機として生産するよう命じた。ガーランドの主張はまったく空しいものとなった。ヒトラーの頭の中は連合軍に対する報復爆撃しかなかったのだ。

こうした、何とも歯がゆい状況のもとで、原型機は少しずつ数を増し、従来の尾脚式降着装置にかわって、ジェット機にふさわしい前脚式降着装置（固定のまま）としたＶ５が、１

Me262 原型第５号機（V5）

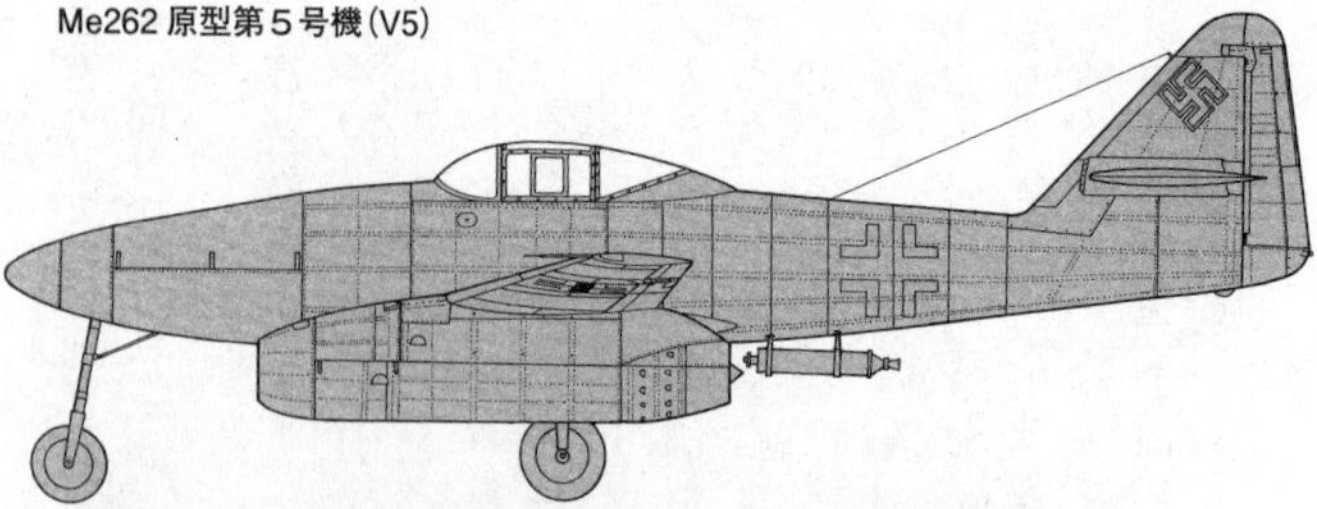

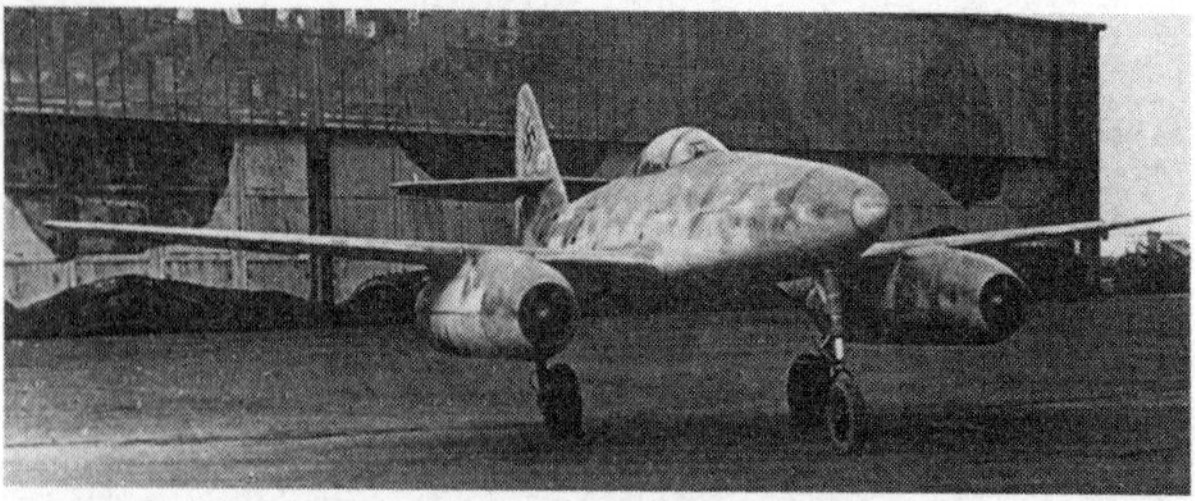

▲▼エンジン排気効率の面からも不適切な、尾脚式降着装置にかわり、のちにジェット機の常識となる、前脚式降着装置を初めて導入した原型５号機Me262V5、コード“PC＋UE”。ただし、この段階ではまだテスト中であり、前脚は、のちに開発中止となるMe309（Bf109の後継機）のそれを流用しており、固定したまま引込まない。後部胴体下面に吊した２本の筒は、これも本機で初めてテストされた離陸促進用補助ロケット・ブースター。ボルジヒ社製で、制式名はRi502、推力は各500kgであった。Ri502は、とくに離陸重量の大きな戦闘爆撃機型には必須の装備品となった。

943年6月6日、それを引込式とし、以降の標準となったV6が同年10月17日にそれぞれ初飛行した。V5は離陸補助用ロケット・ブースター（RATOG）Ri502（推力500kg）2本を初めて装備してテストされ、V6は機首に4門のMK108 30mm機関砲装備を予定して砲口をあけていた。与圧キャビンを装備したV7の初飛行は12月20日。

そして、同月15日にはMe262を戦闘機として運用するための、効果的な戦術の確立、パイロット養成を目的とした〝Erprobungskommand 262〟（262実験隊）が編制され、指揮官には、ヴェルナー・ティーアフェルダー大尉が任命された。

1944年3月1日、ベルリンの航空省で開かれた首脳会議で、ようやくMe262の生産計画が決まり、4月までに40機、7月までに440機、9月までに670機、10月までに800機を調達することが予定された。ドイツ本土空襲の激化もあって、上層部もMe262の価値をいくらか認識した数字にはなっている。

4月に入ると、V6のキャノピーを枠の少ないタイプに変更するなど、小改良を加えた先行生産型Me262S 22機（S1〜S22）が完成し始めた。

いっぽう、原型機のほうも1944年に入ってV8〜V10の3機が相次いで初飛行し、実用化への作業も一段と加速した。V8は初めて機首に4門のMK108 30mm機関砲を搭載した武装テスト機、V9は無線機、電気装備関係テスト機、V10はパイロット防弾装備テスト機にそれぞれ充てられた。

1944年5月に入ると、S型とほぼ同じ仕様の最初の量産型、Me262A-1aが完成し始めたが、ここで再びヒトラーの横槍が入る。5月23日、総統本営のあるオーバーザルツブルクで行なわれた空軍首脳との会議で、ヒトラーはミルヒに対し〝余が命じた電撃爆撃機Me262はいま何機くらい完成しているのか〟と尋ねた。ミルヒは〝いえ総統閣下、Me262はすべて戦闘機として生産しており、爆撃機型は1機もありません〟と答えた。さらにつけ加え〝ほんの子供にでもMe262は爆撃機ではなく戦闘機だとわかります〟と言った。

自分の命令が無視されていると知ったヒトラーは、烈火のごとく怒り出し、〝ただちに全部のMe262を爆撃機に改造しろ！〟と

Me262 原型6号機（V6）

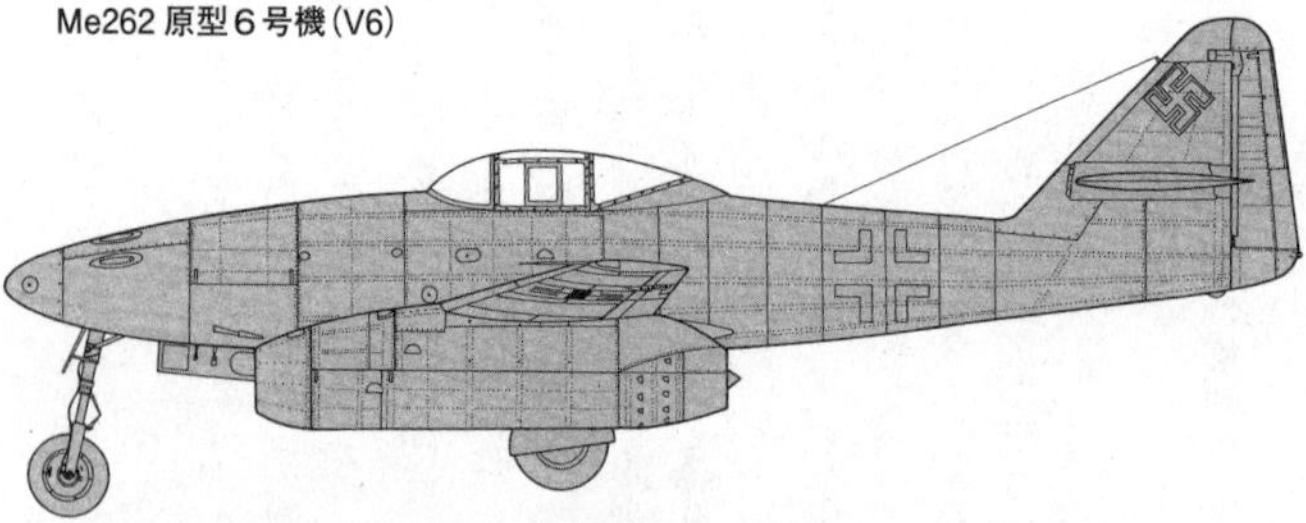

▲後の量産型と同じ、油圧引込式の前脚式降着装置を装備した最初の機体、原型6号機Me262V6、コード“VI＋AA”。

命じた。そして今後、Ｍｅ２６２を戦闘機と呼ぶことさえ禁止した。もっとも、これはさすがに行き過ぎと思ったのか、翌日、Ｍｅ２６２戦闘機型のテストだけは認めると訂正した。

　前回の命令を、ヒトラーの単なる思いつきと解釈し、爆撃機としての能力テストなどいっさいしていなかった航空省は、あわててメッサーシュミット社に対し、爆撃装備テストを命じた。このテスト機に充てられたのがV10であり、会議から4日後の5月29日、前脚収納部後方の胴体下面に、“Wikingerschiff《ヴィーキンゲルシッフ》”（海賊船）と呼ばれたラックを取り付け、２５０kg爆弾を懸吊してのテスト飛行を実施した。

　しかし、２５０kg爆弾１発を懸吊すると速度は７４０km／hに低下し、２発にするとさらに75km／h、５００kg爆弾１発の場合さらに55km／h低下し、これでは、連合軍レシプロ戦闘機にさえ容易に捕捉されてしまう。さらに、高速といっても、本来爆撃機ではないので、命中精度の面から理想とされる、深い角度での投弾はとても不可能（高速になり過ぎて引き起こしができず地上に突っ込んでしまう）であり、加えて専用の爆撃照準器もないから、よほど大きな目標以外は、

▲ヒトラーの“鶴の一声”で誕生した、戦闘爆撃機型Me262A-1a“Jabo”。機首下面に設けた２つの懸吊架に、250kg、または500kg爆弾各１発を懸吊した。

とても命中しない。

　こうした事実は、テストするまでもなく、ある程度は予想されていたことであったが、ヒトラーの命令は有無をいわせない。1944年6月3日には、第51爆撃航空団第I飛行隊第3中隊（3./KG51）から12名のパイロットを抽出して、最初の実戦部隊が編制され、262実験隊の駐留するドイツ南部のレヒフェルト基地で慣熟訓練を開始した。隊長に任命されたのは、戦闘爆撃のエキスパート、ヴォルフガング・シェンク少佐で、同隊は彼の名をとり"Kommando《コマンド》 Schenk《シェンク》"（シェ

▲不本意ながら、Me262にとっての最初の実戦部隊、"Kommando Schenk"（シェンク隊）に配属されたA-1a/Jabo、コード"F"、製造番号（W.Nr）130179。本機は、同隊々長ヴォルフガング・シェンク少佐の乗機として使われた。ナセルの陰で先端部分しか見えないが、シュロス503爆弾懸吊架が確認できる。

▶シェンク隊の指揮をとった、ヴォルフガング・シェンク少佐。彼は、もともとBf110、Me210に搭乗し、戦闘爆撃のエキスパートとして、柏葉騎士鉄十字章まで受章した英雄だった。1944年6月、シェンク隊の発足と同時に、その隊長に就任した。

ンク隊）と呼ばれた。

シェンク隊が装備した戦闘爆撃機型Ｍｅ２６２は、機首下面に２個のシュロス５０３ラックを取り付けた以外、戦闘機型と基本的に変わらなかったが、機首のＭＫ１０８は、砲口はそのままにして２門に減らし、座席下に２５０ℓ、後部タンク直後に５９０ℓの燃料タンクを増設した。特別な型式名は附与されずＭｅ２６２Ａ-１ａのままである。非公式には〝Sturmvagel《シュトルムフォーゲル》〟（海つばめ）と呼ばれた。

シェンク隊の編制３日後の６月６日に、連合軍のノルマンディー上陸作戦が決行され

▲1944年７月、フランス国内を、ドイツ本土目指して進撃してくる、連合軍地上部隊を攻撃するため、同国内のシャトーダン基地から発進する、シェンク隊のMe262A-1a/Jabo。

▶オランダ国境に近い、ドイツ北西部のホプステン基地で、雨あがりの滑走路に駐機する、1./KG51所属のMe262A-1a/Jabo。結局、戦闘爆撃機としての本機は、ほとんど実効果をあげぬままに終わった。

たため、同隊はわずか1ヵ月半の訓練を受けただけで、7月20日には、フランスのシャトーダン基地に派遣され、同国内をドイツ目指して進撃する連合軍地上部隊に対して攻撃を開始した。しかし、当初危惧されたとおり、Me262による爆撃はまったく効果をあげず、逆に損失のみ多く、迅速に進攻する連合軍地上部隊に追われるように基地を転々とし、9月初め、ドイツ国内に引きあげて解散した。

▲1944年8月、真夏のレヒフェルト基地に列線を敷いた、"Erprobungs Kommando 262"(第262実験隊)のMe262A-1a群。EKdo 262は、Me262本来の、戦闘機としての運用、空戦術を開発し、またパイロットを養成するための部隊として、1943年12月に編制されていた。

▶EKdo 262の指揮官に就任した、ヴェルナー・ティーアフェルダー大尉。彼は、もともとBf110に搭乗して、敵機27機を撃墜したほどの有能な駆逐機パイロットで、EKdo 262での実績も高かったが、1944年7月18日に事故死してしまう。

戦闘機としての実戦参加

Ｍｅ２６２の、戦闘機としての運用をかたくなに拒否してきたヒトラーだが、連合軍機による破滅的なドイツ本土空襲をまのあたりにして、少しずつ態度は軟化し、戦闘機型Ａ−１ａによる実戦部隊の編制をようやく許可した。

１９４４年9月25日、東部戦線で２５０機という驚異的な撃墜記録をうちたてた、オーストリア出身の若き天才パイロット、ヴァルター・ノヴォトニー少佐を、墜落死したティーアフェルダー大尉の後任として隊長に迎えた２６２実験隊は、同時に2個中隊30機構成の実戦部隊〝Kommando《コマンド》 Nowotny《ノヴォトニー》〟（ノヴォトニー隊）に改編された。第1中隊はパウル・ブレイ中尉指揮でドイツ北西部のアハマー基地に、第2中隊はフリッツ・ミューラー少尉の指揮でそれより少し北寄りのヘゼペ基地に展開し、訓練を兼ねた実戦態勢に入った。

しかし、レシプロ戦闘機から、いきなりＭｅ２６２に転換した新参パイロットは、取り扱い、操縦のコツを習得するには一定の訓練期間が必要であり、事故による損失もかなり出た。

10月3日に最初の戦闘出撃を記録してから、隊長ノヴォトニ

▶訓練飛行に出発する直前、地上員によって最後の点検をうける、ノヴォトニー隊のMe262A-1a“白の４”号機。

ー少佐が11月8日の空戦で戦死し、部隊が再訓練のため実戦から離れるまでに、ノヴォトニー隊は22機の連合軍機を撃墜したが、空戦と事故をあわせて26機のMe262も失っており、高性能だけで戦闘が有利に展開するわけではないことを実証した。Me262の高速性能を生かすには、それなりの操縦、空戦技術を必要としたのである。

ノヴォトニーの戦死当日、たまたま現場視察中に同隊の戦闘ぶりをみていたガーランド少将は、Me262パイロットの訓練不足を痛感し、ただちに同隊をドイツ南部のレヒフェルトに後退させ、再訓練を命じた。

そして、11月8日は同時に、ヒトラーがMe262を全面的に戦闘機として使うことを許可した日であり、最初の航空団規模の正規部隊、第7戦闘航空団（JG7）の編制が命じられた。初代司令官には東部、地中海方面を転戦し、176機の撃墜記録をもつヨハネス・シュタインホフ大佐が任命された。

開発着手以来6年近くを要して、Me262はようやく本格的な活躍舞台を得ることになったわけだが、それはあまりにも遅きに失した。すでにドイツの主要都市、軍需産業、交通網は、英、米軍航空機の昼夜を問わぬ猛爆撃によって破壊し尽くされており、まさに第三帝国は黄昏を迎えようとしていた。

地下や森林の奥深くに疎開した工場からは、ドイツ人の不屈の闘志によって次々とMe262が完成したが、もはやそれらを部隊に配備することもままならず、常時ドイツ上空を徘徊する連合軍機によって発見され、銃爆撃を受けて空しく破壊される機が多かった。

最後の輝き

しかし、こうした絶望的な状況下にもかかわらず、ＪＧ７の編制は少しずつ進み、まず、旧ノヴォトニー隊の人員を基幹として第Ⅲ飛行隊（Ⅲ．／ＪＧ７）が11月24日に編制され、首都ベルリン西方のブランデンブルク－ブリーストに展開した。

他に第Ｉ飛行隊（Ｉ．／ＪＧ７）が旧Ⅱ／ＪＧ３の人員を基幹としてパルヒム基地で、第Ⅱ飛行隊（Ⅱ．／ＪＧ７）が旧Ⅳ．／ＪＧ54を基幹として編制を予定されたが、機材の調達、訓練ははかどらず、Ⅱ．／ＪＧ７は１９４５年３月10日にようやく正式発足したものの、敗戦までに実戦活動に入れなかった。

ノヴォトニー隊の教訓を生かして、充分な訓練期間をとったＪＧ７は、１９４５年３月下旬、まず練度の高いⅢ．／ＪＧ７が本格的

Me262の爆撃機編隊攻撃法“ローラー・コースター”

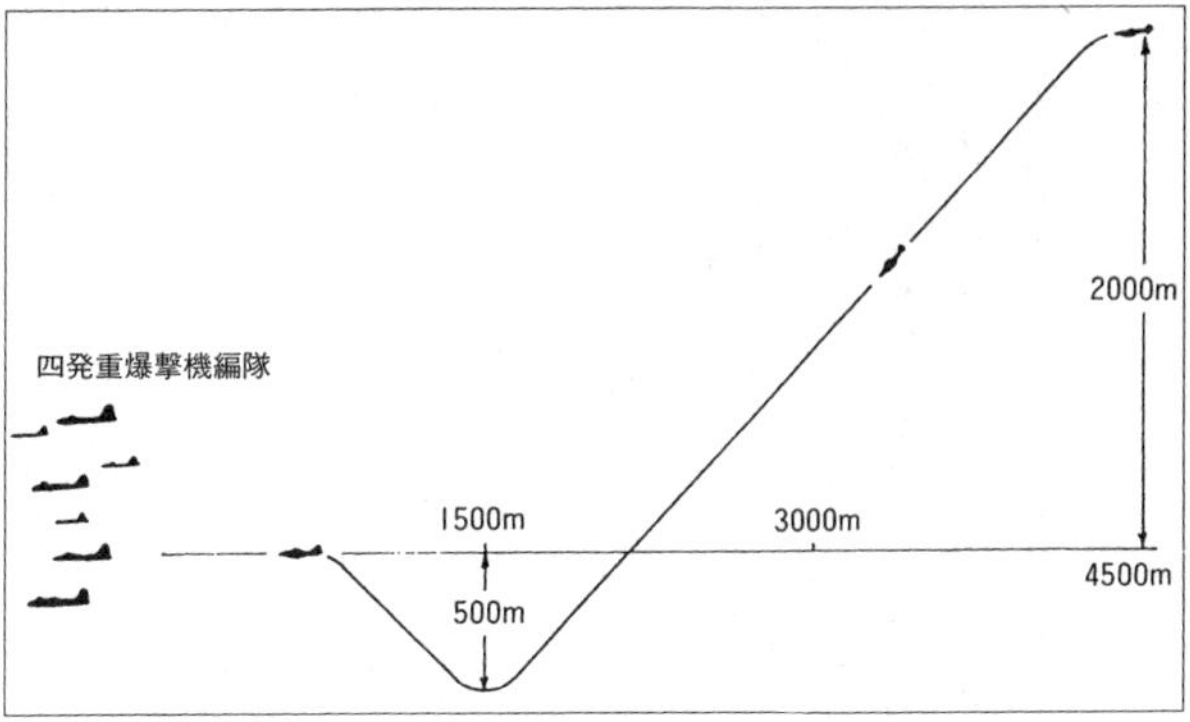

▲Me262の高速を有効に生かし、かつまた敵護衛戦闘機の妨害を避け、爆撃機の防御火器から身を守るための攻撃法。敵編隊の後方650mに迫ったら、R4Mを斉射して編隊を崩し、その直後に30mm機関砲により射撃を加える。敵機との距離が150mに迫ったところで上方または下方に離脱する。

な実戦活動に入り、最後の一週間に45機もの連合軍爆撃機を撃墜した。ＪＧ７の空戦法は、Ｍｅ２６２の高速を有効に生かした〝ローラー・コースター〟（連合軍側の呼称）と呼ばれるテクニックで、敵爆撃機編隊の後方４５００ｍ、上方２０００ｍの位置に占位し、緩降下で編隊の後方１５００ｍ、高度差５００ｍ（低く）まで達したところで、余力を生かした急上昇に転じ、機関砲、ロケット弾の斉射を加えるというものだった。

攻撃目標はあくまで爆撃機に絞り、戦闘機との空戦は、止むを得ない場合にのみ行なうこととした。Ⅲ./ＪＧ７は、この戦術で敗戦までに相当数の連合軍機を撃墜し、Ｍｅ２６２の高性能を敵味方に強く印象づけた。

いっぽう、ゲーリング空軍司令官/国家元帥と対立して、１９４５年1月に総監職を罷免されたガーランド中将は、ヒトラーのとりなしで1個中隊規模のＭｅ２６２戦闘機隊をもつことを許され、１９４５年2月24日、ブランデンブルク－ブリーストにおいて、どの航空団にも属さない特別部隊〝第44戦闘団〟（Jagdverband《ヤークトフエアバンド》 44）の編制に着手した。

ＪＶ44には、やはりガーランドと同じく、ゲーリングにたてついて職を追われたギュンター・リュッツォウ大佐、ヨハネス・シュタインホフ大佐をはじめ、エーリッヒ・ホーハゲン少佐、ゲアハルト・バルクホルン少佐、ヴァルター・クルピンスキー大尉など、１００～３００機撃墜記録をもつ戦闘機隊のスーパー・エースたちが集まり、前例のない精鋭中隊を構成した。

ＪＶ44は、3月末に南部のミュンヘン－リーム基地に移動して、4月1日から実戦出撃を

Me262関連地図

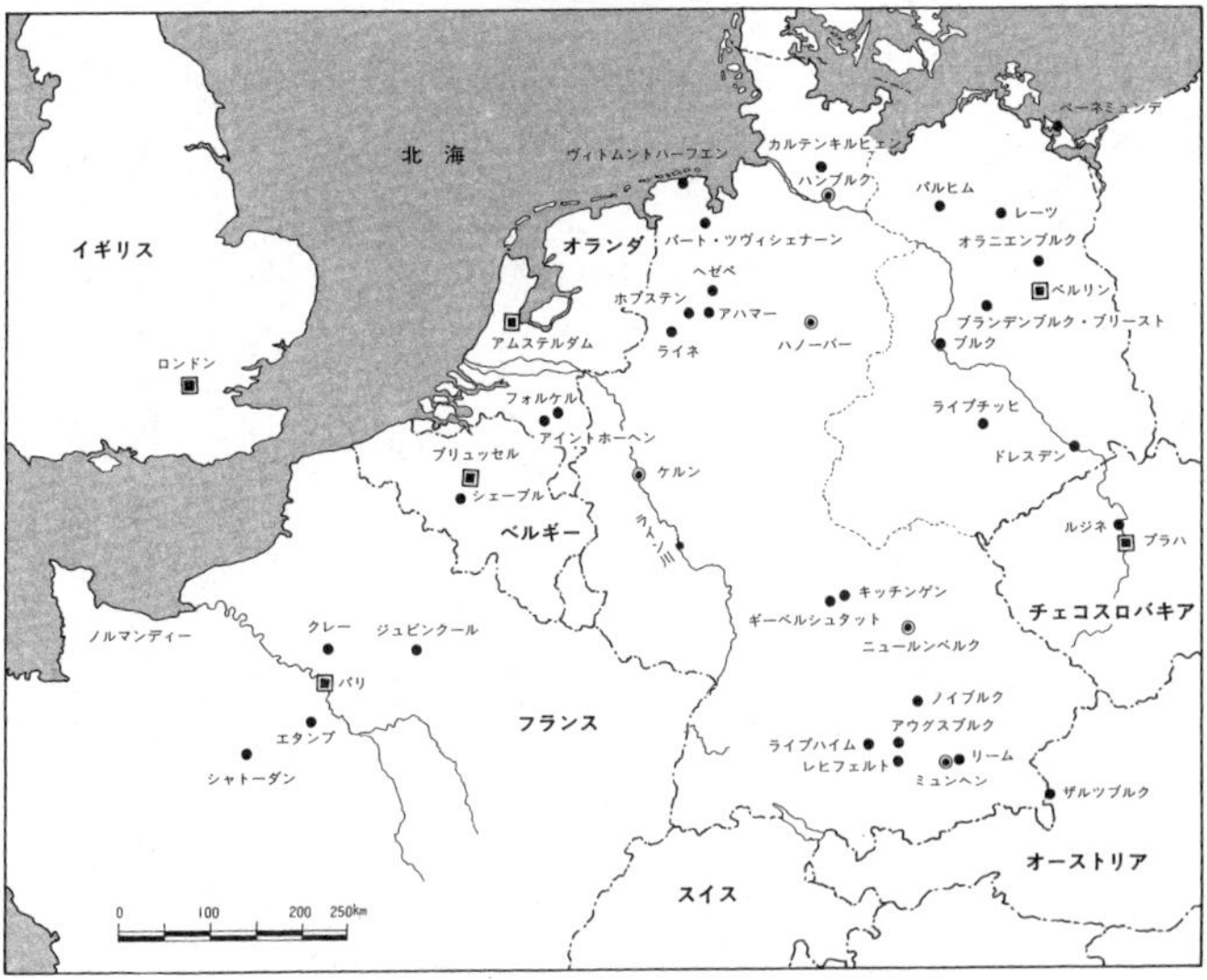

JV44が用いたMe262の編隊形“Kette”のスケール図

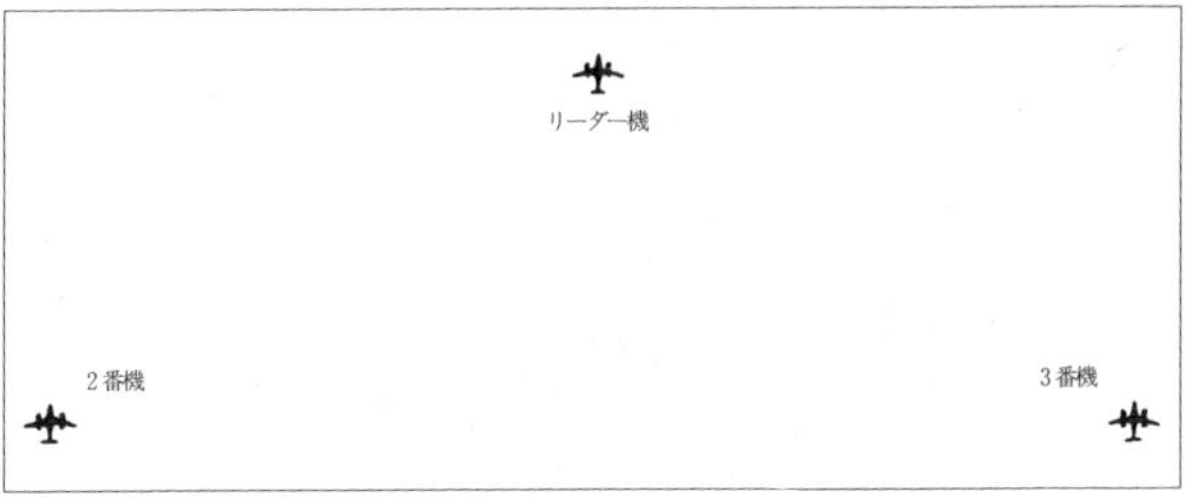

▲高速で旋回半径の大きいMe262に合わせたルーズな編隊形であるが、これによって旋回時の内側機のスロットル操作（速度を落とすためにスロットルを絞る）のわずらわしさをなくした。JG7では従来のレシプロ機と同じ４機編隊（シュヴァルム）を採用していた。

始めた。Ｍｅ２６２の高速性能と、キラ星のごときスーパー・エースの組み合わせ、加えて新兵器Ｒ４Ｍ 55㎜空対空ロケット弾の使用などによって、ＪＶ44は出撃のたびに戦果をあげていったが、波状的に押し寄せる米陸軍機の前に、シュタインホフ大佐は離陸事故により重傷を負い、リュッツォウ大佐も空戦で行方不明になるなど、損害も次第に増えていった。

そして、４月26日、ガーランド中将自身、Ｂ-26撃墜後に被弾・負傷、入院を余儀なくされ、ＪＶ44の指揮はハインツ・ベーア中佐に委ねられた。

部隊は、その後オーストリアのザルツブルクに後退し、解散した爆撃機隊の機材を吸収して、Ｍｅ２６２ 95機を保有する大部隊に膨れあがったが、もはやそれらを自在に操るパイロットも少なく、出撃は不可能だった。５月３日、米地上軍がザルツブルクに迫ると、ベーア中佐はＭｅ２６２全機に火を放つことを命じ、自らその活動に終止符をうった。

最高の戦果を記録したＪＧ７も、ドイツ国内が、連合軍によって次々に占領されたため各地に散開し、主力は、デンマーク国境に近いシュレスヴィヒ-ホルシュタイン地区で英軍に降伏

▶機首下面の爆弾懸吊架に、Ｗ．Ｇｒ21ロケット弾ランチャーを懸吊し、迎撃に発進する、ＪＧ７のＭｅ２６２Ａ-１ａ／Ｊａｂｏ。

している。

　ＪＧ7、ＪＶ44の両戦闘機隊以外にもＭｅ２６２は配備されており、なかでも注目されるのは、存在意義のなくなったレシプロ爆撃機隊を、Ｍｅ２６２戦闘機隊に改編した部隊。

　１９４４年11月、第6、27、30、54、55爆撃航空団がその対象に選ばれ、翌年１月、Ｉ．／ＫＧ54から改変に着手した。Ｍｅ２６２部隊になったＫＧ54は、名称を第54爆撃航空団〔戦闘機〕〝Kampfgeschwader〔Jagd〕／54〟という変則的なものになり、他隊もこれにならった。空軍の狙いは、もともと双発機の操縦を専門にしてきただけに、Ｍｅ２６２に異和感はなく、悪天候時の計器飛行にも経験が深く、短期間に有能なＭｅ２６２パイロットが得られるというところにあった。

▼出撃する第７戦闘航空団第Ｉ飛行隊（Ｉ./JG7)司令官、テーオドール・ヴァイセンベルガー少佐搭乗機Me262A−2a。同少佐はフィンランド、ノルウェー戦域のJG5に長く在籍し、200機撃墜を果たした直後、1944年11月25日、Ｉ./JG7司令官に転任してきた。写真はその当時の撮影で、A−1aの機数不足を補うため、戦闘爆撃機専用型A−2aを使用している。

しかし、現実には、水平飛行しかしなかったレシプロ爆撃機パイロットが、いきなり800km／h以上の高速機に乗り換え、相応の空戦技術を習得するのは容易なことではなく、2月25日には、16機のII./KG（J）54所属Me262が、訓練中にP-51に襲われ、一方的に5機撃墜される悲劇が生じた。

そのため、当初の計画はしりすぼみとなり、I./KG（J）54、II./KG（J）54以外は、III./KG（J）54、III./KG（J）6、KG（J）55に少数のMe262が引き渡されただけにとどまり、KG27、30の改変は見送られた。そして、これら各隊のMe262は、めぼしい実績もあげないまま解散し、機材をJV44に移管したのである。

その他、A-1aの機首内部に、カメラ2台を装備した偵察機型A-1a／U3が、第6近距離偵察飛行隊、複座のB-1に機上レーダーを搭載した夜戦型B-1a／U1が、第11夜間戦闘航空団第10中隊にそれぞれ少数配備されて、実戦活動している。

ヒトラーが固執した〝高速爆撃機〟としてのMe262も、敗戦まで生産、開発は続けられ、正規爆撃航空団のKG51、KG76に、戦闘爆撃機型A-1a／JaboおよびA-2aが配備された。

Me262の生産総数は計1433機と記録されており、その大部分はA-1aとA-2aであった。

▲〔上２枚〕ドイツ敗戦が目前に迫った1945年４月25日、中立国スイスのデューベンドルフ基地に不時着、投降した第７戦闘航空団第Ⅲ飛行隊第９中隊(9./JG7)のMe262A-1a、W.Nr500071、機番号“白の３”。操縦者はハンス・ギュイド・ムトケ氏で、元Bf110パイロットだった。1987年に同氏が来日した際、筆者も会って当時の様子を聞き、スイス軍が撮影したという着陸時の8mmムービー・フィルムも見せてもらったが、ものすごいハード・ランディングで、よく脚が折れなかったと思われた。上の写真に被せた同氏のサインは、この時に貰ったもの。

▶アルプス山脈のふもと、オーストリアのインスブルックに逃れたまま、祖国の敗戦を迎えた、もとJV44所属のMe262A-1a、製造番号500490。

Me262の生産型、計画型

●Me262A-1a

最初の、かつ最多の生産型で、Jumo 004B-1エンジン(推力900kg)を搭載し、MK108 30㎜機関砲4門を装備、JG7、JV44所属機の多くは、両主翼下面にR4M 55㎜空対空ロケット弾各12発を装備した。燃料総容量は2570ℓ。戦闘爆撃機型〝Jabo〟は、機首下面にシュロス503、またはヴィーキンゲルシッフ爆弾ラックを装着し、コクピット内に所要の操作器(投下レバーなど)を追加した。機体によってMK108を2門に減じ、砲口も塞いだ機体がみられる。便宜上A-1a〝Jabo〟と記す場合もある。

●Me262A-1a/U1

機首武装を、MG151/20 20㎜機関銃2挺、MK103 30㎜機関砲2門、MK108 30㎜機関砲2門とした重武装型であるが、1機試作されたのみで量産に至らず。

●Me262A-1a/U2

A-1aの無線機を、ローレンツ社製FuG 125〝Hermine《ヘルミネ》〟に換装した全天候戦闘機型で、少数生産された模様。

●Me262A-1a／U3

A-1aの機首武装を撤去し、かわりにRb50／30大型航空カメラ2台を並列に搭載した偵察機型。フィルム・ケースの上部をクリアするため、水滴状のバルジが張り出しているのが特徴。少数機が改造して造られ、第6近距離偵察飛行隊に配備された。

●Me262A-1a／U4

米陸軍四発重爆攻撃に、非常に効果的なMK214A 50㎜機関砲1門を機首に装備した型。弾倉（45発入）スペース確保のため、前脚車輪は90度回転して水平状態で引き込むように改修され、車輪カバーが追加された。

1号機W.Nr111899、2号機同170083の2機の原型機が試作されたが、生産には至らなかった。計画ではMe262E-1として量産する予定だった。

●Me262A-1a／U5

▶森の中に設けられた秘匿工場から次々と完成していたMe262A-1a。主な通常工場がほとんど爆撃で破壊され尽くしたにもかかわらず、Me262が敗戦までに1400機以上も生産できたのは、こうした秘匿工場が各地に造られていたためである。

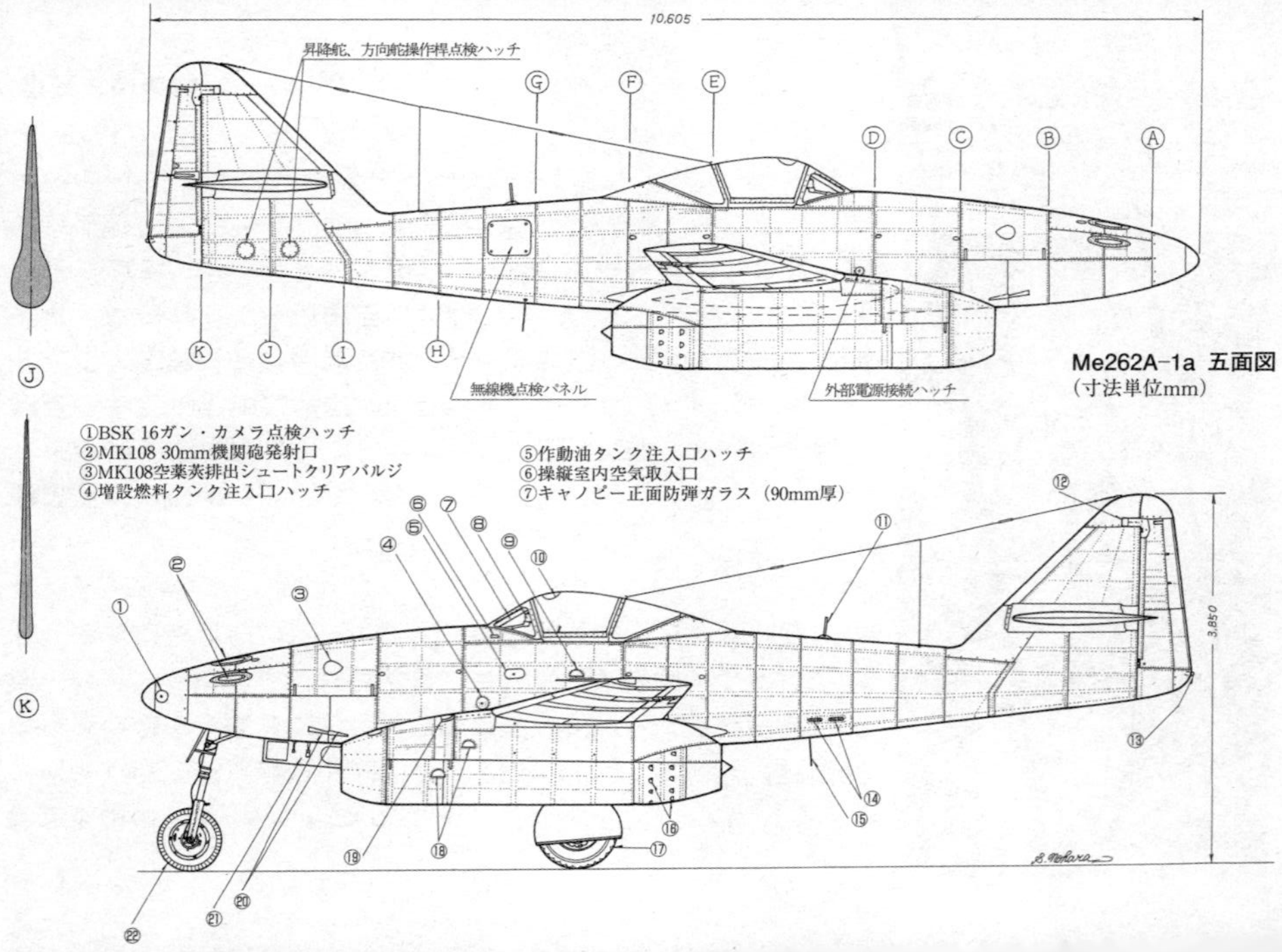

Me262A-1a 五面図
（寸法単位mm）

胴体断面図

⑧Revi 16B光像式射撃照準器
⑨乗降用足掛
⑩キャノピー開閉グリップ
⑪FuG 16ZY無線機用D/Fループ・アンテナ
⑫方向舵マス・バランスウェイト
⑬尾灯
⑭AZA 10信号弾発射器
⑮FuG 25aIFFロッド・アンテナ
⑯ノズル冷却空気吸入口

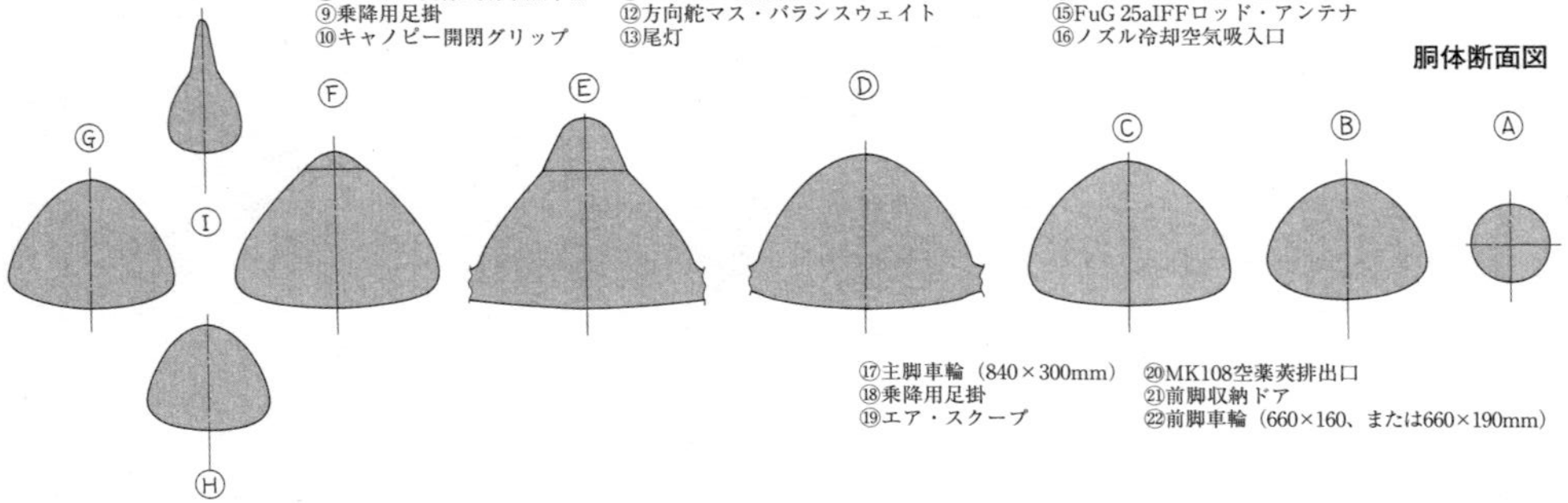

⑰主脚車輪（840×300mm）
⑱乗降用足掛
⑲エア・スクープ
⑳MK108空薬莢排出口
㉑前脚収納ドア
㉒前脚車輪（660×160、または660×190mm）

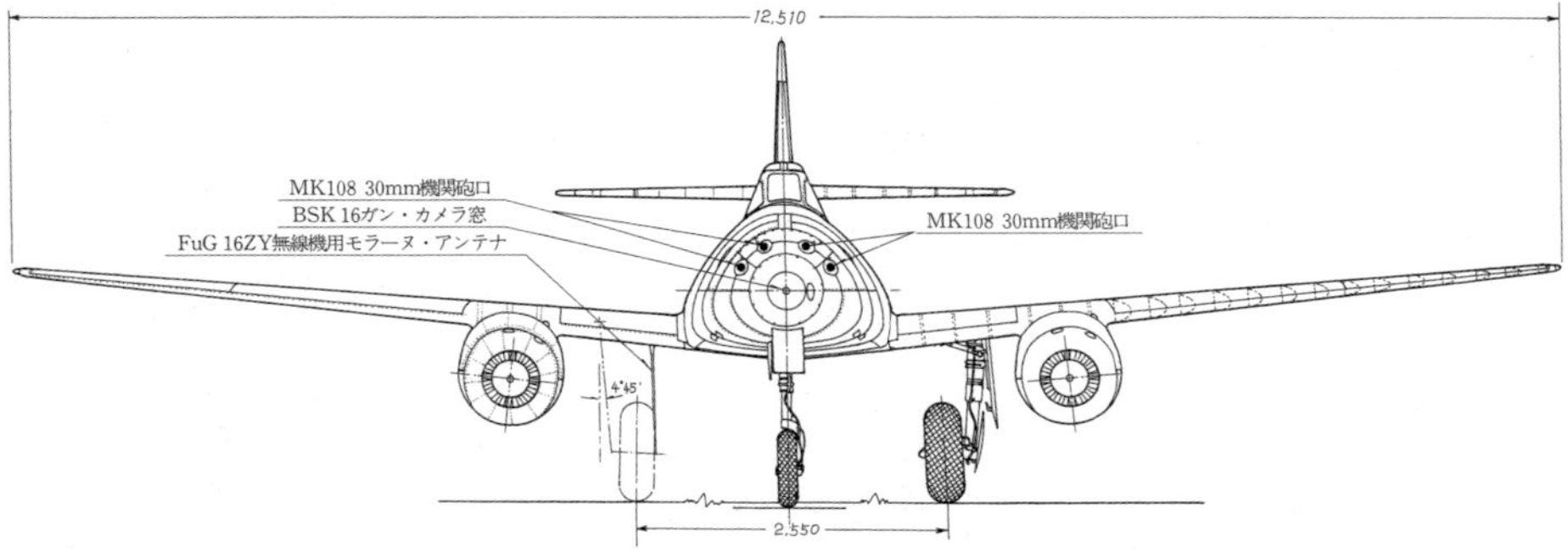

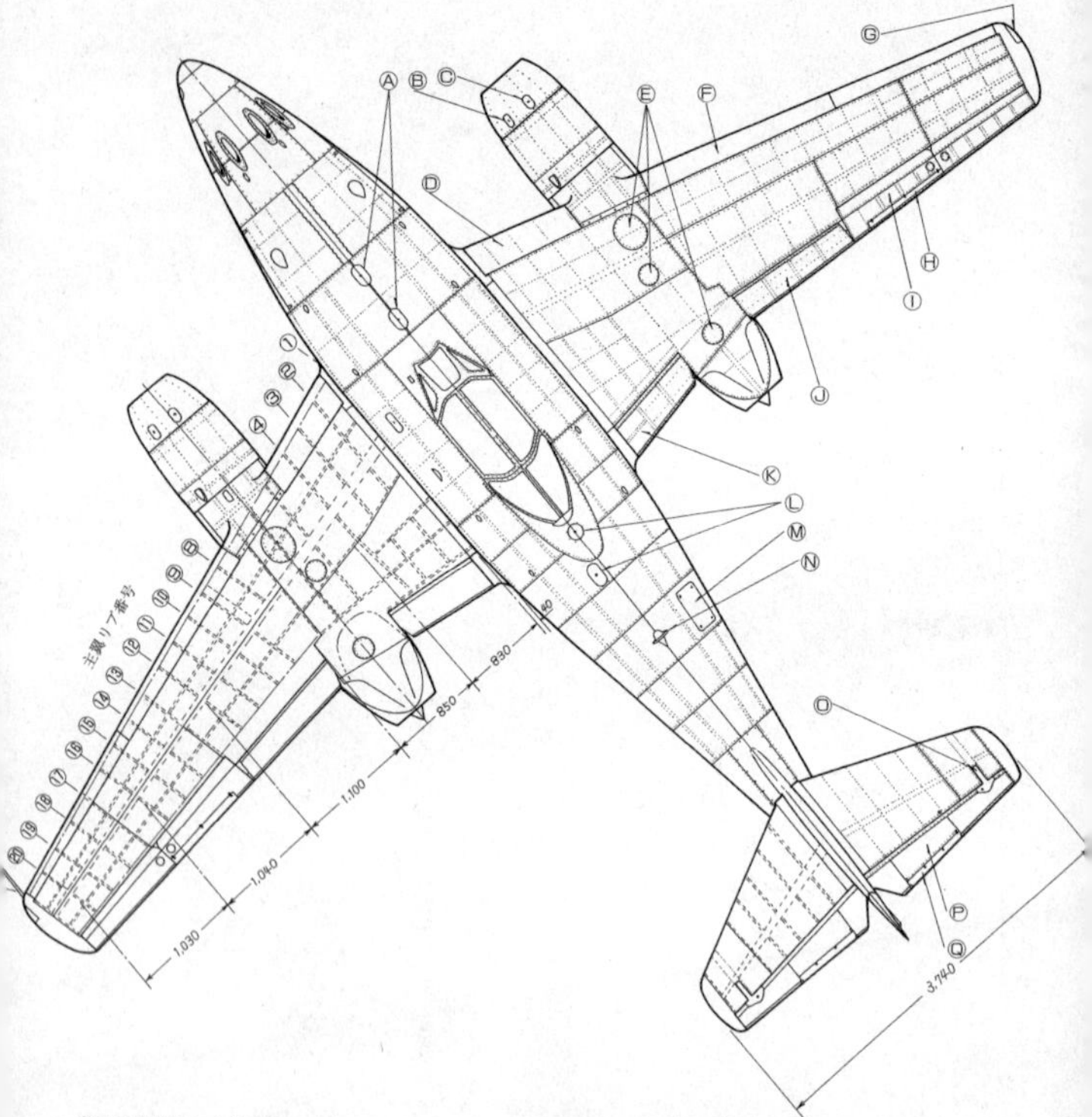

Ⓐ前部燃料タンク注入口ハッチ
Ⓑエンジン・プライマータンク注入口ハッチ
Ⓒリーデル・スターター用燃料タンク注入口ハッチ
Ⓓ内側前縁スラット
Ⓔエンジン点検パネル
Ⓕ前縁スラット
Ⓖ翼端灯
Ⓗ補助翼トリム・タブ
Ⓘ補助翼（+20°～−20°）
Ⓙ外側フラップ（−55°）
Ⓚ内側フラップ（−55°）
Ⓛ後部燃料タンク注入口ハッチ
Ⓜ無線機点検ドア
ⓃFuG 16ZY無線機用D/Fループ・アンテナ
Ⓞ昇降舵マス・バランス
Ⓟ昇降舵（+35°～−35°）
Ⓠ昇降舵トリム・タブ（後期は固定）

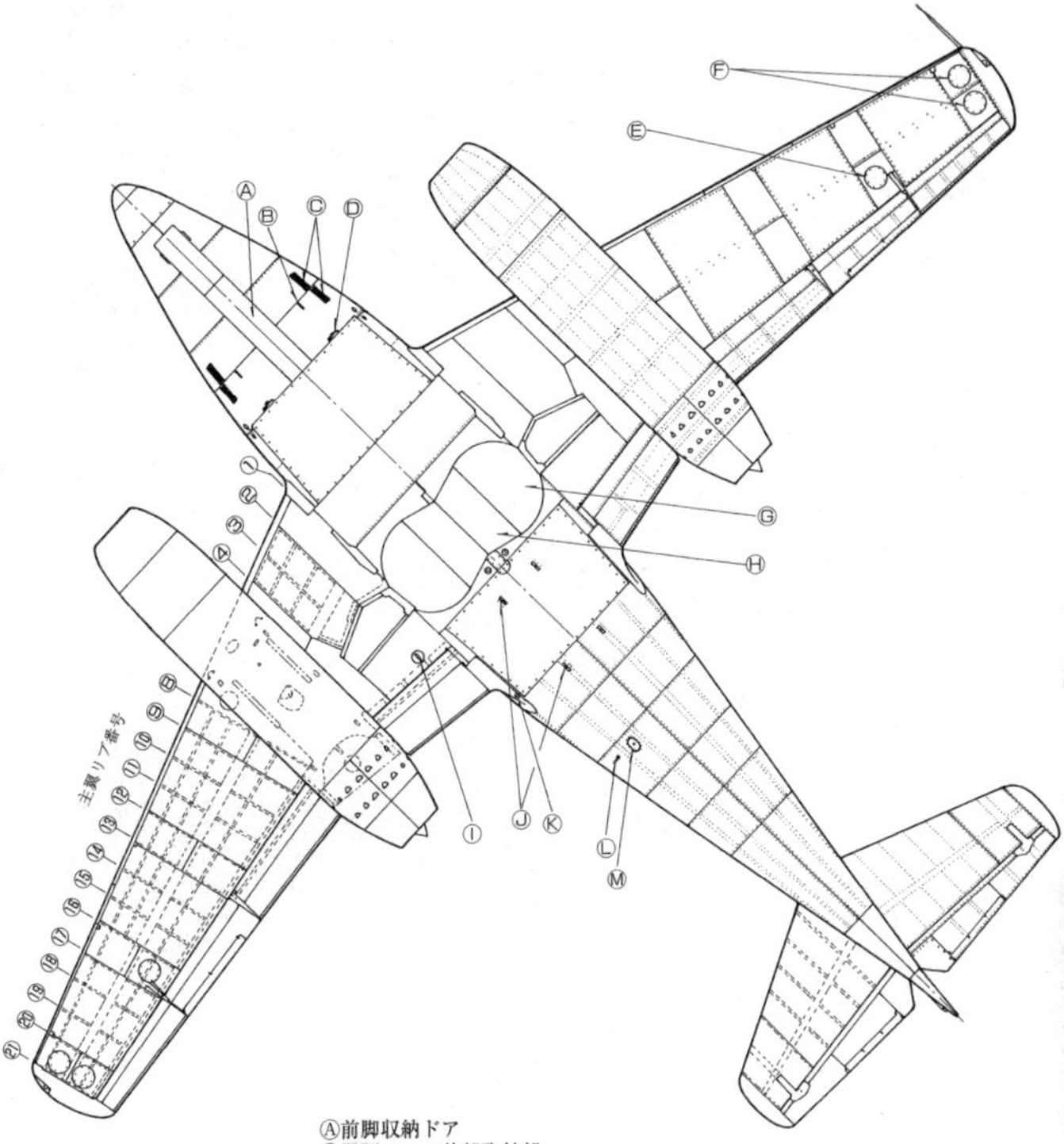

Ⓐ前脚収納ドア
Ⓑ爆弾ラック前部取付部
ⒸMK108空薬莢排出口
Ⓓ爆弾ラック後部取付部
Ⓔ補助翼操作桿点検ハッチ
Ⓕ翼端点検ハッチ
Ⓖ主脚カバー
Ⓗ主車輪カバー
ⒾFuG 16ZY無線機用モラーヌ・アンテナ
ⒿRATOG（離陸補助ロケット）取付部
Ⓚ燃料排出パイプ？
ⓁFuG 25aIFF用ロッド・アンテナ
Ⓜ酸素注入口ハッチ

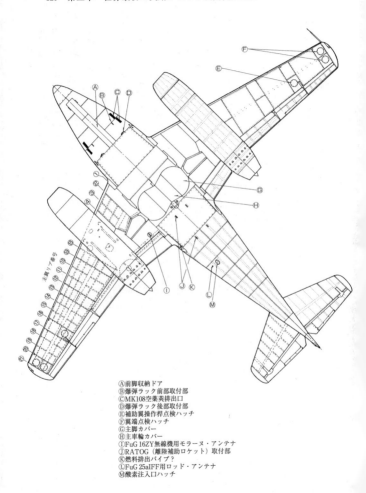

機首武装を、MK108 30㎜機関砲6門に強化した型。1機試作（W.Nr112355）のみに終わる。

●Me262A-1b

Me262開発当初に搭載を予定したBMW003Aエンジンが、ようやく実用化にこぎつけたのをうけて、1944年10月21日に、試作機W.Nr170078が初飛行した。

スロットル操作にコツを要するものの、Jumo004より騒音が低く、加速性も良好なことが確認され、A-1bの型式名で生産に

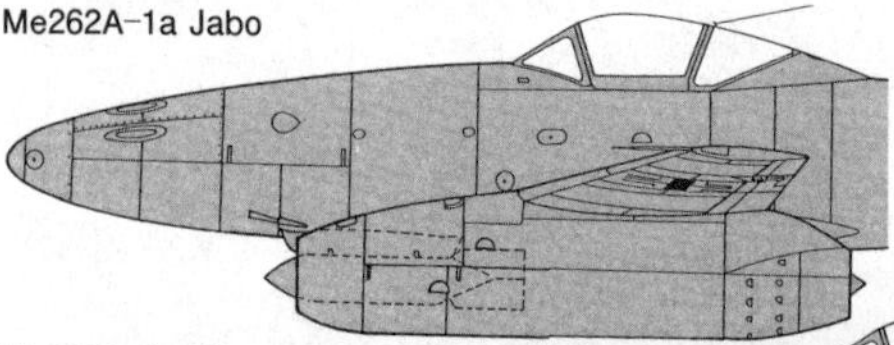

Me262A-1a Jabo

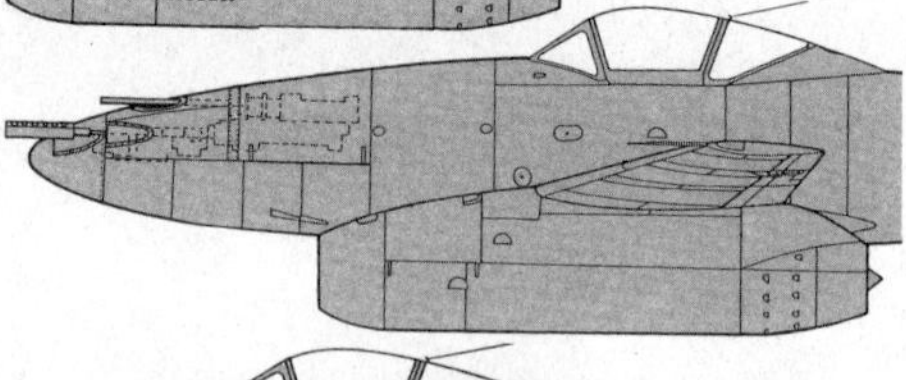

Me262A-1a/U1

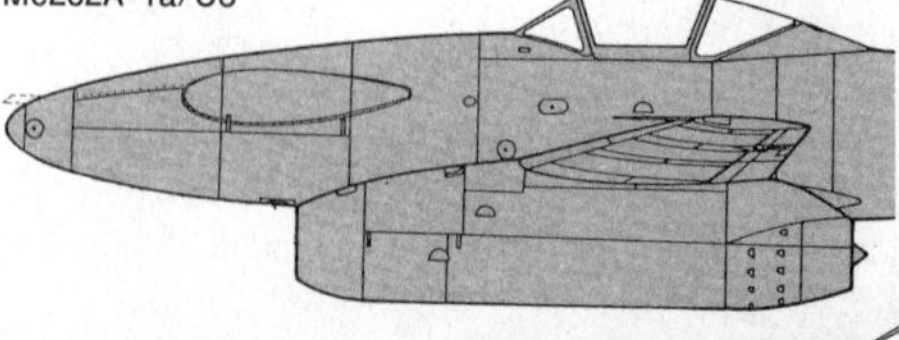

Me262A-1a/U3

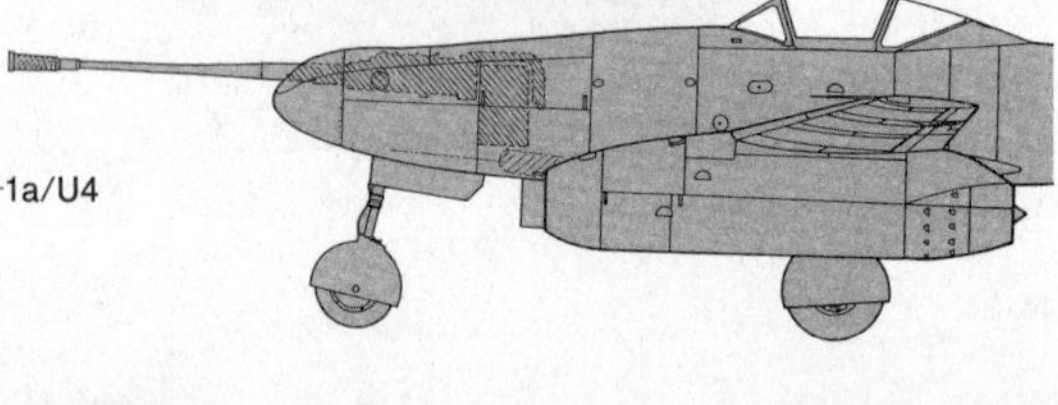

Me262A-1a/U4

入る予定だった。

しかし、3機造られただけで敗戦となった。A－1aとは、外観上、ナセルの形状が異なるので識別は容易。

●Me262A－2a

実質的に、MK108を2門に減じたA－1a戦闘爆撃機型の正式名称。爆弾ラックは、シュロス503、またはヴィーキンゲルシッフで、末期にはBT兵器懸吊可能なETC504も用いた。

●Me262A－2a／U

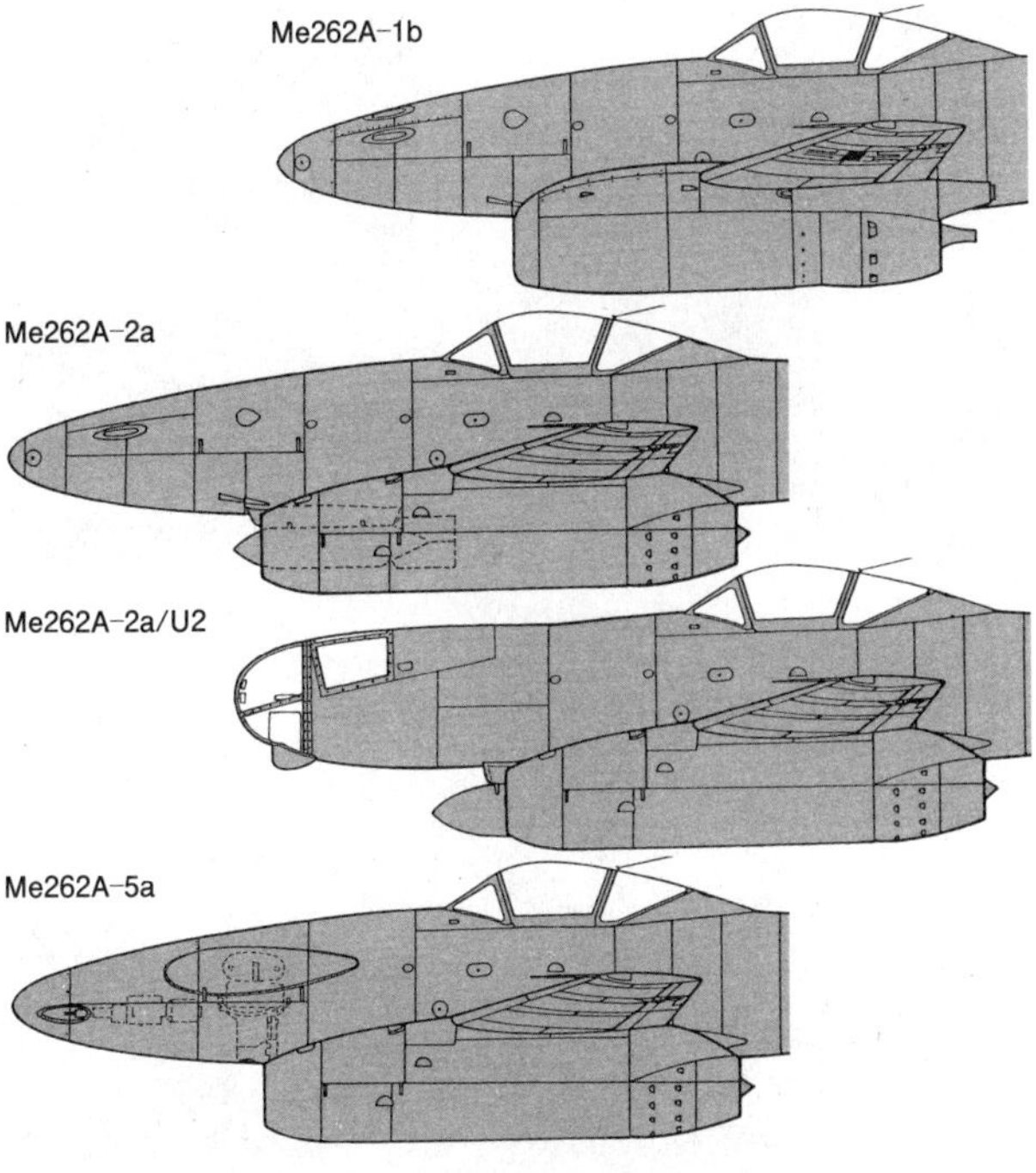

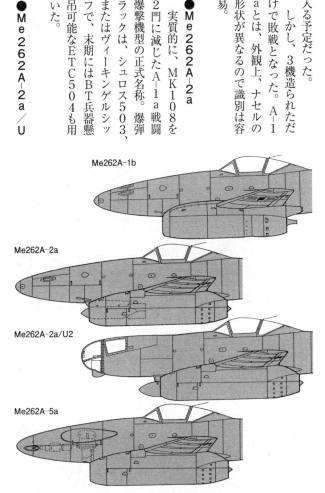

1 照準器を、本格的な爆撃専用のTSAに換装した型で、W.Nr170070コード〝E7+02〟、同130164〝WA+TA〟の2機の原型機が造られたが、生産にはいたらなかった。

●Me262A-2a／U2

A-2aの武装を撤去し、機首先端をガラス張りにして、専任の爆撃手を配置（腹ばい式に搭乗）し、He111、Ju88などが用いた、Lotfe 7H爆撃照準器を装備した、純粋の爆撃機型。1944年10月22日に、原型1号

▶Me262A-1a／U4の原型2号機、W.Nr170083の機首。機首の寸度自体は通常型とほぼ同じだったため、砲、弾倉スペースを確保する必要から、前脚車輪は90度回転して水平位置にして収納するように改修された。新たに前脚車輪カバーが追加され、機体側のカバーも3分割に変わっている。

▶Me262A-2a／U2の原型2号機W.Nr110555で、米軍に鹵獲され、回収作業中のシーン。ガラス張りの機首は木製で、前脚直前の下面の突起は、Lotfe7H爆撃照準器用レンズ・カバー。

機W.Nr１１０４８４が引き渡され、続いて2号機W.Nr１１０５５５も完成したが、生産には至らなかった。

●Me262A-3

Ａ-２ａ／Ｕ２の生産型にあたえられる型式だったが、１９４４年3月23日、対爆撃機攻撃専用の〝Panzerflugzeug《パンツァーフルークツォイク》 I〞（装甲戦闘機１）型に振り替えられた（計画のみ）。

●Me262A-3a

Ａ-３の装甲板重量は１２４４kgに達し、航続性能がＡ-１ａに対して３１２kmも低下することがわかったため、装甲板重量を５８２kgに軽減して、航続性能低下を１５５kmにとどめた型が、〝Panzerflugzeug II〞（装甲戦闘機２）となった。

１９４４年5月13日に、メ社から設計案が提示され、生産型をＡ-３ａとすることに決めたものの、敗戦までに原型機は完成しなかった。

▶敗戦当時、ドイツ南部のレヒフェルト基地にあって米軍に鹵獲された、もと第2補充戦闘航空団第Ⅲ飛行隊（Ⅲ／ＥＪＧ２）所属のＭｅ２６２Ｂ-１ａ。

●Me262A-4

偵察機型A-1a/U3の生産型に与えられた名称だが、実際にA-4として完成した機体があったのかどうか不明。

●Me262A-5a

武装を全廃したA-1a/U3に対し、Rb50/30カメラの前方に2門のMK108（携行弾数各65発）を装備する、戦闘偵察機型として計画されたのがA-5a。

1945年2月21日付けで設計案が提示されたが、実際に生産に入る前に敗戦となった。

●Me262B-1a

レシプロ戦闘機と隔絶する高速のMe262を操縦するには、独特の技術を要するが、その訓練課程を、よりスムーズに行なうには、複座練習機型が望ましい。こうした要求に応じて、1944年7月22日、〝Schulflugzeug《シュールフルークツォイク》〟（練習機）の計画名で複座練習機型が提示された。

A-1aの後方燃料タンク（1650ℓ入）を撤去して、ここに複操縦装置付きの後席（教官席）を追加し、前後席を新設計の右開き大型キャノピーで覆った。減少した燃料容量を補うため、後席の下方に小型の400ℓ入タンクを増設、機首下面に爆弾懸吊ラック（シュロス503、ETC504、ヴィーキンゲルシッフのいずれか）を標準装備し、ここに300ℓ入増槽2個を懸吊することとした。当初の計画では無武装とし、MK108撤去跡には、1

Me262B-1a 二面図

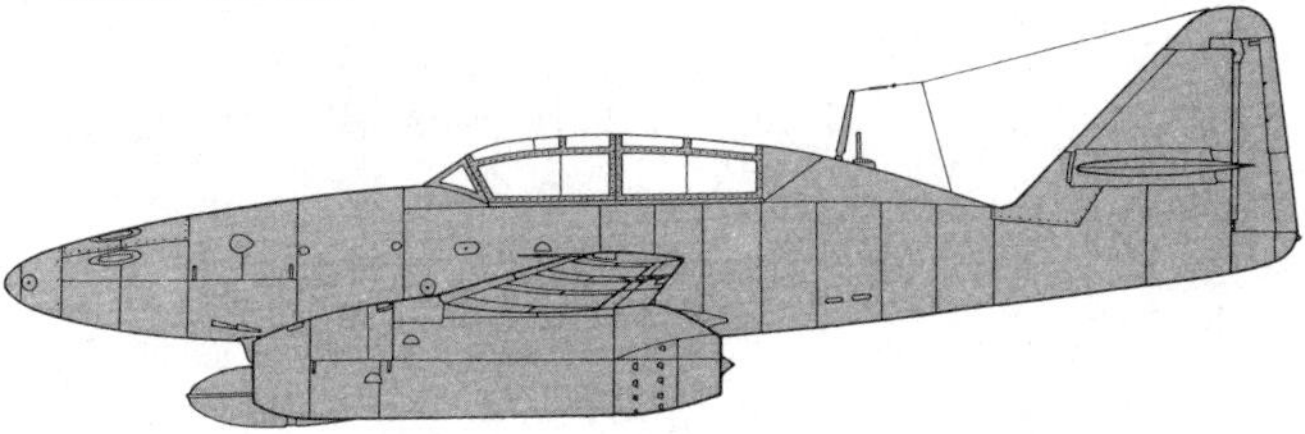

50kgのバラストを取り付けることにしていたが、戦況を考慮して、生産型は4門のMK108はそのまま残された。

原型機に充てられたのはMe262S5で、7月中に早くも初飛行し、2号機W・Nr130176は、10月26日に初飛行した。テストの結果も良好だったため、ただちにMe262B-1aとして改造生産が決定され、作業はブローム・ウント・フォス社のハンブルク工場(65機)、ルフトハンザ航空プラハ支所(41機)が担当することになったが、敗戦までに、実際にこのうちの何機完成したのか

◀Me262の、夜間戦闘機としての可能性を試すために造られた、最初の機上レーダー装備機、A-1a、W.Nr170056。FuG 218ネプツーンV1レーダーのアンテナは、機首に4組のダイポールを〝X〟状に配置した。

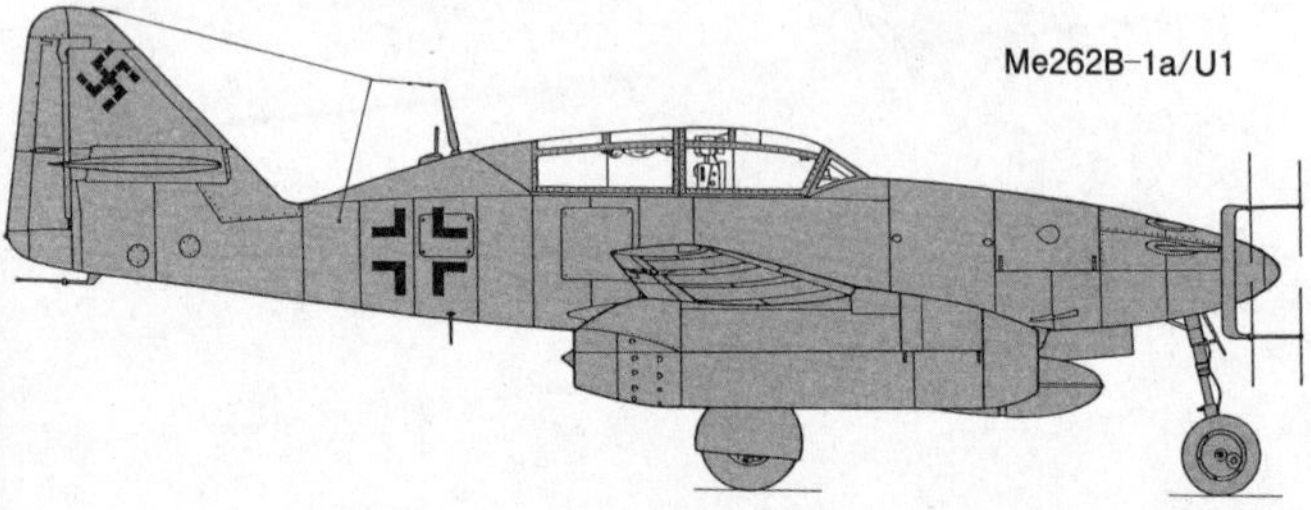

Me262B-1a/U1

不詳。恐らく、20機前後だったと推察される。

完成機の一部は、Ｍｅ２６２パイロット養成を任務とした、レヒフェルト基地の第２補充戦闘航空団第Ⅲ飛行隊（Ⅲ./ＥＪＧ２）――指揮官は２２０機撃墜のエース、ハインツ・ベーア少佐（のちにＪＶ44に転属）――およびアルト・レーネヴィッツ基地の、第１補充爆撃航空団第Ⅲ飛行隊（Ⅲ./ＥＫＧ１）に少数ずつ配備され、実際に訓練に使われた。

●Ｍｅ２６２Ｂ-１ａ／Ｕ１

Ｍｅ２６２の高速性能は、当然のごとく夜間戦闘機としても大きな威力になるはずであり、１９４４年9月初め、メッサーシュミット社は、複座練習機型Ｂ-１ａをベースに、胴体を延長して燃料容量を増加、機上レーダーを装備した夜戦型Ｂ-２を提示した。

しかし、Ｂ-２の開発には時間がかかることが予想されたため、暫定処置として、とりあえず、Ｂ-１ａに機上レーダーを搭載し、後席の直後に１４０ℓ入燃料タンクを追加しただけの、簡易型を製作することにし、１９４４年10月5日、Ｂ-１ａ／Ｕ１として提示された。

Ｂ-１ａ／Ｕ１が装備した機上レーダーは、有効探知距離１２０ｍ～５０００ｍ、同角度１２０度のＦｕＧ ２１８〝Neptun《ネプツーン》〟（海神）で、機首と尾部下面にそのアンテナを取り付けた。さらに、イギリス空軍爆撃機が装備する、地形表示レーダーH_2Sの電波を捉えて、その位置を探知するパッシブ・レーダー、ＦｕＧ ３５０Ｚｃ〝Naxos《ナクソス》〟（ギリシャの島名）も装備した。

改造作業は、ルフトハンザ航空ベルリン本部が担当することになり、敗戦までに10機弱のB－1a／U1が完成し、うち7機が、1945年2月末から第11夜間戦闘航空団第10中隊に配属された。これら7機は、ベルリン西方のブルク基地に展開し、最後の首都防空戦に出動し、ドイツ空軍レシプロ夜戦が苦しめられた、イギリス空軍〝モスキート〟夜戦を16機も撃墜した。これらはほとんど、夜戦隊のエキスパート、クルト・ヴェルター中尉、カール・ハインツ・ベッカー軍曹のペアによる戦果であった。

●Me262B－2a

夜戦型の本命とされた計画型で、B－1aの胴体をコクピット前後で延長し、FuG 218、350レーダーを装備するのが当初の基本構想だった。しかし、時間が経つにつれてその設計案は次々に変更されていき、増槽曳航式、HeS 011エンジンへの換装、主翼の後退角を35度に増し、エンジン配

▼敗戦後、首都ベルリン西方のブルク基地で、英軍の査察を受ける10./NJG11のMe262B－1a/U1、W.Nr111980、機番号“12”（白フチ付赤）。本機はW.Nr、機番号からみて、10./NJG11に配属された7機のB－1a/U1の最終号機と推定される。

▲〔上３枚〕ブルク基地にて英軍に鹵獲され、のち米軍に引き渡された、元10./NJG11所属のMe262B-1a/U1、W.Nr110306、機番号“６”。上段は英国、中、下段は米国のオハイオ州ライトフィールドにおける撮影で、本型の特徴をよく捉えている。鹵獲された直後、武装、FuG350などは取り外されていたが、写真撮影の際、再び取り付けられたようだ。ただし、機首武装のうち、下方の２挺はMG151/20 20mm機関銃を付けていることに注目。これがオリジナル状態だったようだ。MK108は夜間に発射焔が大きくてパイロットの眼を眩惑することがあったらしく、その対策と思われる。尾部下に突き出た“L”字状の棒は、FuG218レーダーの後方警戒用アンテナの基部。

Me262B-2 1945.1.17

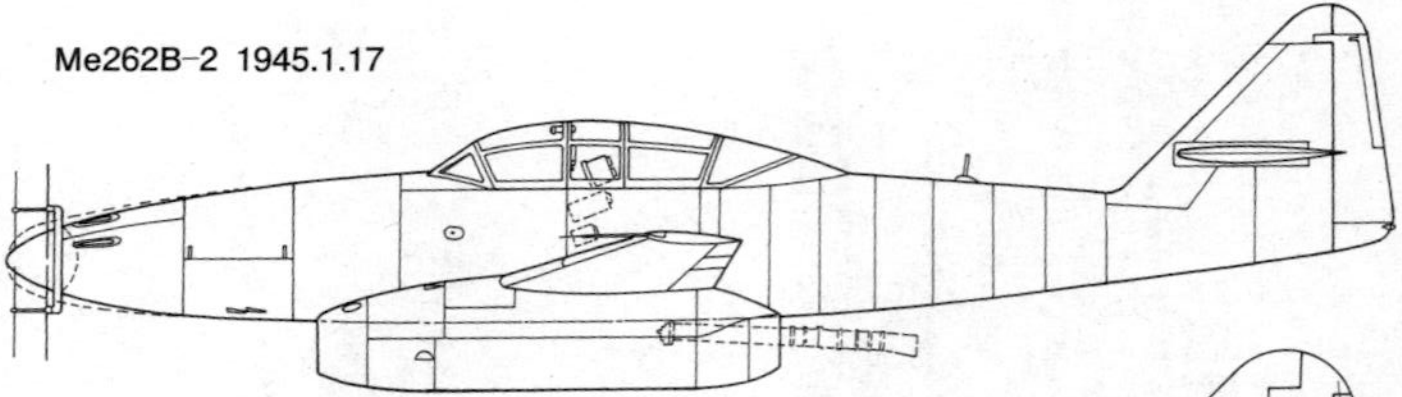

Me262B-2 胴体内部配置図

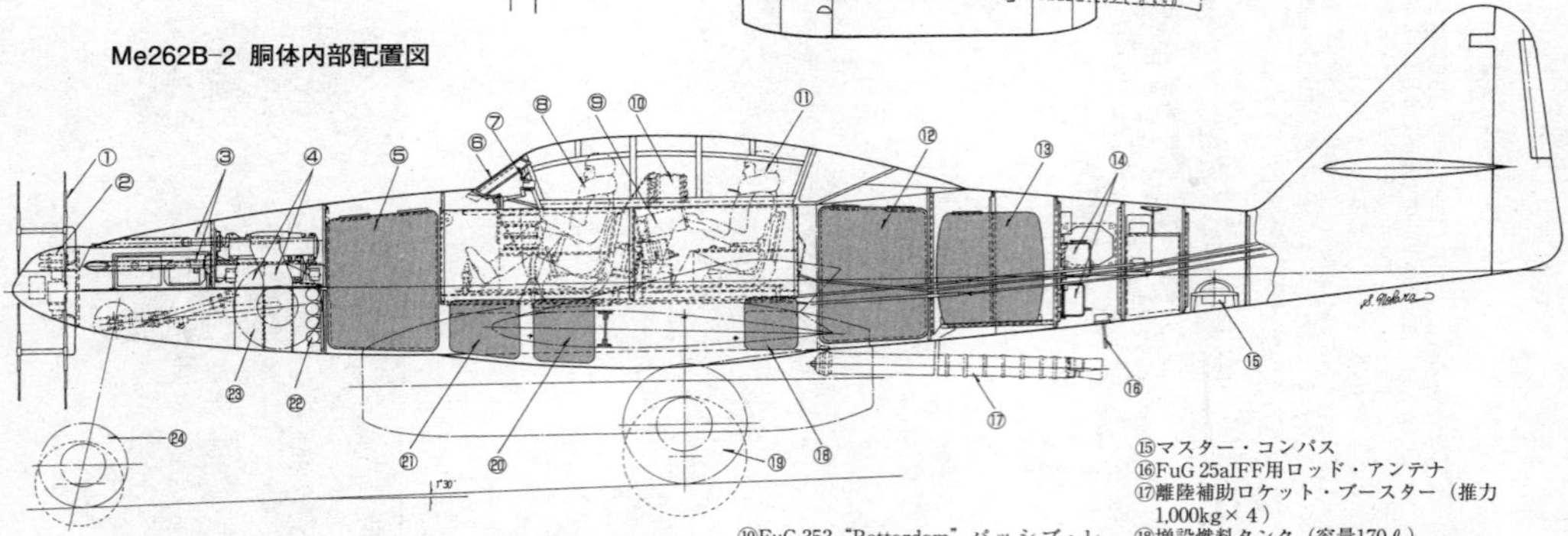

①FuG 218 "Neptun" GR機上レーダー・アンテナ
②FuG 353 "Rotterdam" パッシブ・レーダー・アンテナ
③MK108 30mm機関砲（４門）
④空薬莢排出シュート
⑤前部燃料タンク（容量900ℓ）
⑥90mm厚正面防弾ガラス
⑦Revi 16B光像式射撃照準器
⑧パイロット
⑨FuG 218 "Neptun" GR機上レーダー・ユニット
⑩FuG 353 "Rotterdam" パッシブ・レーダー・ユニット
⑪レーダー手
⑫後部燃料タンク（容量900ℓ）
⑬増設燃料タンク（容量600ℓ）
⑭無線機（FuG 16ZY、またはFuG 125、FuG 25a）
⑮マスター・コンパス
⑯FuG 25aIFF用ロッド・アンテナ
⑰離陸補助ロケット・ブースター（推力1,000kg×４）
⑱増設燃料タンク（容量170ℓ）
⑲主脚車輪（935×345mm）
⑳増設燃料タンク（容量300ℓ）
㉑増設燃料タンク（容量300ℓ）
㉒圧搾空気ボンベ（MK108弾丸装填用）
㉓前脚車輪収納位置
㉔前脚車輪（660×190mm）

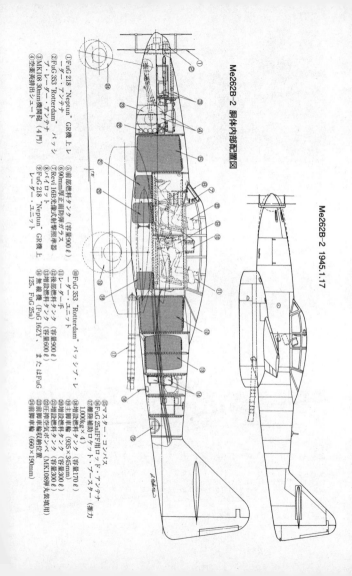

Me262B-2a 1945.2.12 with two HeS 011A

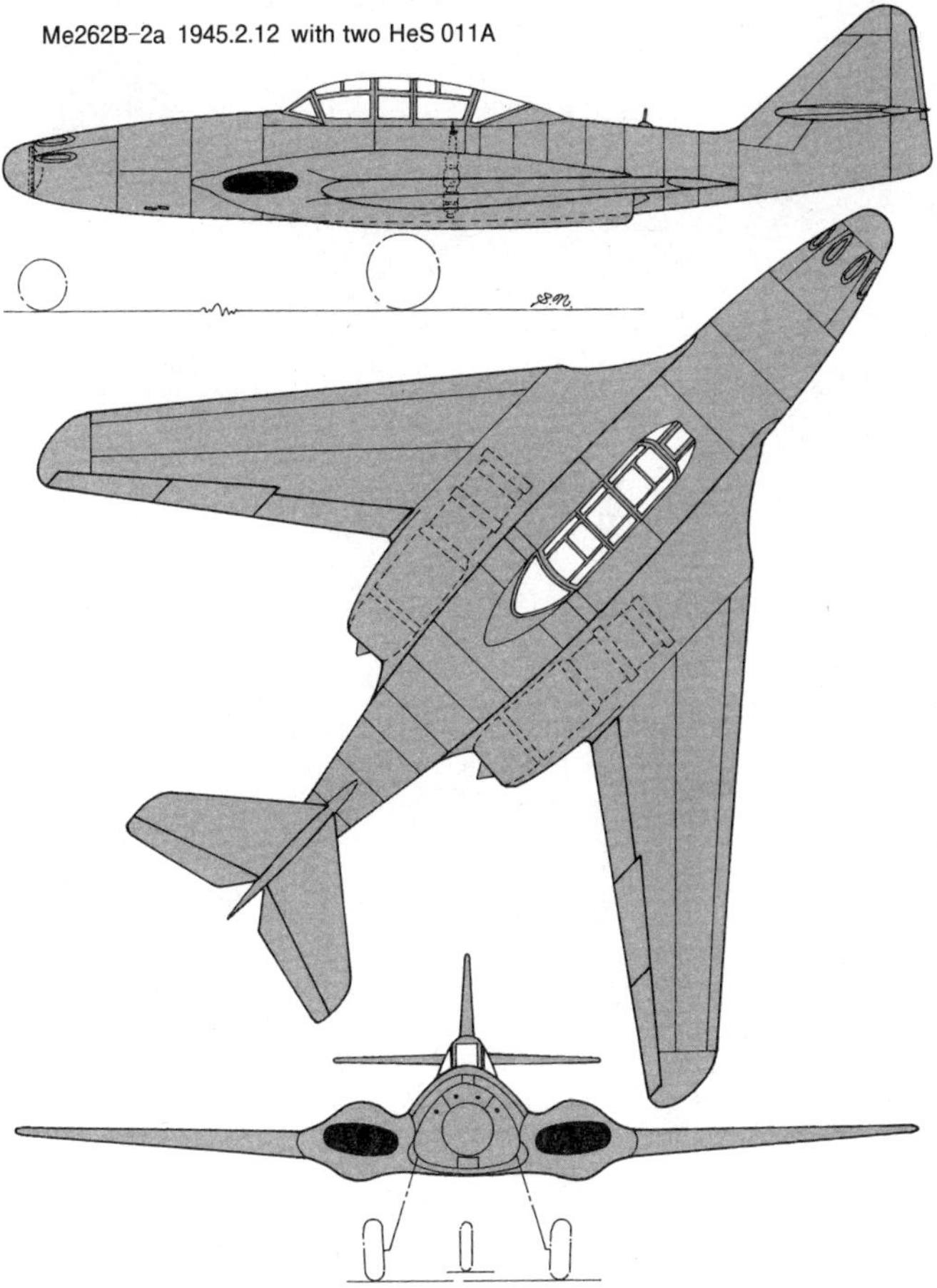

Me262 three-seat Night Fighter 1945.3.17 with two Hes 011A
(三座夜間戦闘機)

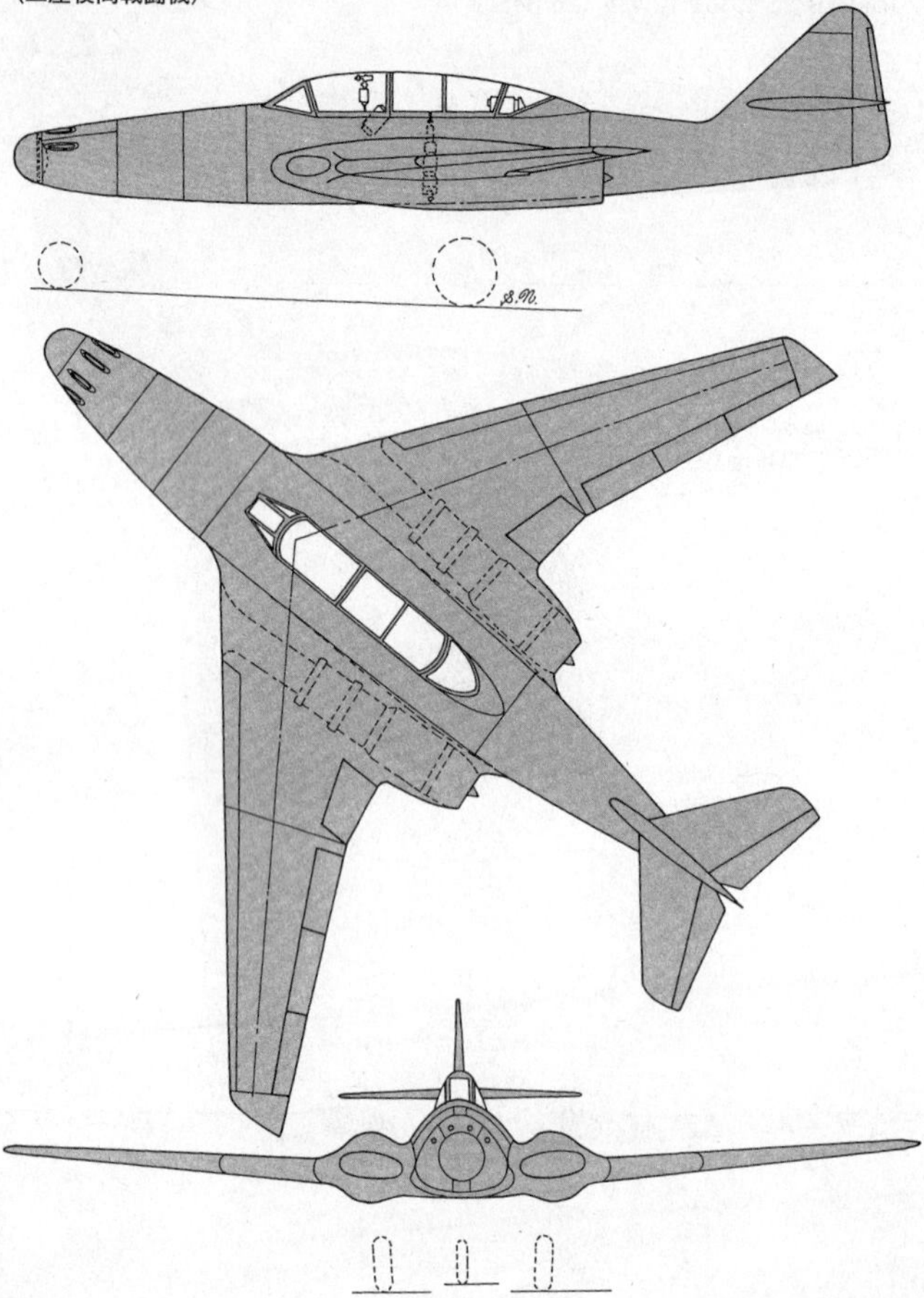

Me262B-2 1945.2.13 with two DB 021 turboprops

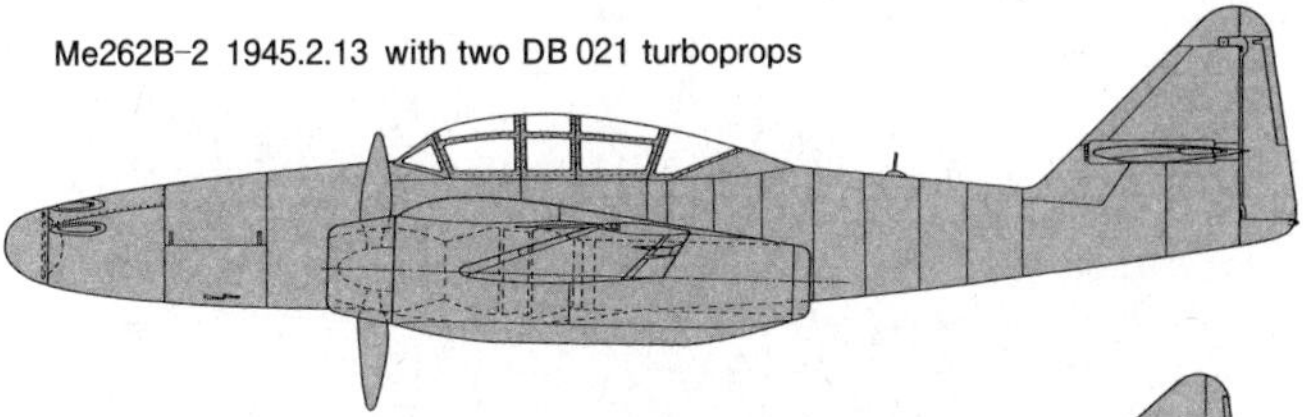

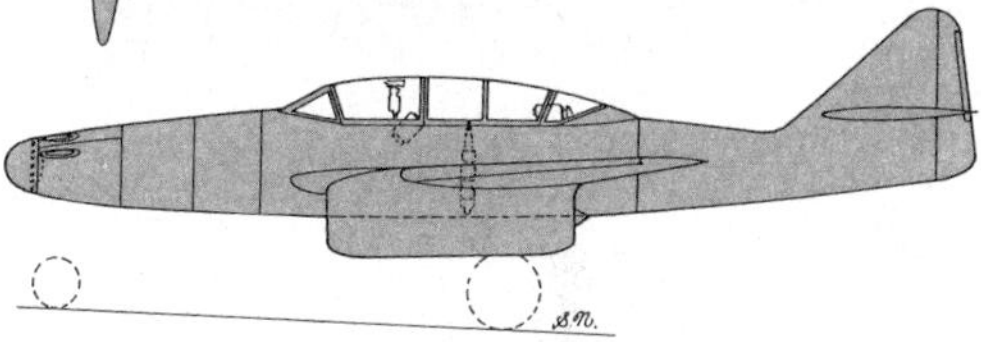

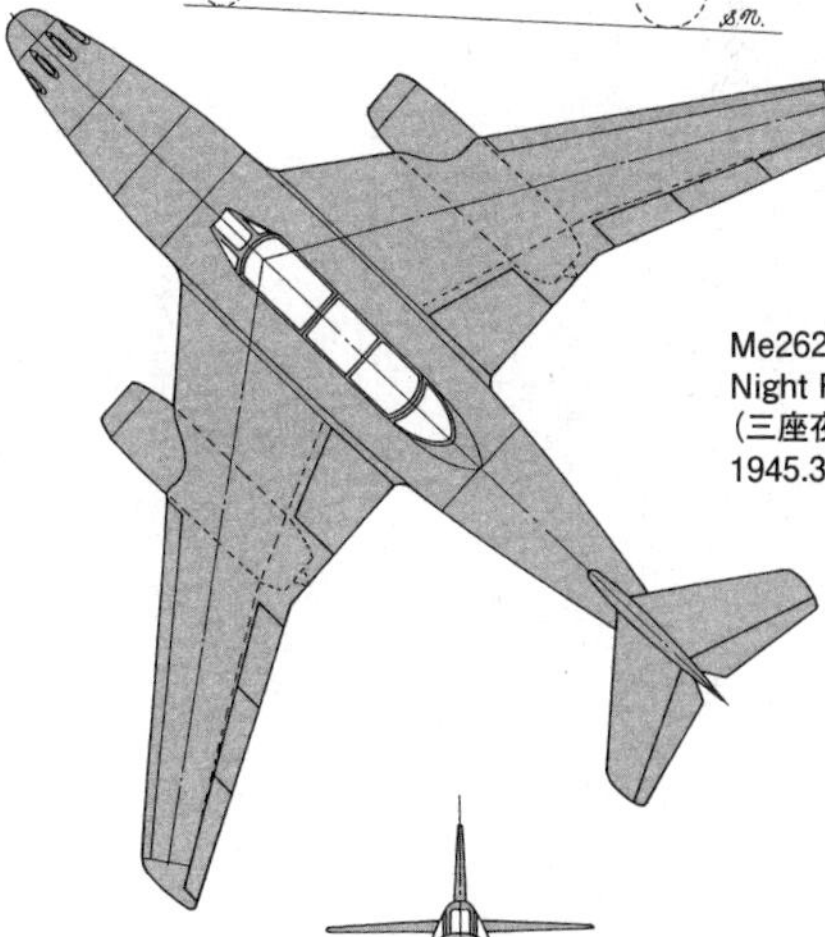

Me262 three-seat
Night Fighter
(三座夜間戦闘機)
1945.3.17

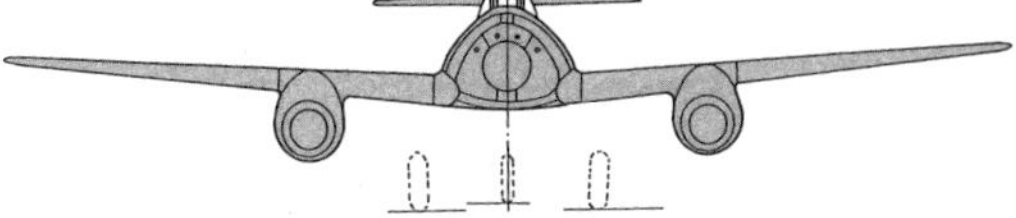

置を全面的に改めた型、ターボプロップエンジン装備型まで変化していった。

Ｊｕｍｏ ００４エンジンを搭載する原型機（１９４５年１月17日提示案）は、１９４５年３月22日に初飛行する予定であったとされるが、実際に行なわれたかどうか定かでない。しかし、機体そのものは完成したようだ。以降の各設計案は、すべてペーパー・プランの段階で終わった。

なお、夜戦型としては、他にＢ-２を三座化した発展型も、１９４５年３月17日付けで２種の設計案が提示されている（Ｐ．１４２～１４３図）。

●Me262C-1a

原型１号機Ｍｅ２６２ Ｖ１が、ジェット初飛行を行なう前の１９４１年秋、その特質から、迎撃戦闘機としての実用を前提にしていたＭｅ２６２は、より手軽な動力のパルスジェットエンジン、Ｍｅ１６３と同様なロケットエンジンを使用する案も検討され、Ｍｅ２６２ Ｗ１、Ｗ２、Ｗ３の３種の設計案が提示された。Ｗ１は推力１５０㎏のアルグスＡｓ ０１４パルスジェット６～８基を、Ｗ２はＭｅ１６３と同じヴァルターＲⅡ-２１１（制式名１０９-５０９）ロケットエンジン（推力１７００㎏）２基、Ｗ３は推力５００㎏のＡｓ ０４４パルスジェット４基をそれぞれ搭載することとされた。
しかし、Ｍｅ２６２ Ｗ１、Ｗ２、Ｗ３はいずれも実現には至らず、１９４３年７月22日、改めて〝Interzeptor《インターツェプトル》 I, II, III〟（迎撃戦闘機１、２、３）の設計案に振り替えられた。同案

Me262C-1a with two Jumo 004B & one HWK509 rocket

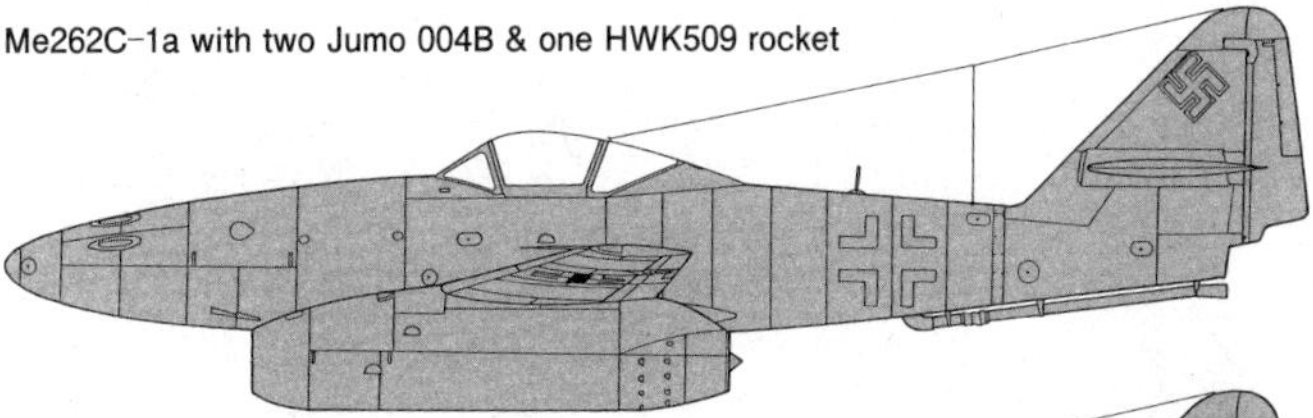

Me262 C-2b with two BMW 003R

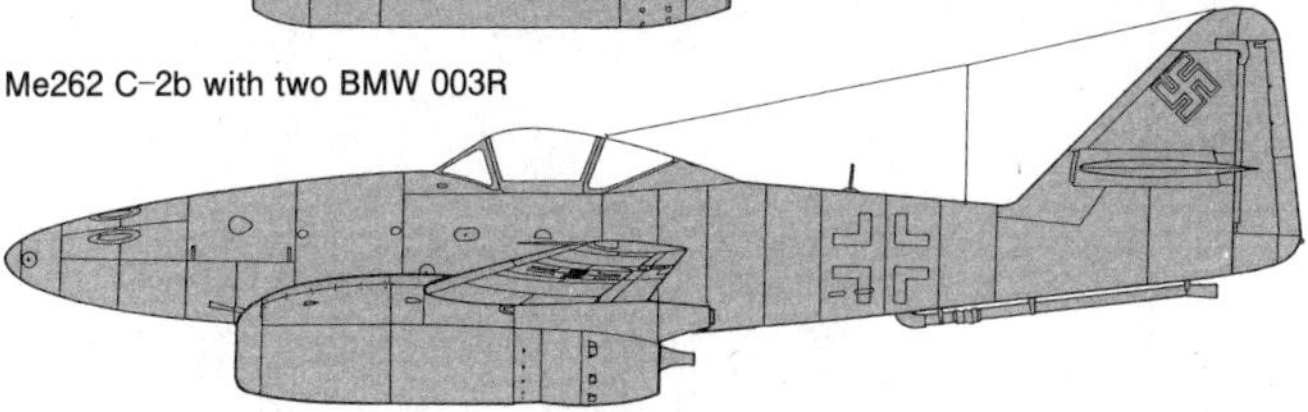

Me262 Interzeptor III 1943.7.22 with two HWK509 rocket

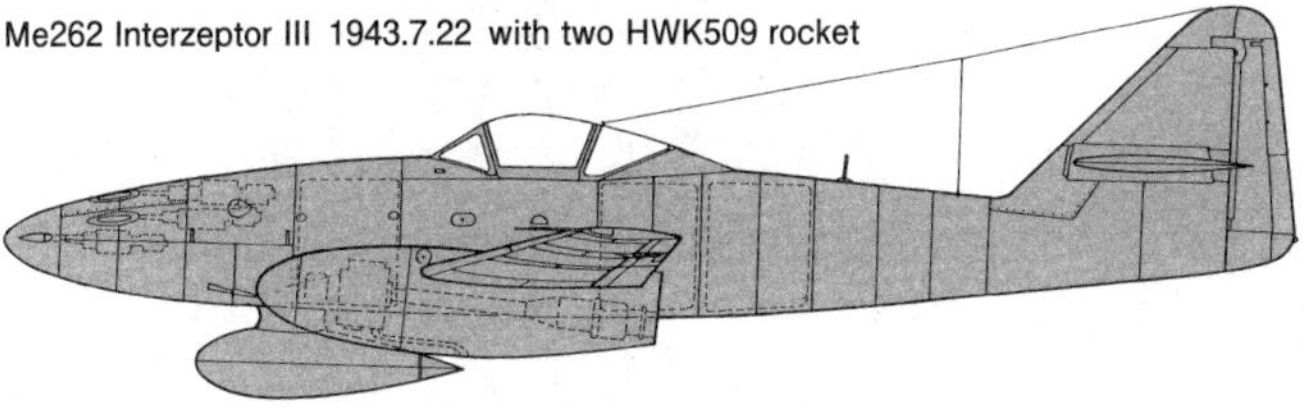

Me262C-3 1945.2.5 with two Jumo 004B & one HWK509 rocket

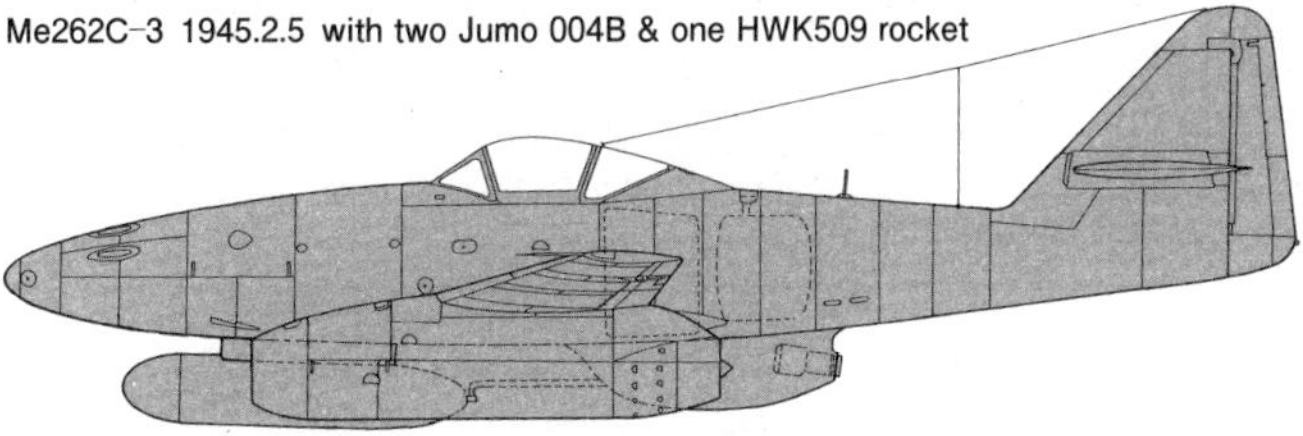

はロケットエンジンを補助、もしくは主動力に用いて、上昇性能を飛躍的に向上させることを第一義としている。

Interzeptor Ⅰは、通常のA-1aの後部胴体内に、1基のヴァルター109-509A-2ロケットエンジン（推力1700kg）を搭載し、胴体内前方タンクの一部をT液、同後方タンクの一部をC液（ともにロケット燃料）の収容スペースに充て、ノズルからの炎による損傷を避けるために、胴体後端、方向舵下方は切り欠かれた。

1944年9月18日、原型機に充てられたA-1aの初期生産機、W.Nr130186に対する改造作業が始まり、前後して、本機はMe262J-1もしくは〝Heimatschützer《ハイマートシュッツァー》Ⅰ〟（祖国防衛機1）と改称し、さらに10月に入るとMe262C-1aに変わった。

W.Nr130186は、1944年10月16日に、改造後の初飛行に成功したが、この日はロケットエンジンは始動せず、本来の3基のフル動力による飛行は、それから4ヵ月以上も後の、1945年2月27日にようやく実施された。

Me262C-1aの上昇性能は、高度9000mまでわずか3分という素晴らしいもので（A-1aは同高度まで13分）、迎撃戦闘機として有望な機体とみられたが、同時に開発進行していたMe262C-3の方がさらに有望と判断され、1機だけの試作に終わってしまった。

なお、Me262C-1aは、その後敗戦までに4回テスト飛行を行なったが、うち1回は、同じレヒフェルト基地に展開していたⅢ./EJG2の司令官、ハインツ・ベーア少佐が迎撃に試乗し、米軍機1機を撃墜している。

●Me262C-2b

旧Interzeptor II計画案に基づくロケット動力使用型で、1944年初めにMe262D-1として設計がスタートした。本型の特徴は、C-1aのJumo 004を、ターボジェットとロケットエンジンを一体化した、BMW003Rに換装したことで、1944年10月には〝Heimatschützer II〟、次いでMe262C-2bと改称した。

原型機に抽出されたのは、やはりA-1a初期生産機の1機、W.Nr170074で、改造作業は1944年12月22日にスタート、翌1945年1月25日、地上運転にこぎつけたが、右エンジンの火災によって機体を損傷してしまった。

修理の後、3月26日にメ社テスト・パイロット、カール・バウアによって初飛行に成功したが、結局、敗戦までに、フル動力テストは1回しか実施できずに終わった。C-2bの上昇性能は、高度11895mまで4分以内と計算されていた。

●Me262C-3

旧Interzeptor III、後にHeimatschützer IIIと呼ばれた計画案は、1943年7月22日時点で、A-1aのJumo 004を、ヴァルター109-509Aロケットエンジンに換装し、機首下面にその燃料用増槽を懸吊するというものであった。

しかし、1945年2月5日、Me262C−3として提示されたときには、C−1aのロケットエンジン搭載位置を、後部胴体下面に移し、機首の増槽からパイプで燃料を導く設計に変化していた。C−1aより有望と判定され、本型が祖国防衛機シリーズの量産型になるはずだったが、結局敗戦までに原型機は完成しなかった。

●Me262E−2

A−1aが、1945年3月から対爆撃機攻撃兵器として本格的に使用し始めたR4M55㎜空対空ロケット弾を、48発まとめて、特殊なターレットに収容して携行する型として計画されたが、実機完成に至らなかった。

●Me262HG

原型1号機が、レシプロエンジンによって不本意な初飛行を行なった直後の1941年4月初め、メッサーシュミット社は、早くもMe262の高速性能を追求する研究に着手した。主翼後退角を35度〜45度に強めることを主題としたこの計画は〝Pfeilflugel I《プファイルフリューゲル》〟（矢の翼1）と呼ばれ、同年6月から、ゲッチンゲンで、模型を使った風洞実験を開始した。

1944年3月14日、社主ヴィリー・メッサーシュミット博士は、こうした一連の研究成果にもとずき、具体的な開発計画Me262HGⅠ、Ⅱ、Ⅲを提示した。HGとは〝Hochgeschwindikeit《ホーホゲシュヴィントカイト》〟（高速）の略である。

Me262 HG I 1944.4.18 with two Jumo 004B

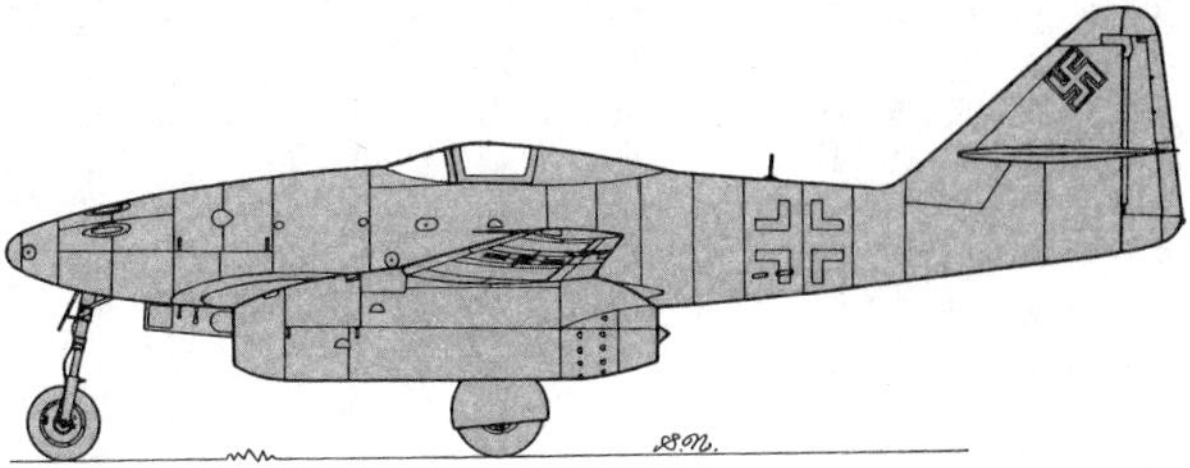

4月18日付けで提示されたＨＧⅠの設計案は、Ａ－１ａの機体を多く流用した習作ともいうべきもので、ナセル内側の主翼前縁を、三角形状に前方に張り出し、今日でいうところのストレーキに近いものにした。キャノピーは、〝Rennkabine《レンカビネ》〟（競争キャビン）と呼ばれた背の低い新型に改め、水平尾翼に40度の後退角をつけ、垂直尾翼下方の弦長を広げて、前縁の後退角を増すようにした。

このＨＧⅠの原型機には、Ｍｅ２６２原型９号機（Ｖ９）が充てられ、１９４４年10月１日から、主翼前縁を除いた前記改修が加えられ、１９４５年１月に５回のテスト飛行を実施した。

しかし、テスト・パイロットのカール・バウアは、後退角付き水平尾翼は横、および縦方向の不安定をもたらし、背の低いキャノピーに何度も頭をぶつけると批評した。そのため、水平尾翼は元に戻され、さらに20回のテスト飛行を行なったが、それ以上の段階には進まないまま終わった。

１９４４年７月28日付けで提示されたＨＧⅡは、35度の後退角付き主翼、水平尾翼を有し、エンジンをＪｕｍｏ ００４Ｃ、またはＨｅＳ０１１とし、Ｖ型尾翼にすることも考慮していた。

ったHGⅡ原型機には、A-1a W.Nr111538が充てられ、1945年1月にJumo004B-1を搭載して完成した。しかし、その直後、他のMe262の墜落事故に巻きこまれて大破し、初飛行に至らなかった。

P.151のHGⅡ三面図は、1945年3月30日付け提示の改良案を示す。1944年12月24日付けで提示されたHGⅢは、主翼後退角が45度となり、HeS011エンジンを、主翼付根内部に収めるように改めた大改修型で、1950年代のジェット機のような斬新な形態をもつ。HGⅢは、原型機の完成までには至らなかった。

●Me262ロリン

オイゲン・ゼンガー博士の開発した、ラムジェットエンジンを、A-1aのJumo004エンジンナセルの真上に装備する計画型。ゼンガー式ラムジェットは、直径1・13m、長さ5・9mの巨大なサイズで、海面上にて最大速度1000km/hの超高速、高度1000mまで6分の上昇力をもたらすと計算されたが、結局はラムジェットエンジン自体が実用化せず、原型機も完成しなかった。なお、ロリンの名称は、ドイツの初期のラムジェットエンジン研究者、Rene Lorinから採ったもの。

●Me262ミステル

大戦末期、機首に多量の爆薬を装填した双発無人機（主としてJu88を利用）と、誘導役の単発戦闘機（Bf109またはFw190）を上、下に連結した、特殊攻撃機〝Mistel《ミステル》〟（やどり木）が計画され、連合軍のノルマンディー上陸作戦から実戦に投入された。

これを、双方ともMe262にして一気に高性能化しようとしたのが、ジェット版Me262ミステルである。爆撃機（子機）は、操縦室を廃止して機首に爆薬を装填し、誘導機（母機）は、複座爆撃機型A-

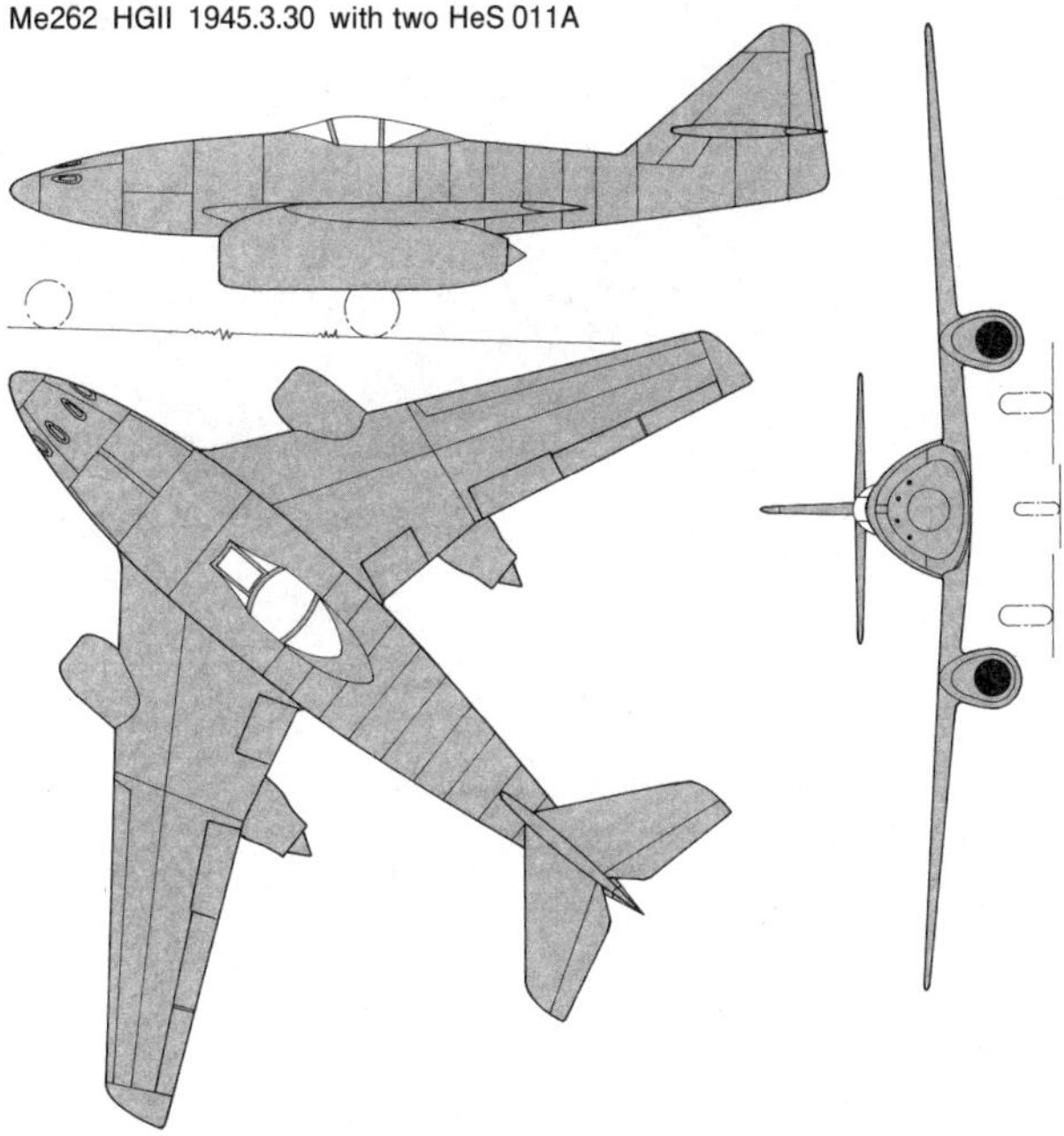

Me262 HGIII 1944.12.22 with two HeS 011A

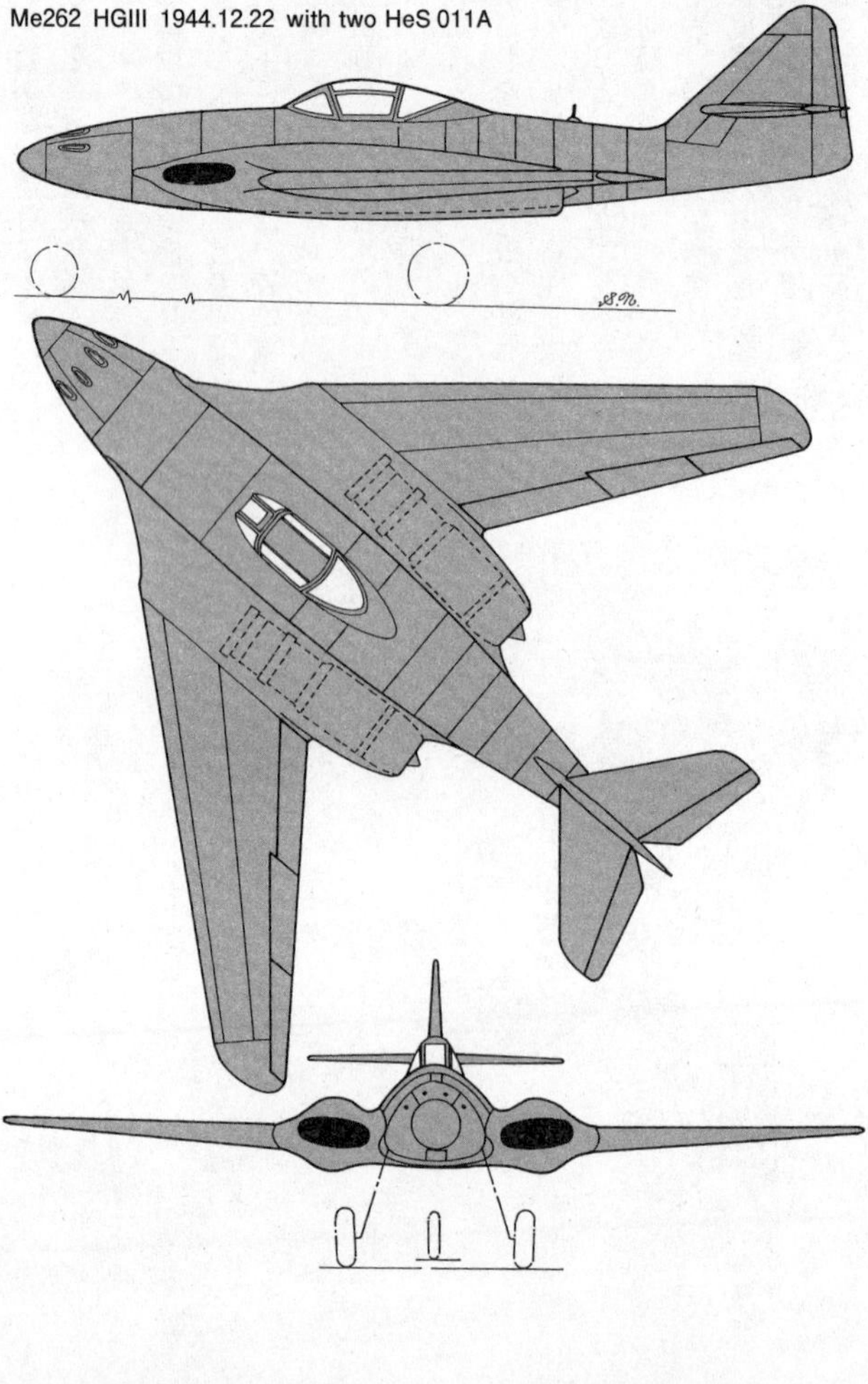

2a／U2を充てることにした。

子機の降着装置も撤去されているので、離陸発進は専用のドリーを使う。設計案は、1944年11月28日付けで提示されたが、結局は敗戦までに実機が完成しなかった。

●Me262&P.1103

Me262V10でテストされた、曳航式爆弾携行法の延長上にあった計画型で、ロケットエンジン1基と、MK108機関砲1門を装備した超小型の簡易迎撃機P.1103を、胴体後端から伸ばしたバーで曳航する。この状態で

Me262 Lorin with two Jumo 004B & two ramjets

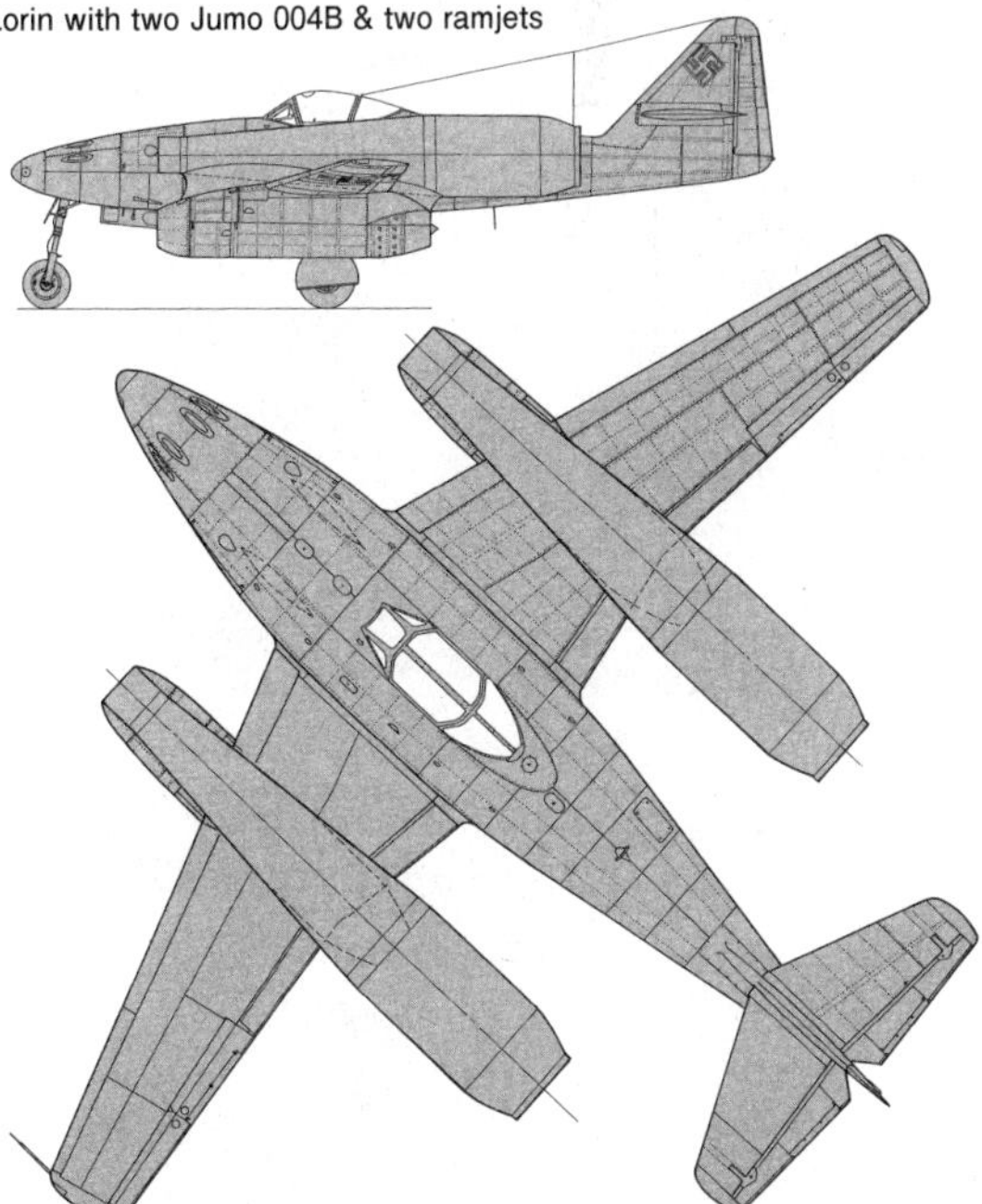

P．1103を攻撃位置まで曳航し、切り離した後、P．1103は自前のロケットエンジンに点火して攻撃、滑空で帰投するという方法だった。ペーパー・プラン段階に終わる。なおP．1103に付けられた〝Bordjäger《ボールトイエーガー》〟は曳航戦闘機の意。

●P．1099B

メッサーシュミット社は、これまで説明してきた以外にも、Me262の型式名をもたない、いくつかの発展型を計画し、順次提示した。

そのうち、1944年3月22日に提示されたP．1099Bは、Me262のエンジン、主翼を流用した重戦闘機型。機首、コクピット後方、胴体後部にMK108、103 30㎜機関砲5門をもち、それらはすべてリモート・コントロールにより操作される。乗員3名。ペーパー・プランのみ。

●P．1100

Me262 Mistel 1944.11.28

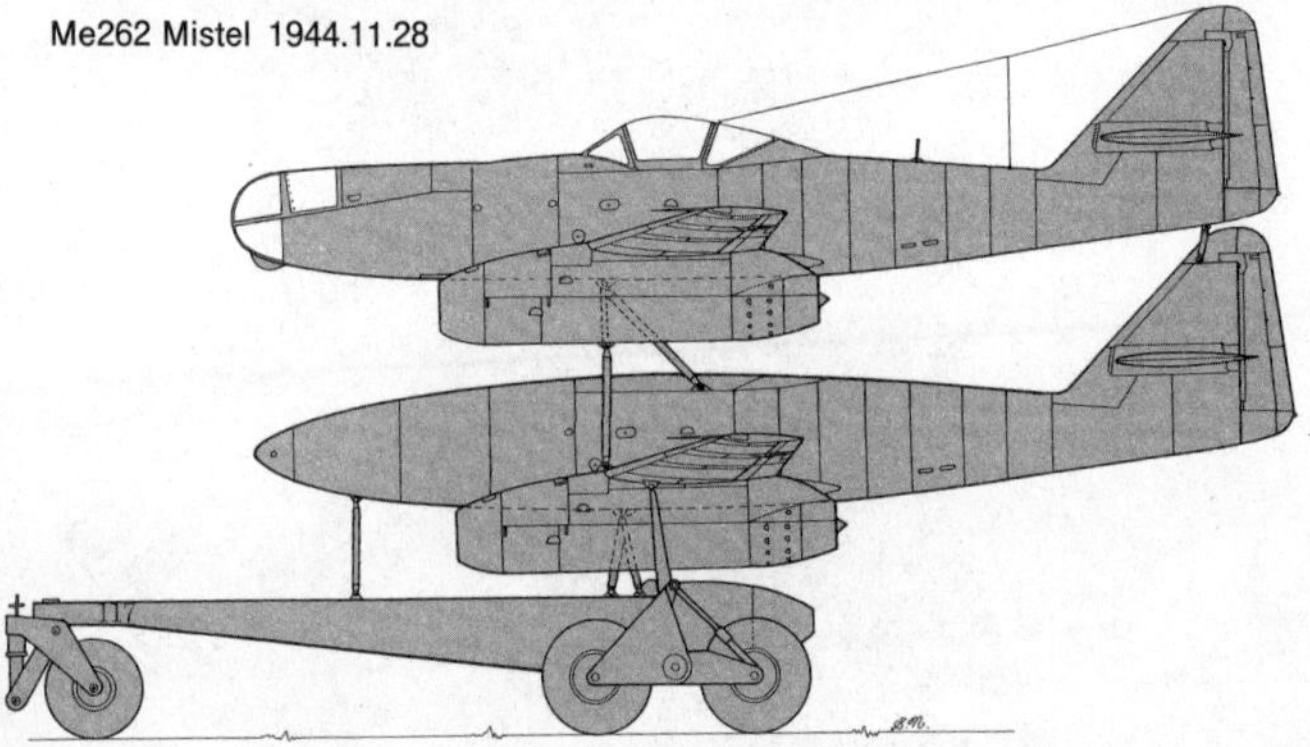

Ｐ．１０９９Ｂを高速爆撃機化したもので、乗員は2名に減じ、操縦室が機体中心線より左側に寄っているのが目立つ、爆弾は主翼をはさんだ前、後の胴体内に搭載する。ペーパー・プランのみ。Ｐ．１１００案にはいくつかバリエーションがあり、3月7日付けで提示された案は、後退角の強い中翼配置の主翼と、同付根にＨｅＳ ０１１エンジンを搭載し、主脚車輪を大型化している。

なお、これまでに解説した型式以外に、比較的早い時期に計画された型もいくつか存在したが、それらについての説明は、紙数の都合上割愛したい。

Me262の機体構造

革命的な動力、ジェットエンジンを搭載したといっても、Me262が、当時のレシプロ戦闘機と比較して、特別な機体構造をもっていたというわけではない。もっとも、レシプロ戦闘機とは比較にならない高速度が予定されたので、それに適した設計を採っていたことは勿論ではあるが……。以下、各部分ごとにみていくことにする。

●胴体

地上でのMe262の写真を見て、まず目につくのが〝オムスビ型〟の三角形断面胴体であろう。P.1065設計当初は、通常の楕円形断面であったが、主脚車輪を無理なく収納するためのスペース、コクピットからの前、後下方視界、〝大メシ食い〟のジェットエンジンのための燃料タンク・スペースを確保し、なおかつ空力的ロスを少なくするために、このような断面に変更されたのである。

構造は、通常の全金属製セミ・モノコック式で、機首先端、兵装および前脚収納部、前方燃料タンクおよびコクピット、後方燃料タンクおよび無線機室、尾部の5つのコンポーネンツから成っている。これらは、各部分ごとに製作され、最終組立ラインで結合された。

兵装室と前脚収納部は、箱型構造を採っており、ちょうど前脚収納部の上に2門、その両

Me262A-1a 胴体内部配置図

①BSK 16ガン・カメラ　②ラインメタルMK108 30mm機関砲×4門（弾数計360発）　③圧搾空気ボンベ　④前部燃料タンク（容量900ℓ）　⑤方向舵ペダル　⑥前方防弾ガラス（90mm厚）　⑦Revi 16B光像式射撃照準器　⑧操縦桿　⑨座席　⑩後部燃料タンク（容量900ℓ）　⑪D/Fループ・アンテナ　⑫無線機室　⑬昇降舵操作桿　⑭方向舵トリム・タブ操作桿　⑮FuG 25a IFFアンテナ　⑯方向舵操作桿　⑰RATOG（離陸補助用ロケット・ブースター）取付位置　⑱主脚車輪収納位置　⑲主脚車輪（840mm×300mm）　⑳主計器盤　㉑増設燃料タンク　㉒前脚車輪収納位置　㉓空薬莢排出シュート　㉔前脚車輪（660mm×160mm）

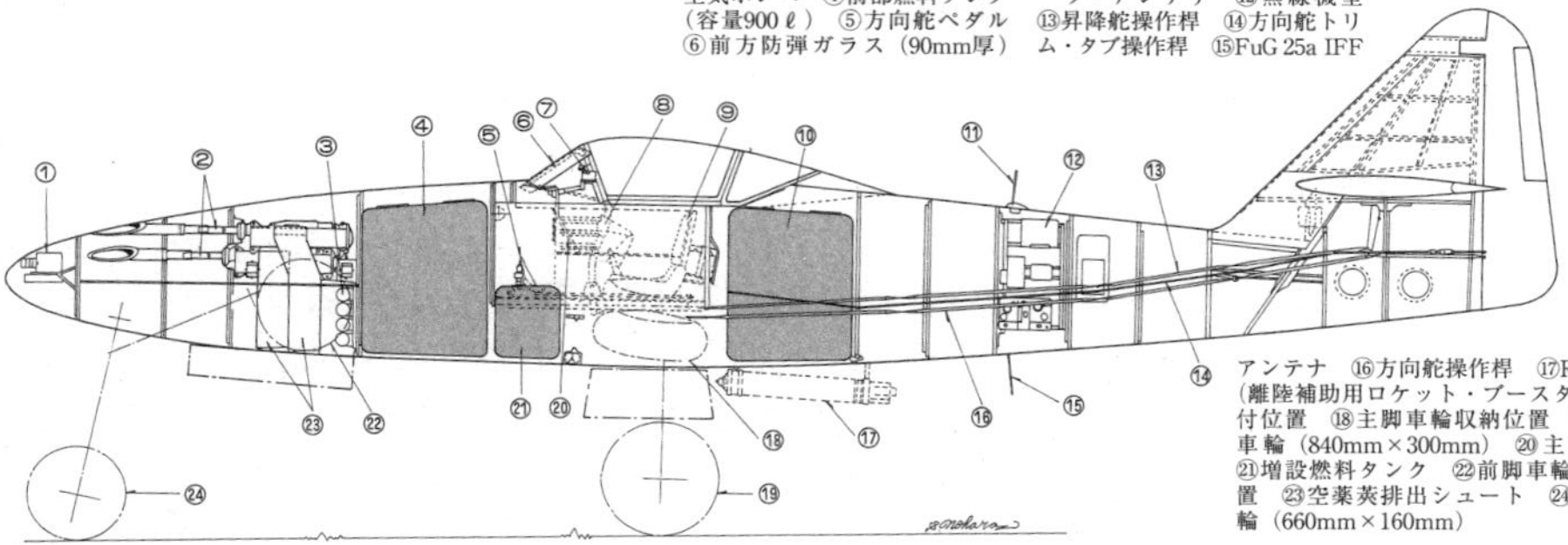

胴体構造

機首部

①MK108取付架
②上部連結部
③30mm弾倉
④隔壁
⑤下部連結部

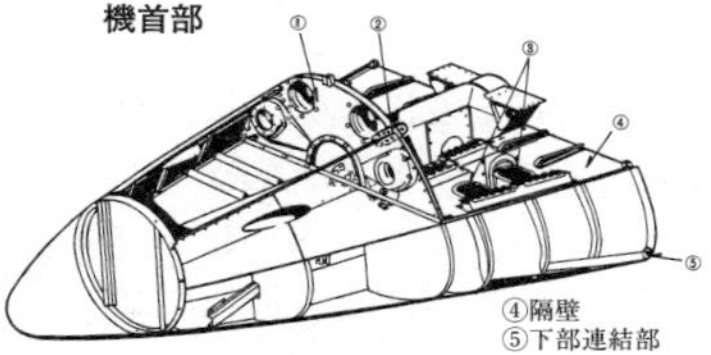

中央/コクピット部

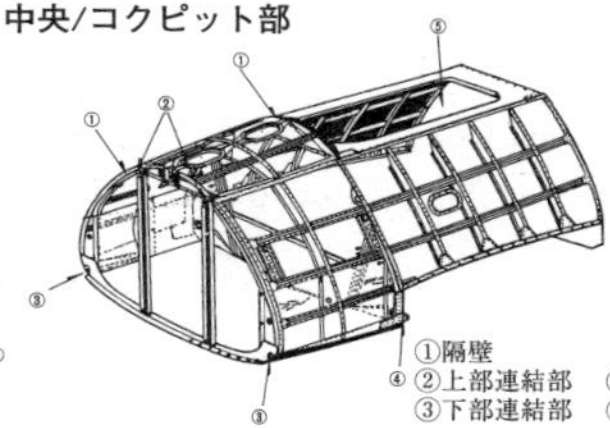

①隔壁
②上部連結部
③下部連結部
④主翼前部接続部
⑤操縦室スペース

後部

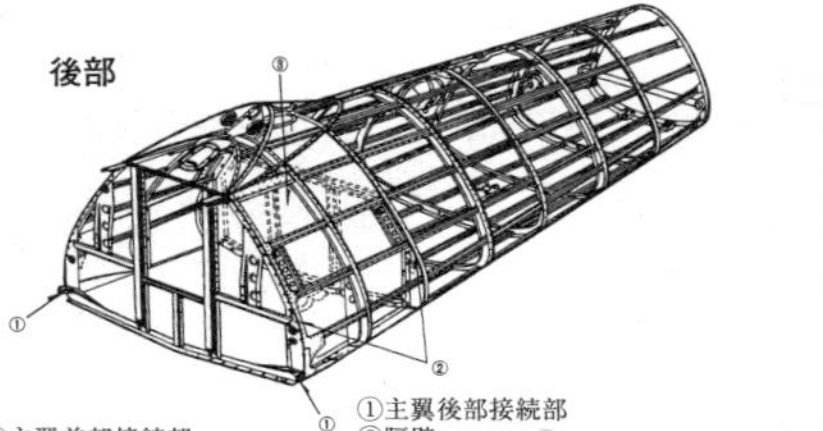

①主翼後部接続部
②隔壁
③後部燃料タンク・スペース

側に2門のMK108 30㎜機関砲が装備されるようになっている。後端4ヵ所のボルトで、次のコンポーネントに結合される。

前方燃料タンクの容量は900ℓで自動防漏式。その直後が操縦室になる。Me262の操縦室は従来の製作法と異なり、諸スイッチなどは、あらかじめバスタブ（風呂桶）型の〝容器〟の中にそっくり造り上げておき、それを胴体の下からハメ込み、〝バスタブ〟の前、後下2ヵ所を胴体枠に固定するようにした。〝バスタブ〟の前下方スペースには、容量170ℓの増設燃料タンクが装備される。操縦室下方の切り欠かれた部分が、主翼との結合部である。

後方燃料タンクも容量は900ℓで、戦闘爆撃機型のA-1a〝Jabo〟、A-2aは、その直後に容量600ℓの増設タンクを追加し、航続性能の向上を図った。タンク後方にはFuG 16ZY（通信、方向探知用）、FuG 25a（味方識別用）両無線機の搭載スペース。

尾部セクションは、上部が垂直安定板の基部を兼ねており、前方の斜隔壁には、水平安定板取付角変更用電動モーター、中央隔壁の頂部には水平安定板が取り付けられる。

こうしたMe262の胴体部材には、Fw190のようなロンジロン（強化縦通材）は使われておらず、そのかわりに、かなり頑丈なストリンガーが30㎝置きに通されていた。

●主翼

動力もさることながら、機体設計上でも、Me262の先進性を象徴していたのが、後退角付き主翼であろう。その導入の経緯が、〝結果オーライ〟的な感もあるが、現実にその先駆となったことは、設計陣の誇りとしてよい。

18・5度の後退角をもつ主翼は、その面積の小さいこと、薄いことでも際立っており、ともにMe262の高速性能に大きく貢献している。量産型A－1aの総重量は6775kg、これに対して主翼面積は21・7㎡しかなく、翼面荷重は実に312・2kgにも達する。ライバルと目されるイギリスのグロスター・ミーティア、アメリカのベルP－59が、いずれもMe262より重量が小さいにもかかわらず、主翼面積は35㎡前後としていたのと対照的である。

当時のレシプロ戦闘機で、最も高翼面荷重といわれた、アメリカのP－47Dが総重量6623kg、主翼面積27・87㎡で229・4kg／㎡であったことを考えれば、Me262が破格の高さであったことがわかる。つまり、Me262はレシプロ戦闘機のように、主翼の揚力に頼る格闘戦は全く不得手であり、ただひたすら高速を利して、一撃のもとに相手を仕止める戦法に徹っする考えだったのだ。

高速を追究するうえで、主翼を薄くすることは不可欠だが、Me262はこの面でも徹底しており、翼厚比（翼断面の厚さを長さ〔コード〕で割った比率）は付根でわずか11％であった。当時のレシプロ戦闘機で薄翼の代表とされるイギリスのスピットファイアのそれが13％、戦後に本格就役したアメリカ最初の実用ジェット戦闘機P－80が13・5％だったことをみても、Me262の主翼がいかに薄かったかがわかる。

▲〔上２枚〕NASM保管・展示機、Me262A-1a、W.Nr500491の、復元工事中における主翼の上、下面。通常の状態では、ほとんど不可能なアングルからのショットで、主翼ディテール把握には、絶好の参考資料であろう。特徴ある後退角、前縁スラット（開状態）、フラップ、補助翼、R4Mロケット弾架、主脚収納部などが一目瞭然。

主翼骨組み（左翼を示す）

①付根フィレット
②主脚車輪収納部
③主翼フランジ胴体接続部
④主桁
⑤主翼/胴体後方接続部
⑥エンジン取付部（後方）
⑦内側フラップ
⑧後桁（補助桁）
⑨外側フラップ
⑩内側補助翼
⑪補助翼バランス・タブ
⑫外側補助翼
⑬翼端部

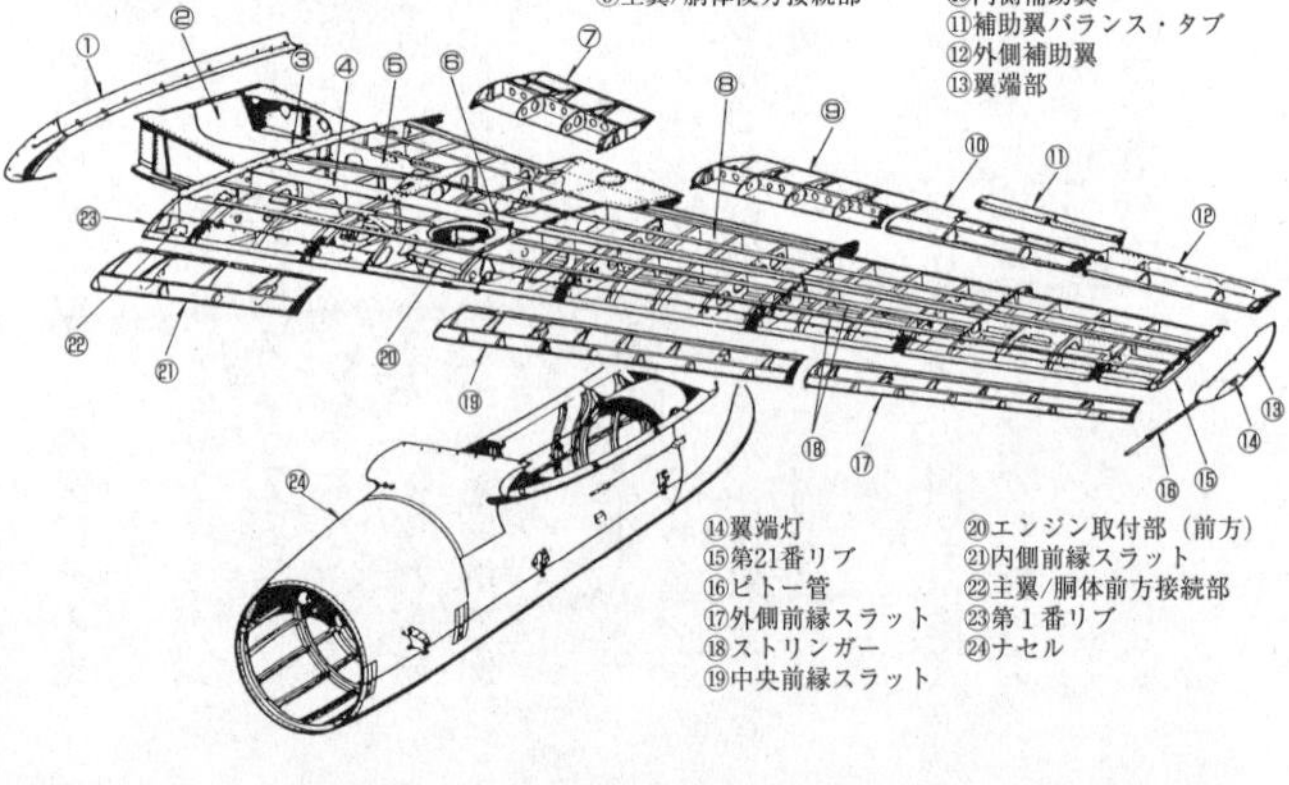

⑭翼端灯
⑮第21番リブ
⑯ピトー管
⑰外側前縁スラット
⑱ストリンガー
⑲中央前縁スラット
⑳エンジン取付部（前方）
㉑内側前縁スラット
㉒主翼/胴体前方接続部
㉓第１番リブ
㉔ナセル

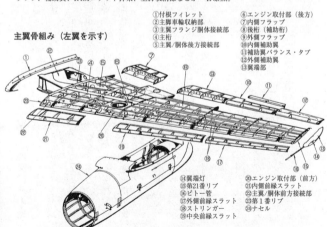

ただ単に、主翼を薄くするのは簡単だが、それには高速に耐え得る強度がなくてはならない。Ｍｅ２６２は、〝Ｉ〟型断面のクロームモリブデン鋼製主桁（40％コード位置）と、強度負荷を負わない補助桁に21本のリブを配し、主桁の前方に２本、同後方に１本の縦通材《ストリンガー》を通し、２～３㎜厚というぶ厚い外鈑（非電解皮膜処理）を張った〝ボックス・ビーム〟構造によって、相応の強度を持たせてあった。

付根の主桁、補助桁間が主脚収納部に充てられ、エンジン・ナセルをはさんだ後縁両側に槓桿操作のフラップ、外翼後縁には同じく槓桿操作のフリーズ・タイプ補助翼が付けられた。各動翼はいずれも金属外皮。外翼下面外皮が、大きな3枚の着脱パネルで占められ、点検および損傷修理が容易なように配慮されているのも見逃せない。

高翼面荷重機に不可欠の、離着陸、旋回時に必要な高揚力装置として、Ｍｅ２６２は、主翼前縁フル・スパンに及ぶ自動スラットを設けていたことも特筆される。このスラットは、厚さ１㎜の鋼鈑シートで、ナセルをはさんだ両側と、外翼に3分割され、ナセル内側のみは、個別に動く。上昇、旋回時に速度が４５０㎞／ｈ以下、離着陸時に３００㎞／ｈ以下になると、自動的に前方へ開くようになっていた。

●尾翼

Ｍｅ２６２の尾翼は、とりたてて強調するような特徴はないが、やはり高速機に相応しい、後退角の強い均整のとれたフォルムをもっている。

補助翼、昇降舵、方向舵操作機構

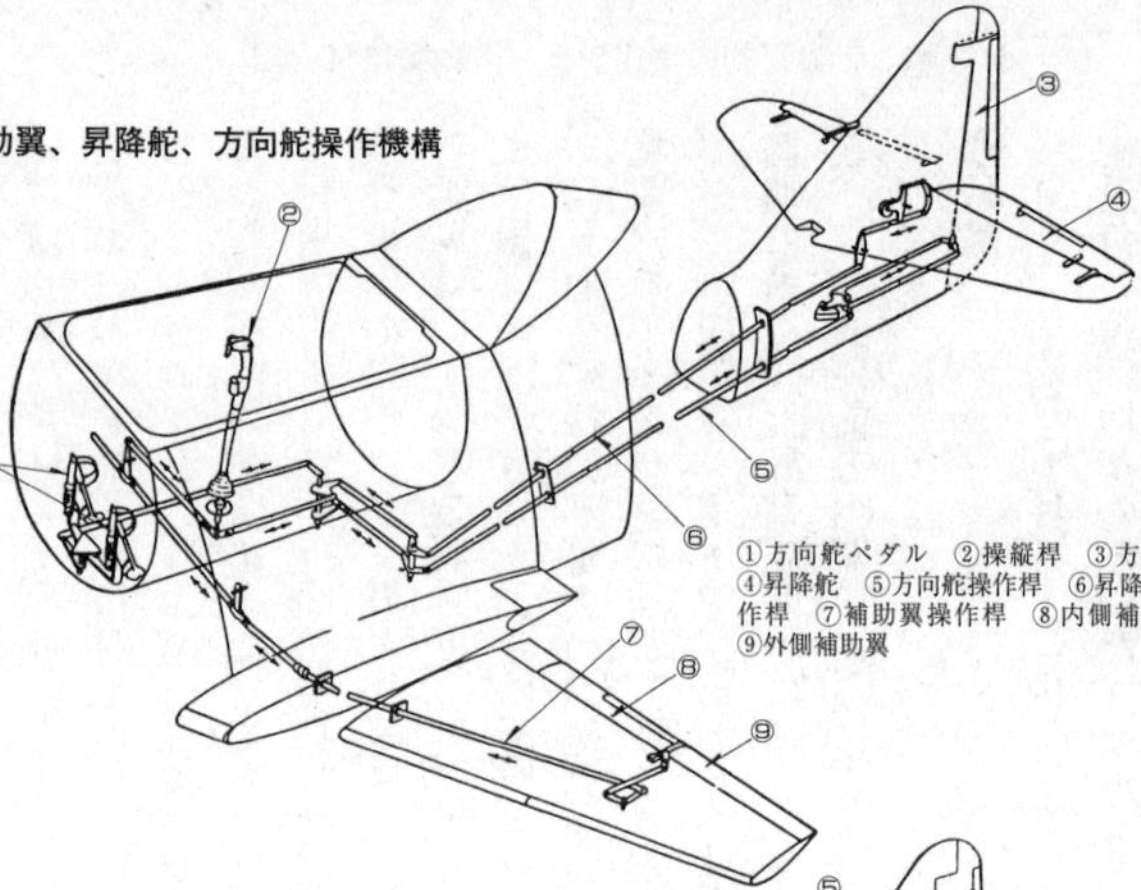

①方向舵ペダル　②操縦桿　③方向舵　④昇降舵　⑤方向舵操作桿　⑥昇降舵操作桿　⑦補助翼操作桿　⑧内側補助翼　⑨外側補助翼

フラップ、水平安定板、方向舵トリム・タブ操作機構

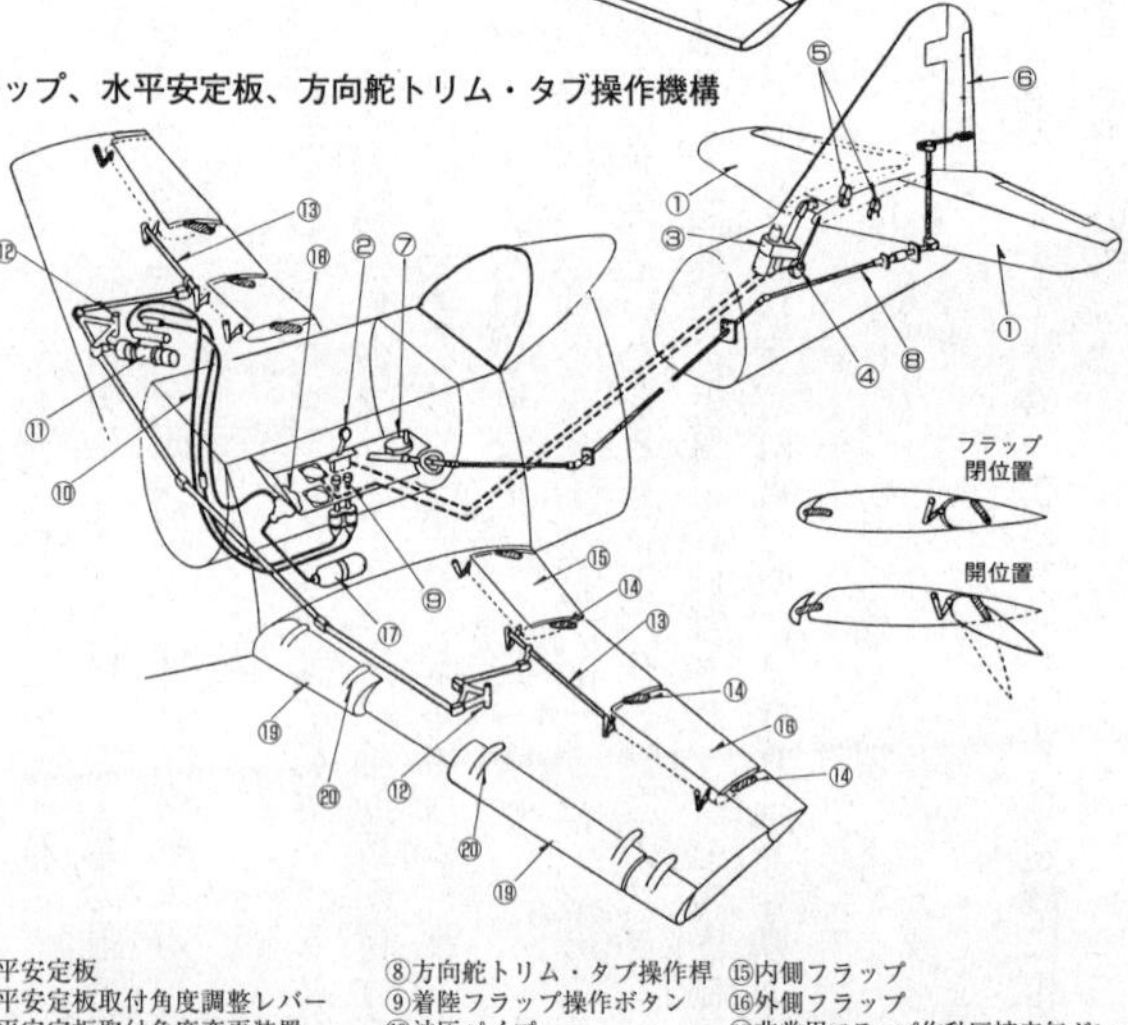

①水平安定板
②水平安定板取付角度調整レバー
③水平安定板取付角度変更装置
④水平安定板作動アーム取付部
⑤水平安定板/胴体接続部
⑥方向舵トリム・タブ
⑦方向舵トリム・タブ操作ハンドル
⑧方向舵トリム・タブ操作桿
⑨着陸フラップ操作ボタン
⑩油圧パイプ
⑪フラップ作動シリンダー
⑫ベル・クランク
⑬フラップ操作桿
⑭フラップ作動アーム
⑮内側フラップ
⑯外側フラップ
⑰非常用フラップ作動圧搾空気ボンベ
⑱圧搾空気ボンベ操作バルブ
⑲前縁スラット
⑳前縁スラット・ガイドレール

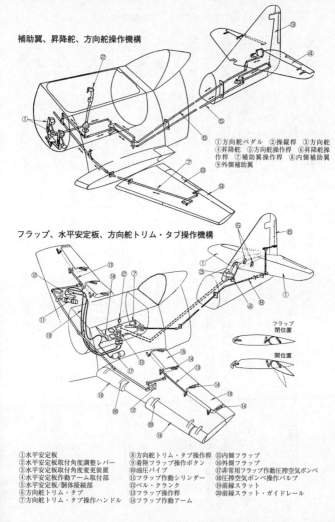

すでにＢｆ１０９から導入されていた、取付角変更可能な水平尾翼は、当然のごとくＭｅ２６２も採用しており、胴体尾部コンポーネントの前方斜桁の上部に、電動モーターを設置し、操縦室内スイッチにより取付角を変化させた。

水平安定板は、１本桁に８本のリブを配した骨組みで、桁中央の取付金具は胴体と、中央前部の取付金具は取付角度変更用スクリュー・ジャッキへと、それぞれ結合された。昇降舵は金属外皮。操舵を軽くするために、桁外側にマス・バランス、後縁に槓桿操作のトリム・タブを有する（のちに廃止）。

垂直安定板は、前、後桁の間に2本の縦通材を通し、5枚のリブで骨組みを構成、大きなトリム・タブ付き方向舵が後縁に付く。方向舵も金属外皮で、上部にマス・バランスをもつ。安

尾翼骨組図

垂直尾翼

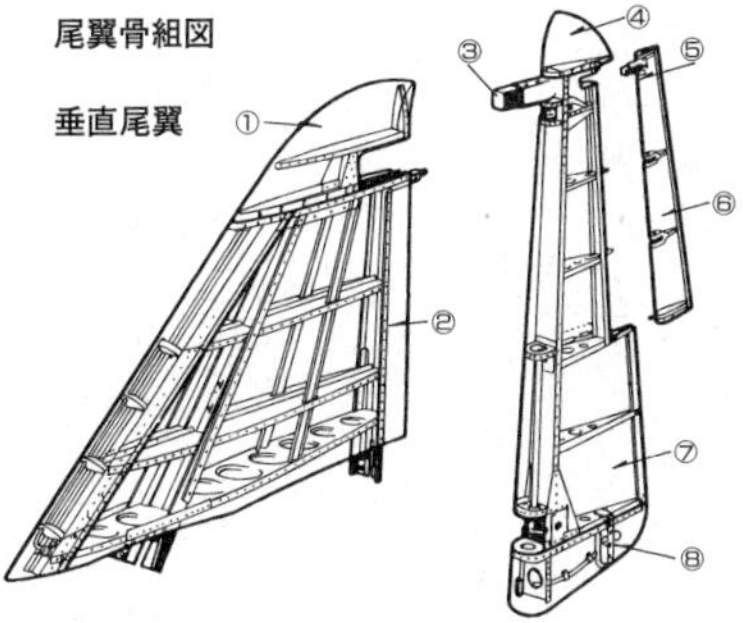

水平尾翼

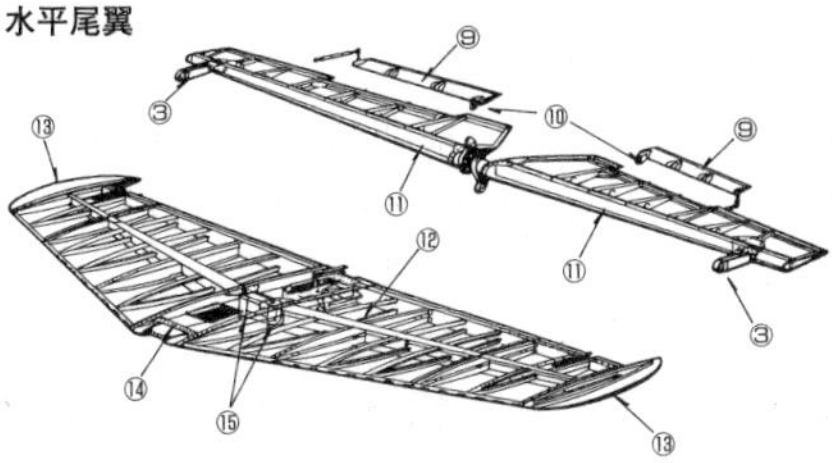

①垂直安定板上端
②垂直安定板
③マス・バランス・ウェイト
④方向舵上端
⑤方向舵/トリム・タブ接続部
⑥方向舵トリム・タブ
⑦方向舵
⑧尾灯
⑨昇降舵トリム・タブ
⑩昇降舵/トリム・タブ接続部
⑪昇降舵
⑫水平安定板
⑬水平安定板先端
⑭取付角度変更装置接続金具
⑮水平安定板/胴体接続部

定板上部が、深く切り込まれているのは、このマス・バランスをクリアするため。

方向舵後縁下部には尾灯が付けられるが、A-1a、A-2a初期生産機では、ライトの取付位置が引っ込んだ位置にあり、透明カバーを付けていた。後期生産機は、後縁ラインより突出してライトが付き、透明カバーはなくなった。

●エンジン

Me262に高速をもたらした、ユンカースJumo 004軸流式ターボジェットエンジンは、揺籃期のそれとしては、非常な成功作であったといえる。

今日では常識となった、軸流式圧縮器を最初から用いており、イギリスの遠心式ターボジェットエンジンに対し、明らかに一日の長があった。

同じ軸流式のBMW 003が、理想を追究するあまり、実用化に長期間を要したのに比べ、Jumo 004は早期実用化を優先し、設計に無理をしなかったのが、成功の要因だった。

Jumo 004Bの本体は、全長3・50m、直径0・76m、空気取入口面積0・46㎡、重量740kgで、最大推力900kg/8700回転。圧縮器はアルミニウム製動翼8段、鋼製静翼6段から成り、その後方に6個の燃焼室がある。燃焼室は軟鋼製の外側ケース、フレーム・チューブ、波形アルミナイズド・ライナーの、主要3コンポーネンツから成り、外側ケースには冷却空気ダクトが導いてあった。

燃焼室で発生した高温ガスは、その後方にある61枚翼のタービンを回し、圧縮器の回転動力を得る。

　タービンを回した後、高温ガスは本体最後部の排気筒から噴出され、機体の推進力となるわけである。排気筒は、アルミナイズド軟鋼製の2重構造になっており、この間の外面に設けられたスリットから外気を導き、冷却するようにしていた。また、排気筒の中には地上、飛行時の各状況に応じて、ノズル面積を変化させるための、通称〝Zwiebel〟《ツヴィーベル》（玉ネギ）と呼ばれた、可動式コーンが付いている。

　エンジンの始動は、圧縮器前方に取り付けた、2サイクルのレシプロエンジン〝Riedel-Anlasser〟（リーデル・スター

エンカース Jumo 004B ターボジェットエンジン

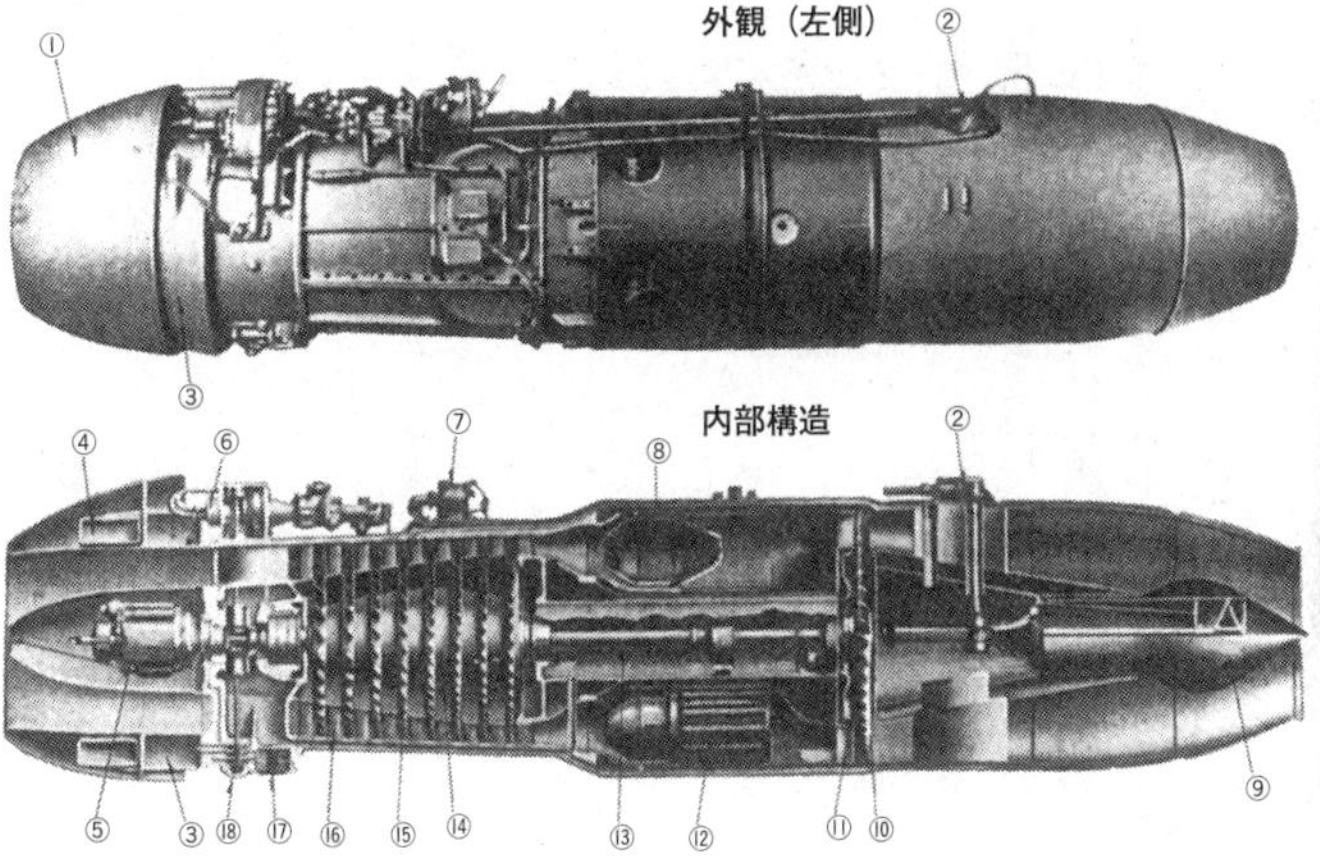

①カウリング
②バルブ・ニードル調整具
③潤滑油タンク
④リーデル・スターター用燃料タンク
⑤リーデル・スターター
⑥燃料ポンプ
⑦燃料フィルター
⑧燃焼室
⑨可動式ノズル・コーン
⑩タービン動翼
⑪タービン静翼
⑫燃焼室カバー
⑬タービン軸
⑭圧縮器
⑮圧縮器動翼
⑯圧縮器静翼
⑰潤滑油フィルター
⑱潤滑油ポンプ

ター）によって行なうが、リーデル・スターターそのものは、備え付けの電動モーターを、外部電源によって始動する。前線などで、外部電源が得られない場合に備え、内蔵コーンの先端に人力始動用ハンドルが付いている。ナセル前方のカウリング内側が、このスターター用燃料（87オクタン〝Ｂ4〟）タンク、およびエンジン・プライマータンクに充てられていた。

Ｊｕｍｏ ００４の使用燃料は、オクタン価の低い〝Ｊ－2〟と呼ばれたディーゼル油であり、大戦末期に、レシプロ戦闘機が、ハイ・オクタン燃料の枯渇により、活動に制限を受けたようなことはなかった。

Ｊｕｍｏ ００４の操作には、レシプロエンジンとは全く異なるコツを要し、急激なスロットル・レバー操作は禁物であった。たちまちにしてフレーム・アウト（エンジン停止）し、再始動に失敗すれば、即墜落に至る。

Ｊｕｍｏ ００４ｂの運転寿命は、最大70時間に達するものもあったとか言われるが、対照的に10時間そこそこでオシャカになったものもあり、平均すれば20～25時間というところだったろう。今日の常識からみると、なんとも頼りない数字だが、史上最初の実用ターボジェットエンジンということを考えれば、それも当然であり、イギリスのＷ．1ウェランド遠心式エンジンもほぼ同様だった。むしろ、技術的には遠心式よりはるかに難しい軸流式で、これだけの実績を残した、ユンカース社エンジン部門の能力は称讃に値する。

いっぽう、開発では先行しながら実用化に手間取り、後発のＪｕｍｏ ００４に、Ｍｅ２６２の搭載エンジンとしての座を奪われたＢＭＷ ００３は、全長３・６３ｍ、直径０・６９

m、空気取入口面積0・37㎡、重量624kgと、Jumo 004よりひとまわり細く、軽いエンジンだった。

内部構造の概要は、ほぼJumo 004と同じであるが、圧縮器動翼、静翼ともに7段で、燃焼室は、タービン軸筒とエンジン本体外筒間を、区切りのないひとつの燃焼室として充てた点が異なる。ノズル・コーンもJumo 004のような〝玉ネギ〟状ではなく、後端に整流フィンが2枚付く、円筒状。

やはり、J-2燃料を使用し、始動はリーデル・スターターによって行ない、推力は800kg/9500回転。

小型、軽量ということから、単発戦闘機向きのエンジンというべきであったが、ようやく実用化したのは1944年末のことで、その最初の本格的使用機となったHe162が、実戦配備されたところで敗戦になってしまった。

Me262A-1b、C-2aの搭載エンジンに指定され

▲▶Me262A-1aの右ナセル正面、および、カバーを外してJumo 004B-1エンジンの本体を見る。先端の突起は、始動用のリーデル小型レシプロエンジン。

たものの、いずれも原型機が飛行しただけで終わった。

Me262計画型の多くが搭載予定にしていた、ハインケル・ヒルトHeS 011エンジンは、いわばドイツの第Ⅱ世代ジェットエンジンであり、ジェット機の分野で、当局から冷遇され続けたハインケル社が、執念で開発したもの。

遠心式圧縮器1段と、軸流式圧縮器3段をもつ変則的な構造だが、Jumo 004Bに比較して推力は40％も大きい1300kgに達した。燃焼室は環状のものひとつ。本体重量も950kgと重かったが、本エンジン1基搭載の小型単発戦闘機が、Me262よりはるかに高速性能を実現できることは明らかだった。1944年末に計画された〝緊急戦闘機〟は、いずれもHeS 011搭載を前提にしている。

しかし、HeS 011の実用化も予定より遅れ、ドイツ敗戦時に本エンジンを搭載できたのは、同じメッサーシュミット社のP.1101原型1号機だけで、多くのHeS 011搭載Me262計画型は、すべてペーパー・プラン段階に終わった。

●降着装置

レシプロ戦闘機とは比較にならない、高翼面荷重のMe262は、着陸時の降着装置にかかる負荷も相当であり、構造的にも強固なものが必要とされた。大きな重量を支えるには大きなタイヤも必要であり、高速追求に不可欠の薄い主翼にはとても収まらない。Me262のオムスビ形断面胴体は、この大きいタイヤを収納するために導入された。

主脚は、オレオ緩衝機構をもつ1本脚柱で、同上部に連結する油圧シリンダーにより出し入れされる。油圧シリンダーのための作動油タンクは左主車輪収納部上方の胴体内に備え付けてある。作動油のシリンダーへの供給は、左エンジンに設置されたポンプにより行なうが、圧力は18ℓ／分と小さく、出し入れの動きは緩慢だった。主脚カバーは、上、下2枚から成り、収納部には、やはり油圧シリンダーで開閉する主車輪カバーが付く。

タイヤ・サイズは840×300㎜で、菱形のトレッド・パターンを有するのが普通。ホイール・ハブはHe162などが使用したものと同型で、内側、外側に2つのブレーキ・ドラムを有するため、脚柱に沿って下方に伸びるブレーキ・パイプは、途中で〝T〟字状に分かれ、一方が車軸内を通って内側ブレーキ・ドラムに接続している。

前脚も、オレオ緩衝機構をもつ1本脚柱で、取付位置は機体中心線上ではなく、右に少しオフセットしており、車輪を取り付けるオレオ・ストラットは左側にカーブしている。初期生産機は、オレオ部分に捩れ止めアームが付いて

主脚部品構成

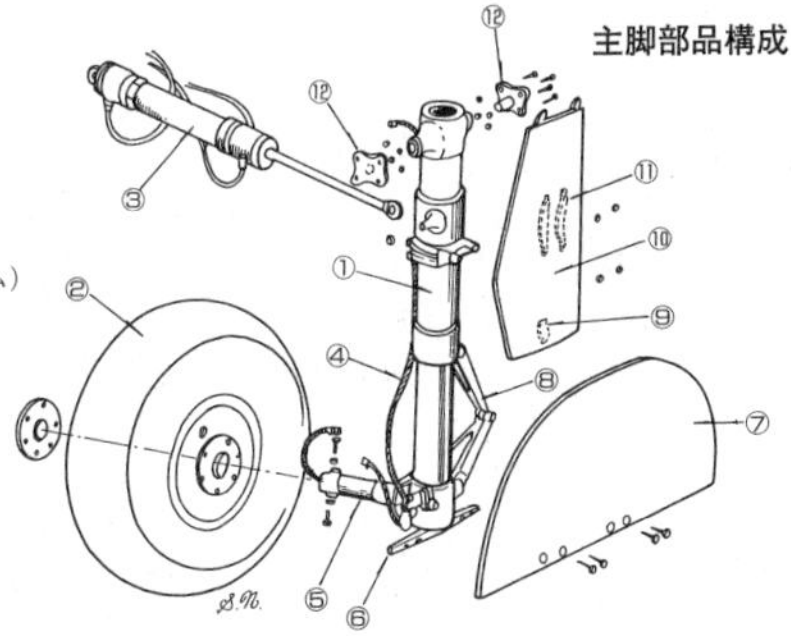

①緩衝脚柱
②車輪（840×300mm）
③出し入れ作動油圧シリンダー
④ブレーキ・パイプ
⑤車軸
⑥主脚下部カバー取付材
⑦主脚下部カバー
⑧オレオ捩れ止め（トルク・アーム）
⑨主脚上部カバー取付部（上部）
⑩主脚上部カバー
⑪主脚カバー上部取付部（下部）
⑫主脚/主翼取付マウント

いたが、後に廃止された。

タイヤはBf109G後期型と同じ660×160㎜サイズで、ホイール・ハブも共通であるが、1944年末以降の生産機の一部は、Bf109G-10、K-4も用いた、660×190㎜サイズ

▲右主脚を正面よりみる。総重量6.7トンの重い機体を支えるため、かなり頑丈なつくりではあるが、ストラットの工作法、品質に弱点があったため、強度的には充分と言えなかった。2つのブレーキ・ドラムをもつため、ホイール・ハブの内側にも車軸を通してブレーキ・パイプが導かれている。タイヤの右に突出しているのがそれ。下部カバー上方は脚柱に固定されておらず、オレオの伸縮により、上部カバー内側に設けられたガイド・レールに沿って上、下する。

▲左主車輪。タイヤ・サイズは840×300mmで、同じ双発機とはいえ、レシプロのBf110Gが使用した935×345mmよりはひとまわり小さい。

◀左主脚収納部を下からみる。画面上が機首方向。画面左方のフラッシュを反射して光っている部分が、操縦室カプセル。収納部の上方に少しだけみえるのが作動油タンク。操縦室内から出るパイプなどで、かなり雑然とした配置になっている。

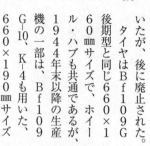

▲前脚左側。シンプルな構成だが、よく観察すると脚柱は微妙な段差が付いている。ホイール・ストラット後方の突起は、初期生産機のみが付けた、オレオ捩れ止めアームの取付部。

前脚構成

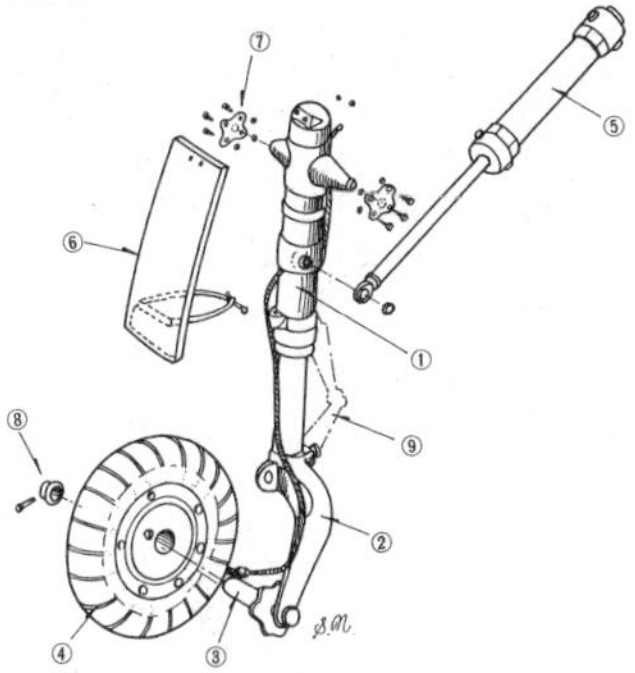

①緩衝脚柱
②ホイール・ストラット
③車軸
④車輪（660×160mm）
⑤出し入れ作動油圧シリンダー
⑥前部カバー
⑦前脚取付マウント
⑧ホイール・ナット
⑨オレオ捩れ止め（初期生産機のみ適用）

降着装置作動用油圧系統図

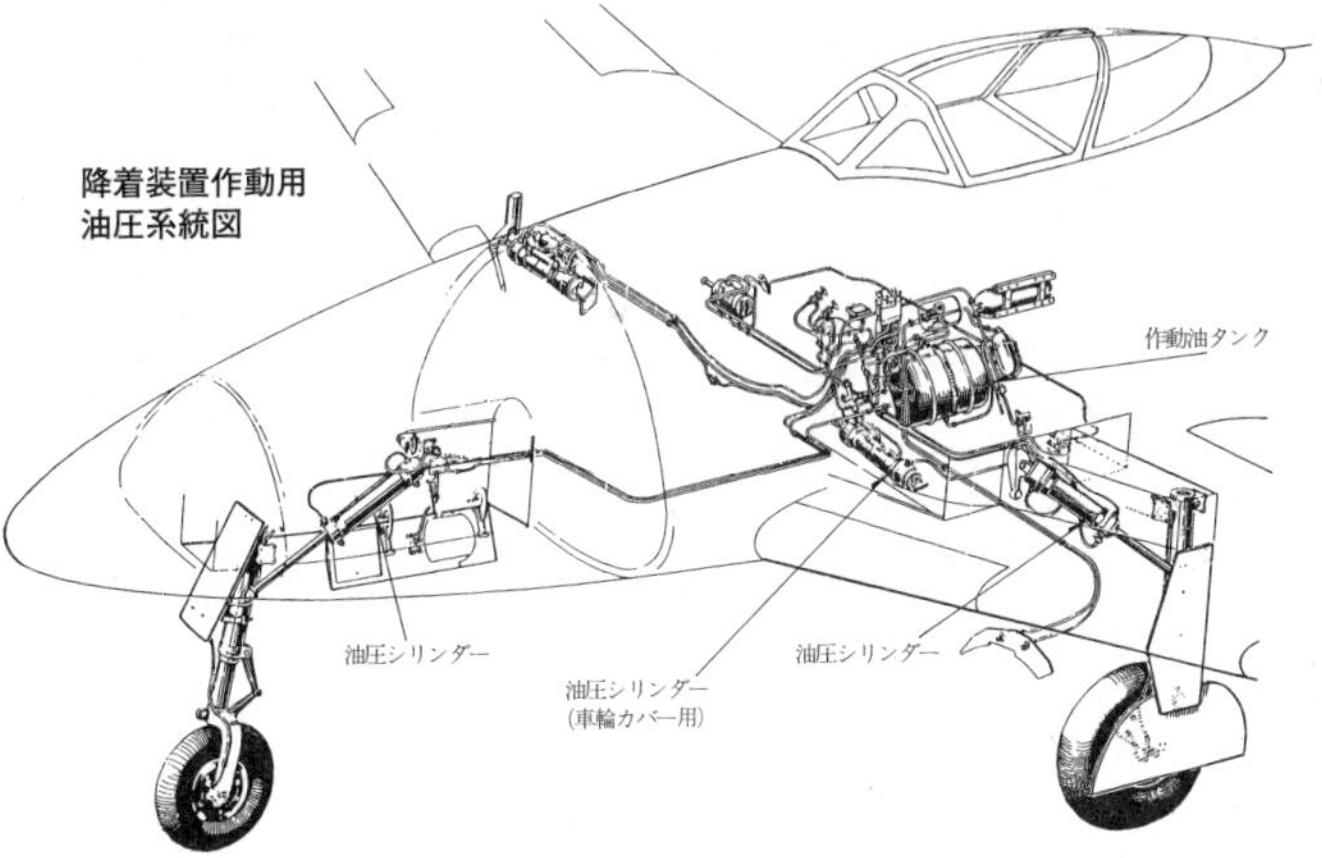

を付けており、その時に調達できたものを使用したようだ。なお、この大きいタイヤを付ける場合は、オレオ・ストラットも変更する必要があった（カーブが大きい）。カバーは脚柱正面、収納部右側縁に付く2枚から成り、He162と同様、ジュラルミン節約のため木製。カバー表面は、双方とも機首下面のRに合わせてカーブしている。

なお、Me262の前、主脚とも、ホイール・ストラットは生産簡易、軽量化を図るために、通常の鋳造ではなく、低品質の鋼による引き抜き材を使ったので、強度的に弱く、しばしば切損した。欠点といえる部分ではある。降着装置を出した状態での速度限界は500km／hで、非常時には、操縦室内のレバーにより手動で下げられた。

●操縦室

Me262の操縦室は、胴体構造の項で触れたように、あらかじめ〝バス・タブ〟型カプセル内に所要の装備を施してあり、これをそっくり胴体中央部分の下からはめ込んで機体に装着する、ユニークな工作法を採っていた。

操縦室内レイアウトは、大戦中の他のドイツ戦闘機と同様、簡潔、かつ合理的に処理されており、人間工学的にも優れた配置であった。正面計器板の上方には、Bf109Kと共通化された、飛行関係の計器をまとめたパネルが埋め込まれており、動力関係は右半分に集中して配置されている。

正面の計器板上方のやや右寄りに、Revi 16B光像式射撃照準器が取り付けられるが、

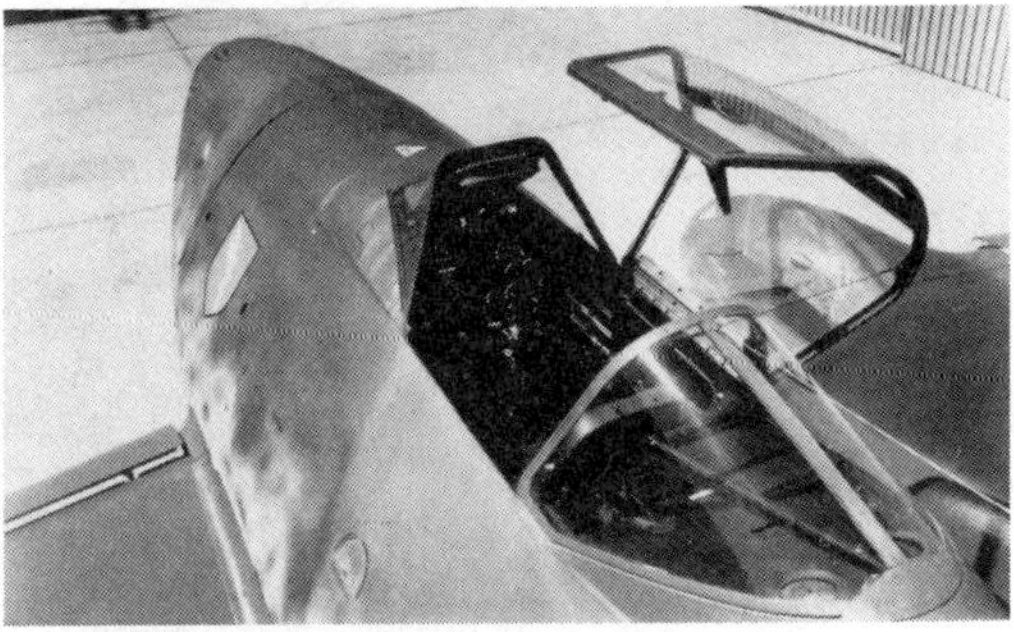
▶キャノピーをふくめた、操縦室全体を左後方より見る。中央開閉キャノピーは、右開き式。

◀操縦室を右後上方より見る。前部固定キャノピーの内側に付く、厚さ90㎜のぶ厚い防弾ガラスが、ひときわ目立つ。座席の左側は、スロットル・レバー、燃料タンク切換レバー、フラップ操作スイッチ、方向舵トリム操作ハンドルなどが配置されている。

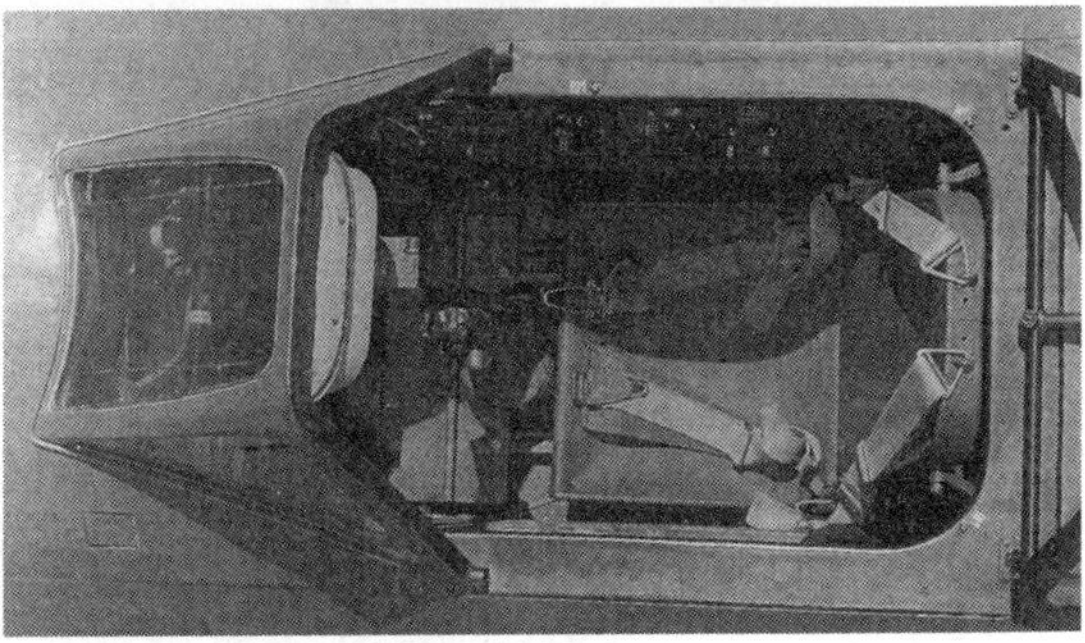
▶操縦室を真上に近いアングルから見る。双発機とはいっても単座戦闘機なので、きわめてコンパクトにまとめられている。

▶操縦室前方。正面計器板の上方、パイプ組みの台架に付いているのが、Revi 16B光像式射撃照準器。写真は使用状態を示し、空戦以外のときは右に倒し、前方に少し押し出した位置に格納しておく。Bf109、Fw190などのレシプロ戦闘機も装備していたRevi 16Bは、高速のMe262には不適で、敗戦当時は、新型のジャイロ・コンピューティング方式の、EZ42が普及しつつある状況だった。

◀正面計器板。中央上部やや左寄りに、Bf109Kなどとも共通する飛行関係の計器一式がまとめられ、右側には、エンジン関係計器が並ぶ。Me262の操縦室も、ドイツ機特有の、人間工学的に優れたアレンジだった。

▶左サイド・コンソール。長い2本のレバーがスロットル・レバー、それに隣合わせた、歯車状のものは、燃料タンク切換ハンドル、"L"字状のレバーは、水平尾翼取付角度調整用。

Me262A-1a
操縦室レイアウト

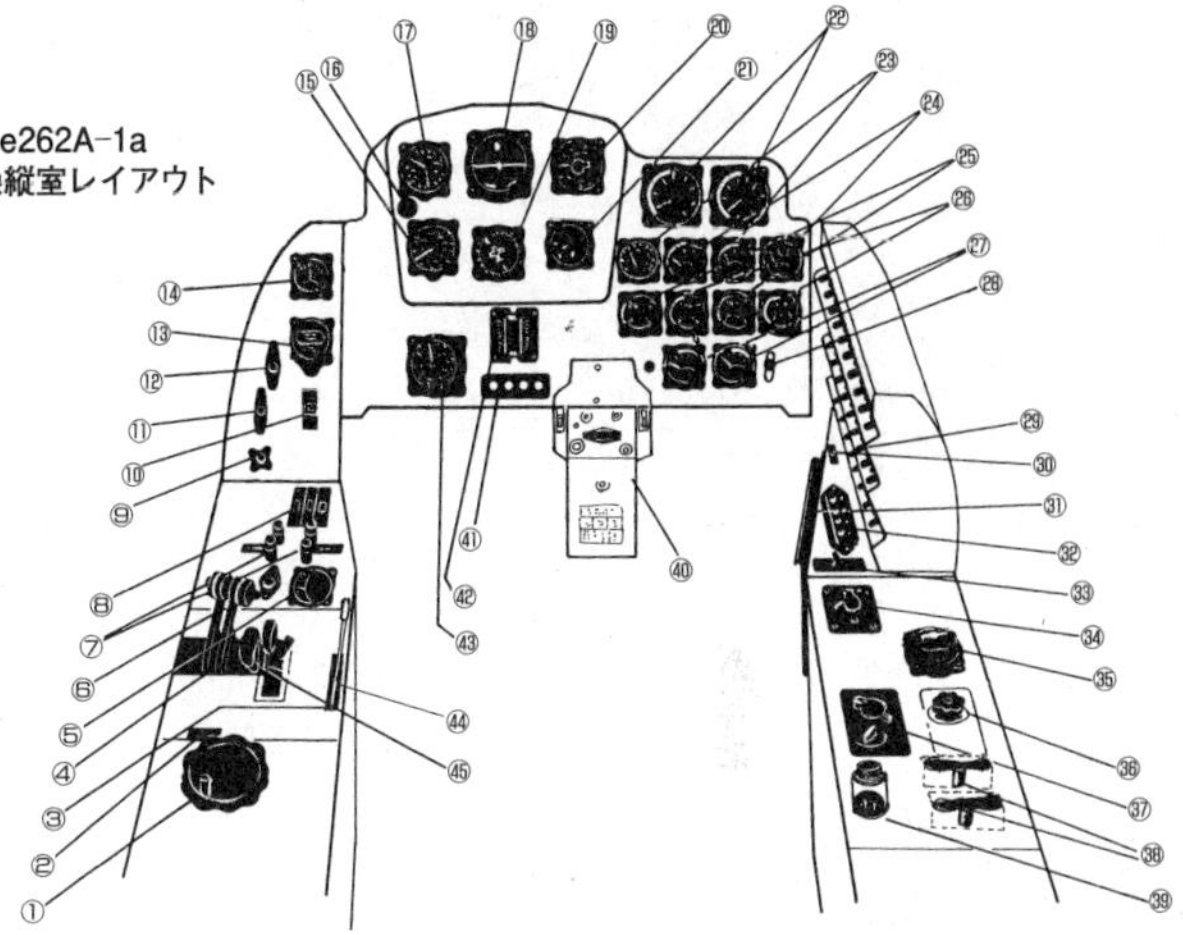

①方向舵トリム・タブ操作ハンドル
②パイロット電熱手袋用
　ソケット差し込み部
③水平尾翼取付角度操作レバー基部
④スロットル・レバー
⑤水平尾翼取付角度表示計
⑥バッテリー切離しスイッチ
⑦着陸フラップ操作スイッチ
⑧脚位置表示計
⑨酸素バルブ
⑩RATOG用スイッチ
⑪非常用着陸フラップ・レバー
⑫非常用脚下げレバー
⑬酸素流量計
⑭酸素圧力計
⑮高度計
⑯航路監視計
⑰速度計
⑱旋回計
⑲中継コンパス
⑳昇降計
㉑AFN指示計
㉒エンジン回転計
㉓エンジン圧力温度計
㉔エンジン圧力注入計
㉕燃料圧力計
㉖潤滑油圧力計
㉗燃料計
㉘操縦室内暖房操作レバー
㉙電気系統スイッチ盤
㉚信号弾セレクト・スイッチ
㉛航空地図入れ
㉜信号弾発射スイッチ
㉝非常時FuG 25a IFF爆破スイッチ
㉞FuG 25a IFF操作スイッチ
㉟FuG 16ZYチャンネル・スイッチ
㊱FuG 16ZY周波数選択スイッチ
㊲FuG 16ZY操作スイッチ
㊳リーデル・スターター始動スイッチ
㊴エンジン回転計切替ボタン
㊵爆弾投下操作ボックス
㊶機関砲装填確認ランプ
㊷機関砲弾残量ゲージ
㊸航空時計
㊹水平尾翼取付角度操作レバー
㊺燃料コック切替レバー

座席取付要領

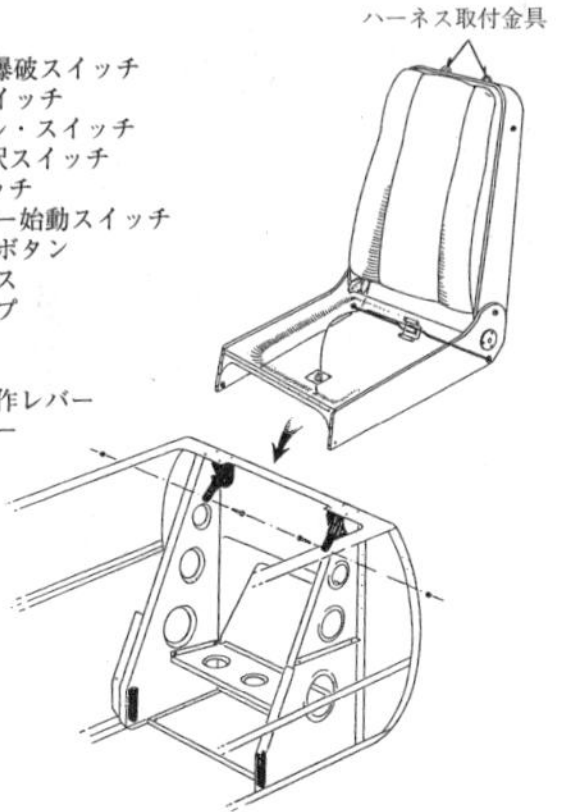

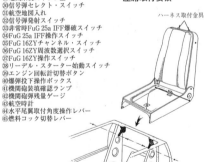

Bf109G後期型などと異なり、前方視界確保のため、不使用の際は下方に折りたたまれたうえ、取付部を前方へ押し込んで、正面計器板近くまで移動するようにしていた。

A-1a〝Jabo〟、A-2aでは正面計器板中央下に爆弾投下スイッチなどを収めたコントロール・ボックスが追加されたが、ボックスのデザインはBf109Gなどが使用したものと同タイプ。

左サイド・コンソールには、前方から脚位置表示器、酸素関係計器、バルブ、フラップ作動スイッチ、水平安定板角度操作レバー、スロットル・レバー、燃料コック切換レバー、方向舵トリム・タブ操作ハンドルなどが、右サイド・コンソールには電気関係スイッチ、各無線機操作スイッチがまとめて配置されていた。

実験では、Me262の与圧キャビン化、火薬式射出座席装備なども検討されたが、実際には導入されなかった。

戦後のアメリカ側におけるテストで、P-51の完全水滴状デザインには劣るが、ドイツ機としてきわめて優れたものと評価されたキャノピーは、シンプル、かつ機能的である。

防御火器の強力な米陸軍四発重爆を相手にすることもあって、前部固定キャノピー正面は、何枚ものガラスを重ね合わせた、厚さ90㎜のゴツい防弾ガラスとなっており、ガラスの間には氷結防止用熱線プリントが埋め込んである。中央可動キャノピーは右開き式で、上面の枠をはさんで左、右2枚のプレキシガラスで構成される。後方フレームと、後部固定キャノピー前方フレームにつながる細い索は、Bf109にもみられる、開時のキャノピー止め。P.

B-1a/U1の後席計器盤

後部断面図

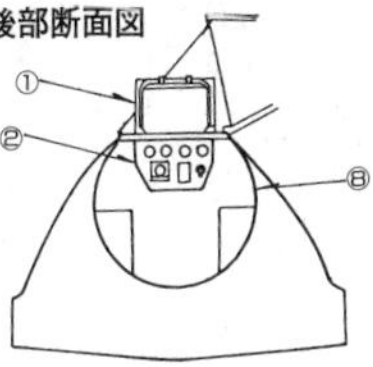

計器盤

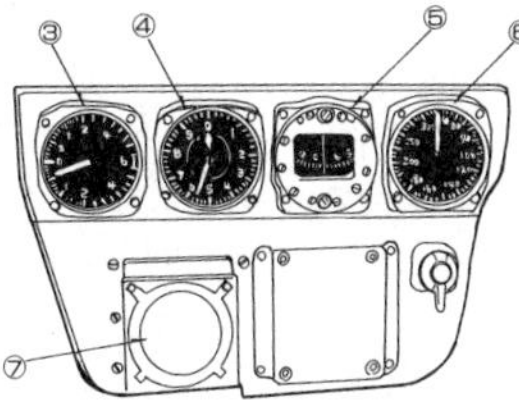

①FuG 350"Naxos"Zcユニット　②計器板　③昇降計　④高度計　⑤コンパス　⑥速度計　⑦FuG 218"Neptun"GRレーダー・スコープ　⑧操縦室カプセル

Me262B-1a、B-1a/U1後席アレンジ

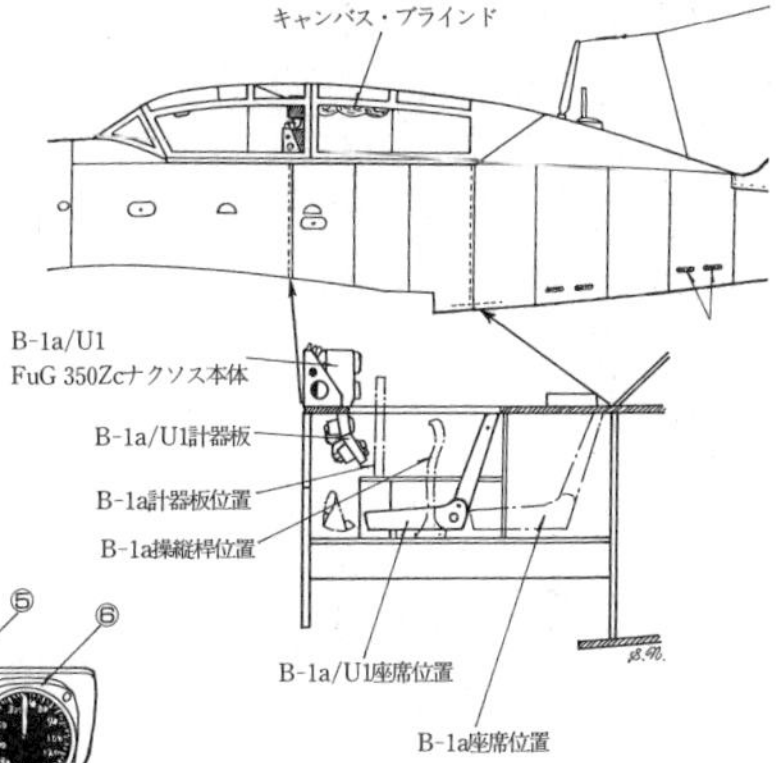

B-1a/U1左サイド・コンソール

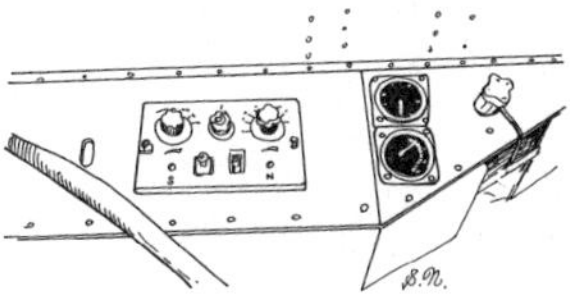

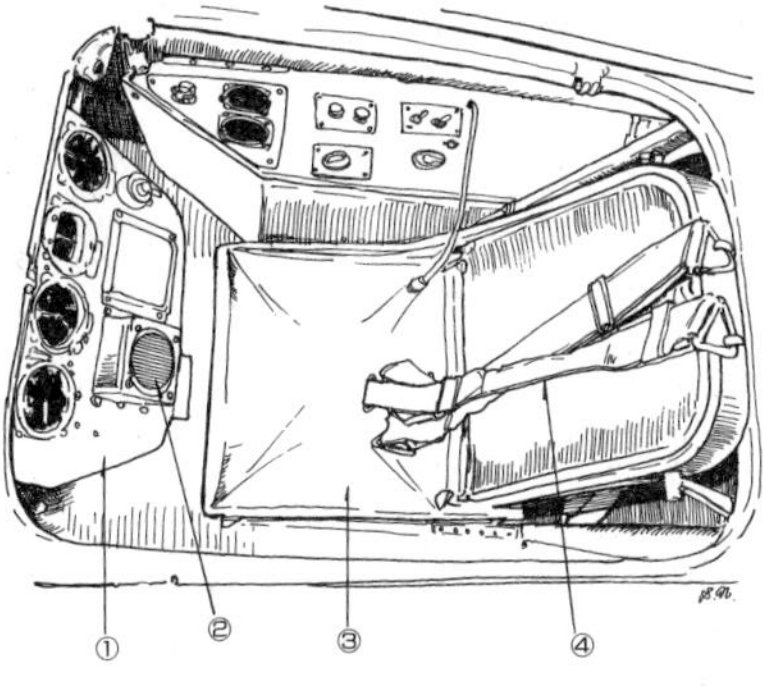

◀Me262B-1a/U1の後席は、レーダー・オペレーター席で、図に示すごとく、席の正面上方に、FuG 350のユニット本体、その下方に飛行関係の計器、および、機上レーダーFuG 218"ネプツーン"GRのスコープが配置されていた。

①計器板
②FuG 218レーダー・スコープ
③座席
④座席ベルト

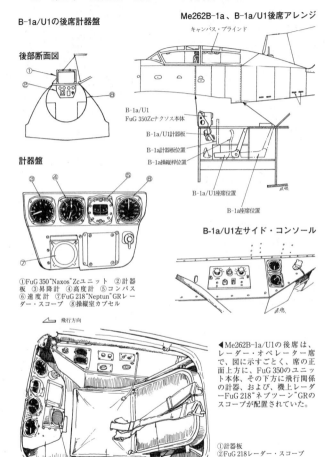

173上写真のNASM保存機の左、右下方フレームに付く突起は、A-1aの後期生産機から導入したパイロット頭部防弾鋼鈑取付金具。ただし、取付金具自体は、すでにW.Nr170000番台の初期生産機から取り付けられていた。

後部固定キャノピーの下方フレーム3ヵ所を結ぶ〝T〟字状パイプは、中央キャノピーと同時に、非常時に飛散させるための、止め具連結用。投棄レバーは、操縦室内の前部固定キャノピー右枠の下にある、赤く塗ったレバー。

●兵装

Me262の利点は、双発機なので、命中精度の面からも理想的な機首に、集中的、かつ大口径の射撃兵装を施せることにあった。実際、A-1aが装備したMK108 30㎜砲4門という重武装は、レシプロ単発戦闘機ではとうてい不可能な火力であり、主目標とした、米陸軍四発重爆の迎撃に非常に有効であった。

ただし、MK108自体の破壊力は充分ながら、部品の80%がプレス加工品という安価な構造で、軽量、小型の長所がある反面、有効射程が短く(4門は400~500m先で弾丸が集束する)弾道不良の欠点をもち、必ずしも満足する性能でなかったのも事実。加えて、レシプロ戦闘機レベルで造られた射撃照準器Revi 16Bが、機能的に高速のMe262に適応できず、撃墜チャンスを逃すこともしばしばあった。

1945年に入ってから、一部のA-1aは、照準器にジャイロ式の新型EZ42を用いたが、故障が多く、見越し照準をやめ、サイトを固定して使ったといわれる。

ＭＫ１０８の製造メーカーは、ラインメタル・ボルジヒ社。諸元は全長１１２・５cm、重量60・8kg、初速５３０ｍ／秒、発射速度毎分４５０発、ブローバック作動方式で着火は電気式、引金操作と弾丸装塡は圧搾空気式。Ｍｅ２６２の機首に装備された４門のうち、上部２門は各１００発、下部２門は各80発計３６０発の弾丸を携行できた。機首下面左右に、各２個の空薬莢排出口が設けられている。

ＪＧ７、ＪＶ44が、１９４５年４月から本格的に使用し始めたＲ４Ｍ空対空ロケット弾は、ハーケンフェルデにある、ＬＧＷ社が開発したもので、Ｍｅ２６２の破壊力をさらに高めた傑作兵器である。最初から空対空専用に開発されたため、直径55mm、全長80cmと小型で、弾頭重量はわずか３・５kg（炸薬量５００ｇ）に過ぎなかったが、速度は５３０ｍ／秒と、Ｗ．Ｇｒ21より格段に速く、一発の命中弾で

Me262A-1aの射撃兵装図

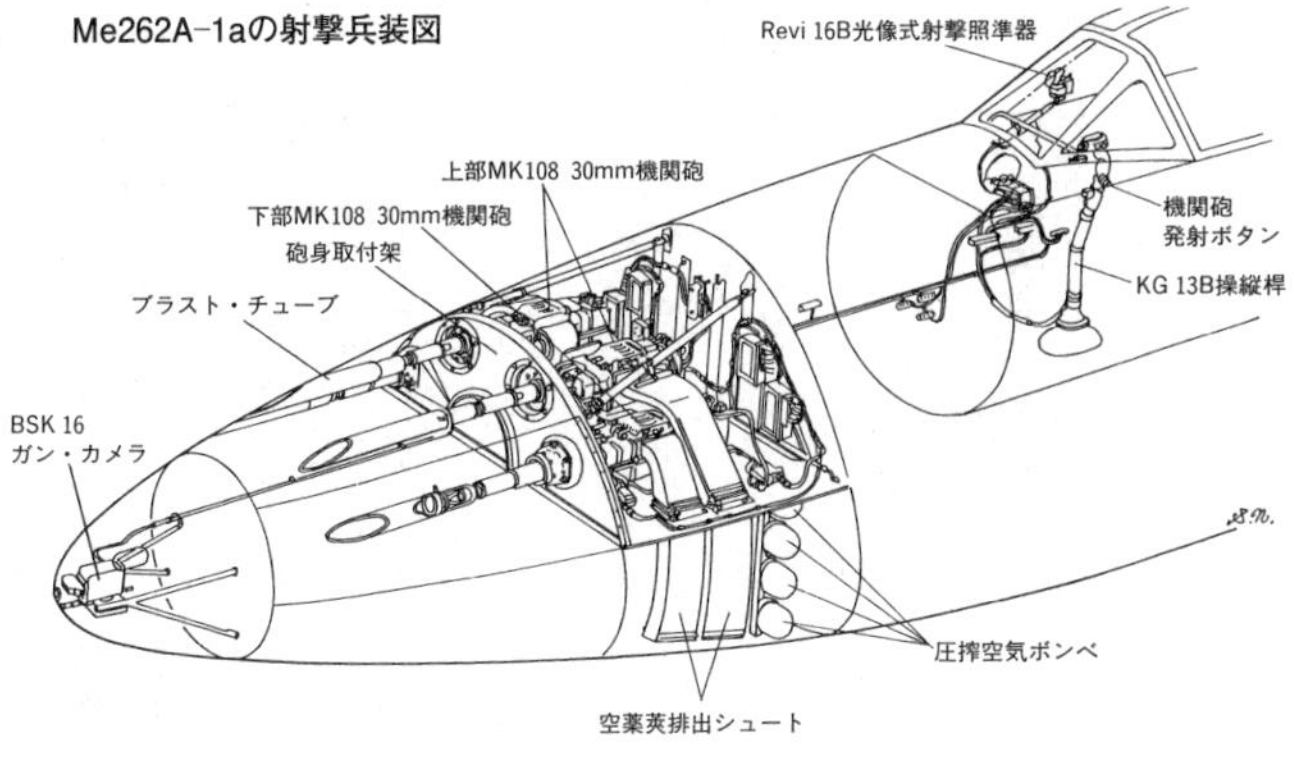

▶スイスに不時着した直後のMe262A-1a、W.Nr500071の、右機関砲点検パネルを開けた状態。博物館の展示機では、いずれも失われてしまって、みることのできない空薬莢排出シュートが確認できる。

MK108 30mm機関砲左側

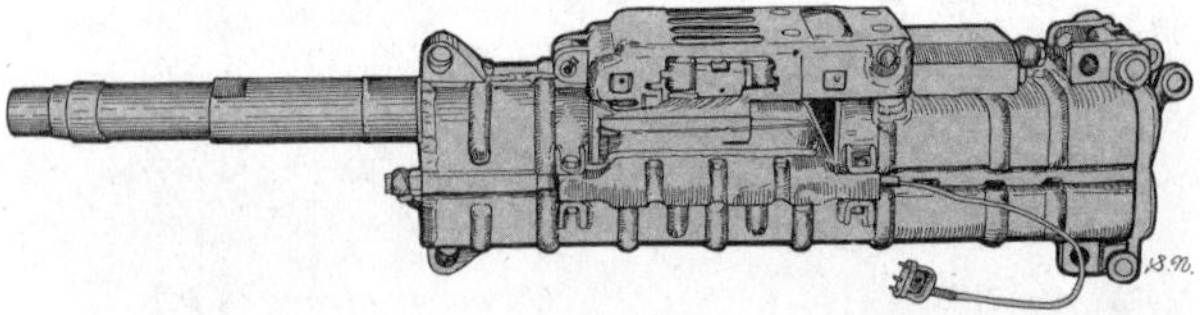

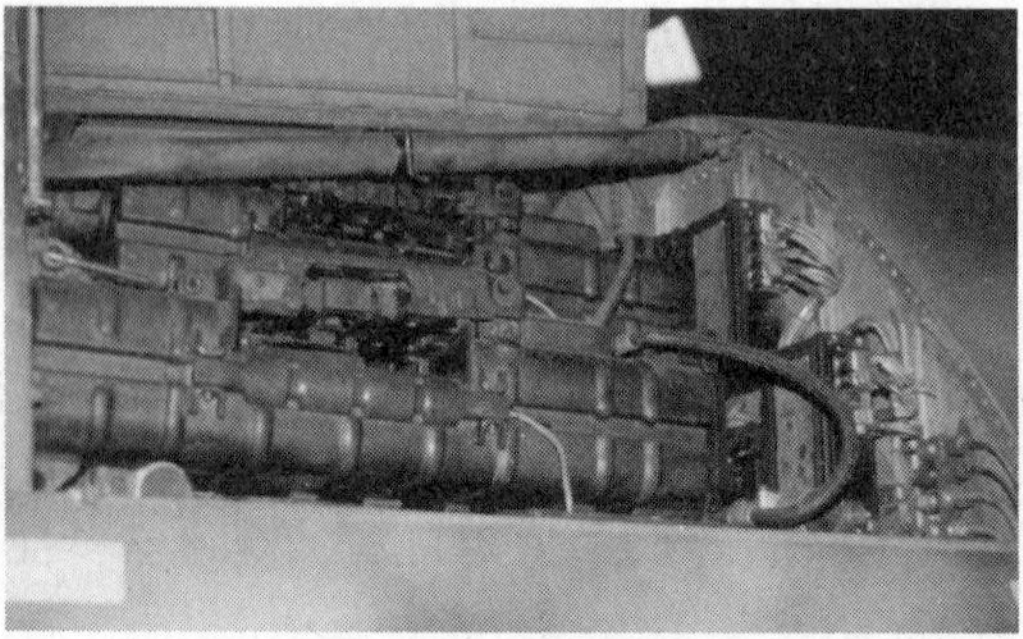

▶W.Nr500071の現在の状態。空薬莢排出シュートが取り外されている他は、ほぼ当時のままを保っており、機関砲後方の配線類のオリジナル状態を把握できる、唯一の資料。

四発重爆を撃墜するには充分な威力をもつ。照準はRevi 16Bで行なう。

発射直後に、尾部に折りたたんでいた安定フィンが展張し、弾道を正確に維持するよう工夫がしてあった。

Me262は、両主翼下面のランチャー（アルミ合金節約のため木製）に、各12発ずつ計24発懸吊し、各弾は少しずつ懸吊角度を変えてあり、発射地点より600m先で、B-17の全幅に相当する直径の弾幕を形成するように調整してあった。

触発信管を用いており、

▶Me262A-1aの右主翼下面に装備されたR4Mを、正面より見る。大戦末期を反映した木製ランチャーに12発懸吊し、それぞれが、左右上下にわずかずつ角度を違えてセットしてあり、下図に示したごとく、約600m先で円形に弾幕を張る。

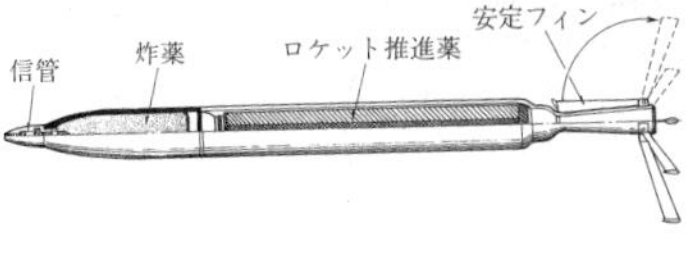

R4M“オルカン”55mmロケット弾

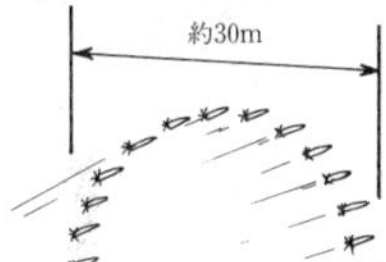

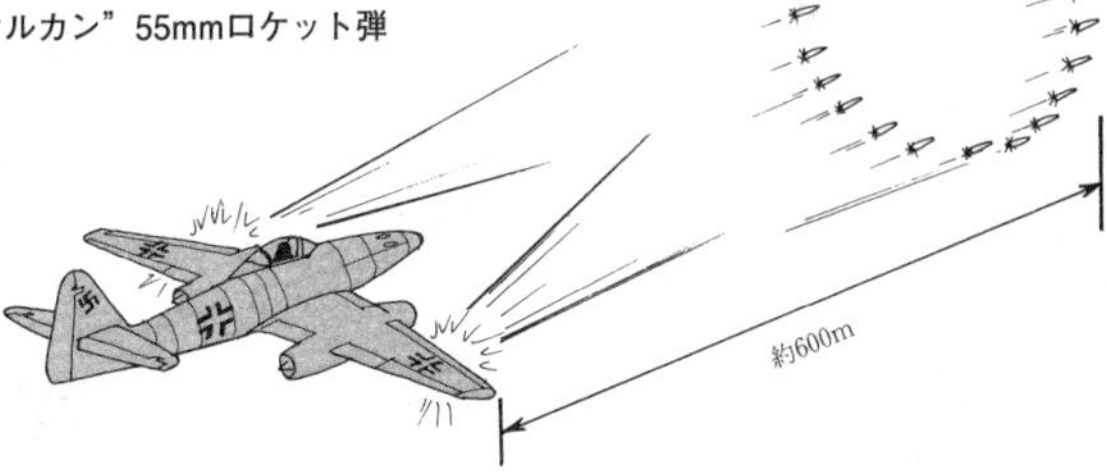

主要部に1発でも当たれば、B–17も確実に撃墜できた。JV44の撃墜戦果のほとんどが、このR4Mによるものだったとされる。戦争の最後の週に、メッサーシュミット社オーバーアムメルガウ疎開工場で、試験的に48発のR4Mを懸吊できるように改造された6機のMe262は、たった1回の出撃で、B–17 14機撃墜という途方もない大戦果を記録したとされる。まさに〝Orkan《オルカン》〟（暴風）のニックネームにふさわしい威力だった。

このR4Mが実用化されるまで、唯一の空対空ロケット弾としてBf109、Fw190、Bf110などが使用していたW.Gr21は、陸軍の〝Nebelwerfer 42〟

▲機首下面の左側Wikingerschiffに、SC250（250kg通常爆弾）を懸吊した状態を示す。両側に各1発ずつ懸吊すると、最大速度は200km/hも低下して660km/hしか出ず、連合軍側のP–51、P–47、スピットファイアなどにも容易に捕捉されてしまう。

“Wikingerschiff” ラック

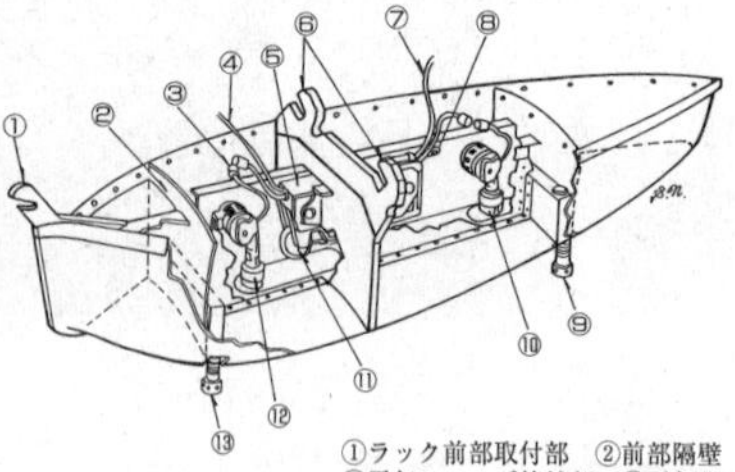

①ラック前部取付部　②前部隔壁　③電気ヒューズ接続部　④電気入力線のヒューズ接続アーム　⑤爆弾投下スリップ　⑥ラック後部取付部　⑦投下器への電気入力線　⑧投棄装置ロッド　⑨後方弾体支え　⑩後方チャージング・ヘッド　⑪サスペンション・ヘッド　⑫前方チャージング・ヘッド　⑬前方弾体支え

ETC504ラック

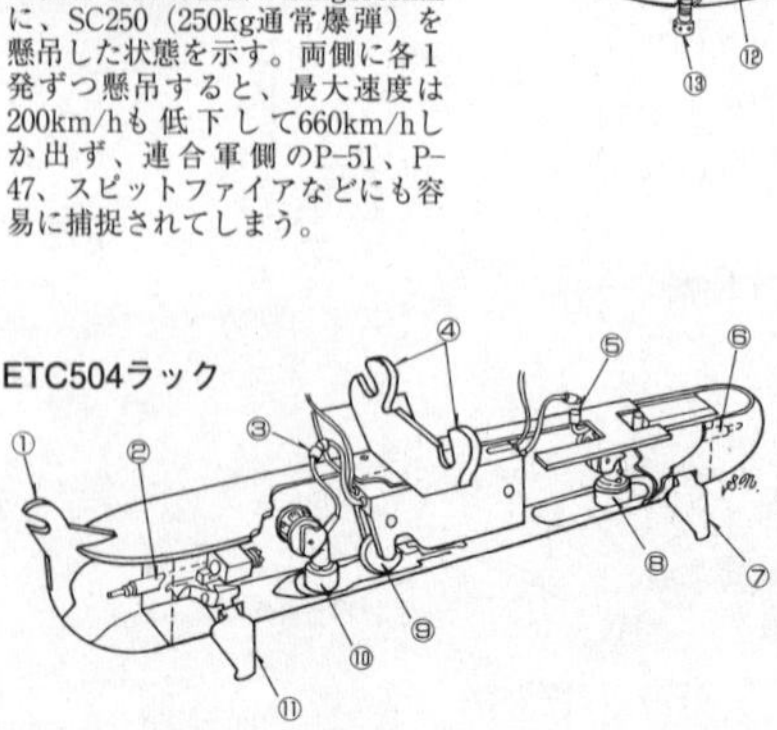

①ラック前部取付部　②クラッチ爪　③電気入力線のヒューズ接続部　④ラック後部取付部　⑤ヒューズ接続アーム　⑥クラッチ爪　⑦後方弾体支え　⑧後方チャージング・ヘッド　⑨サスペンション・フック　⑩前方チャージング・ヘッド　⑪前方弾体支え

ロケット臼砲を、空対空用に改造したもので、直径21cm、重量112・5kg、弾頭重量41kgと大きく、破壊力も優れていた。

しかし、時限信管（発射地点から550〜1000mの範囲内で爆発する）を使ったことで、射距離を判断するのが難しいうえに、低速度（300m／秒）のため弾道不良の欠点があり、有効な兵器になり得なかった。JG7の一部のMe262は、機首下面のヴィーキングゲルシッフに、このW.Gr21ランチャーを各1本ずつ懸吊して実戦に使ったようだが、戦果は芳しくなかった。

A-1a／U4の搭載火器に指定されたMK214A 50mm機関砲は、ラインメタル社とモーゼル社が共同開発した、対爆撃機用の大口径航空機関砲で、全長は実に4m、重量490kgに達した。初速930m／秒、発射速度毎分150発で、その破壊力はR4Mに匹敵する。

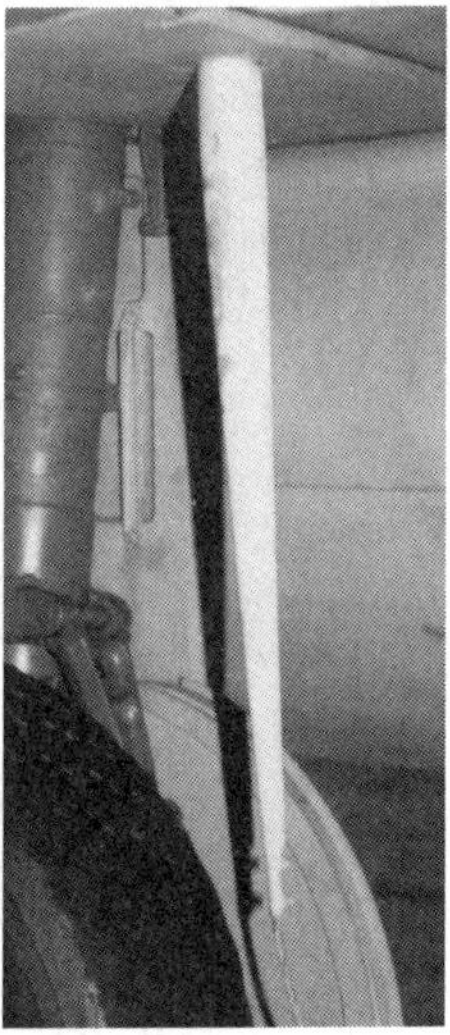

▲右主脚収納部後方に取り付けられるFuG 16ZY用モラーヌ・アンテナ。下端はワイヤー・ロープ製。

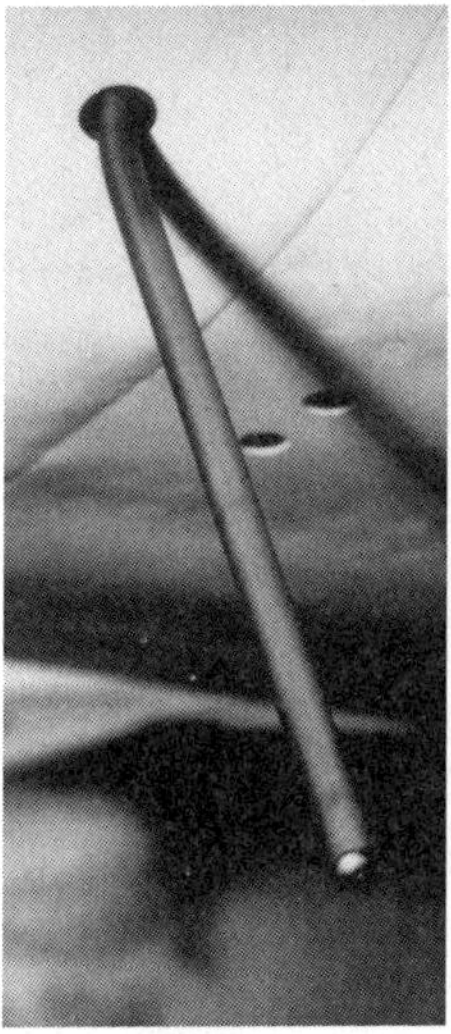

▲FuG 25a IFF用ロッド・アンテナ。ゴムカバーで表面を覆っている。

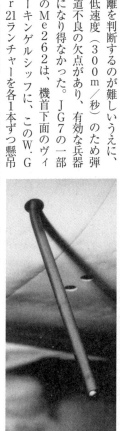

また、Ａ-１ａ／Ｕ４のもう一種の50㎜砲に予定された、ラインメタル社製ＢＫ５も、全長４・３４ｍと巨大だったが、重量はＭＫ２１４Ａの半分に近い２７５kgしかない。そのぶん性能はＭＫ２１４より劣り、初速８６０ｍ／秒、発射速度毎分１４０発だった。

しかし、威力はあるものの、さすがにこれだけの大口径砲を積むと、Ｍｅ２６２の性能低下が著るしく、実際に部隊配備されても、パイロットに敬遠されるのは目に見えていた。ＭＫ２１４Ａを装備した原型機２機が作られただけで敗戦を迎えた。

●無線機、レーダー

Ｍｅ２６２が搭載した無線機は、大戦後期の他のレシプロ戦闘機と変わらない。空中における各機間、および地上管制局との交信用はＦｕＧ 16ＺＹ、味方識別用はＦｕＧ 25ａを使用した。双方とも送受信器は後部胴体内にまとめて搭載している。

ＦｕＧ 16ＺＹはロレンツ社の製品で、大戦中期まで使用されたＦｕＧ 16Ｚに、地上防空管制通信ネットワーク、いわゆる〝Ｙ〟システムとの交信機能を追加した、単座戦闘機専用のＶＨＦ無線機である。周波数は38・５～42・３ＭＨｚ《メガヘルツ》を使用し、後部胴体上部に取り付けられたＤ／Ｆループ・アンテナにより、帰投方位測定（ホーミング）能力を有する。

後部固定キャノピー上部から垂直尾翼前縁に張られた空中線が通話用で、〝Ｙ〟システム用の送受信アンテナは、右主脚収納部後方の主翼下面に取り付けられている。

〝Ｙ〟システムには４つのチャンネルがあり、①飛行中の指揮官機と地上の戦闘指揮官のみ受信可能、②飛行中の編隊全機が交信可能、③パイロットと地上指令局間のみ交信可能、④地上の戦闘指揮官と他の地上局間のみで交信可能の、いずれかを選択して使用する。これによって、迎撃機は、各地上局から敵編隊の正確な飛行高度、侵入コース、待機空域をあらかじめ指定されることになり、間違いなく敵機と遭遇することができる。

味方識別装置として用いたFuG 25aは、〝Erstling〟（最初の出生）の通称で呼ばれたゲマ社の製品で、本体はコントロール・ユニットBG25、連結ボックスVK25、抵抗器WK25、送受信器TE25a、ロータリー・インバーター、および空中適合ユニットAG25aの各ユニットで構成される。

地上局から発信される、周波数123〜128MHzの味方識別信号を受信し、150〜160MHzの返送信号を発信、地上防空システムに味方機であることを知らせる。送受信用アンテナは、後部胴体下面右側にロッド状（ワイヤ）のものを張り出した。通常は、ワイヤにカバーが被せてある。FuG 25aはまた、地上の早期警戒レーダー〝フライア〟との連携使用も可能だった。味方識別信号の探知能力は、発進地点より半径260km以内。

Me262B-1a／U1夜間戦闘機が搭載した機上レーダーは、メートル波長を使用する最後期のタイプとなった、FuG 218〝Neptun《ネプツーン》〟（海神）である。今日のドイツ国内でも、エレクトロニクス関係の有力メーカーとして君臨する、ジーメンス社の製品で、単発単座機用2種、多発機用2種の計4種が生産されたが、Me262B-1a／U1が搭載したのは、〝Neptun GR〟と呼ばれた多発機用の後期タイプ。

初期のドイツ機上レーダーが、英空軍の電波妨害チャフ〝ウインドウ〟によって、効力を失ったことに対処するため、周波数は158〜187MHzの範囲内で6段階に切り換えられる、いわゆる周波数選択方式を採用している点が特徴。本体重量は50kg、機首に4組のダイポールを有し、後方から忍び寄る、英空軍のモスキート夜戦を監視するため、胴体後端下面に後方警戒用アンテナを付けている。Neptun GRの有効探知範囲は、120m〜5000mで、探知角は120度。

Me262B-1a/U1の、もうひとつのレーダー・セット、FuG 350〝Naxos《ナクソス》 Z〟は、英空軍爆撃機が搭載した地形表示レーダー、〝H2S〟の電波を捉え、その位置を探り出す、いわゆるパッシブ・レーダーである。テレフンケン社製。

Me262B-1a/U1に搭載されたのは、〝Naxos Zc〟と呼ばれるタイプで、周波数2500〜3750MHzの範囲内の電波を受信できる。有効探知距離は半径50kmの円内で、探知角は上方向に170度。ユニットは、前、後席間に設置された。

なお、Me262B-2夜戦各型が装備予定にしていた、FuG 240〝Berlin〟は、イギリスに遅れをとった、ドイツ最初のマイクロ波長（cm）レーダーであったが、敗戦までにわずか25台しか完成せず、Ju88G夜戦の10機に搭載されただけで終わってしまった。Berlin N-1a、N-2、N-3、N-4の4種が生産される予定だった。N-1aの使用周波数は3250〜3330MHz、有効探知範囲300〜5000m、探知角55度、本体重量180kg、テレフンケン社製。

FuG 350 "Naxos Zc" アンテナ

左側面

上面

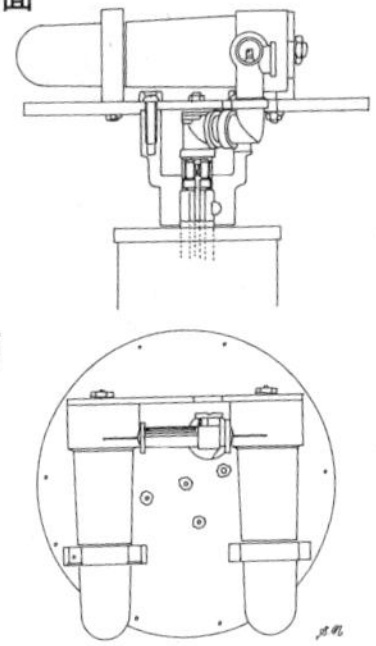

FuG 350 "ナクソスZ" の
ディスプレイ&
コントロール装置

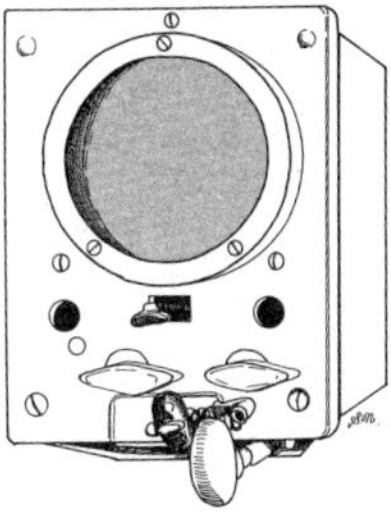

Me262B-1a/U1のレーダー、
無線機のアンテナ、増槽、
各点検パネル

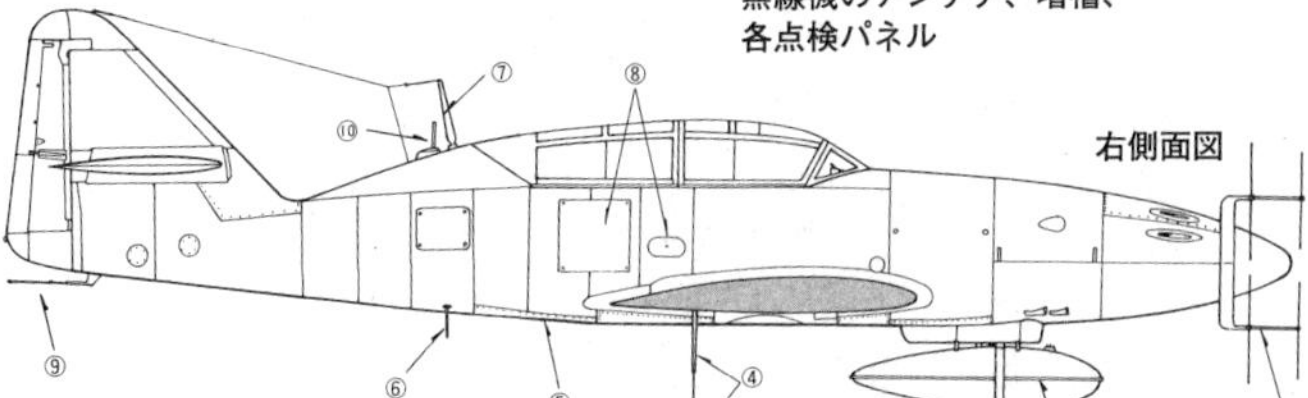

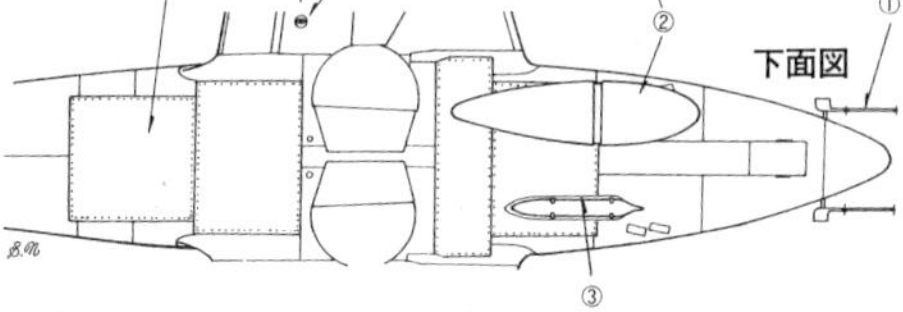

①FuG 218 "Neptun GR"
　アンテナ
②300ℓ入増槽
③"Wikingerschiff"
④FuG 16ZY用モラーヌ・
　アンテナ
⑤追加アクセス・パネル
⑥FuG 25a用IFFロッド・
　アンテナ
⑦FuG 16ZY用アンテナ支柱
⑧追加アクセス・パネル、点検ハッチ
⑨FuG 218 "Neptun GR" 後方警戒用アンテナ
⑩FuG 16ZY用D/Fループ・アンテナ

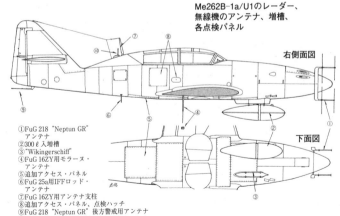

Me262ジェット・エース列伝

Me262の実戦活動期間は、シェンク隊を含めて10ヵ月弱、戦闘機型のみに限ると、わずか7ヵ月という短かさであった。それにもかかわらず、部隊配備された200機足らずのMe262は、敗戦までに連合軍機約350機（米、英側の記録では約150機）を撃墜する驚異的な戦果を記録し、崩れ去る第三帝国に一筋の閃光を放った。

この驚異的戦果は、むろん、レシプロ戦闘機と隔絶した高速性能を誇る、Me262なればこそのものであったが、この革命機に全てを託し、絶望的な状況下にもなお、祖国防衛に殉じようとした、ドイツ戦闘機隊最後の精鋭パイロットたちの執念が、可能にしたものであった。

Me262A-1aが、ようやく本来の戦闘機としての活動舞台を得た1944年10月、すでに5年間に及ぶ大戦の中で、ドイツ戦闘機隊のエース、中堅パイロットの大半が失われていた。

しかし、100機撃墜以上の、いわゆる〝Experte〟（熟練者）と呼ばれたスーパー・エース、幸運な中堅パイロットの一部は生き残っており、地上勤務に〝出世〟していた大戦初期のエースなどが、Me262パイロットに復帰し、戦闘機乗りとして有終の美を飾ろうと集まった。

こうした〝Experte〟の頂点に立ったのが、アドルフ・ガーランド中将で、彼が率いたＪＶ44には、シュタインホフ、リュッツォウ、クルピンスキーなど、騎士鉄十字章受章者が多数集まり、まさにドイツ戦闘機隊最後の精鋭部隊に相応しい顔ぶれだった。唯一のＭｅ２６２正規戦闘航空団となったＪＧ７の幹部要員にも、ラデマッヒャー、ヴァイセンベルガー、ルドルファー、シャルなど１００機撃墜以上のスーパー・エースが配属され、それに相応しい戦績を残している。

本項は、こうしたＭｅ２６２にかかわった〝Experte〟の略歴を紹介し、彼らへの餞としたい。

●アドルフ・ガーランド中将

Gelt. Adolf Galland

今さら改めて紹介することもないほど有名な人物で、戦闘機隊総監という頂点まで昇りつめながら、最後はゲーリング国家／空軍元帥と意見衝突して罷免され、中隊規模のＭｅ２６２部隊Jagdverband 44――第44戦闘団（ＪＶ44）の指揮官として敗戦を迎えるという劇的な運命が、人々に強い感銘を与えている。

ガーランド中将は、１９１２年3月19日、ヴェストファレン州ヴェスターホルトに生まれ、17歳でグライダー操縦技術を習得した。1932年には4000人の応募者の中からわずか20人しか選ばれない、ドイツ民間航空学校に入学し、実用機操縦技術を習得した。ナチス・ドイツ第三帝国の建国、再軍備宣言とともに、ガーランドたち〝民間航空学生〟は、自動的に第1戦闘航空団に編入され、戦闘機パイロットとしての生活が始まった。

スペイン内乱には、He51装備の3./J88中隊長として参加したが、地上攻撃が主任務のため空戦の機会がなく、のちにライバルとなるメルダース（14機撃墜）に、大差をつけられた。

第二次大戦開戦を、Hs123装備の4./LG2中隊長で迎え、ポーランド侵攻作戦に参加、1940年4月、JG27航空団本部付きに転じ、戦闘機パイロットに復帰した。

フランス侵攻作戦で初撃墜を果たしたガーランドは、続くバトル・オブ・ブリテンにて戦闘機パイロットとして開眼し、9月24日には40機撃墜に達し、メルダース、ヴィックと共に国民的英雄となる。これに先立ち、8月22日には、JG26の航空団司令官に昇格していた。

バトル・オブ・ブリテン終了後、大半の戦闘機隊が他戦線へ移動するなかで、ガーランド率いるJG26は、JG2とともに西部戦線に留まり、精強なイギリス戦闘機隊と、散発的な空戦をくり返した。こうした過程で、ガーランドのスコアは着実に上昇し続け、1941年6月21日には69機撃墜に達して、ドイツ軍人としては最初の、剣付柏葉騎士鉄十字章を受章し、同時に中佐に昇進した。

東部戦線に転じて早々に100機撃墜を達成し、出世街道まっしぐらのライバル、メルダースが、1941年11月22日、輸送機事故で死亡すると、その後任としてガーランド中佐が戦闘機隊総監に補された。この時までの撃墜数は94機で、翌年1月、メルダースに次いで2人目の宝剣付柏葉騎士鉄十字章が授与され、同時に大佐に昇進した。

戦闘機隊総監に栄転したガーランドの仕事は、新型機の開発、戦術研究、前線視察などに変わったが、1943年4月、Me262 V4に試乗して本機の魅力にとりつかれ、以後、ことあるごとに急速実用化を進言した。

しかし、空軍上層部、ヒトラーの判断は甘く、Me262の開発優先度は意に反して低く押さえられたままだった。

そして、Me262の運用をめぐってゲーリングとの対立は深まり、1945年1月、ついに戦闘機隊総監職を罷免される。ヒトラーのとりなしで、〝Me262の集中使用〟を主張するガーランドに、実証の場を与える許可がおり、2月、どの空軍指揮系統にも属さない第44戦闘団が、首都ベルリンに近いブランデンブルク－ブリーストで編制された。

JV44は、Me262 15機とパイロット約30名から成る中隊規模の小部隊だが、指揮官が中将（戦闘機隊総監職在任中に昇進）、その下にシュタインホフ大佐、リュッツォウ大佐、バルクホルン少佐など、通常の戦闘航空団司令官クラスの〝Experte〟が配置された前例のない精鋭部隊だった。

3月31日に編制完結したJV44は、ただちに、ドイツ南部のミュンヘン－リームに移動して実働態勢に入った、ガーランド中将自ら率先指揮して、連日の迎撃戦に出動したJV44は、

Me262の高速性能、R4Mロケット弾の威力により、わずか1ヵ月間に、米陸軍爆撃機約50機を撃墜したが、常時、基地上空を徘徊する敵戦闘機によって、離着陸時を襲われるなど損害も多かった。

ガーランド中将も、4月26日、Me262による7機目（公認記録では4機）の撃墜を果たした直後に被弾して不時着、膝を負傷してそのまま病院送りとなり、戦闘機パイロットとしての活動に終止符をうった。総撃墜数は104機である。

●ヨハネス・シュタインホフ大佐

Obst. Johannes Steinhoff

〝Macki〟の愛称で親しまれたシュタインホフ大佐は、1913年9月15日、ザクセン州ボッテンドルフに生まれ、1939年、10.／JG26中隊長として第二次大戦開戦を迎えた。

翌1940年2月には4.／JG52中隊長に転じ、東部戦線においてソ連機を相手にスコアを急上昇させていった。

1941年8月30日には、35機撃墜で騎士鉄十字章（中尉）、1942年9月2日には、101機撃墜で柏葉騎士鉄十字章（大尉）をそれぞれ受章している。この間、1942年2月には、Ⅱ.／JG52飛行隊司令官に昇格し、その指揮官としての能力にも冴えをみせた。

１９４３年2月2日には、１５０機撃墜に到達したが、その直後の3月末には、ＪＧ77航空団司令官に転じて北アフリカ／チュニジアに赴いた。シシリー島に後退してからの、連日の苦戦状況は、戦後の回想記〝Die Strasse Von Messina〟に生々しく描かれている。

その後、１９４４年10月までイタリア北部戦域に留まったが、間もなくガーランド中将から、Ｍｅ２６２最初の正規戦闘航空団ＪＧ７の司令官職を推され、同年12月に着任した。

しかし、有能であるが故に、戦闘機隊員を無能呼ばわりするゲーリングへの反感が強く、同月末にはＪＧ７司令官職を罷免させられてしまった。もっとも、１週間ほど後には、ガーランド中将に請われて、リュッツォウ大佐らとともにＪＶ44に加わり、Ｍｅ２６２で戦う機会は残った。

１９４５年4月8日、シュタインホフは、ＪＶ44におけるＭｅ２６２での初戦果を記録（B-24）するが、18日の迎撃出動の際に、乗機のエンジン故障で離陸に失敗し、爆発炎上する機体から奇跡的に脱出して、一命はとり止めたものの、顔貌一変する大火傷を負い、そのまま病院で敗戦を迎えた。

総撃墜数は、Ｍｅ２６２によるもの6機を含む１７６機。

●ギュンター・リュッツォウ大佐

１９１２年9月4日、軍港として有名なキールに生まれたリュッツォウ大佐は、〝Frnazl〟

Obst. Günther Lutzow

の愛称で呼ばれた、スペイン内乱当時からのベテラン・エースの一人。同内乱で5機撃墜を記録し、エースとなっていたリュッツォウは、第二次大戦開戦時は、戦闘機学校の教官を務めていたが、バトル・オブ・ブリテン最中の1940年8月、I./JG3飛行隊司令官に抜擢され、その優れた空戦術が一気に開花した。

1940年9月18日には、早くも15機撃墜で騎士鉄十字章、東部戦線に転じた翌年7月20日には、42機撃墜で柏葉騎士鉄十字章、3ヵ月後の10月11日には、92機撃墜で剣付柏葉騎士鉄十字章を、それぞれ受章している。

戦闘機隊の運用術などでも優れた見識を示したため、1942年6月には、戦闘機隊兵監に転じて第一線を退いた。この間、1941年10月24日には、メルダースに次いで、史上二人目の100機撃墜を達成している。

その後2年半、戦闘機隊の発展に多大の貢献をしたが、有能なるが故に、シュタインホフと同様、ゲーリングと対立し、1945年1月の〝弾劾裁判〟の首謀者としての罪を問われ、イタリア戦闘機隊司令官に更迭させられた。

しかし、JV44の編制と同時に、ガーランドに請われて参加し、Me262による第一線パイロットに復帰したが、1945年4月24日の出撃にて行方不明となった。米軍側の記録では、第9航空軍のP－47によって撃墜された、2機のMe262のうちどちらかが、リュッツォウ機であろうと推測している。

リュッツォウ大佐の総撃墜数は110機で、Me262によるスコアは2機とされている。

●ハインツ・ベーア中佐

Obstl. Heinz Bär

公認撃墜数では、現在に至るまで各国も含めたジェット・エースのトップに君臨するベーア中佐は、Me262エースの象徴と言うべき人物かもしれない。Bf109、Fw190を駆って、西部、東部、地中海／北アフリカ、本土と、ほとんどの戦域でまんべんなくスコアを記録したその技倆も、高く評価される。
ベーア中佐は、1913年3月25日、ライプチヒ近郊のゾムマーフェルトに生まれ、JG51に所属して第二次大戦開戦を迎えた。初撃墜は1939年9月25日。
バトル・オブ・ブリテンで14機撃墜を果たした後、東部戦線に転じ、1941年7月2日には、29機撃墜で騎士鉄十字章、わずか1ヵ月後の8月14日には、早くも60機撃墜に達して柏葉騎士鉄十字章（31人目）、1942年2月16日には、90機撃墜に達して剣付柏葉騎士鉄十字章（7人目）を受章するなど、その活躍ぶりは際立っていた。

1942年5月12日付けで、I./JG77飛行隊司令官に昇進し、同年7月には、地中海/北アフリカに移動してさらにスコアを重ねた。1943年4月29日、部隊がチュニジアを撤退する時点で、ベーア大尉のスコアは178機におよび、この方面だけで49機撃墜を記録したことになる。

その後、南フランス補充戦闘飛行隊司令官という、第二線的な部隊に転じたが、防空戦闘にも積極的に参加し、16機のスコアを加えた。

1944年3月15日には、II./JG1飛行隊司令官に補されて、本土防空の中心戦力の一員となり、6月にはJG3航空団司令官に昇格した。

1945年1月1日の〝ボーデンプラッテ〟作戦において、レシプロ戦闘機隊の事実上の終焉を見とどけたベーア少佐は、2月14日付けで、Me262パイロット養成部隊、III./EJG2飛行隊司令官に転じ、訓練指導の合間をみて迎撃に出動し、公認で16機撃墜（非公認では18機）の大戦果を記録する。

非公認を含むその内訳は、3月19日P-51 1機、3月21日B-24 1機、3月24日B-24 1機、P-51 1機、3月27日P-47 3機、4月4日P-51 1機、4月9日B-26 2機、4月12日B-26 1機、4月18日P-47 2機、4月19日P-51 2機、4月27日P-47 2機、4月28日P-47 1機。これらのうち、どれが非公認なのか不詳だが、いずれにしろ、個人のスコアとしては並大抵のものではない。4月12日以降はJV44におけるスコアである。

シュタインホフ、リュッツォウ、ガーランドが相次いで負傷、戦死した後、ＪＶ44の指揮を委ねられたベーア中佐は、ドイツ国内に押し寄せる米地上軍に追われるように、４月27日には部隊をオーストリアのザルツブルクに後退させ、なおも迎撃を試みたが、同地にも米地上軍が迫ったため、５月３日、Ｍｅ２６２全機に自ら火を放ち、その戦闘歴を閉じた。

ベーア中佐の総撃墜数は２２０機に達し、うち米、英軍機が１２５機を占める。大戦を生き抜いたベーア中佐だが、１９５７年４月28日、西ドイツのブラウンシュヴァイク付近での、小型機墜落事故で死亡してしまった。

●ヴァルター・ノヴォトニー少佐

Maj. Walter Nowotny

空軍全体でわずか９人に授与されただけの最高勲章、宝剣付柏葉騎士鉄十字章の受章者として、またＭｅ２６２最初の実戦部隊となった、Kommando Nowotny の指揮官として、ノヴォトニーの名は、あまりにも有名である。

１９２０年12月７日、オーストリアのグミュントに生まれたノヴォトニーは、１９４１年２月、ようやく戦闘機パイロット訓練課程を修了して、９．／ＪＧ54に配属されたときには、誰ものちの活躍を予想できた者はいなかった。

しかし、部隊が東部戦線に移動し、ソ連機との戦闘を始めると、ノヴォトニーはメキメキと頭角を表わし、1年7ヵ月後の1942年9月4日には、56機撃墜で騎士鉄十字章を受章し、9./JG54の中隊長に昇格していた。

1943年に入ると、そのスコアはさらに上昇し、空軍内でも存在が注目され始めた。同年6月には、1ヵ月間で実に41機という高密度撃墜を記録して100機の大台を軽く突破し、8月にはさらに49機、9月には45機という信じられないようなスピードでスコアを重ねた。9月4日には、200機撃墜を達成した4人目のパイロットとなり、同月22日には、218機撃墜の功績によって、剣付柏葉騎士鉄十字章を受章している。そして、それから1ヵ月もたたない10月19日、250機撃墜一番乗りを達成し、全軍で8人目の宝剣付柏葉騎士鉄十字章を射止めたのである。わずか2年4ヵ月の実戦勤務で、ノヴォトニーはドイツ戦闘機パイロットの頂点に昇りつめたのだった。

国民的英雄の戦死を恐れた空軍上層部は、この直後にI./JG54飛行隊司令官の職務を解き、フランスの第101訓練航空団司令官を任命した。しかし、戦況の悪化はスーパー・エースに再度の前線復帰を促し、1944年9月25日、事故死したティーアフェルダー大尉の後任として、革命機Me262を装備するErprobumgskommando 262——第262実験隊——司令官に就任した。

ノヴォトニー少佐の就任と同時に、EK262は〝Kommando Nowotny〟(ノヴォトニー隊)と名称変更して、実戦部隊となり、Me262 30機を保有する2個中隊に拡充された。そして、1週間後の10月3日には、ドイツ北西部のアハマー、ヘゼペ両基地に展開して実働態勢に入った。しかし、訓練不足の感は否めず、その後1ヵ月間に連合軍機22機撃墜を報じたものの、ノヴォトニー隊も事故を含めて26機のMe262を失い、ノヴォトニー自身、11月8日のアハマー基地上空の空戦で、〝エンジン停止、また被弾……〟の交信を最後に、P－51に撃墜されて戦死した。

ノヴォトニーの、Me262によるスコアは戦死当日の2機のみとされており、総撃墜数は258機で、ドイツ・エース・リストの第5位にランクされる。

●ルドルフ・ラデマッヒャー少尉

非公認を含めた、Me262によるスコアは20機以上ともいわれるが、最近の調査では、16機、または13機という見解も出ている。いずれにしろMe262エースのトップ・クラスには間違いない〝強者〟である。

Lt. Rudolf Rademacher

ラデマッヒャー少尉は、1913年6月19日レーネヴルクに生まれ、1941年12月、伍長の階級で東部戦線の3./JG54に配属された。すでに28歳という年齢は、第一線戦闘機パイロットとしては、〝古参〟の部類に入ったが、1942年1月9日に初撃墜を記録してから、持ち前の空戦技倆で頭角を現わしてきた。

1943年1月には、かの有名な、ノヴォトニー率いる

第1中隊に編入され、ノヴォトニーの直卒する4機編隊（シュヴァルム）の一員を務めた。その後、1944年8月30日には北部戦闘航空団第1中隊に転じたが、翌月30日には81機撃墜の功績に対して、騎士鉄十字章が授与された。

1945年1月、生き残り中堅エースの一人として、JG7の第11中隊に転入し、Me262ライダーとなり、2月1日スピットファイアを撃墜したのを皮切りに、2月9日B-17 2機、2月14日B-17 1機、2月24日P-51 1機、2月27日B-24 1機という具合に着実にスコアを重ねていった。

敗戦時には、計500回以上の出撃で、総撃墜数97機という記録が残ったが、これはMe262によるスコアを16機とした場合の数字である。

大戦を生き抜いたラデマッヒャー少尉だったが、1953年6月13日、故郷でのグライダー墜落事故で、40歳の生涯を閉じた。

●ゲオルク・ペーター・エダー少佐

非公認、不確実撃墜を含めたスコアが24機と言われるエダー少佐は、ラデマッヒャー少尉と共に、Me262のトップ・クラスのエースの1人。特に、ノヴォトニー隊、Ⅲ./EJG2の所属にまたがった、1944年11月9日の2機（P-51）、11日の3機（B-17 2機、P-51 1機）、21日の3機（B-17）という三日間で計8機の高密度スコアは、Me262エースの中では出色のもの。Me262の高速性能を、素早く自分の空戦技倆にマッチさせ、その特質を把握した結果であろう。

エダー少佐は、１９２１年３月８日フランケンのオーバーダックシュテッテンに生まれ、１９４０年９月にＪＧ51に配属されたときはまだ19歳だった。

初撃墜は１９４１年６月22日、独・ソ開戦の日で、２機のソ連機を仕止めた。年少パイロットだけに、ベテラン・エースのように、東部戦線とはいえ、スコアを荒稼ぎすることもなく、そのペースはゆるやかだった。

１９４２年12月には、西部戦線の７．／ＪＧ２に転属して、米、英軍機を相手に戦い、１９４４年２月には６．／ＪＧ１中隊長に昇格して、本土防空戦に身を投じた。

同年６月24日、ようやく48機撃墜に達した時点で、騎士鉄十字章を授与された。

１９４４年９月には、Ⅱ．／ＪＧ26飛行隊司令官に昇格し、弱冠22歳ながら、戦闘機隊の中堅どころに成長したが、その直後、ノヴォトニー隊への転属を命じられて、Ｍｅ２６２ライダーの仲間入りをした。そして、たちまちＭｅ２６２を自分のモノにし、11月９日〜21日の短期間に８機撃墜を記録した。

ノヴォトニー隊の、レヒフェルト基地への後退にともない、エダー大尉は、訓練部隊のⅢ．／ＥＪＧ２に転じて、新しいＭｅ２６２パイロットの養成任務にあたったが、この間も出撃を重ねた。

Maj. Georg-Peter Eder

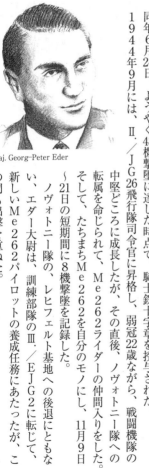

11月末、ＪＧ７の編制と共に第Ⅲ飛行隊の第9中隊長に補され、１９４５年1月14日、17日にB-17を各1機ずつ撃墜するなど、中隊の先頭に立って活躍した。この間、１９４４年11月25日には、60機撃墜の功績により柏葉騎士鉄十字章を授与され、名実ともにエースの貫禄がでてきた。

その後、敗戦まで9./ＪＧ７中隊長として奮闘し、非公認で24機のスコアを残した。エダー少佐の総撃墜数は78機で、スコア的にはそう多くないが、うち四発重爆が36機を占めており、東部戦線のスコアに換算すると１５０機撃墜以上の価値がある。

●フランツ・シャル大尉

Hptm. Franz Schall

シャル大尉も、ベーア、ラデマッヒャー、エダーらと並ぶ、Ｍｅ２６２のハイスコア・エースの1人であり、その最期が悲劇的な点で特筆される。

１９１８年6月1日、エスターライヒのグラッツに生まれたシャル大尉は、第二次大戦開戦時は対空砲部隊に在籍しており、１９４１年になって戦闘機パイロットに転科するという、変わった経歴の持ち主である。そのため、年令のわりには実戦参加が遅く、１９４３年2月に、ようやく東部戦線の3./ＪＧ52に配属された。そして、同年5月6日、初撃墜を記録する。

しかし、戦闘機パイロットとしてのシャルは技倆的に申し分なく、スコアは着実に上昇し続け、1944年8月26日には1日で11機、同31日には1日でなんと13機も撃墜するという離れ業を演じている。その結果、同年10月10日、騎士鉄十字章を授章したときのスコアは、117機にも達しており、東部戦線でも有数のエースに成長していた。

騎士鉄十字章受章に先立ち、シャルは、ノヴォトニー隊第2中隊長に転属してMe262ライダーとなり、本土防空任務に就いた。Me262による初撃墜は10月7日、相手はB-24。そして、ノヴォトニー戦死当日も、P-47 2機、P-51 2機計4機を撃墜した。

ノヴォトニー隊が、Ⅲ./JG7に吸収されると、シャルはその第10中隊長となり出撃を重ねたが、1945年4月4日の離陸直後をP-51に襲われて撃墜され、辛うじてベイル・アウト、落下傘降下で生還した。高速で墜落するMe262からの脱出は困難で、まず成功の確率は低く、シャルの生還は、わずか2件の成功例のうちのひとつとされている。

しかし、この幸運な生還から6日後の4月10日、空戦で1機のP-51を撃墜したシャル中尉のMe262は、被弾、損傷してパルヒム基地に緊急着陸を余儀なくされ、胴体着陸を試みたが、米軍機の爆撃で生じたクレーターに突っ込んで爆発、炎上し、シャル中尉は壮絶な戦死を遂げた。

戦死後、大尉に昇進したシャルの撃墜数は133機で、うちMe262によるものが16機を占める。出撃回数は550回だった。

●テーオドール・ヴァイセンベルガー少佐

ハインリッヒ・エールラー少佐と共に、JG5に長く在籍し、200機撃墜を達成した〝極北のスーパー・エース〟として名高い。

1914年12月31日、ヘッセン州ミューレハイムに生まれたヴァイセンベルガーは、1941年9月1日、曹長の階級で、Bf110を装備するノルウェー駐留の1（Z）・／JG77に配属されて実戦デビューした。

Bf110での空中戦は不利だったが、1942年9月に6・／JG5に転属してBf109ライダーになるまでに、25機撃墜を記録する非凡な才能をみせ、Bf109を手にしてからの空戦技倆はさらに冴えをみせた。2ヵ月後の11月13日、38機撃墜に到達して騎士鉄十字章を受章している。

Maj. Theodor Weissenberger

1943年に入ると、スコアのペースはさらに急上昇し、3月だけで33機を撃墜した。7月には7・／JG5中隊長に昇格し、8月2日、柏葉騎士鉄十字章を受章したときのスコアは112機になっていた。

1944年4月27日には、Ⅱ・／JG5飛行隊司令官に昇進して、その存在は、極北戦線でもあまねく知れわたるようになったが、6月1日付けでⅠ・／JG5飛行隊司令官に転じ、西部戦線に派遣され、連合軍のノルマンディー上陸作戦を迎えた。

上陸作戦期間中の数週間だけで、ヴァイセンベルガー自身、25機撃墜を記録し、凋落著しい同方面のドイツ空軍戦闘機隊の中にあって、孤軍奮闘ともいうべき活躍だった。そして、この期間中の7月25日、2機のスピットファイアを撃墜して200機の大台に達している。

しかし、ヴァイセンベルガーらの活躍も空しく、フランスは連合軍によって解放され、ドイツ本土に後退したヴァイセンベルガーは、11月末、新編のJG7第I飛行隊司令官を命じられ、Me262ライダーとなった。

1945年1月には、解任されたシュタインホフ大佐の後任として、JG7航空団司令官に昇格し、世界最初のジェット戦闘航空団の指揮官という、大任を背負うことになった。ヴァイセンベルガー少佐自身の、Me262による初撃墜は、3月16日のP-51 1機撃墜だが、2日後の18日にはB-17 3機をたて続けに仕止めて、スーパー・エースの貫禄を示している。

以後、3月21、22、31、4月4日にそれぞれB-17 1機ずつを撃墜して、Me262によるスコア8機を含み、敗戦時は、総撃墜数208機が生涯戦績だった。その素晴らしい功績は、剣付柏葉騎士鉄十字章の受章資格十分だったが、戦況の悪化による混乱で、ノミネート段階で終わってしまった。

大戦を生き抜いたヴァイセンベルガーだったが、1950年6月10日、西ドイツのニュルブルクリクにおける自動車レースに出場した際、事故によって36歳の生涯をあっけなく閉じた。

●ハインリッヒ・エールラー少佐

ヴァイセンベルガー少佐と並び称される、〝極北のスーパー・エース〟であり、実績は、むしろヴァイセンベルガーを上まわりながら、最後は失意のうちに、Ｍｅ２６２と運命を共にして大空に散った悲劇のエースである。

１９１７年9月14日、ノルトバーデンのオーバーバルバッフに生まれたエールラーは、フランツ・シャル大尉と同様に、空軍の対空砲部隊の一員として開戦を迎えており、１９４０年に戦闘機パイロットに転科した。

訓練課程を修了して、１９４１年2月1日に4．／ＪＧ77（のちに4．／ＪＧ5となる）に配属され、ノルウェー、白海戦域に赴任した。

Maj. Heinrich Ehrler

ヴァイセンベルガーより3歳年下であったが、空戦技倆は勝るとも劣らず、スコアの上昇は全く同じようなペースで進み、１９４３年8月2日、１１２機撃墜の功績で、ヴァイセンベルガーと共に柏葉騎士鉄十字章を受章した。

これに先立ち、6月1日付けでⅡ／ＪＧ5飛行隊司令官、翌年8月1日には、弱冠27歳でＪＧ5航空団司令官に昇格し、〝出世レース〟ではヴァイセンベルガーに差をつけた。しかし、1944年11月12日、ノルウェーのフィヨルド内に身を潜めていた、ドイツ海軍戦艦「ティルピッツ」が、イギリス空軍重爆撃機の奇襲をうけて大破／転覆する〝事件〟がおき、JG5司令官のエールラーは、これを防げなかった責任を追求され、軍事裁判沙汰にまで発展した。

8日後の11月20日には200機撃墜の大台に達し、通常なら大威張りで本国に凱旋できるところだったが、エールラーを待っていたのは、軍事裁判での厳しい責任追求であった。

幸い、ティルピッツの一件は不可抗力の面もあったこと、それまでの絶大な実績を考慮して刑罰は免れたが、JG5司令官の職は罷免され、失意のエールラーには、ライバルのヴァイセンベルガーが指揮をとる、JG7航空団本部付きが命じられた。

Me262を得て、エールラーは失地回復を気概に率先出撃し、3月21日（B-17 1機）、22日（B-17 1機）、23日（B 24 2機）、24日（B-17 1機）、31日（P-51 1機）とたて続けにスコアを記録したが、4月4日のB-17 2機撃墜後に力尽き、ベルリンに近い、シャーリッペ付近に撃墜され戦死してしまった。

失地回復が果たせないままの悲運の最期だったが、Me262による8機撃墜の実績をみるまでもなく、エールラーの残した功績は偉大である。出撃回数400回、総撃墜数208機が生涯戦績で、剣付柏葉騎士鉄十章受章者にノミネートされていたが、実現しなかった。

●ヘルマン・ブーフナー少尉

Ｍｅ２６２エースのほとんどは、当然のごとく、元レシプロ戦闘機隊出身者で占められるわけだが、その中でひときわ異彩を放っているのが、ブーフナー少尉である。彼は、元はＦｗ１９０パイロットでも、空中戦が本職ではない、地上襲撃航空団（ＳＧ）の出身者であり、戦車攻撃を得意としていたタンク・キラーだった。

１９１９年10月30日、オーストリアのザルツブルクに生まれたブーフナーは、１９４１年に第１戦闘機学校に入隊したが、翌年５月に配属されたのは、東部戦線の第１地上襲撃航空団第８中隊（８．／ＳｃｈＧ１）であった。

ブーフナー曹長は、戦車攻撃に優れた才能を示す一方、状況に応じて空中戦も巧みにこなし、両面でスコアを稼ぐ数少ないＳＧパイロットとなった。

１９４４年７月20日には、ＳＧパイロットでありながら、46機撃墜の功績を高く評価されて、騎士鉄十字章を受章し、本職の戦車攻撃では、同年８月までに49台の撃破を記録した。

優れた空戦技倆を見込まれて、１９４４年11月１日には、二代目のＥＫ２６２に転属してＭｅ２６２ライダーとなり、同月26日、Ｐ－38を撃墜してＭｅ２６２による初スコアを記録した。

12月に入ると、新編のⅢ．／ＪＧ７に転属し、本格的な実戦に参加したが、ブーフナー曹長のスコアは、確認でき

Lt. Herman Buchner

るものだけで7機、一説には12機とされており、元戦闘機隊出身パイロット顔負けの実績を残した。

敗戦まで生き残ったブーフナー曹長の出撃回数は625回、撃墜数58機で、うち46機が東部戦線における戦果。

●エーリッヒ・ルドルファー少佐

ルドルファー少佐もまた、ハインツ・ベーア中佐に勝るとも劣らない豊富な戦歴の持ち主で、その総撃墜数224機はベーア中佐を凌ぎ、ドイツ・エース・リストの7位にランクされる立派なもの。うち、Me262によるスコアは12機を占め、それまでのBf109、Fw190による実績に相応しい。

Maj. Erich Rudorffer

ルドルファー少佐は、1917年11月1日、ザクセン州ライプチヒに生まれ、1939年11月1日、22歳の誕生日に、2./JG2に配属された。翌年5月14日、対フランス侵攻作戦4日目に初撃墜を記録し、続くバトル・オブ・ブリテンでは、9機撃墜してエースの仲間入りを果たした。

1941年5月1日、19機撃墜の功績により騎士鉄十字章を受章、同年11月には6./JG2中隊長に昇格し、スコアはさらに上昇し続けた。1942年11月、苦境の北アフリカ／チュニジア戦線に、Ⅱ．／ＪＧ2が派遣されるまでに、ルドルファー中尉のスコアは45機に達していたが、翌年3月フランスに復帰するまでに、チュニジアで26機撃墜を記録し、一躍、ＪＧ2を代表するエースの1人となった。特に、1943年2月9日の8機（通算54～61機）、2月15日の7機（同63～69機）という、1日での高密度撃墜が光っている。

フランス復帰後間もなく、ルドルファーは大尉に昇進してＪＧ2を離れ、一時期Ⅳ．／ＪＧ54に籍を置いた後、1943年8月1日付けで、東部戦線のⅡ．／ＪＧ54飛行隊司令官に任命され、ソ連機との戦いに身を投じた。東部戦線に移ってからは、精強な米、英軍機を相手にしてきたルドルファーの空戦技倆の前に、ソ連機は次々と仕止められ、スコアは以前にも増して急上昇していった。

1943年8月24日8機、9月14日5機、10月11日7機、11月6日14機（！）、1944年4月7日6機といった、1日での高密度撃墜が重なり、4月11日の柏葉騎士鉄十字受章時のスコアは、130機にもなっていた。その後も、Ｆｗ190を操るルドルファー少佐の腕は冴えわたり、7月3日5機、7月26日6機、8月25日5機、9月25日6機、10月10日7機、10月28日11機（！）と、ドイツ軍の後退に反逆するかのようにスコアを重ね、あっという間に200機の大台を突破して209機に到達した。

11月5日、212機撃墜を記録したところで、本国に呼び戻されたルドルファー少佐は、翌年1月15日、ＪＧ7航空団司令官に昇格したヴァイセンベルガーの後任として、Ⅰ．／ＪＧ7飛行隊司令官に補され、Ｍｅ262ライダーとなった。

Me262による具体的な撃墜記録は、3月30日の2機撃墜しか残っていないが、敗戦までに12機撃墜したとされており、ハイスコア・エースの1人になったことは間違いないようだ。

Me262による12機を含めたルドルファー少佐の総撃墜数は224機、これに要した出撃回数は1000回とされている。

●クルト・ヴェルター中尉

Oblt. Kurt Welter

Me262エースの中では、同乗者（レーダー手）のベッカー軍曹とともに、たった2人しか存在しない、ジェット夜戦エースである。

1916年2月25日、ケルン生まれのヴェルターは、1943年まで、空軍の操縦教官を務めていたため、実戦参加は遅れ、同年9月2日、曹長の階級でようやく5./JG301に配属された。JG301は、JG300、302と共に、単発のBf109、Fw109を装備する、目視迎撃を前提にした夜間戦闘部隊、いわゆる〝ヴィルデ・ザウ〟の一隊である。

操縦教官をしていたほどの技倆は伊達ではなく、ヴェルター――は、翌年4月までに17機の英空軍爆撃機を仕止め、7月には昼間出撃して、1日でB-17 3機、P-51 2機を撃墜する快挙も演じた。

同月25日には、1./NJG10に転属したが、9月には再び10./JG300に復帰し、この頃から、ドイツ双発夜戦が苦しめられた、英空軍のモスキート夜戦の撃墜に敏腕を発揮するようになった。10月18日には、33機撃墜の功績に対して騎士鉄十字章が授与され、少尉に昇進した。

夜戦パイロットとしての、ヴェルター少尉の能力に注目した空軍は、1944年12月17日、〝モスキート狩り〟を専門とする、Me262ジェット夜戦隊〝Kommando Welter〟—ヴェルター隊—を編制させ、まず通常のA-1aを使用しての実験出撃が開始された。

もっとも、実際にMe262を使用できたのはヴェルターのみで、他のパイロットは、Bf109G-10、G-14で出撃した。2日後に、Me262による初の夜間撃墜を記録したヴェルターは、翌年1月中には、FuG218ネプツーンⅥレーダーを搭載した、W.

▼Jumo 004Bエンジンを咆哮させて、離陸した瞬間のMe262A-1a。"Experte"たちにとってMe262は、これ以上望むべくもない最高の"戦う道具"であり、環境さえ許せば、連合軍のレシプロ軍用機など、苦もなく撃墜できた。しかし、その登場はあまりにも遅すぎ、戦勢挽回の切り札となり得ないまま、第三帝国崩壊とともに潰え去った。

Nr170056に試乗して、3機のモスキートを仕止めた。

2月末、ヴェルター隊は10./NJG11に改編されると同時に、本格的な複座夜戦型Me262B-1a/U1 7機を受領して、首都ベルリン上空の夜間戦闘に参加、4月21日以降は、ハンブルク～リューベック間の高速道路を滑走路がわりにして出撃した。

この間、ヴェルター中尉は20機以上の撃墜も含めた、Me262エースのトップにランクされるかもしれないスコアを残した。

ヴェルター中尉の総撃墜数は56機とされ、1945年3月9日、柏葉騎士鉄十字章を受章した。

Me262エース・リスト（非公認、不確実撃墜を含む）

姓名／階級（最終階級）	Me262による撃墜数	大戦を通した総撃墜数	所属部隊	戦死日時	
ゲオルク・ペーター・エダー少佐 Maj.Georg-Peter Eder	24	78	KN,III.／JG7		※所属部隊の項にある略字のうちKNはKommando Nowotny（ノボトニー隊）、KWはKommando Welter（ヴェルター隊）、JGはJagd Geschwader（戦闘航空団）、EJGはErganzungs Jagd Geschwader（補充戦闘航空団）、NJGはNAcht Jagd Geschwader（夜間戦闘航空団）、JVはJagd Verband（戦闘団）、EKはErprobungs Kommando（実験隊）を表わす。
クルト・ヴェルター中尉 Oblt. Kurt Welter	20+？	56	KW,10.／NJG11		
ハインツ・ベーア中佐 Obstl. Heinz Bär	16	221	III.／EJG2、JV44		
フランツ・シャル大佐 Hptm.Franz Schall	16	133	KN,III.／JG7	1945. 4 .10	
ルドルフ・ラデマッヒャー少尉 Lt.Rudolf Rademacher	16+？	97	III.／JG7		
エーリッヒ・ルドルファー少佐 Maj.Erich Rudorffer	12	224	II.／JG7		
ヘルマン・ブーフナー少尉 Lt.Hermann Buchner	12	58	III.／JG7		
カール・シュネルラー少尉 Lt.Kart Schnorrer	11	46	KN,III.／JG7		
ハインツ・レンナルツ少尉 Lt.Heinz Lennartz	9	11	III.／JG7		
フリッツ・ミューラー少尉 Lt.Fritz Muller	9	22	III.／JG7		
テーオドール・ヴァイセンベルガー少佐 Maj.Theodor Weissenberger	8	208	Stab.／JG7		
ハインリッヒ・エールラー少佐 Maj.Heinrich Ehrler	8	208	Stab.／JG7	1945. 4 . 4	
ヴァルター・シュック中尉 Oblt.Walter Schuck	8	206	III.／EJG2、I.／JG7		
ギュンター・ヴェクマン中尉 Oblt.Gunther Wegmann	8	21	EK262、KN、III.／JG7		
エーリッヒ・ビュットナー曹長 Ofw.Erich Buttner	8	8	III.／JG7		
アドルフ・ガーランド中将 Genlt.Adolf Galland	7	104	JV44		
ハインツ・アーノルト曹長 Ofw.Heinz Arnold	7	49	III.／JG7	1945. 4 .17	
ヨハネス・シュタインホフ大佐 Obst.Johannes Steinhoff	6	178	Stab.／JG7、JV44		
ハンス・シュテーレ中尉 Oblt.Hans Stehle	6	？	III.／JG7		
アルフレット・シュライバー少尉 Lt.Alfred Schreiber	6	6	EK262、KN、III.／JG7		
ヨアヒム・ヴェーバー少尉 Lt.Joachim Weber	6	？	III.／JG？		
ヴォルフガング・シュペーテ少佐 Maj. Wolfgang Spate	5	99	III.／JG7		
ハンス・グリュンベルク中尉 Oblt.Hans Grunberg	5	82	I.／JG7、JV44		
フリードリッヒ・エーリク准尉 Fhr.Friedrich Ehrig	5	？	III.／JG7		
ブルーノ・ミシュコット少尉 Lt.Bruno Mischkot	5	7	IV.（Erg）／JG7	1945.？	
クラウス・ノイマン少尉 Lt.Klaus Neumann	5	37	Stab.／JG7、JV44		
ハイン2飛兵 Gefr.Hein	5	5	I.／JG7	1945. 4 .10	
ヴァルター・ノヴォトニー少佐 Maj.Walter Nowotny	2	258	KN	1944.11. 8	
ギュンター・リュッツォウ大佐 Obst.Günther Lutzow	2	110	JV44	1945. 4 .24	
ヴァルター・クルピンスキー大尉 Hptm.Walter Krupinski	2	197	JV44		
ハンス・ヴァルトマン中尉 Oblt.Hans Waldmann	2	134	I.／JG7	1945. 3 .18	

第四章　世界最初の実用ジェット爆撃機Ａｒ２３４

ジェット機開発に参入したアラド社

He178が、史上初のジェット飛行を成し遂げてから1年後の1940年秋、中堅メーカーのアラド社でも、ジェット機の研究が始められ、翌年春には、社内名、E370／Ⅳと呼ばれた双発偵察機の設計案をまとめ上げた。

E370／Ⅳは、細い胴体に、直線テーパーの薄翼を肩翼配置に取り付け、機首先端に、ガラス張りの単座の操縦室（与圧式）を設けていた。Me163がそうであったように、燃料消費率の高いジェットエンジンを考慮して、できるだけ多くの燃料タンク・スペースを確保することと、軽量化を図るために、通常の降着装置は持たず、離陸は3車輪の切り離し式ドリー、着陸は両エンジンナセル下面、および胴体下面に装備した橇（スキッド）で行なうことを前提にしていた。

エンジンは、当初、試作段階のBMW P.3302（のちのBMW 003）を予定し、最大速度550m.p.h

Ar234 V1 三面図

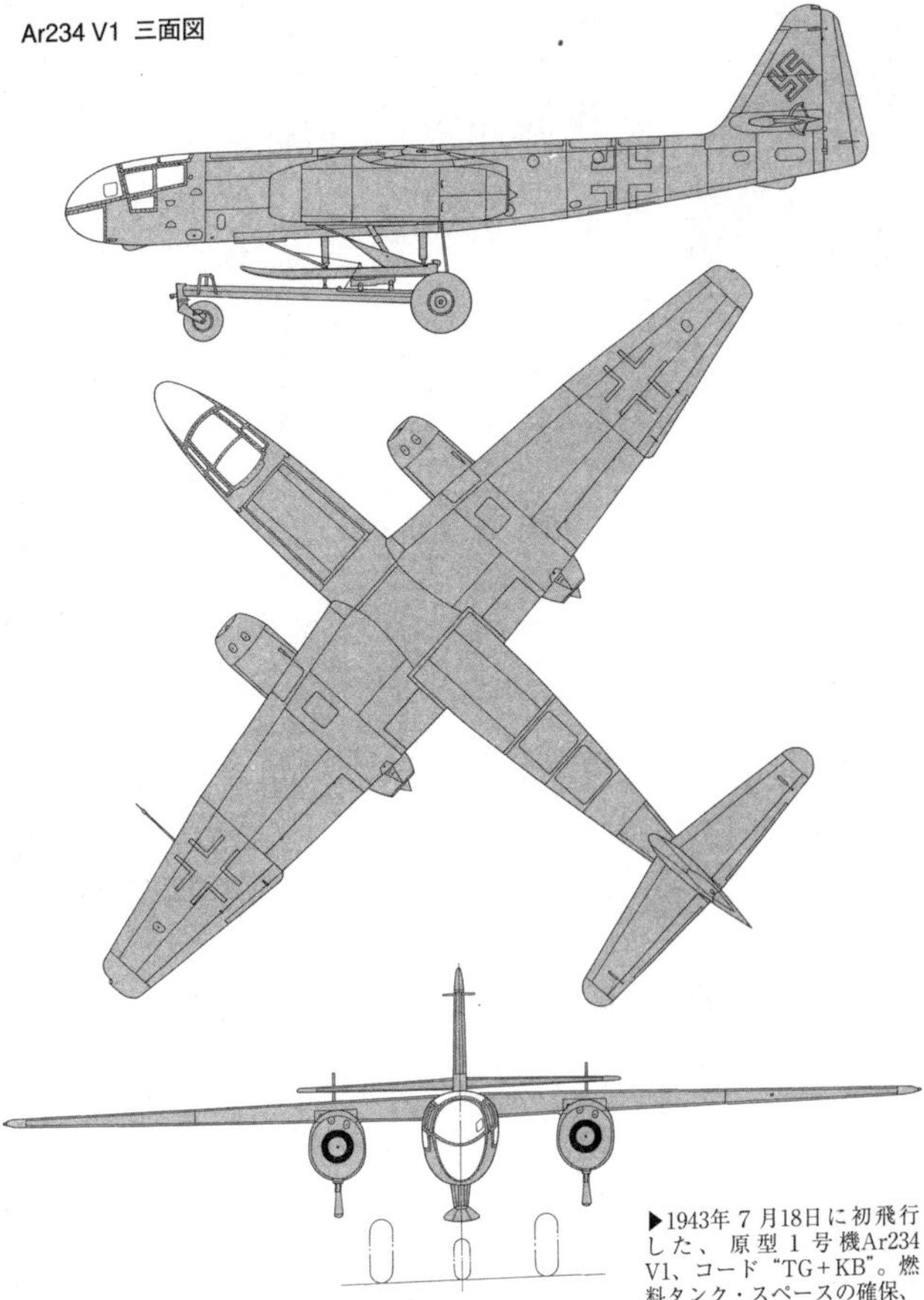

▶1943年７月18日に初飛行した、原型１号機Ar234 V1、コード“TG＋KB”。燃料タンク・スペースの確保、重量軽減を目的に採用した橇式降着装置と、３車輪式離陸用ドリーが目を引く。

（885㎞／h）と計算されていたが、のちにエンジンは開発の進んでいたユンカースJumo 004に変更された。

1942年2月4日、ブランデンブルクのアラド社工場を視察した、空軍監察総監エアハルト・ミルヒは、前年よりさらに具体的な設計が進んでいたE370（計算性能は速度830㎞／h、航続距離2000㎞を予定していた）に興味を示し、2ヵ月後の4月、航空省技術局から正式にAr234Aと命名され、6機の原型機開発契約が結ばれた。

1943年6月に完成した原型1号機Ar234V1、コード〝TG+KB〟は、長いコンクリート滑走路の完備したライネ基地へ移動して、地上走行テストを行ない、7月18日に14分間の初飛行に成功した。

8月10日の2回目の飛行では、650㎞／hの速度を記録したが、19日の3回目の飛行後の着陸時に、滑走路をオーバー・ラン、機体は大破してしまった。しかし、続く2号機が、9月13日に初飛行したため、テストは計画どおり進められ、当初計算された830㎞／hを超えるのは確実となり、その他の飛行性能もとくに問題はなかった。1943年中は第5号機までが完成した。

●Ar234B

原型1～5号機（V1～V5）までのテストでは、とくに不具合のなかったドリーと橇の降着装置は、実用機になった段階で、運用上のネックとなることが危惧され、1号機の完成に先立ち、1943年1月に、航空省技術局は通常の3車輪式降着装置（前脚式）を持つ、Ar234Bの開発をアラド社に指示していた。

Ar234Bの原型1号機にあたるAr234B V9、コードPH+SQは、1944年3月12日に初飛行した。主脚を収納するため、3個あった胴体内燃料タンクのうち、中央タンクは取り外され、前脚は操縦室直後に引き込むようにされた。取り外された中央タンクの減少分は、前、後タンクを大型化することで少しは補われたが、若干の航続性能低下は避けられなかった。それよりも、橇式に比較して、格段の実用性向上がみられたことのほうが重要で、航空省は、Ar234Aはテストのみにとどめ、最初の生産機は、Ar234Bにすることを決定した。

前年11月5日に、空軍元帥ゲーリングとミルヒが、アラド社を視察したおりに、Ar234Bは1944年9月から量産に入り、年末までに100機調達（のちにミルヒにより200機に倍増される）、1945年なかばまでに1000機を揃えることが要求されていた。

▲Bシリーズの基本となった、原型第9号機Ar234 V9、コード“PH+SQ”。それまでの原型機に比較して、3車輪式降着装置を採用したのが最大の変化で、そのために胴体下面がクリアーとなり、爆装が可能になったことから、機体の位置付けも、当初の偵察専用機から爆撃偵察機へと変化した。

Ar234B-2 五面図

左側面図（寸法単位mm）

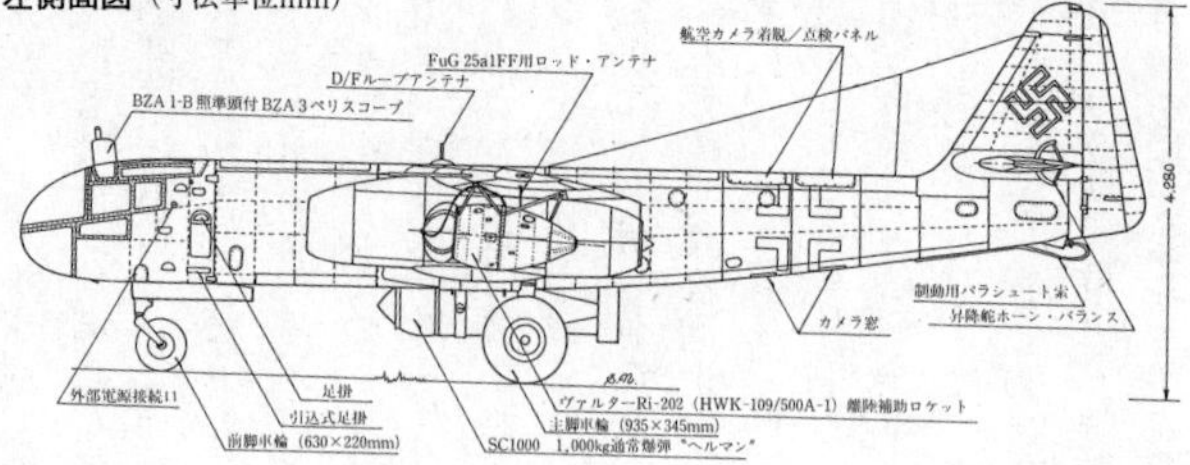

胴体右側面図

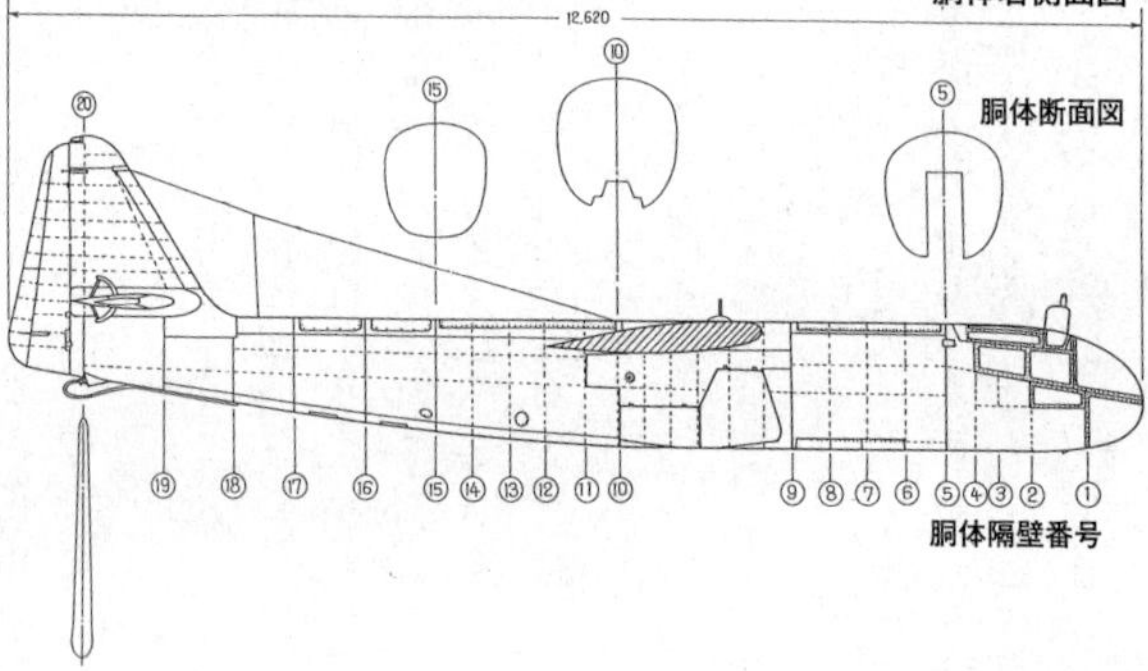

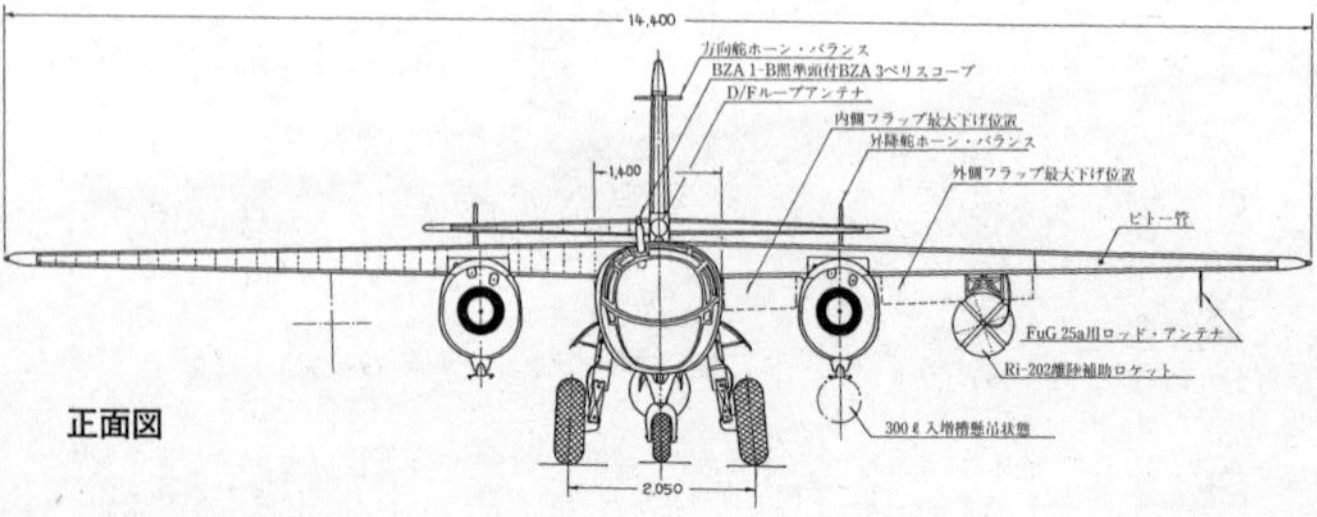

正面図

もともと、偵察機として設計されたAr234だが、3車輪式降着装置の導入で、ナセル下面、胴体下面がクリアになり、爆弾／増槽の懸吊が可能となって、爆撃機としての運用がクローズ・アップされた。

V9に続いて完成したV10、V11を含めた3機によるテストは、爆撃機としての可能性を確実なものとし、当初予定していた、偵察機型Ar234B-1は見送られ、爆撃機型B-2が最初に発注された。爆弾はすべて機外懸吊であり、偵察用カメラは、後部胴体内に装備するので、干渉することはなく、任務により、どちらにも使い分け可能というのが、B-2に絞られた理由である。偵察機仕様にした場合は、Ar234B-2bと呼称し、区別することになった。

20機発注されたB-2の1号機（テスト用のためAr234S1とも呼称）は、1944年6月8日に初飛行し、以後敗戦までに計210機生産された。当初の1000機調達予定からは、はるかに少ない数だが、これはBシリーズよりもっと高性能の、Ar234Cシリーズが有望視されたからである。

●Ar234C

Ar234V1が完成した1943年6月、アラド社は、開発当初に予定していた、BMW003エンジンを搭載する四発型の設計に着手し、860km／hの最大速度、1470kmの航続距離を実現できると計算した。

上面図

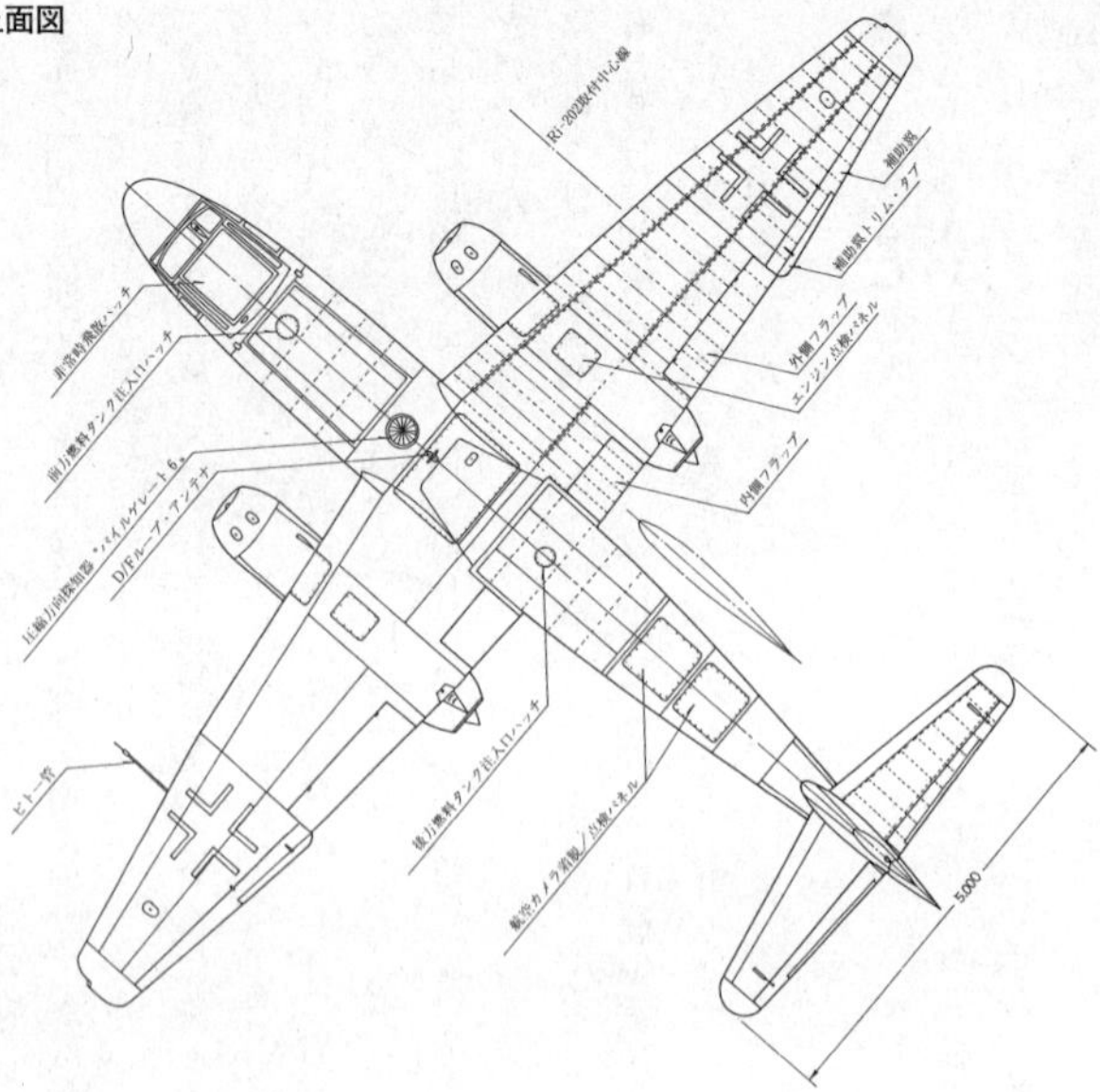

　Ａシリーズ用原型機として発注されたうちの、第６号機（Ｖ６）と８号機（Ｖ８）の２機が四発型原型機に改造され、１９４４年２月４日、まずＶ８が先に初飛行した。Ｖ８は、ＢＭＷ ００３Ａ-０を２基１組としたナセルに収めていたが、４月25日に初飛行したＶ６は、４基ともすべて独立したナセルに収めていた。主翼の大きさは変わらなかったので、とくにＶ６のほうは、４基のナセルが前方に長く突出して異様なスタイルだった。

　推力の面でＪｕｍｏ ００４よりやや劣るが、軽くて直径の小さいＢＭＷ ００３は、四発化

下面図

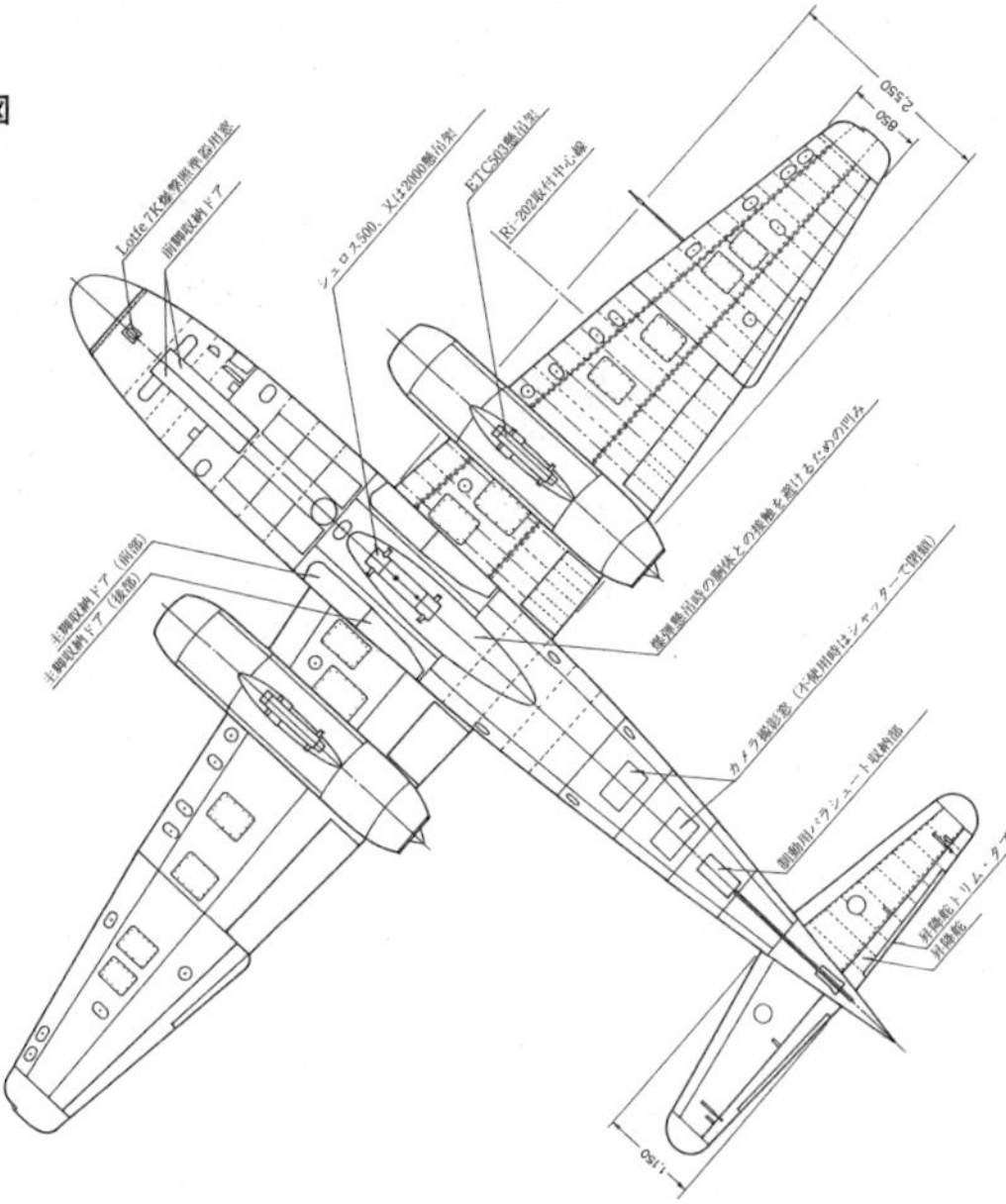

には最適で、V8の2基1組のナセル収容法を採れば、Bシリーズよりかなりの性能向上が期待できそうだった。

V6、V8は、他のAシリーズ用原型機同様、橇式降着装置だったが、1944年9月6日には、3車輪式降着装置の四発型V13、W.Nr130023、10月、11月にはV19、W.Nr130029、V20、W.Nr130060がそれぞれ初飛行し、四発型の実用化に拍車がかかった。

1944年11月27日に初飛行したV21、W.Nr130061は、機体そのものにも改修を加え、機首を21・5cm延長して先端を膨らませ、両側にＭＧ１５１／20 20㎜機関銃各１挺を、固定装備できるようにしたほか、キャノピーのデザインを一新していた。Ｖ21に続いて、同じ仕様によるＶ22、23、24が造られている。

航空省は、この頃にＡｒ２３４Ｃシリーズの装備計画をまとめたが、Ｖ13、19、20をベースにした偵察機型Ｃ－１、爆撃機型Ｃ－２の量産は見送られ、Ｃシリーズ最初の量産型は、Ｖ21をベースにした爆撃機型Ｃ－３、偵察機型Ｃ－４に決定した。

Ｃ－５、Ｃ－６はＣ－３、Ｃ－４をそれぞれ並列複座型にしたものだが、機首はさらに55㎜長くなり、幅もいくぶん増している。なおＣ－１、－２、－３、－５は、胴体後部下面に、防御用のＭＧ１５１／20 20㎜機関銃２挺を備えるように計画されていたが、実際に装備したのは原型機のＶ21だけで、現実にはまったく効果のないことは明白だった。

最大速度８７０㎞／ｈと、Ｂシリーズを大きく上まわる高性能の、Ｃシリーズにかける当局の期待は大きく、それはＣ－３ １７９５機、Ｃ－４ ３３０機、Ｃ－５ １３９５機、

▲四発型Ar234Cシリーズ中、最初の生産型となったC-3の原型１号機V21。1944年11月27日に初飛行し、最大速度870km/hと、Me262と同じ快速を出した。

Ar234C-3 三面図

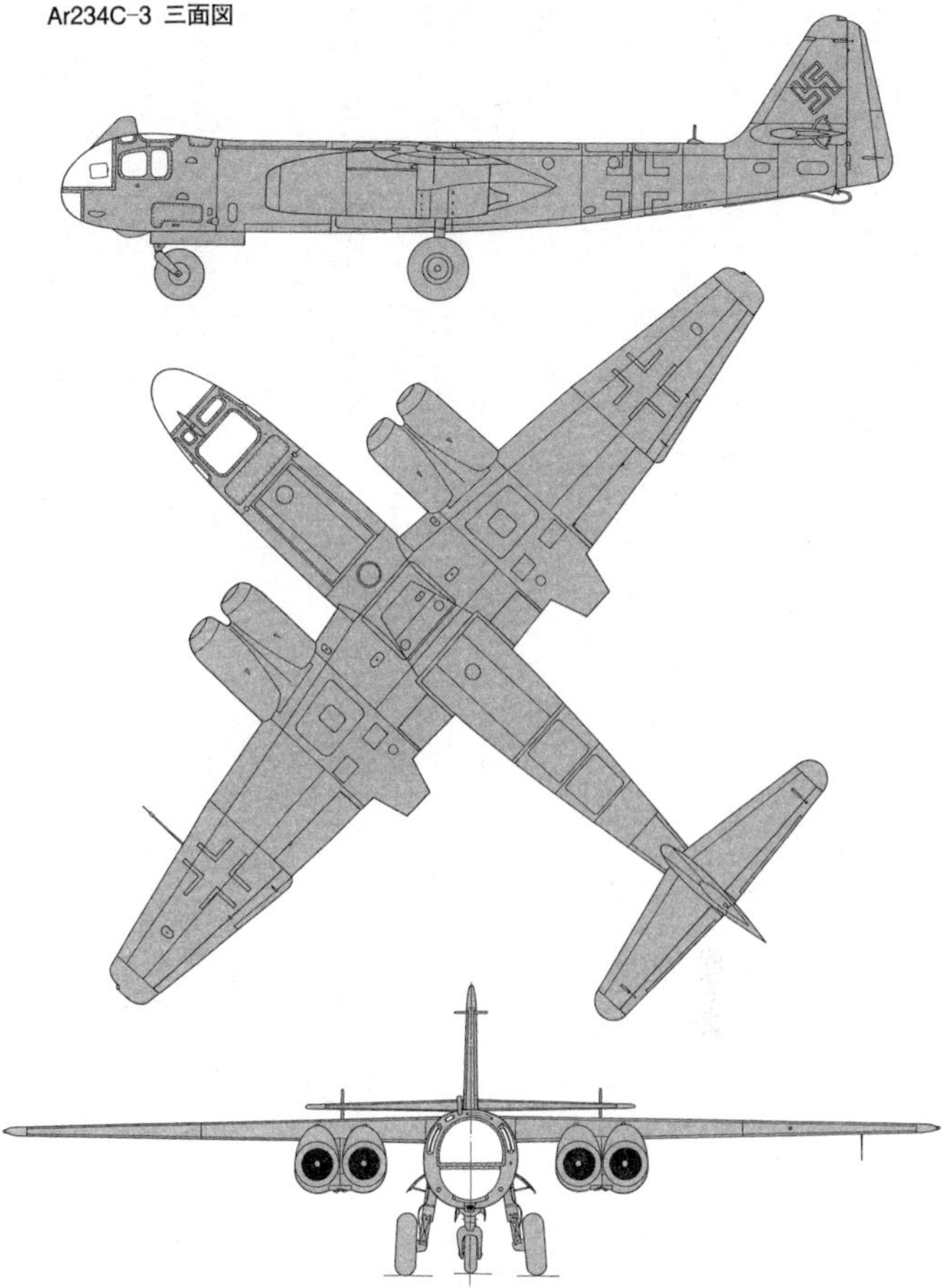

C-7 290機という大量発注数に如実に表われている。

しかし、本機もまた出現が遅きに失し、敗戦までに完成したのはC-3約20機と、ごく少数のC-4だけであった。

●Ar234発展型／計画型

ドイツ機の常として、Ar234にも、実際に製作された型以外に、数多くの発展型、計画型が存在していた。これら全部を詳しく紹介するにはとても紙数が足りないので、簡単に紹介する。

まずC-6以降のCシリーズは、機首先端にマイクロ波長レーダーを収め、胴体下面にMK108 30㎜機関砲を追加した夜間戦闘機型C-7、エンジンを、新型Jumo 004D（推力1050kg）4基に換装したC-8が、予定されていた。

1943年1月12日付けのアラド社設計案には、ハインケル社の高出力エンジン、HeS 011（推力

Ar234C-4（26.9.1944）

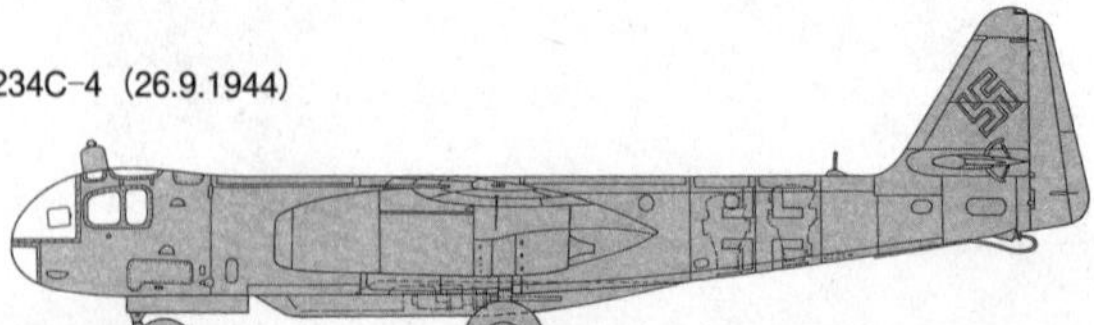

Ar234C-6（16.12.1944）

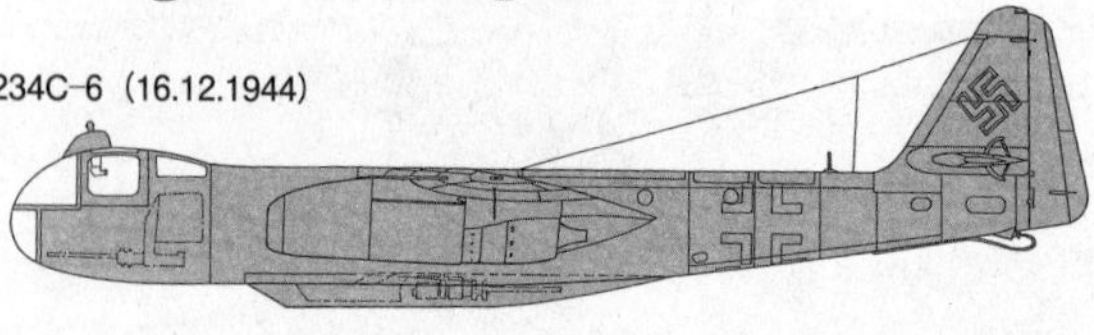

Ar234D-1（21.3.1944）

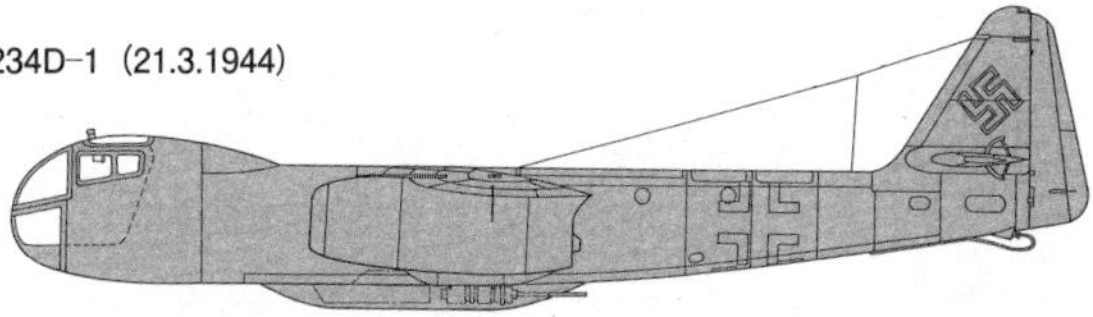

Ar234D-2（21.3.1944）

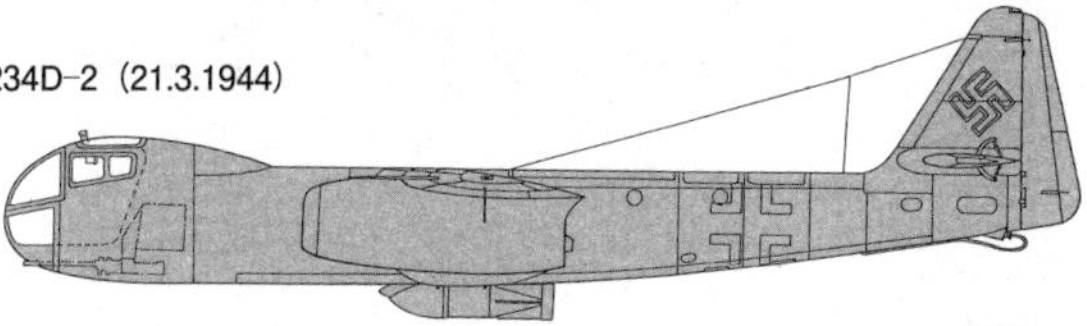

Ar234E（15.3.1944）

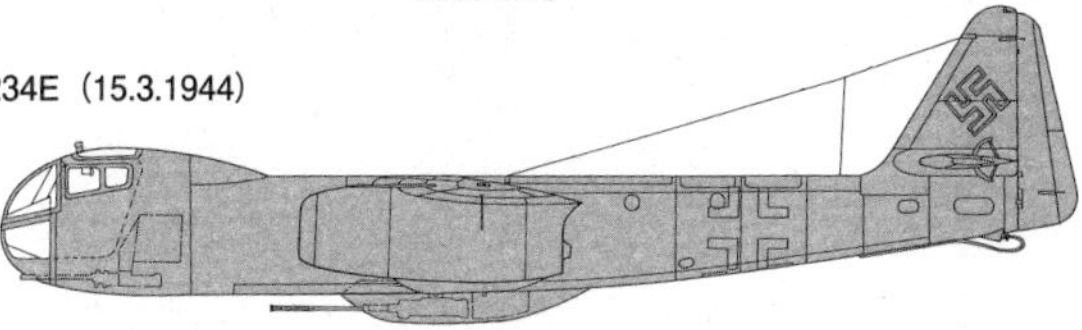

Ar234 Heeresflugzeug（31.5.1944）対地攻撃機

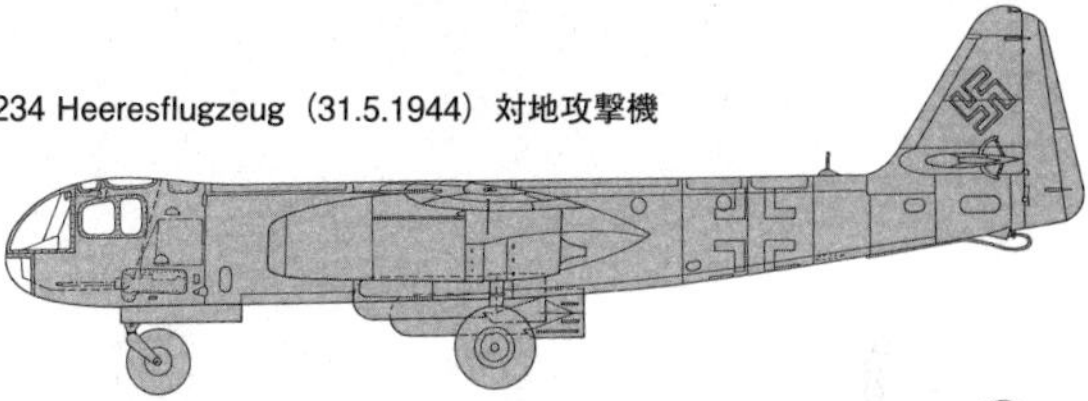

Ar234 Höhenjäger（20.5.1944）高々度戦闘機

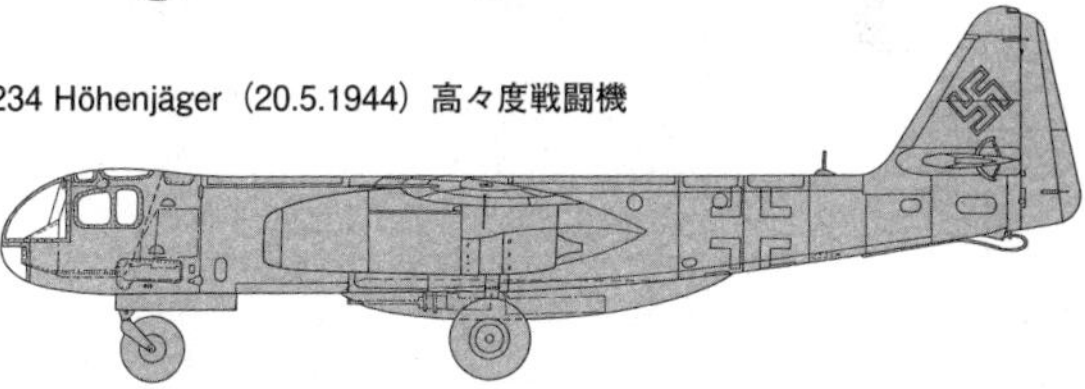

1300kg）2基を搭載する型の図面も含まれており、これは1944年に入ってAr234Dシリーズとなった。Dシリーズは、Cシリーズよりさらに太くなった機首をもち、偵察機型D-1、爆撃機型D-2、地上攻撃機型D-3の3型式が予定されていた。

Dシリーズに続くAr234Eは、やはりHeS 011 2基を搭載し、胴体下面に、新型MK103 30㎜機関砲2門を、パック式に装備する駆逐機型。機首両側には、Cシリーズと同じく、MG151/20 2挺を備えている。胴体下面のMK103パックは、任務に応じて、SC500RSロケット爆弾3発に換装することも可能とされた。

Ar234Eに続くAr234Fは、社内名E395と称した、全備重量15トンのスケール・アップ型で、新型Jumo 012エンジン（推力2780kg）2基を搭載予定にしていた。

Ar234は、Me262ほどの斬新さはないが、ジェットエンジンの威力で、戦闘機としても充分通用することが考えられ、比較的早い時期に戦闘機型の設計案は存在していた。

1943年5月22日付けの設計案は、Jumo 004、またはHeS 011 2基を搭載し、キャノピーを平面ガラス構成に改め、胴体下面に、MG151/20 2挺、MK108 3門を装備するというものだった。

1944年5月20日付けのそれは、C-3の胴体下面に、MG151/20 2挺を収める、より現実的な型に変化し、名称も〝Höhenjäger《ヘーエンイエーガー》〟高々度戦闘機——となった。操縦室は、与圧キャビン化することが図示されている。

計画型のなかで、ひときわ異色なのは、〝Versuchsflügel I《フェルズツヒスフリューゲル》〟——実験用翼——と呼ばれた〝三日月翼〟機だろう。I～Vまで5つのタイプがあり、前縁後退角がナセル内側、外側、外翼と3段階に変化し、この角度の違いと、材料を金属、木製のいずれにするかで、5タイプに分かれていた。

模型を使った風洞実験が行なわれ、テスト機としてAr234V16も用意されたが、実際に三日月翼を取り付ける前に敗戦となった。この三日月翼の資料を押収したイギリス空軍が、戦後、ビクター爆撃機に応用したことはよく知られている。

Me262でも計画された、長い牽引槓桿により翼付爆弾、増槽などを曳航する、〝Schleppgeräte《シュレップゲレート》〟——曳き裾型——は、Ar234B、Cを母機に、いくつか考えられ、動力を撤去したV1飛行爆弾を曳航するSG5041仕様は、1945年2～3月にかけて、数回のテスト飛行を実施した。

Ar234Cの胴体下面に、直接、V1飛行爆弾を吊り下げ、ドリーで離陸する方法、Ar234Cの背にV1を搭載して、V1を切り離すときは、クレーン

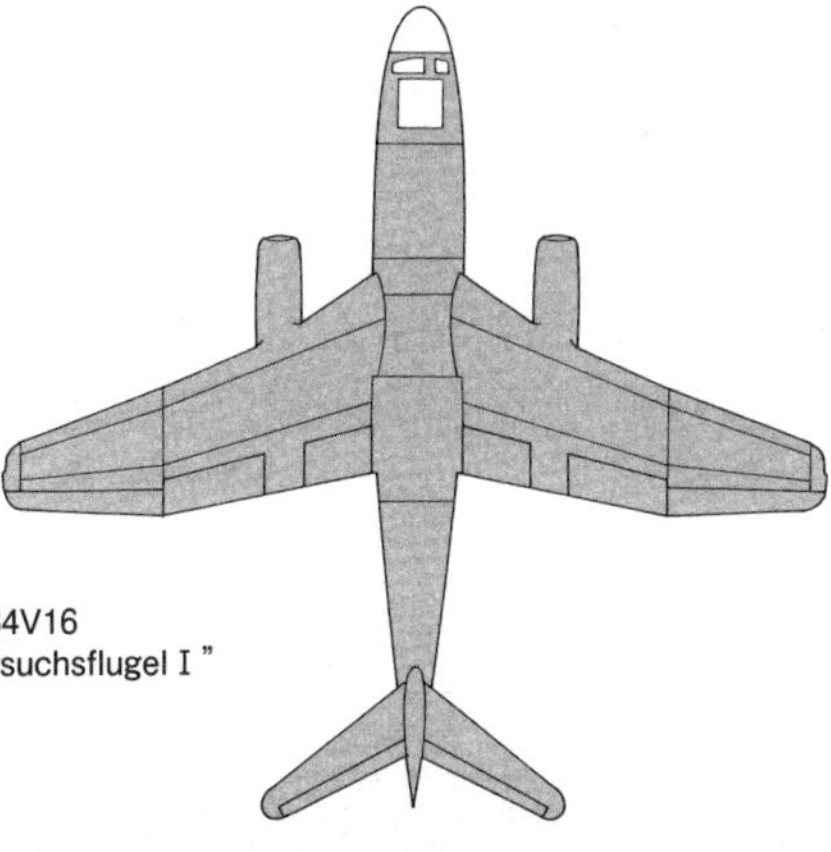

Ar234V16
"Versuchsflugel I"

でジャッキ・アップする方法なども、1944年10月25日付け仕様書にみられた。

親子式特殊攻撃機〝ミステル〟のバリエーションのなかにも、Ar234は登場し、アラド社自ら設計した爆装無人機E377（子機）と、Ar234C（母機）の組み合わせによる案が、1944年11月30日付けの仕様書にて図示されている。

超小型簡易ロケット戦闘機、アラドE381の発射母機としても、Ar234Cが使われることが、1944年12月1日付け仕様書に図示され、E381は、Ar234Cの胴体中央下面に懸吊するようになっていた。

そのほか、動力をダイムラー・ベンツDB021ターボプロップ（2400hp）2基に換装するAr234PTLや、無線誘導爆弾SD1400（フリッツX）の発射母機などが計画されていた。

なお、Ar234には、夜間戦闘機として、既存のB-2を改造したAr234B-2/N〝Nachtigall《ナハティガル》〟（さよなき鳥）、C-3を改造したAr234C-3/Nが計画され、いずれもFuG 218ネプツーン機上レーダーを搭載し、機首にそのアンテナを、胴体後部内にレーダー手を乗せた。

B-2/N Nachtigallは、胴体下面に2挺のMG151/20をパック式に装備し、当初30機発注されたものの、1945年3月までに2機だけ製作されたにとどまった。うち2機目は、空軍司令部付き実験隊のクルト・ボノブ中尉の乗機となり、数度の実戦出撃を行なったが、戦果をあげられなかった（p.232図参照）。

Ａｒ２３４Ｃ－３／Ｎは、１９４５年１月18日付けで発注され、機首のＭＧ１５１／20　２挺に加え、胴体下面にＭＫ１０８　２門をパック式に装備、レーダーはマイクロ波長の、ＦｕＧ　２４４〝ブレーメン〟の完成を待って、これに換装することとされた。しかし、Ｃ－３／Ｎは、原型機に相当するＡｒ２３４Ｖ27が完成したところで敗戦を迎えた。

Ｃ－３、Ｄ－１をベースにし、機首レドーム内に、ＦｕＧ　２４０、もしくはＦｕＧ　２４４レーダーを備える本格的夜間戦闘機型、Ｐシリーズ（Ｐ－１～Ｐ－５）も計画されてはいたが、実現には至らなかった。

●Ａｒ２３４の実戦記録

Ａｒ２３４が、初めて実戦に投入されたのは偵察機としてであった。１９４４年８月２日、のちに〝Kommando《コマンド》 Sperling《シュペリング》〟（つばめ部隊）と呼ばれる実験隊に所属した、ホルスト・ゲッツ中尉搭乗のＡｒ２３４Ｖ５、エーリッヒ・ゾムマー中尉搭乗のＡｒ２３４Ｖ７の２機が、フランス方面の連合軍地上部隊偵察に出動し、世界最初のジェット偵察機による作戦行動を記録した。

Ａｒ２３４の高速は、爆撃機としてよりも、偵察機として使ったほうが効果はあり、連合軍側レシプロ戦闘機が、高空を高速で飛行するＡｒ２３４を捉えるのは、ほとんど不可能だった。

以後、Ａｒ２３４Ｂは１.（Ｆ）／33、１.（Ｆ）／１００、１.（Ｆ）／１２３の３個長距離

偵察中隊に配属され、デンマーク、ノルウェー方面からのイギリス本土偵察をはじめ、唯一といってよい、貴重な空中偵察情報収集源となった。

いっぽう、爆撃機部隊に対する引き渡しは、1944年6月から、Ⅲ．／KG76を皮切りに開始されたが、低速のレシプロ爆撃機から、高速のAr234Bへの転換は予想以上に手間どり、ようやく実働態勢に入れたのは、暮れも押し詰まった12月であった。

当時、連合軍はドイツ西部国境に迫り、最後の力をふりしぼって反撃するドイツ地上軍との間に、〝バルジの戦い〟が行なわれていた。12月24日午前、悪天候の中を、8機のAr234B-2が、500kg爆弾1発ずつ抱えて出撃したが、視界不良により戦果は不明だった。

Ar234の爆撃法は3種あり、最も一般的なのが、高度5000mから同1400mまで緩降下しながら、ペリスコープを使い照準して爆弾投下する方法。あとの2種は、低高度、または高々度を水平飛行しながら、目視、および爆撃照準器を使って爆弾投下する方法である。後者では、自動操縦装置を併用し、目標の30km手前から爆撃モードに入り、爆弾も自動的に投下されるようになっていた。

Me262がそうであったように、高速で飛行するAr234が、

Ar234B-2/N W.Nr140146 クルト・ボノブ大尉/ベッポ・マーヒェッテ曹長乗機 1945年3月
※塗装は、上面RLM76地に同75のスポット、下面は黒。

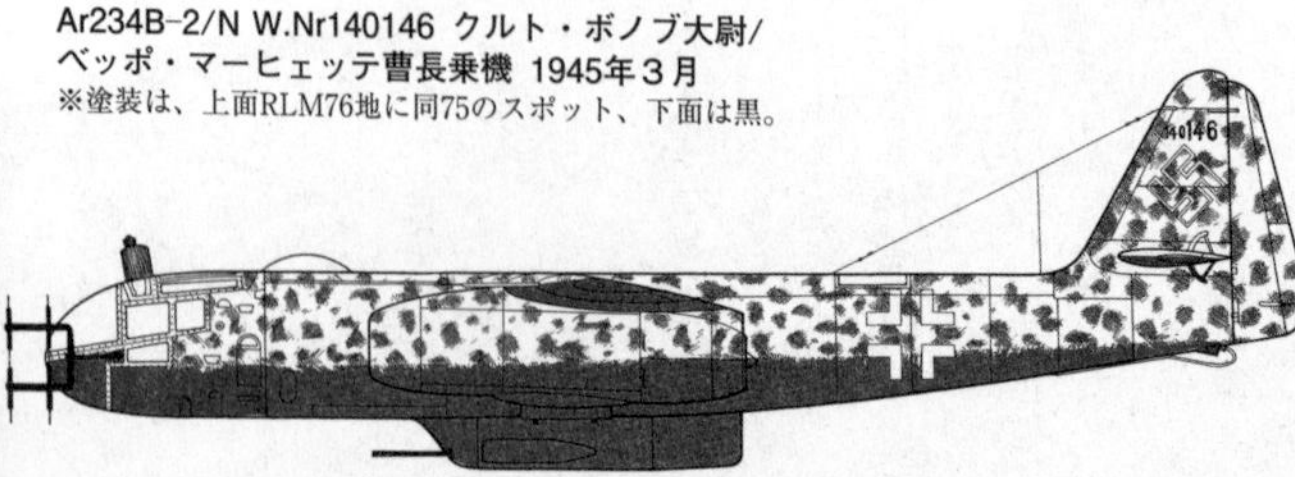

地上の小さな目標に爆弾を命中させるのは容易でなく、専用の爆撃照準器Ｌｏｔｆｅ７を装備しているといっても、それはしょせん、レシプロ双発爆撃機の性能に合わせたものであった。さりとて、Ｊｕ87のような急降下爆撃は不可能だった。

カタログ上では、Ａｒ２３４Ｂ-２は最大１５００kgの爆弾が搭載可能であったが、実戦出撃の場合は、１０００kgまでに制限され、通常は５００kg１発だった。

というのも、１５００kgフル装備すると、最大速度は６００㎞／ｈに低下してしまい、連合軍側レシプロ戦闘機に容易に捕捉されてしまう。フル装備ではないＡｒ２３４Ｂ-２も、安心というわけではなく、１９４５年２月24日には、９．／ＫＧ76のＷ．Ｎｒ１４０１７３、コード〝Ｆ１＋ＭＴ〟が、米陸軍Ｐ-47サンダーボルトによって撃墜され、不時着後に鹵獲されて、連合軍の手に渡った第１号となった。

１９４５年３月、Ⅲ．／ＫＧ76は、ライン川にかかる、有名なレマゲン鉄橋の爆破に成功したが、目ぼしい戦果はこれくらいで、ほどなくデンマーク国境に後退し、事実上、活動を停止した。

Ⅲ．／ＫＧ76に続いて、Ⅱ．／ＫＧ76もＡｒ２３４Ｂ-２への機種転換に移り、一部が実戦活動を行なったが、ほとんど実績をあげることなく敗戦を迎えている。

１９４５年３月、ヒトラーが、絶望的な状況のなかで期待を込めてＡｒ２３４に命名した、〝Blitz《ブリッツ》〟（電光）の名も空しいものに終わった。なお、メーカー側では、Ａｒ２３４を〝Hecht《ヘハト》〟（かます）の非公式名で呼んでいた。

Ar234の機体構造

Ar234は、動力にジェットエンジンを使用している点を除けば、機体構造そのものは、とくに目新しくはなく、当時のレシプロ機と変わらない。ただ、ジェットエンジンを搭載するために、主翼、操縦室、降着装置などの配置が、レシプロ機と一風変わっているのは事実。

●胴体

全金属製セミ・モノコック構造で、断面は四角形の角を丸めたような形。当初、単座の偵察機として設計されたため、余分な突起は一切なく、幅はわずか915㎜、エンピツのように細くスマートな外形である。合計20枚の隔壁をもち、第5番隔壁より前方の操縦室区画、9番隔壁までの前方区画、9～10隔壁間の中央区画、10～20番隔壁までの後部区画の4つのコンポーネンツにより成っていた。

主翼取付部の下面が主脚収納室、および爆弾懸吊具の取り付けスペースに充てられており、これを挟んで前方に1700ℓ、後方に2000ℓ、計3700ℓの巨大な燃料タンクが配置され、大メシ食いのJumo 004に対処していた。爆弾を懸吊する部分の胴体下面は、弾体とスムーズになじむよう涙滴状に凹んでいる。

偵察機仕様のB-2bは、後方燃料タンクの直後に、Rb75/30、Rb50/30、Rb20/

30のいずれかの航空カメラ2台を搭載する。

カメラの直後は、着陸後の制動用パラシュートの収納部で、パラシュート曳航索が、方向舵前縁下面の取付部までのびている。

●主、尾翼

オーソドックスな直線テーパー翼で、ポッド式に搭載するジェットエンジンのため、必然的に肩翼配置となった。主翼は左、右一体に作られ、2本の桁に片側31本のリブを配した骨組み。付根の弦長は2694㎜、翼端で610㎜、上反角は全くない。18番リブを境いにした外翼後縁

機体部品構成

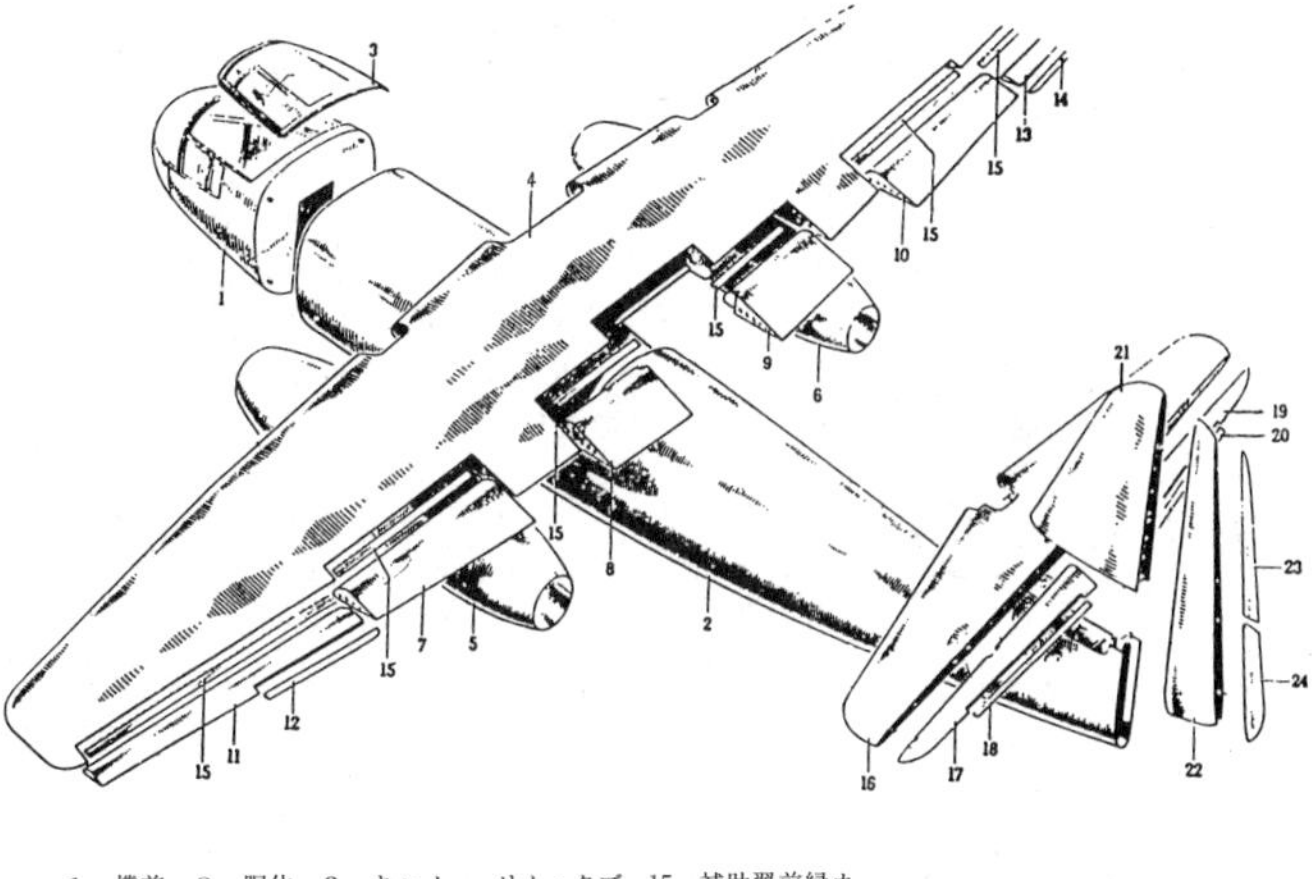

1．機首　2．胴体　3．キャノピー　4．主翼　5．左エンジン　6．右エンジン　7．左外側フラップ　8．左内側フラップ　9．右内側フラップ　10．右外側フラップ　11．左補助翼　12．トリム・タブ　13．右補助翼　14．トリム・タブ　15．補助翼前縁カバー　16．水平安定板　17．左昇降舵　18．トリム・タブ　19．右昇降舵　20．トリム・タブ　21．垂直安定板　22．方向舵　23．上部トリム・タブ　24．下部トリム・タブ

にバランス・タブ付きの補助翼、内翼後縁に、ナセルをはさんだ2分割のプレーン型フラップを有する。

水平安定板は、3本の桁に10本のリブを配した骨組みに、バランス・タブ付き昇降舵を有する。垂直安定板は、2本の桁に8本のリブを配した骨組みに、後縁上、下にわたるバランス・タブ付き方向舵を取り付けた。水平、垂直安定板ともに、胴体第19、20番隔壁上端に、連結ボルトで取り付けられるが、水平安定板は、操縦室内のハンドル操作により、取付角を調整できた。

●操縦室

Ａｒ２３４の外形を特徴づけているのが、機首先端に位置する操縦室だろう。単座なので左、右、上、下への張り出しは全くなく、単に胴体先端をガラス張りにしただけである。中央に座席を配し、左側にエンジン、各動翼操作ハンドルなど、右側に油圧計、爆撃スイッチ、電気関係スイッチなどが並ぶ。座席の右前方から、逆〝L〞字状に突き出した棒の先端に操縦ハンドルが付き、正面の、ちょうどパイロットの頭

Ar234B-2 胴体内部配置図

①方向舵ペダル　②飛行関係計器板　③操縦桿　④BZA3ペリスコープ（BZA 1-B照準頭付）　⑤座席　⑥前方燃料タンク（1800ℓ入）　⑦主脚車輪収納位置　⑧D/Fループ・アンテナ　⑨前脚出し入れ油圧シリンダー　⑩前脚車輪収納位置　⑪酸素ボトル　⑫主脚出し入れ油圧シリンダー　⑬シュロス2000懸吊架　⑭SC1000 1,000kg通常爆弾　⑮主脚車輪　⑯後方燃料タンク（2000ℓ入）　⑰Rb50/30航空カメラ　⑱制動用パラシュート　⑲FuG 16Z 無線機　⑳昇降舵操作槓桿　㉑方向舵操作槓桿　㉒制動用パラシュート索

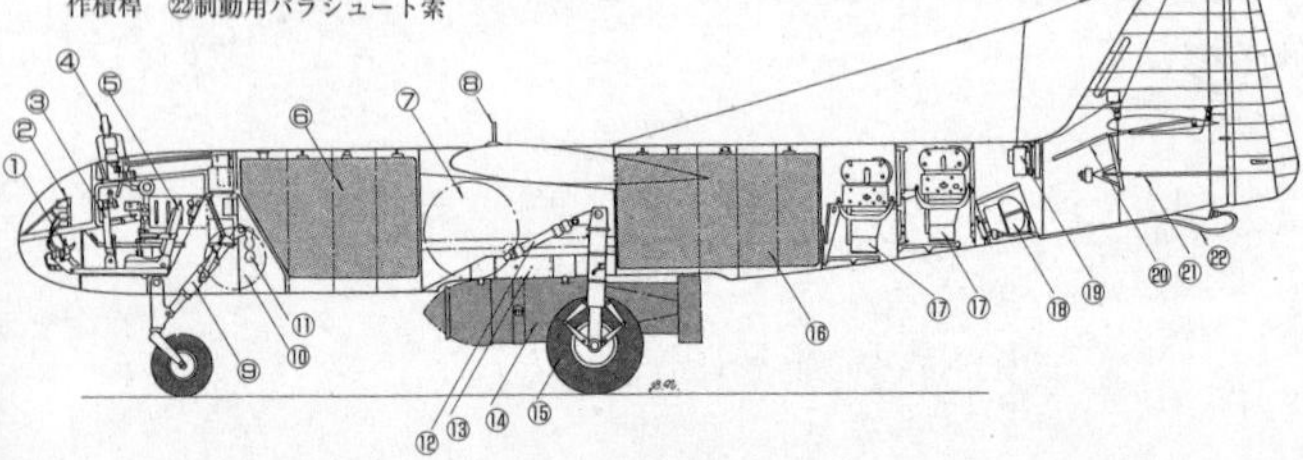

の高さに、飛行関係計器を収めた小さなパネルがあった。座席の前端より前方は、下面もガラス張りで、前方に突き出た方向舵ペダルは、外部の横からも丸見えとなっている。方向舵ペダルにかけた両足の間にLotfe 7Kジャイロ式爆撃照準器が取り付けられた。

操縦室の天井から、上方に突き出た板状の突起は、潜望鏡式射撃／爆撃照準器。Cシリーズではカバーの形が丸味を帯びたものに洗練された。

●降着装置

Aシリーズの原型機に適用された橇式降着装置は、実用性に難があり、量産型Bシリーズが、通常の3車輪式降着装置に換装されたのは当然で

機体骨組図

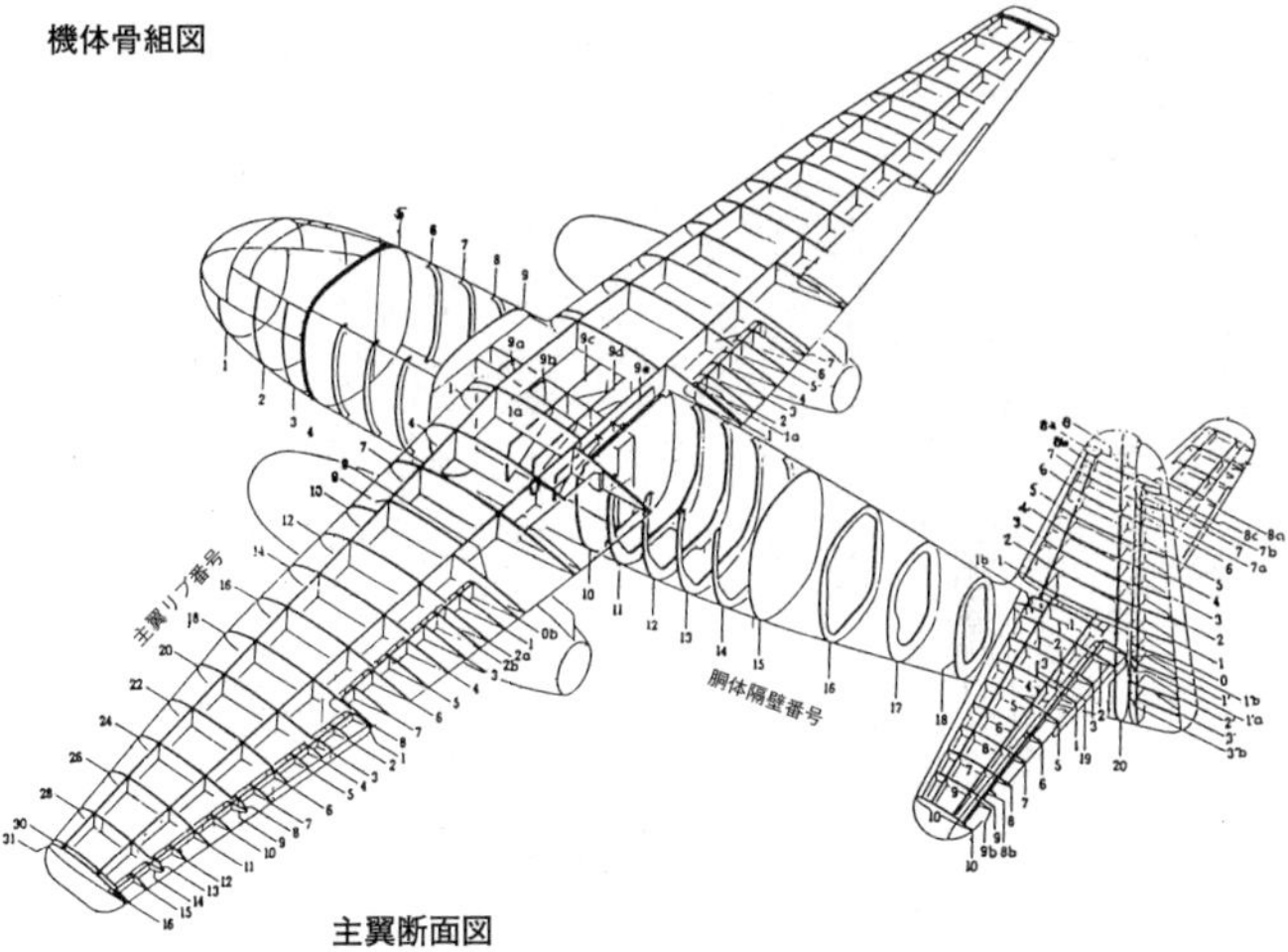

主翼断面図

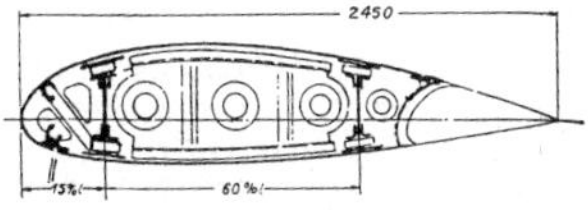

あった。

ジェットエンジンを収めたナセルには、主脚の収納スペースはなく、かといって、Me262のように主翼に取り付けるのも、肩翼配置のため不可能。必然的に、胴体内に取り付ける以外に方法がなかった。

主脚は、オレオ緩衝機構付きの1本支柱で、一体に造られる胴体中央区画の後壁に取り付けられる。ここを支点に前上方へ引き込まれ、出し入れ操作は油圧によった。タイヤ・サイズは935×345㎜で、レシプロ双発爆撃機のJu88やHe111などに比較するとひとまわり小さかった。輪間距離は2・08mしかなく、地上安定性

Ar234B-2 操縦室内
アレンジ（後上方より見る）
※keyはP.239下を参照

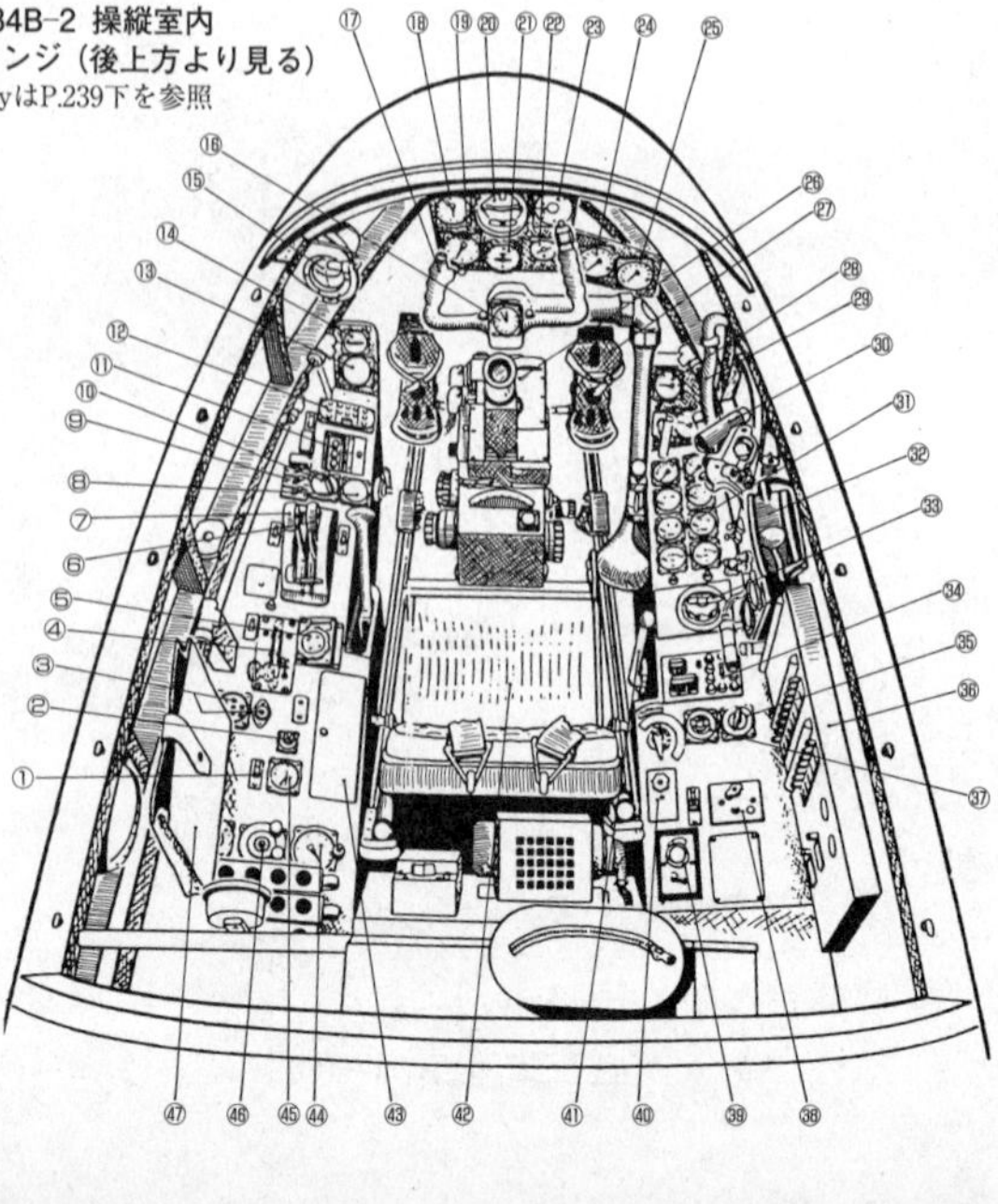

▶現在、アメリカのNASMが保管している、唯一のAr234B-2、W.Nr140312の復元作業中の機首まわり。胴体先端に、たった1人の乗員を収容するだけの、贅沢な操縦室は、ガラス窓が多く、視界の面でも優れたデザイン。

▼正面やや右寄りから見た機首。ガラス張りのため、計器板、方向舵ペダルなどが、外からまる見えである。

▶復元中のNASM保管機の機首右側。ガラス窓の天井から突出しているのは、潜望鏡式の射撃/爆撃照準器。

①エンジン・ノズル操作スイッチ
②室内灯光量調節ノブ
③Ri202切り離し、および選択スイッチ
④燃料コック
⑤方向舵トリム操作輪、
　および角度表示計
⑥右スロットル・レバー
⑦左スロットル・レバー
⑧油圧計
⑨自動操縦装置チャンネル選択スイッチ
⑩ジャイロ・モニター・スイッチ
⑪フラップ、降着装置選択パネル
⑫フラップ、降着装置位置表示灯
⑬傾斜計
⑭人工水平儀リピーター
⑮磁気コンパス
⑯時計
⑰操縦桿
⑱速度計
⑲高度計
⑳人工水平儀
㉑マスター・コンパス
㉒AFN 2ホーミング計
㉓昇降計
㉔左エンジン回転計
㉕右エンジン回転計
㉖Lotfe 7K爆撃照準器
㉗方向舵ペダル
㉘燃料圧力計
㉙酸素ホース
㉚信号ピストル
㉛燃料、潤滑油、排気温度
　など各計器
㉜酸素供給器
㉝爆弾信管作動選択スイッチ
㉞爆弾投下順序選択パネル
㉟周波数選択ダイヤル
㊱主配電盤
㊲カメラ・ドア操作ハンドル
㊳FuG 25a IFF操作パネル
㊴FuG 16ZY無線機操作パネル
㊵FuG 16ZYホーミング用
　リモートコントロール部
㊶手動油圧ポンプ・レバー
㊷座席
㊸航法装置収納部
㊹コンタクト高度計
㊺外気温度計
㊻精密高度計
㊼航空地図入れ

の面からはやや不安があったが、時期的に不整地からの行動はなく（ドイツ本土内が基地となる）、問題にはならなかった。

前脚は、胴体第2番隔壁に取り付けられ、ここを支点に後上方へ引き込まれる。出し入れ操作は、やはり油圧により行なうが、Cシリーズでは、上部油圧シリンダー、スプリングの配置などが少し変更された。タイヤはBシリーズが630×220㎜、Cシリーズが770×270㎜サイズのものをそれぞれ使用した。

●エンジン

Ar234Bの搭載エンジンも、Me262と同様、当初はBMW003を予定していたのであるが、同エン

降着装置

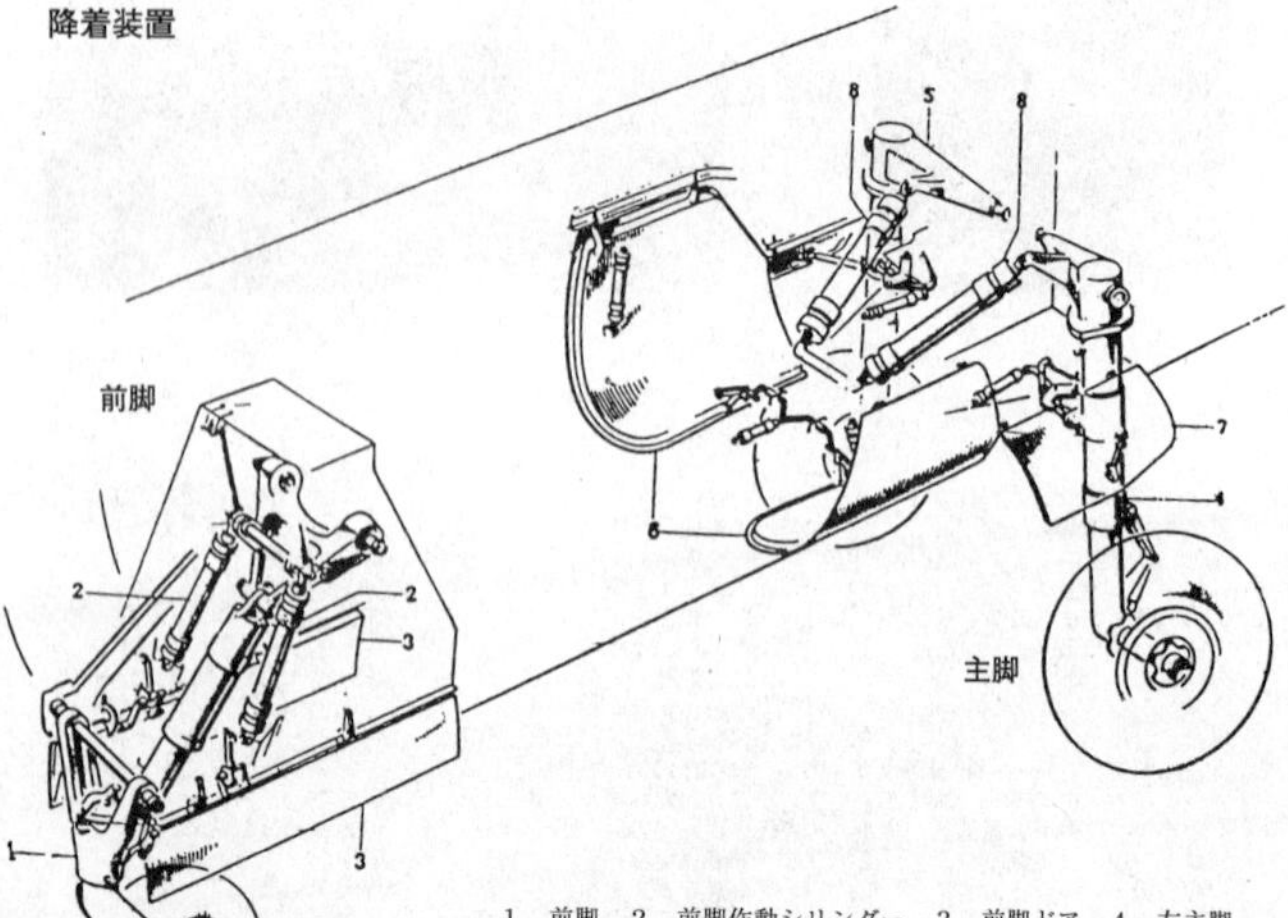

1．前脚　2．前脚作動シリンダー　3．前脚ドア　4．左主脚
5．右主脚　6．主脚前方ドア　7．主脚後方ドア
8．主脚作動シリンダー

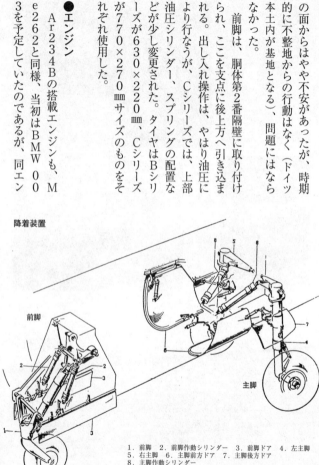

ジンの実用化が遅れたために、Ｊｕｍｏ ００４Ｂに変更した。

もっとも、最初の量産型Ｂシリーズこそ、Ｊｕｍｏ ００４を搭載したが、ようやくＢＭＷ００３が実用化すると、次の本命型Ｃシリーズでは、本エンジンの四発が標準となり、当初の構想どおりになったといえる。

そして、戦闘機の第Ⅱ世代機に習い、さらに高推力のＨｅＳ ０１１の実用化に目途がつくと、続いて計画されたＤ、Ｅシリーズは、本エンジンの双発型になるはずだった。

Ａｒ２３４Ｂは、爆撃機ということもあって、同じ双発ジェット機の、Ｍｅ２６２のような高速は出なかった。

しかし、最大速度７３５㎞／ｈはレシプロ爆撃機とは比較にならぬ高速であり、やはりジェットエンジンの威力は絶大だった。

●兵装、その他

前述したように、Ａｒ２３４Ｂの爆弾懸吊能力は最大１５００㎏で、胴体下面、両エンジン ナセル下面に懸吊架を有する。しかし、実際には胴体下面にのみ、１０００㎏までの爆弾を懸吊するのが限度だった。両エンジン ナセル下面は、主として長距離作戦の際の増槽（３００ℓ入）懸吊に使われる。

Ａｒ２３４の開発当初から計画されていた、胴体後部下面の防御武装は、敵機が偶然に射界に入ってくれないかぎり効果はなく、実際にはＶ21が装備しただけだった。参考までに、

MG151／20の携行弾数は200発である。Cシリーズの固定銃として、機首両側に装備されることになっていた、MG151／20の携行弾数は不詳。

過荷重状態における離陸を補助するために、Ar234は原型機の段階から、ヴァルターRi-202（HWK-109／500A-1）ロケット・ブースターを、両エンジン ナセル外側の主翼下面に、1基ずつオプション装備できるように設計されていた。R-i-202は推力500kgのパワーがあり、30秒間稼働した後、離陸後は投棄され、パラシュート降下により回収し、再使用する。

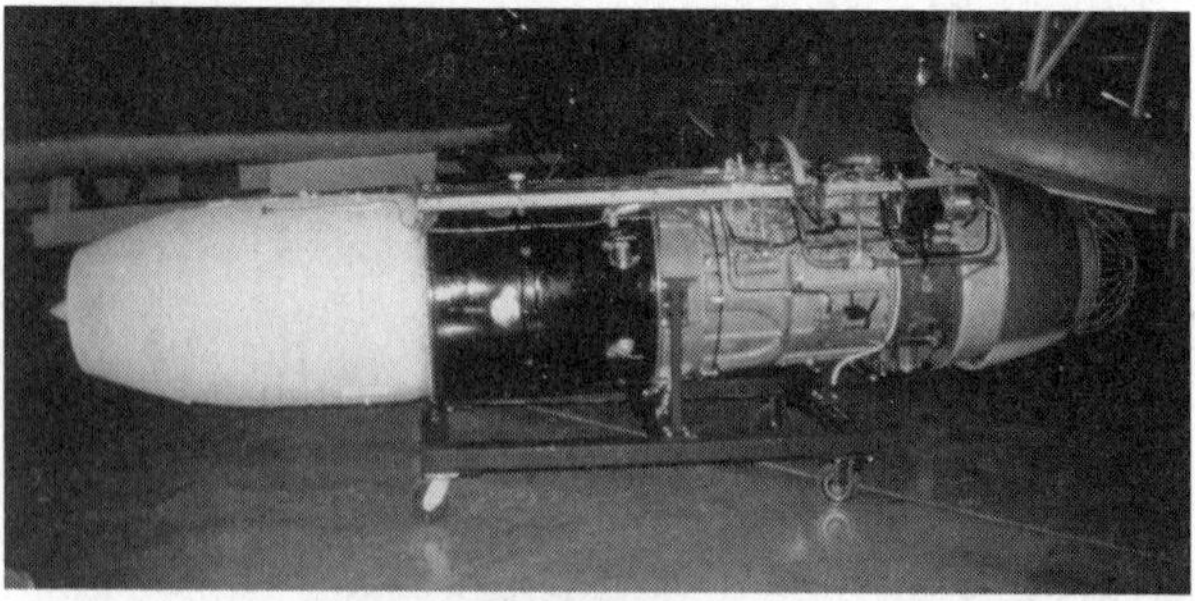

▲NASMの保管機、W.Nr140312から取り外された、Jumo004B-1エンジン。向かって右が前方。当然、Me262が搭載したのと、まったく同じである。

◀Ar234Cシリーズの、BMW003Aエンジン装備状態。写真は左主翼側のを示す。2基をひとつのナセルに収容する。本エンジンは、1基あたりの推力はJumo004より低いが、軽く、サイズも少し小さいのが長所だった。

Ar234B-2が搭載した無線機は、交信用がFuG 16Zで、主翼中央上面に方向探知用のD／Fループ・アンテナをもつ。味方識別装置はFuG 25a、左主翼端下面に、そのロッド・アンテナが取り付けられた。

▲エンジンナセル下面に、SC250（250kg通常爆弾）1発懸吊した状態を、正面より見る。しかし、実戦では、ここに爆弾を懸吊して出撃した例は、ほとんどなかったようだ。左は、爆装時の離陸補助に用いる、Ri-202ロケット・ブースター。

▶胴体下面に、SC1000（1000kg通常爆弾）1発懸吊した状態を、左後方より見る。胴体内部に爆弾倉スペースがなく、爆撃機というわりに、かなり苦しいアレンジである。

◀左右ナセル下面に、300ℓ入落下増槽を懸吊した状態。デンマーク、ノルウェー方面から、イギリス本土に対して長距離偵察を行なった機は、このような装備をしたと思われる。

第五章 未来への挑戦、第Ⅱ世代のジェット軍用機

ホルテン兄弟の夢、全翼機Ｈｏ２２９

航空機の理想的形態と考えられた全翼機の研究分野では、Ｍｅ１６３生みの親、リピッシュ博士が筆頭だったが、彼に次ぐ位置にあったのがヴァルター、ライマールのホルテン兄弟であった。十代の頃から模型を使って全翼機の研究に没頭し、１９３３年7月に、最初の無尾翼グライダーＨⅠを初飛行させたとき、兄のヴァルターは18歳、弟のライマールはわずか16歳であった。

ＨⅠは、木製骨組みに羽布張り構造の完全な三角翼で、パイロットは翼中央に座る。前縁の後退角は23°、横方向の操縦は、外翼後縁の補助翼兼フラップ（フラッペロン）、縦方向の操縦は、内翼後縁の昇降舵で行ない、方向舵の役目は、外翼上、下に取り付けたドラッグ・ラダーがうけもった。ＨⅠは、１９３４年7月、レーンで行なわれたグライダー競技会で優勝し、ホルテン兄弟の名は一躍、ドイツ航空界で注目されるようになった。

その後、航空省のバック・アップをうけて、ホルテン兄弟は次々と全翼機（動力付きを含む）を造り、空力的に洗練された形になっていった。ＨⅢ以降はアスペクト比がどんどん大きくなり、ＨⅥに至っては、全幅24ｍに対し、全長はわずか２・４ｍ、ブーメランよりも細長い形であった。

１９４１年8月、ホルテン兄弟は、リピッシュ博士のＭｅ１６３を見学し、その高速力に魅了されるとともに、彼らの全翼機も、相応の動力（ジェットエンジン）を搭載すれば、最大速度1000㎞／hの性能が実現可能であろうとの確信を持った。

1942年に入ってから、ホルテン兄弟は、それまでの全翼機研究の経験をもとに、初の実用戦闘機を目指して、HⅨの設計／製作に着手した。これは当局からの要求によるものではなく、あくまで自主開発であった。

HⅨは、それまでの全翼機と同様、鋼管骨組みにジュラルミン外皮の中央部分と、骨組み、外皮とも木製の外翼を組み合わせる方法を採った。操縦室は中央部分先端に位置し、これを挟むように、両側にBMW 003ジェットエンジン2基を搭載することにした。

外翼は、2本の桁に17本のリブを配し、9番リブより内側内部に、前桁をはさんで4個の燃料タンクが収められた。後縁には、片側3枚ずつのエレボン、翼端上面には大、小2つのドラッグ・ラダーを取り付けた。

降着装置は、操縦室の真下に、通常双発機の主脚に相当する、1015×380㎜サイズのタイヤをもつ巨大な前脚1

▲全翼形態という特殊性を考慮し、エンジンを搭載しない、無動力の空力テスト用グライダーとして、1944年2月に完成した、原型1号機HoIX V1の俯瞰写真。それにしても、今から80年近くも前に、こんな超未来的なスタイルを現実のものとした、ホルテン兄弟の先見性には、ただただ驚愕するほかない。

本、中央部分の後方左、右に、740×210㎜サイズのタイヤ付き主脚をもつ、変則的な前車脚だった。前脚は後方に、主脚は内側に引き込まれ、操作はいずれも油圧によった。

エンジンは、翼断面中心線に対してやや下向きに取り付けられ、排気口は翼上面に開口するようになっている。エンジン先端が翼前縁に接しているため、空気取入ダクトの整形などに余分な手間はとられなかった。

兵装は、エンジンと外翼取付部間が収容部に充てられ、MK103、MK108のいずれかの30㎜機関砲を装備予定とし、爆弾は、中央区画下面のハード・ポイント

Ho229 V2 三面図

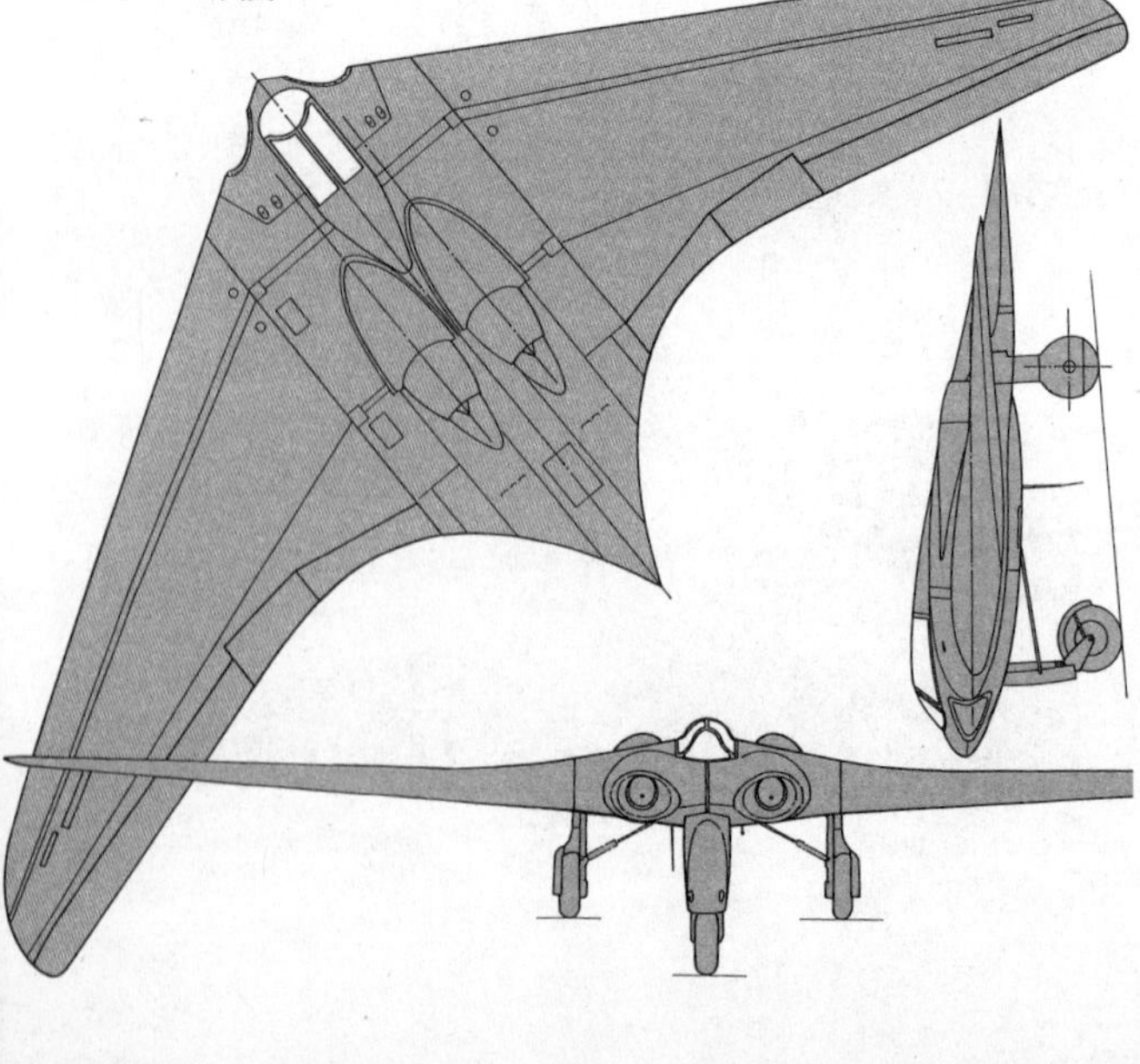

に懸吊することにされた。

　ＨⅨは、１９４３年はじめには形をととのえつつあり、これに興味を示した、空軍元帥ヘルマン・ゲーリング自ら、ホルテン兄弟に対し、50万マルクの資金援助を約束した。一説によれば、ゲーリングは自ら提案した〝３×１０００戦闘爆撃機〟（１０００㎏の爆弾を積み、１０００㎞／ｈの速度で１０００㎞の航続力をもつ機体）として、ＨⅨに期待していたといわれる。

　１号機は、空力テスト用の無動力グライダーとして製作されることになり、１９４４年２月28日に初飛行した。

　ところが、２号機用のＢＭＷ

主翼中央部鋼管骨組み図

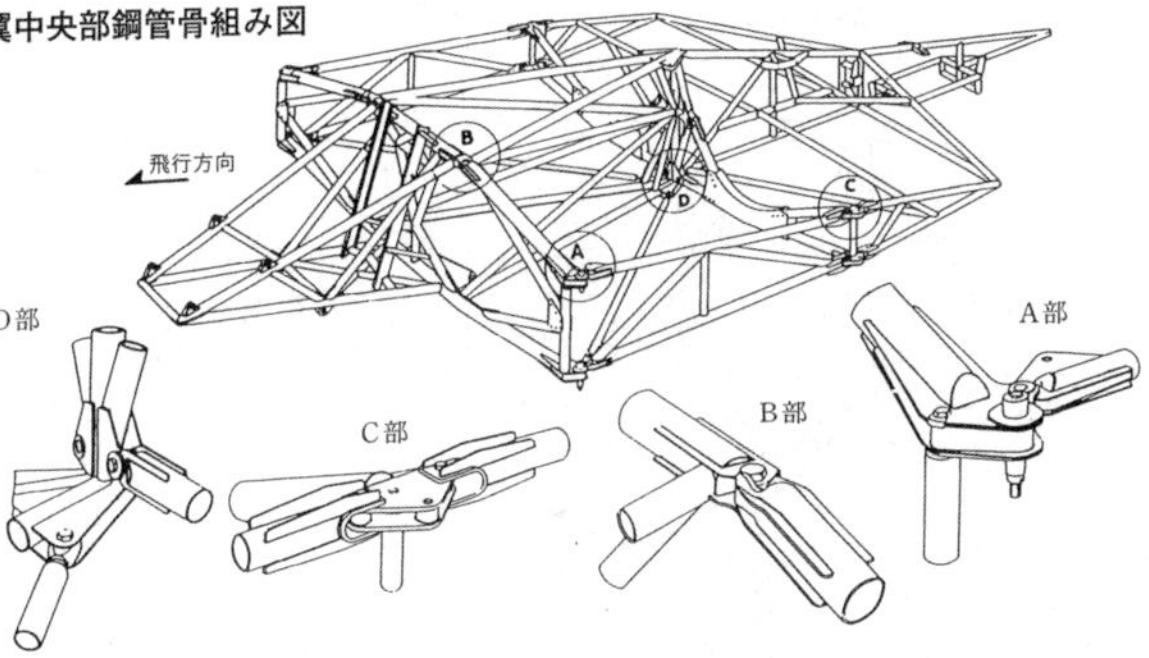

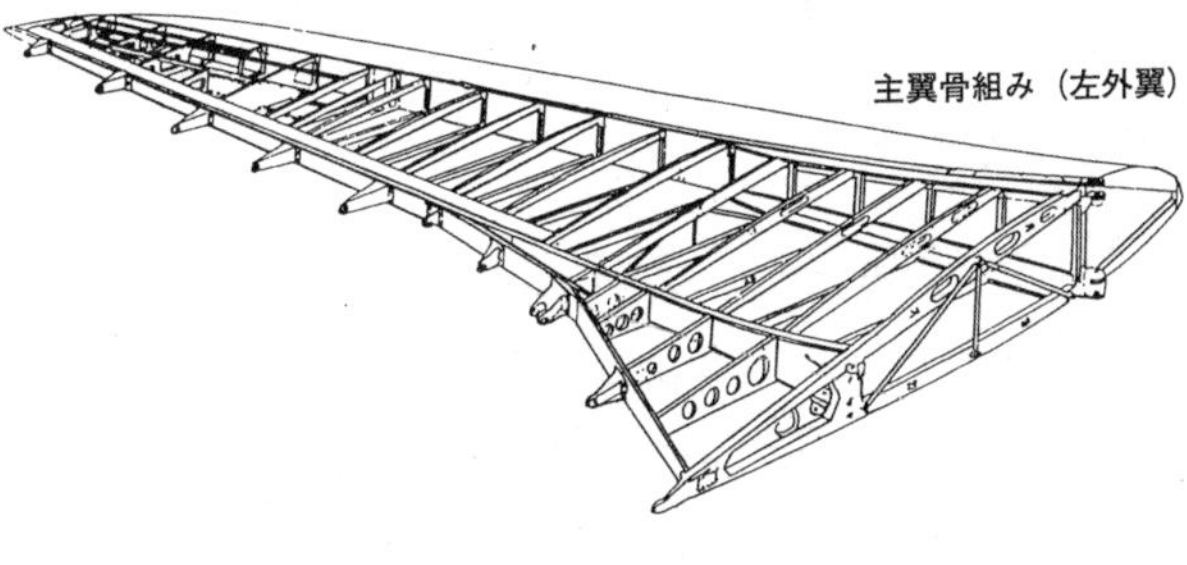

主翼骨組み（左外翼）

００３が届けられてみると、モックアップ段階のデータより、補器類を付けた本体前部の直径が20㎝も大きい80㎝となっており、そのままでは搭載不可能という事態に陥った。今からこれに合わせて再設計している時間はない。止むを得ず、ホルテン兄弟はエンジンをＪｕｍｏ ００４に換装することに決定し、機体の改修は最少限にとどめることにした。

こうして、2号機は予定よりかなり遅れて、１９４４年12月に初飛行したが、兄弟の計算どおり、最大速度は１０００㎞／ｈ（！）を超えるこ

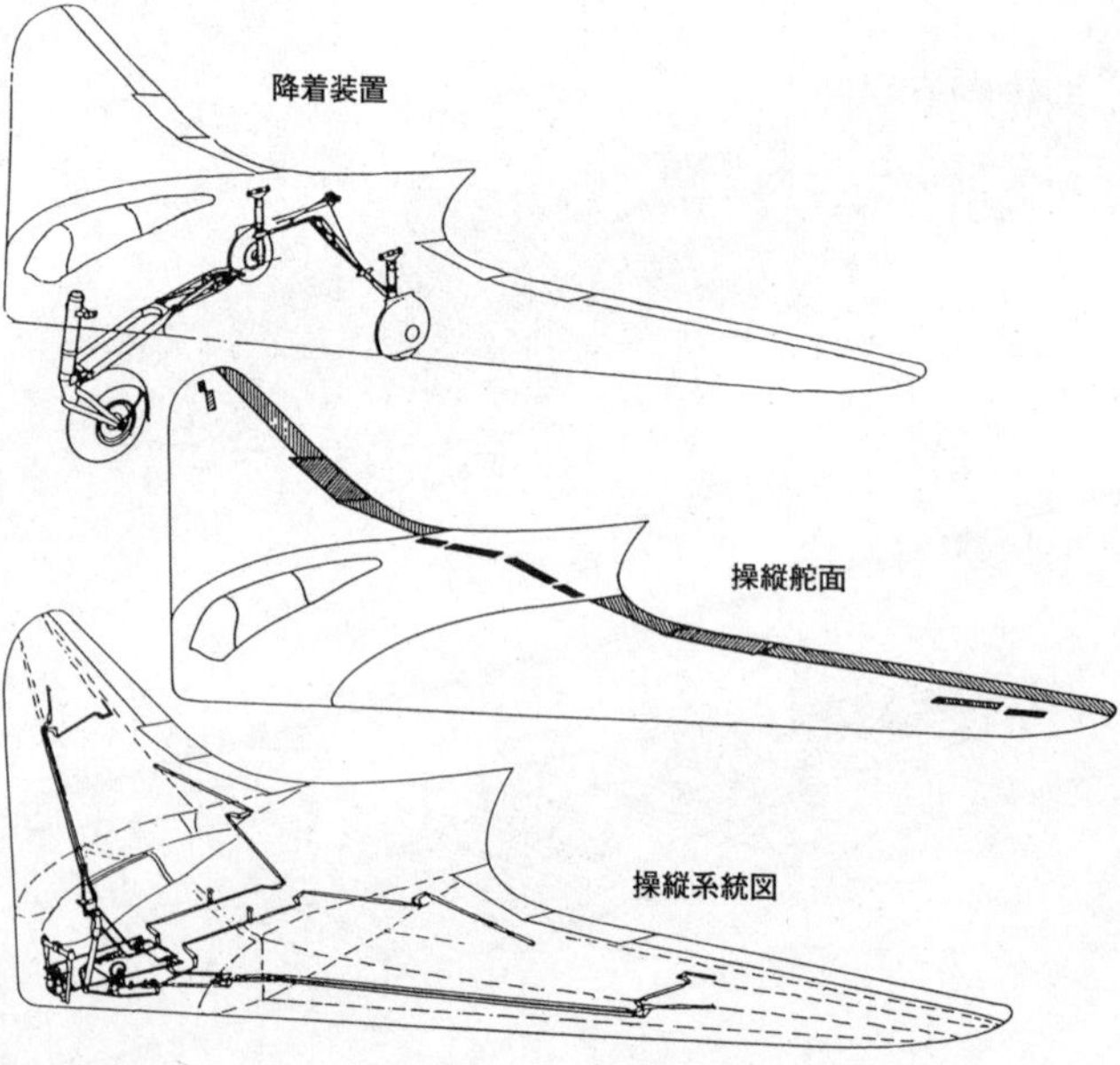

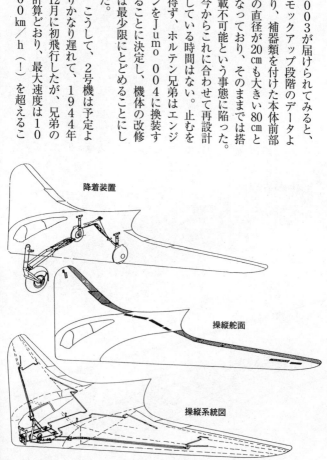

とが確認された。ロケット動力のMe163ならいざ知らず、ジェットエンジン機で1000km／hを超えるのは、この当時としては驚異的であった。むろん、これは全翼型式のたまものだった。

狂喜した航空省は、ただちにHo229A-1の制式名を与えて採用、量産能力のないホルテン航空機会社（1943年夏に発足）に代わり、ゴータ社が53機、クレム社が40機生産することが決定された。また、発展型開発／テスト用に、6機の原型機（Ho229V3-V8）も発注され、これらの製作もゴータ社が請

▲完成目前の状態で、侵攻してきた米地上軍に接収された原型第3号機Ho229 V3。外翼、中央部パネル、脚カバーなどが取り付けられていないが、内部組み立てはほぼ完了している。操縦室の両側に搭載されたJumo004B-1エンジンや、巨大な前脚と小さな主脚という変わった組み合わせの降着装置などがよくわかる。なお、本機は武装は未装着であったが、本来ならエンジン外側の空間が機関砲搭載スペースとなる。1945年4月14日、フリードリッヒスローデのゴータ社工場内にて撮影。

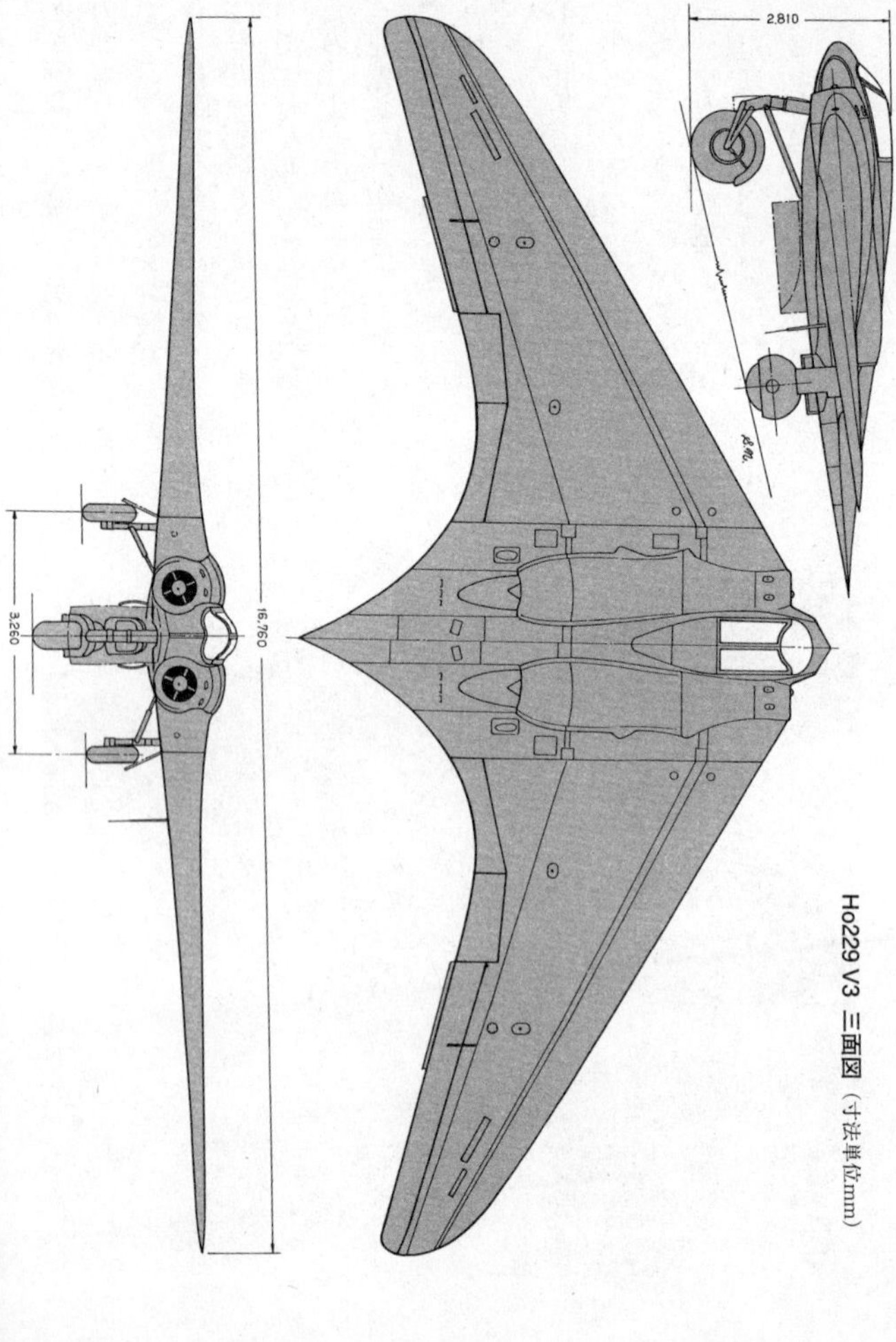

Ho229 V3 三面図（寸法単位mm）

け負うことになった。

素晴らしい高速機にもかかわらず、当局の発注数がきわめて少ないのは、戦況の悪化も影響しているが、迎撃機としてどのように運用すればよいのか、把握しかねていたのではないだろうか。とりあえず93機生産し、それらを使ってみて、さらに追加発注するつもりだったのかも知れない。

しかし、Ｈｏ２２９Ｖ

▼〔下２枚〕戦後、アメリカ本国へ搬送され、オハイオ州ライトフィールドにて撮影されたHo229 V3。外翼が未装着のままで、キャノピーも脱落した状態だが、翼断面を含めた側面形、エンジン配置などがよくわかる。本機は現在、NASMのポール・E・ガーバー施設内倉庫で、復元を待って保管されている。

3が、ゴータ社フリードリッヒスローデ工場で、ほぼ完成したところで米地上軍に占領されてしまい、この超未来的な全翼機は、ついに真価を証明できないまま終わった。同工場ではV6も組み立て途中だった。

6機発注された原型機のうち、V3は昼間戦闘機型Ho229A-1、V4、V5は、機首にマイクロ波長レーダーFuG 244〝ブレーメン〟を搭載する複座夜間戦闘機型Ho229B-1、V6は、与圧キャビンを備え、MK103またはMK108 30㎜機関砲4門を装備する高々度戦闘機型、V7は複座練習機型、V8はAシリーズの全装備のテスト機として予定されていた。

また、これらとは別に、1000kg爆弾2発を搭載する爆撃機型、Rb50/18航空カメラ2台を装備し、MK108 2門と、1250ℓ入増槽2個をもつ偵察機型なども計画されていた。

現在、米空軍のステルス爆撃機B-2の全翼型式が注目されているが、ドイツではすでに、本機が初飛行する45年も前に、空力的には全く変わらない機体が飛んでいたのである。航空技術史的な面からみれば、Ho229はMe262以上に、画期的な機体だったと言えるかもしれない。

▲P.251の写真と同じ場所におけるHo229 V3を、真うしろから見る。左右Jumo004エンジンのノズルが、さながらカイトの目のようにも見え、何となくユーモラスな印象もうけるが、その秘めた能力は驚愕すべきものがあった。ノズル後方の主翼表面が、排気ススで汚れており、何回かエンジン試運転したことを示している。

Ho229 V3の操縦室内アレンジ

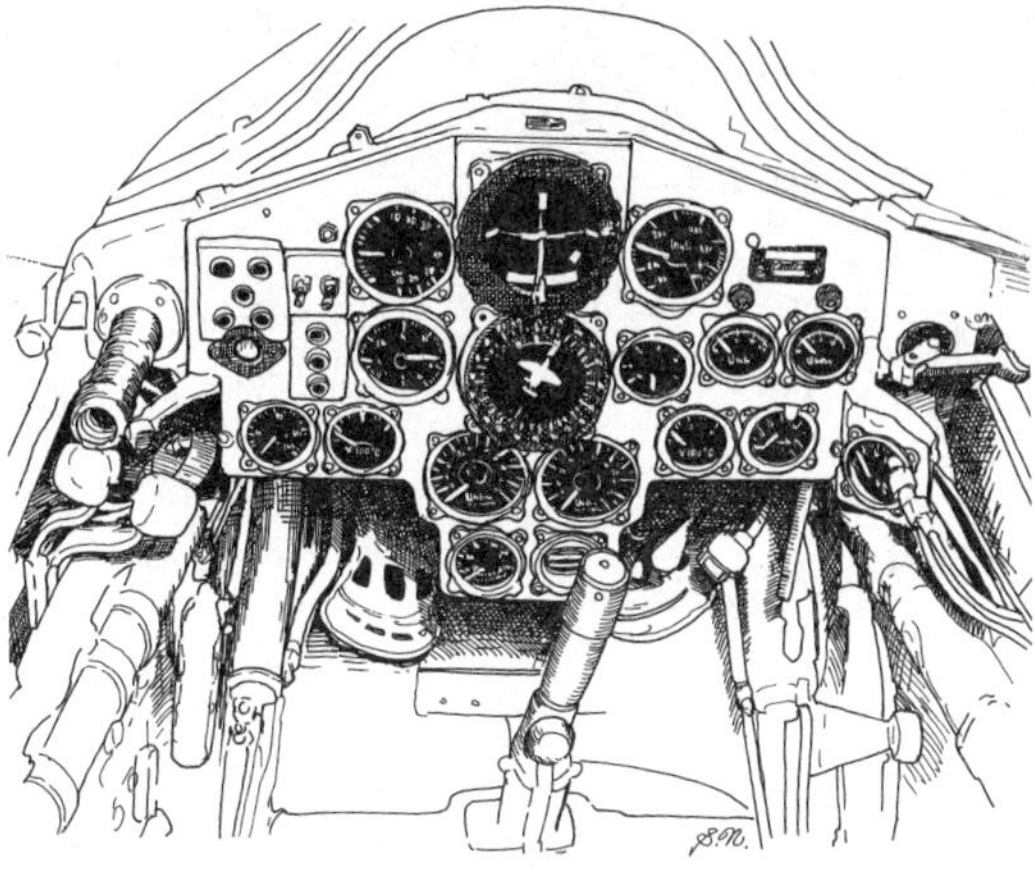

◀全翼形態という、超未来的なフォルムのHo229だったが、操縦室内を覗くと、左イラストのごとく、当時のレシプロ戦闘機と、大差ないアレンジだったことがわかる。正面計器板は、中央に飛行関係、左右にエンジン関係計器を配置している。

▲〔上２枚〕P.251、255の３号機と同じく、ゴータ社フリードリッヒスローデ工場内にて、組み立て中に米地上軍に接収された、原型６号機Ho229 V6の主翼中央部。Jumo004エンジンは、すでに搭載済みだが、操縦室内部、外鈑整形などはまだまだの状況だった。上段写真の、左右エンジンに挟まれた前部が、操縦室のスペースで、その超高速性能はともかく、パイロットにとっては、エンジン騒音が耐え難いものになったことは想像に難くない。下段写真を見てわかるように、中央部の後方骨組みも木製になっており、当時のドイツの厳しい現実を思い知らされる。

メッサーシュミット Me328

戦争末期のドイツは、航空機生産に必要な原材料さえ事欠くようになり、その先進技術を駆使しつつ、できるだけ簡易、安価な機体で間に合わせる努力をした。Me328も、いわばそうした〝安上がり兵器〟のひとつ。

ターボジェットエンジンに比べて、パワーは低いが、構造の簡単なパルスジェットエンジンの使用を前提にしたことが特徴で、機体も全幅6・4m、全長8・6mという、ホームビルト機のような小型サイズで、大半が木製構造だった。計

Me328A-1 三面図

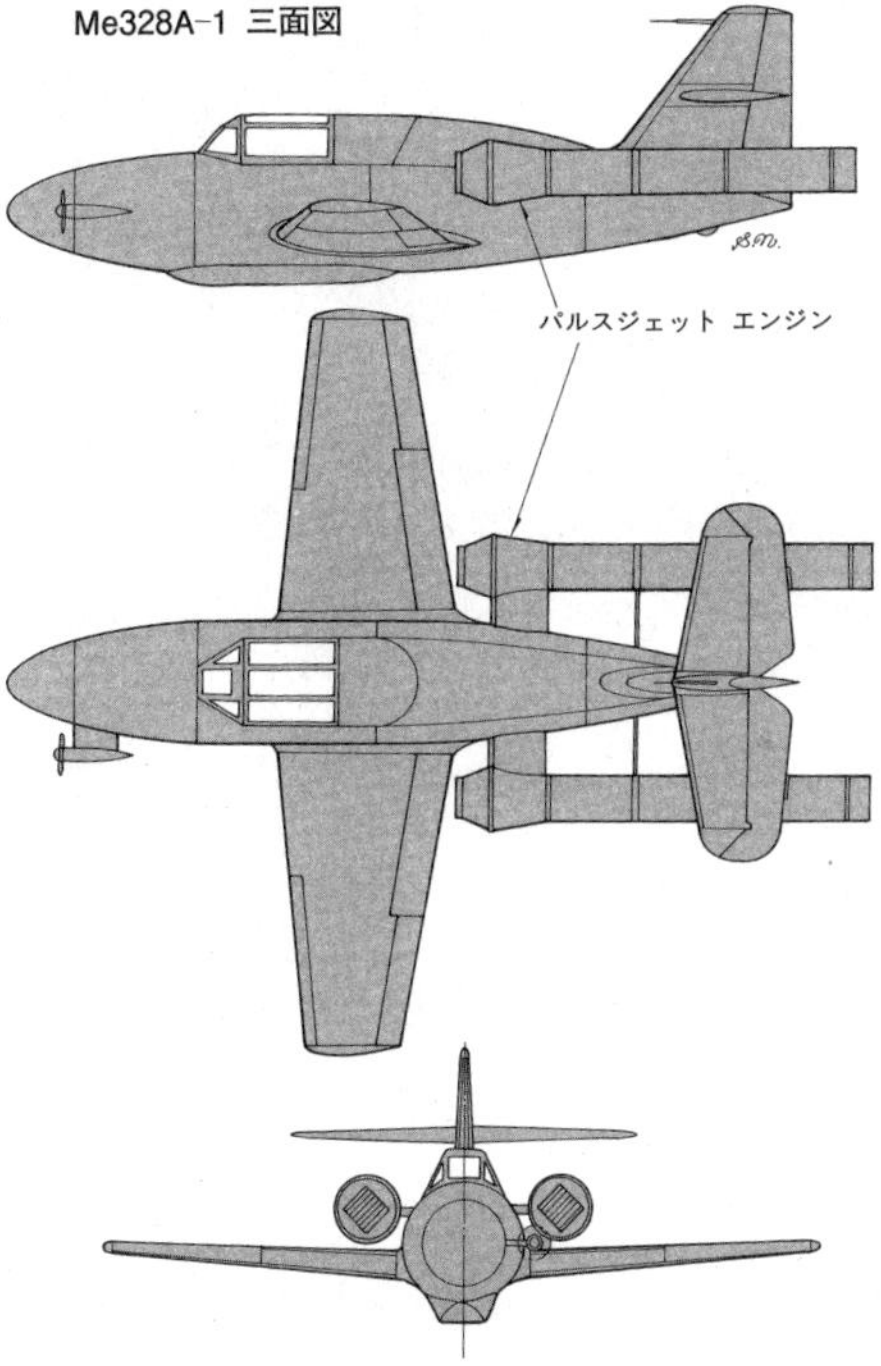

算では、Ｂｆ１０９、またはＦｗ１９０の１機分のコストで、４機のＭｅ３２８がつくれるとされていた。

戦闘機型Ａ、戦闘爆撃機型Ｂの双方が予定され、原型機は１９４４年４月に初飛行したが、パルスジェットエンジンの騒音と振動が予想以上にひどく、高度が上がるにつれ、パワー低下も著しいことがわかって、実用困難と判定され、以後の開発は中止された。計画ではＪｕｍｏ００４ターボジェットエンジンを１基搭載した、Ｍｅ３２８Ｃも用意されていたが、実機完成に至らなかった。

先進の前進角主翼ジェット爆撃機Ju287

1943年初め、ユンカース社のハインリッヒ・ヘルテル、およびハンス・ヴォッケ技師を中心としたスタッフは、新動力のジェットエンジン4基を搭載する爆撃機案を、EF.116の社内名でまとめあげた。当時、ドイツ航空界では、マッハ0・8の速度付近で、主翼に後退角、もしくは前進角が付いていると、衝撃波の発生を遅らせ、空気抵抗を大幅に軽減できることが確認されており、EF.116も、当初は後退角付き翼を予定していた。

しかし、後退角付き翼は、同時に翼端失速を生じ易い欠点も併せもっており、検討の末、23・5度の前進角付き翼に改め、名称もEF.122となった。搭載エンジンはJumo 004と決定し、設計案は航空省に提出された。

1944年3月、EF.122は、当局からJu287の型式名を与えられ、開発契約が結ばれたが、原型1号機Ju287V1は、エンジン配置も含めた、空力テストを兼ねる実験

▲前進角付き主翼もさることながら、既存の機体部品を寄せ集め、機首両側にエンジンを取り付けるなど、見れば見るほど奇怪なスタイルの、Ju287原型1号機（V1）。

機扱いとされ、製作の手間を省くため、胴体はハインケルHe177A-3、尾翼は自社製Ju388L用の部品、主脚はJu352A-1、前脚に至っては、撃墜／補獲した米陸軍B-24の主脚を流用するなど、徹底したツギハギ機となり、新しく造るのは〝前進角付き主翼〟だけだった。

そのため、組み立ては早く進み、1944年8月には、ユ社デッサウ工場で完成にこぎつけ、同月16日、社内テスト・パイロット、ジークフリート・ホルツバウアーの操縦により初飛行に成功した。

Ju287 V1は、主翼の前進角もさることながら、後退角付き翼機にはみられない、強い上反角がつけられ、4基のJumo 004エンジンのうち、2基を機首両側に取り付ける（他の2基は両主翼下面にポッド式に搭載）という、奇抜な方法を採っており、涙滴状の巨大なカバーを付けた固定脚とあわせて、異様なスタイルだった。

初飛行時には、機首左側のエンジンを除いて、各々下面に離陸補助用ヴァルターRi-202（HWK-109／500A）ロケット・ブースターを装備して発進している。

異様なスタイルに似合わず、空中での飛行特性は良好で、以後17回にわたって実施されたテスト中に、最大速度650km／hを記録した。

なお、Ju287 V1は、1945年初めにレヒリンの空軍実験センターに送られたが、英空軍のモスキート偵察機に発見され、奇怪な前進翼が注目されたのか、爆撃目標に選ばれて数日後に被弾、損傷した。

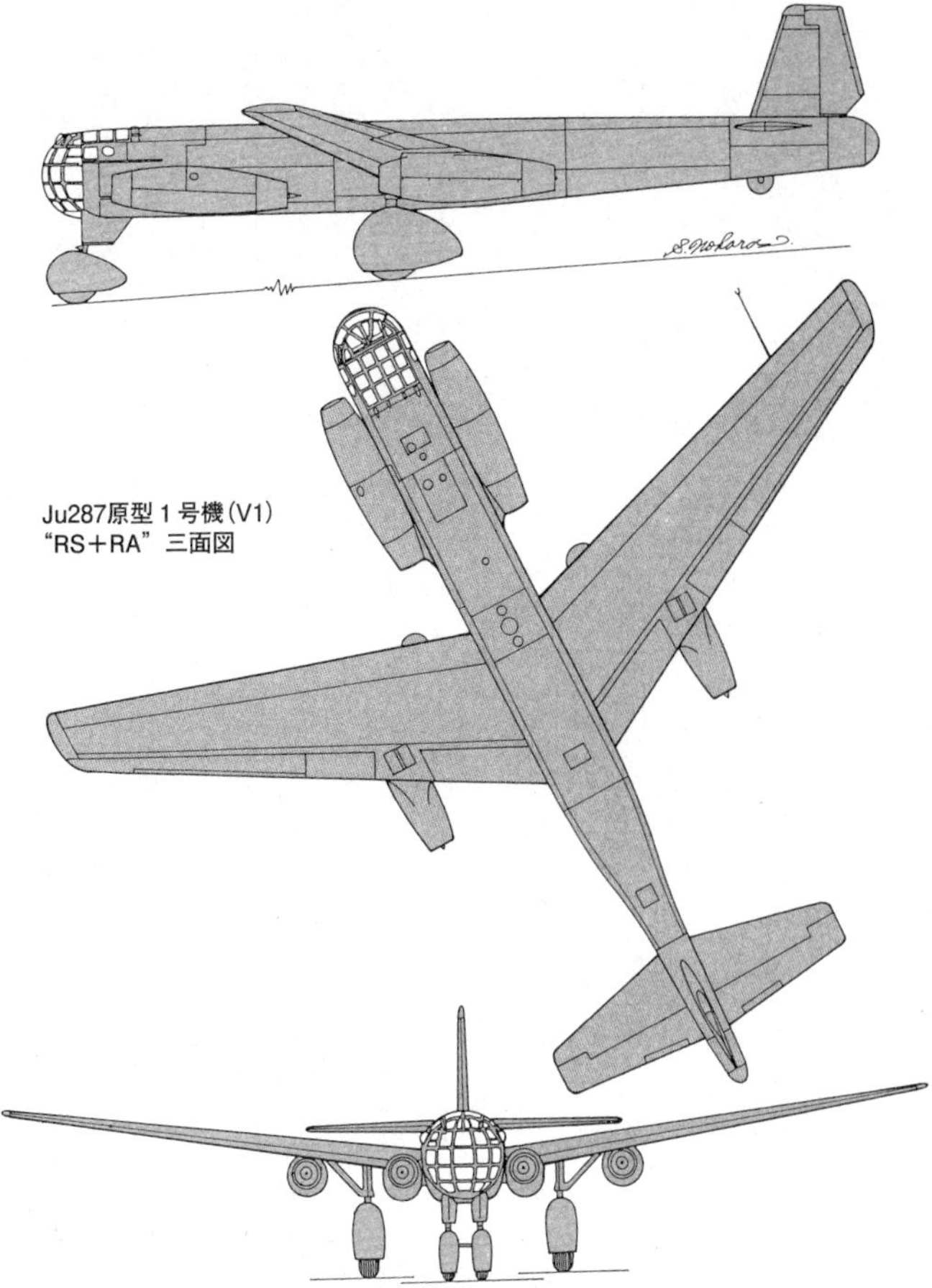

Ju287原型１号機（V1）
“RS＋RA”三面図

のちに修理されたが、再び飛行できぬまま、侵攻してきたソ連地上軍に接収され、戦後に同国の命令で再飛行したといわれる。

空力テストを主目的とし、低速度域での飛行しか実施しなかった1号機に続き、本来の高速度域でのテストを目的とした、2号機Ju287 V2の製作が始められていた。

1944年9月15日付けの記録によれば、ユ社は、Ju287に関しては、V1を含めて5機の原型機製作と、2種類の生産型を提案したとされ、2号機は1号機と同じツギハギ機だが、主翼下面のエンジンはBMW 003A-1に換装、水平尾翼取付位置を30cm下げることとされた。しかし、1号機のテストの結果、機首両側のエンジンは、操縦室にかなりの騒音をもたらすことがわかり、両主翼下のクラスターに、3基ずつのBMW 003A-1を収める方式に改められた。

3号機Ju287 V3は、併行して開発中の、レシプロ双発爆撃機Ju288の胴体を流用して、より洗練された機体になるはずだった。エンジン配置は、改修後のV2と同じ。V4、V5は、V3と同じ機体だが、胴体後端に2挺のMG131 13mm機銃を収めた、遠隔操作式防御銃座FHL131Zを備えることになっていた。

2種提案された生産型は、V5を原型とするJu287A-1と、エンジンを新型Jumo004C六発に改めたJu287B-1で、両型は最大4000kgの爆弾搭載（B-17、-24とほぼ同じ）が可能だった。偵察機仕様にした場合は、Rb75/30カメラと2000ℓ入増加タンクをオプション装備することとされていた。

▲正面から仰ぎ見たJu287 V1。このアングルから見ると、奇怪な……というより、グロテスクな感じだ。いかに、開発時間節約といっても、鹵獲した敵機のパーツまで利用して、組み立ててしまうなどという“芸当”は、ドイツ以外の試作機には考えられなかった。ひときわ目立つ降着装置がそれで、アメリカ陸軍のB-24四発重爆のものだ。むろん、引き込み機構はオミットし、固定してある。

◀レヒリンの、空軍実験センター付近上空をテスト飛行中に、連合軍側偵察機と遭遇し、カメラにキャッチされたJu287 V1。奇妙な前進角のついた主翼をもち、プロペラもない、この不可解な新型機は、連合軍側航空技術関係者の間でも、注目の的だったが、もちろん、戦争終結まで、その詳細は知ることができなかった。

連合軍に打撃を与えられる、高性能爆撃機の出現を渇望していたヒトラー総統は、Ju287に大きな期待を寄せ、1945年9月までに100機調達できるよう命じたが、自らの第三帝国の崩壊のほうが早くきてしまい、これは実現しなかった。

ユ社デッサウ工場が、ソ連地上軍によって占領されたとき、Ju287 V2は完成目前、V3が組み立て中であった。ソ連はV2、V3をそのまま完成させるよう命じ、レヒリンで鹵獲したV1を含めて、ユ社技術者ともども本国へ運び、テストを行なった。

幻のジェット戦闘爆撃機Ｈｓ１３２

連合軍の大陸反攻が懸念されるようになった１９４３年2月18日、航空省はその上陸作戦支援に来攻する、連合軍艦船を攻撃するための単座機開発を、各メーカーに提示した。同省技術局は、当初、動力にレシプロ エンジンを要求していたが、すでにジェット エンジンの実用化が、目前に迫っていることを認識していたメーカー側の主張により、同年10月付けでＪｕｍｏ ００４、もしくはＢＭＷ ００３搭載に改めた。

開発要求に応じた各社案の中から、最終的にヘンシェル社案が選ばれ、１９４４年4月に模型を使った風洞実験が開始された。

Ｈｓ１３２と命名された機体は、全幅７・２０ｍ、全長８・９０ｍ、全備重量３４００kgの小型機で、胴体は全金属製だが、主翼は木製骨組みに合板外皮だった。わずか14・８２㎡という小さな直線テーパー主翼は、中翼配置に取り付けられ、ちょうど、その上方の胴体背部にＢＭＷ ００３Ａ-1ジェット エンジン1基を搭載した。のちのＨｅ１６２と同じ配置だが、設計の手間を省くという理由から選ばれたのも同様。

エンジン排気を避けるため、双垂直尾翼形式を採り、水平尾翼もＨｅ１６２と同様、上反角がつけられた。

Ｈｓ１３２で目新しいのは、パイロットが機首先端の操縦席に伏臥式（うつ伏せ）に搭乗することで、レシプロ機よりはるかに高速のHｓ132が、緩降下爆撃からの引き起こし時の、強烈なGに対処するため。これは、実験機ベルリンB9によるテストで確証されており、通常姿勢では5Gが限界なのに比べ、倍の10Gまで耐えられると計算されていた。

水平飛行時の最大速度は780㎞／hだが、緩降下時には910㎞／hにも達し、通常のマニュアル操作の爆撃では、目標に命中させるのが困難なため、緩降下からの引き起こし時に、コンピューターにより自動的に投弾されるようにしてあった。

Hｓ132は、3種の生産型式が計画され、Hｓ132AはBMW 003Eエンジンを搭載して、500㎏爆弾1発を懸吊、Hｓ132Bは、Jumo 004Bエンジン搭載で、500㎏爆弾1発に加え、MG151／20 20㎜機関銃2挺を追加装備、Hｓ132Cは、HeS 011エンジン搭載で、1000㎏までの爆弾と、MG151／20 20㎜機関銃2挺、もしくは爆弾搭載量を少なくして、MK108 30㎜機関砲2門を装備可能にするというものだった。また、主翼を大きくした発展型（Hｓ132D?）も検討されていたとされる。

Hｓ132の原型機3機は、ベルリンのヘンシェル社シェーネフェルト工場で胴体、フランスの子会社で主翼を製作するという分担で、1945年3月から3機分の組立作業に入ったが、すでに連合軍、ソ連軍の地上部隊がドイツ国内に侵入している状況であり、ついに1機も完成しないまま敗戦を迎えた。

▲これまでHs132唯一の写真とみられていた１枚だが、実はHs社スタッフによって背景の工場写真と巧妙に合成されたイラストであることが判明した。それにしても実に上手く描かれているではないか。おそらく設計図に基づいて忠実に描かれたものと推定され、実機の完成状態もほぼこれに近いものとなったのだろう。

Hs132A-1 三面図

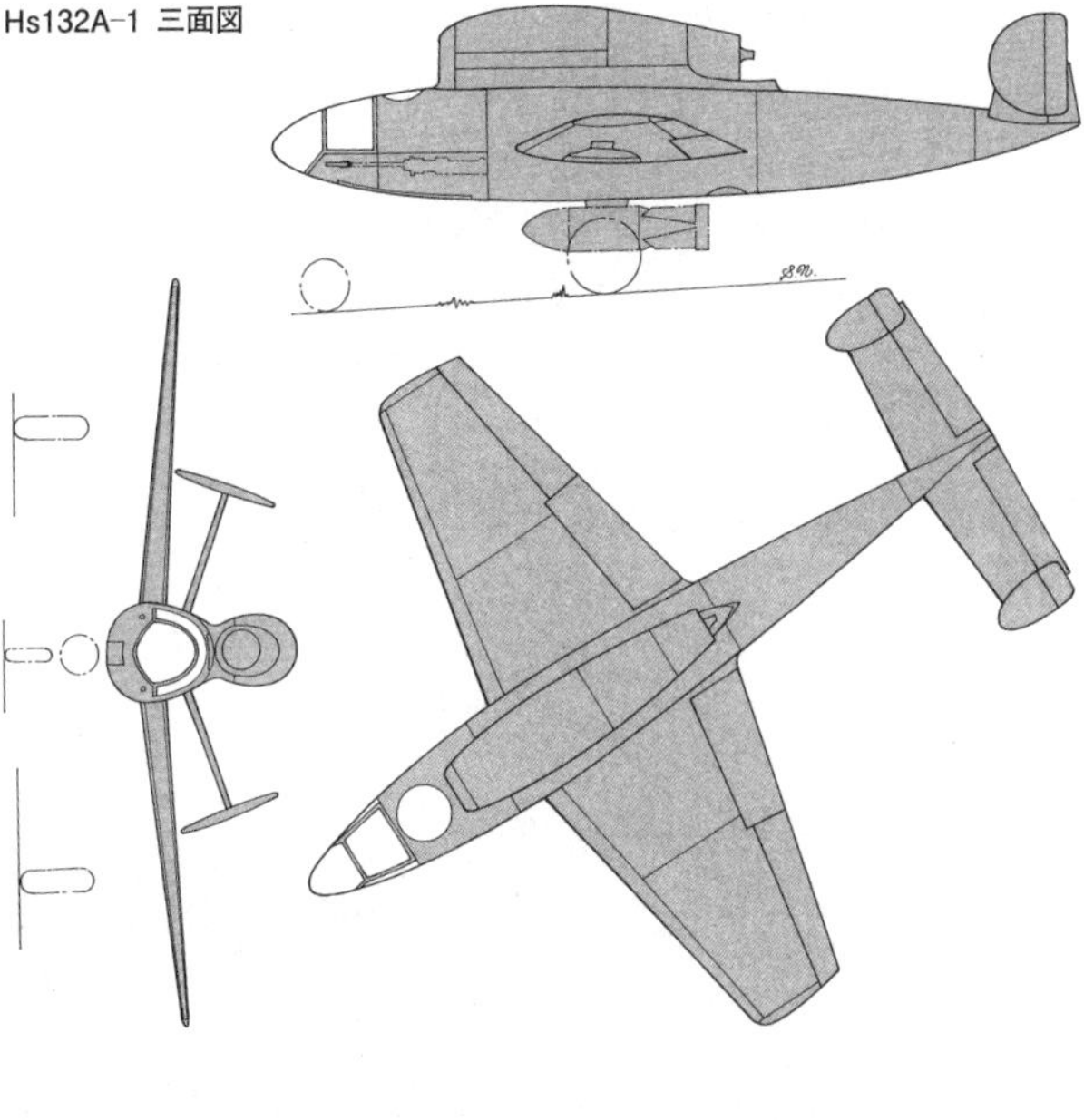

ハインケルの四発ジェット機Ｈｅ３４３

Ｈｅ２８０が葬り去られた１９４３年、ハインケル社は、なおジェット機への執念を燃やし、Ａｒ２３４よりひと回り大型の、通常型四発ジェット爆撃機を、Ｐ.１０６８の社内名で計画した。“16トン噴流（ジェットの意）爆撃機”と呼ばれたＰ.１０６８は、全幅18ｍ、全長16・５ｍ、全備重量１８４７５kgの全金属製複座機で、主翼はテーパー形の中翼配置であった。

生産型は３種類考えられ、爆撃機型は２０００kgの爆弾を携行、偵察機型はＲｂ75／30カメラ２台と、後部胴体下面に防御用ＭＧ１５１／20 20㎜機関銃２挺を装備、駆逐機型は、前部胴体内にＭＫ１０３ 30㎜機関砲４門、ＭＧ１５１／20 20㎜機関銃２挺、胴体後端にＭＧ１５１／20を２挺収めた遠隔操作防御銃座を備えるというものだった。駆逐機型のみ、防御銃座の射界を確保するため、双垂直尾翼形式とされた。搭載エンジンはＪｕｍｏ ００４Ｂ、Ｊｕｍｏ ００４Ｃ、ＨｅＳ ０１１のいずれかを予定していた。１９４４年６月、航空省はＰ.１０６８に興味を示し、Ｈｅ３

He343 飛行想像図

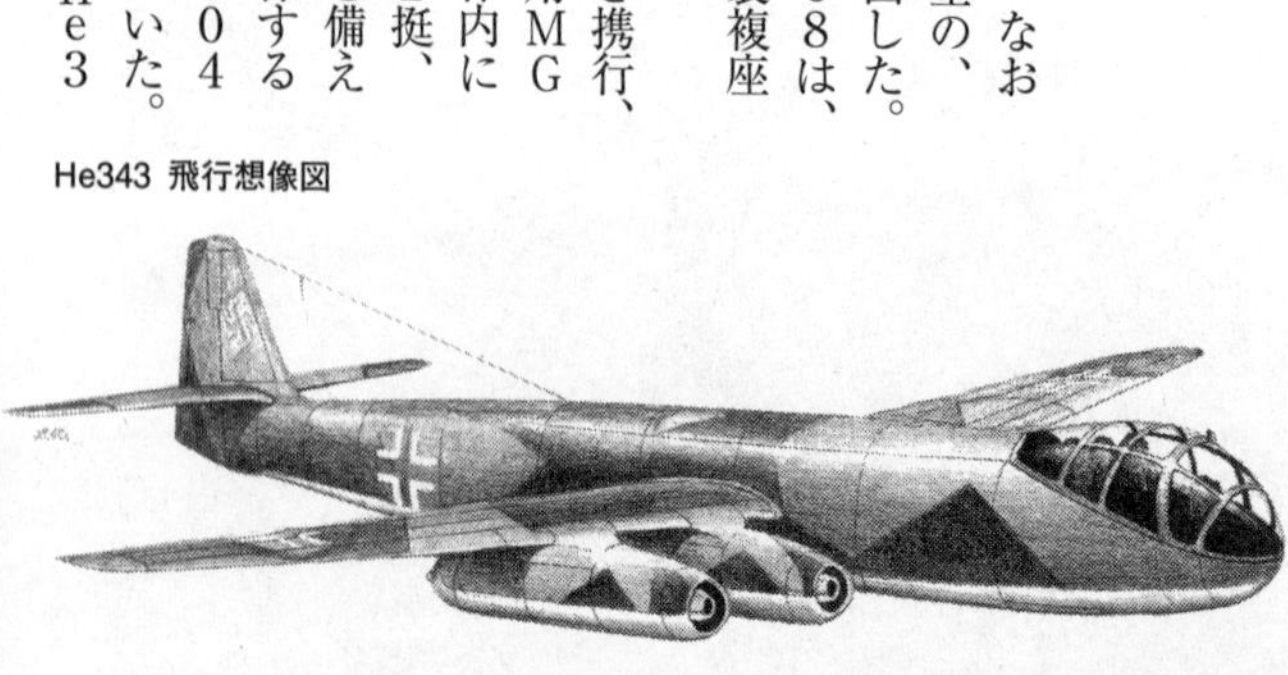

43の制式名を与えて、原型機20機（V1〜V20）の製作を発注し、1945年4月15日までに1号機V1を完成させ、一般性能テストと最少限の実用装備を施すこと、2号機は全般的な兵装テストを行ない、3号機（駆逐機原型）は同年6月30日までに完成させる、4号機は〝フリッツX〟無線誘導爆弾の搭載テストを行なう（専用の操作員を追加して3座とする）などのスケジュールが決定した。

1、2号機の製作は、1944年8月末から開始されたが、その直後に、ハインケル社は〝国民戦闘機〟He162の緊急開発作業に入ったこともあって、He343の組立作業は中断してしまった。

そして、戦況が絶望的になった1945年3月2日、開発中止となった。

He343 三面図

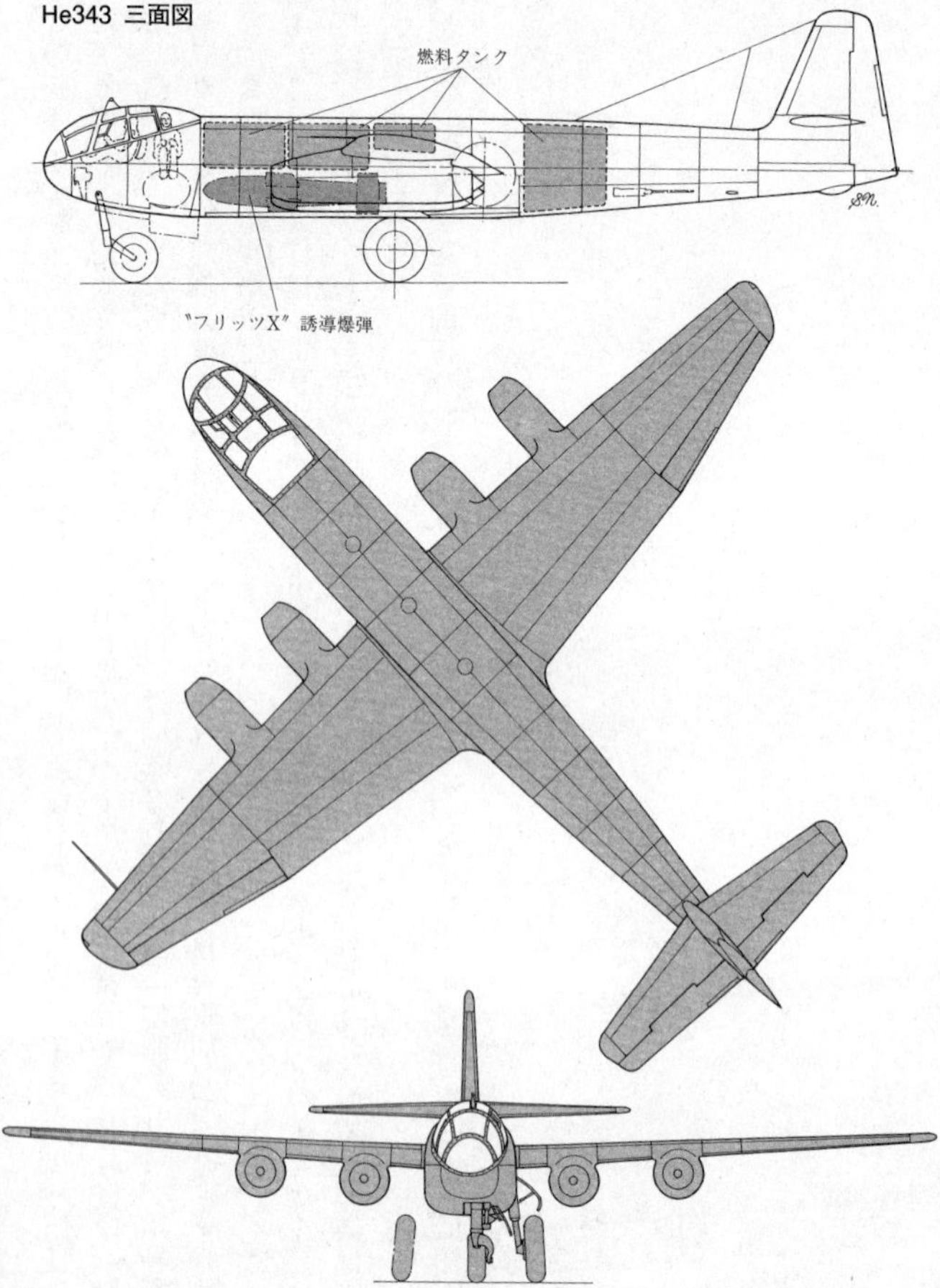

最後の望みを託した国民戦闘機Ｈｅ１６２

連合軍の、ノルマンディー上陸作戦を阻止できず、本国は昼、夜を問わぬ米陸軍航空群、英空軍の猛爆撃にされされる１９４４年夏には、もはやナチス・ドイツ第三帝国の崩壊は、誰の目にも明らかだった。連日１０００機を超える四発重爆と、それと同数の護衛戦闘機が押し寄せる現実を前にしては、迎え撃つ、わずか２００機足らずのドイツ空軍レシプロ戦闘機の存在はあまりにも無力すぎた。

こうした絶望的な現状をまのあたりにして、それまでかたくなに、Ｍｅ２６２の戦闘機としての運用を禁止していたヒトラーがようやく折れ、空軍側も、ジェット戦闘機の効果的な運用を認識するに至った。すでに手遅れではあったのだが……。

Ｍｅ２６２の大量生産を決定する一方、航空省は単発でもっと簡易、かつ生産容易な軽量戦闘機〝Volksjäger《フォルクス・イエーガー》〟——国民戦闘機——の開発を決定し、１９４４年9月10日、各メーカーに仕様書を発布した。

「緊急軽量戦闘機計画」と名付けられたこのジェット機は、戦略物資の使用を最少限におさえ、ＢＭＷ ００３ターボジェット エンジン１基を搭載し、最大速度７５０㎞／ｈ以上（海面上）、離陸滑走距離５００ｍ以下、航続時間30分以上、武装としてＭＫ１０８ 30㎜機関砲２門（弾数各80～１００発）、またはＭＧ１５１／20 20㎜機関銃２挺（弾数各２００～２５

0発）を備え、悪天候時にも行動可能な航空用の無線装置を持つというものであった。驚くべきことに、各社設計案は、3～5日以内に提出せよという厳しい条件付きだった。

Me262の開発、量産に手一杯のメーサーシュミット社は、非現実的要求との理由で棄権したが、アラド、ブローム・ウント・フォス、フォッケウルフ、ハインケル、ユンカース、フィーゼラー、ジーベルの7社が、9月14日までに設計案を提出した。翌15日に開かれた審査会議の結果、ブローム・ウント・フォス社のP.211、ハインケル社のP.1073案が残り、8日後の23日、最終的にハインケル社のP.1073案が採用された。

P.1073案が選ばれたのは、すでに自主開発として、2ヵ月前から設計が行なわれていたので量産化も早くでき、生産に要するマン・アワーも少なく済むというのが理由から。さらに、P.211のエンジン配置では、パワー・ロスが大きいとみられたことも、P.1073採用を促す一因となった。

He112、He100、He219など、それまで当局側の冷遇に泣いたハインケル社にとって、P.1073は、久々に面目をほどこせる機体になれそうだった。社主エルンスト・ハインケル博

▶1944年12月6日、わずか3ヵ月間という、信じ難い短期間の開発で完成にこぎつけた、He162の原型1号機V1。胴体上面に背負式に搭載した、BMW003エンジンが、ひときわ目立つ。主翼端には、のちの生産型のような下反角はつけられていない。

士も、戦後の回想記の中で、〝自らが先駆をなしたジェット機の分野で干され、心に深い傷をうけており、もう一度、ジェット機の領域でハインケル社の実力を示したかった〟と意気込みのほどを述べている。

Ｐ．１０７３は、９月24日に疎開先のオーストリア・ウィーンで製造図面の作成に着手、それと並行しながら、原型1号機の組み立てが行なわれた。作業の中心となったのは、それまでほとんどのハインケル社機を手がけた、ジークフリート・ギュンター、カール・シュヴェルツラー両技師である。ハインケル社は、本機に期待をこめて、Ｈｅ５００の名を冠したかったが、認められず、当局からＨｅ１６２〝Spatz《シュパッツ》〟（すずめ）という名に決定された。

Ｈｅ１６２の開発作業は急ピッチで進められ、２ヵ月後の11月5日には図面が完成、翌12月6日には原型1号機の初飛行にこぎつけるという、信じられないようなスピードだった。

1号機Ｈｅ１６２Ｖ１の初飛行は、20分間行なわれたが、テスト・パイロットのゴットホルト・ペーターは、

▶〔右5枚とも〕１９４４年12月10日、四回目のテスト飛行に臨んだＨｅ１６２Ｖ１が、低空高速飛行中に右主翼前縁外皮が剥離、補助翼も脱落し、機体が激しく横転を繰り返しながら、墜落する瞬間を、連続写真で追ったもの（右上から左下につづく）。

ジェット飛行は快適と評したものの、左側に偏向する傾向があり、木製部品の接着に使用したボンドの不良により、主脚収納ドアが脱落した。

4日後の12月10日には、再びペーターの操縦で、ウィーンの工場に隣接した飛行場に航空省、ナチスの幹部を招待しての公開飛行が行なわれた。しかし、低空高速パス（737㎞／h）のさ中に、右主翼前縁の合板外皮が剥離、機体は激しいローリングに陥り、補助翼も吹き飛んで墜落、ペーターは死亡した。原因はボンドの不良であった。

1号機の事故はあったものの、He162の開発計画はスケジュールどおり進められ、12月22日には2号機He162V2が初飛行した。2号機の完成後、当局はそれまで原型機、もしくは試作機を示すV（Versuchsの略）記号に変わり、Muster《ムスター》（見本）の略〝M〟を使用することにし、2号機はHe162M2と改称された。M2は、Me163生みの親、リピッシュ博士の助言により、横安定向上のため翼端に下反角（犬の耳、またはリピッシュの耳と呼ばれた）を付けた点が異なった。

年があけて、1945年1月はじめには、M3、M4、同月末

▲1945年5月6日、祖国の無条件降伏は、なお2日後のことであったが、デンマーク国境にほど近い、レック基地に整然と並べられ、進駐してきた英地上軍に接収された、第1戦闘航空団第Ⅰ飛行隊（I./JG1）のHe162A-2群。Me262に続くジェット戦闘機が、すでに実戦参加しつつあった現実に、接収した英軍も驚愕したに違いない。

にはM5、M6も完成して、He162の実用化は急ピッチで進んだが、MK108の製造メーカー、ラインメタル・ボルジヒ社が、空襲によって被爆、同砲の供給が滞ってしまったため、M7以降は、すべてMG151／20を搭載して完成した。そのため、MK108装備の、最初の量産型He162A-1は書類上だけの型式となり、MG151／20を装備したHe162A-2が実質的に最初の量産型になった。

当局は、He162を、1945年4月までに1000機調達する目標をかかげ、ハインケル社のロストック、ヒンターブリュール両工場の他、ユンカース社ベルン

▲下請生産を担当した、ユンカース社ベルンブルク工場にて、完成直後に米地上軍に接収されたHe162A-2、W.Nr300027。胴体の大部分は塗装も施されておらず、当時の逼迫した状況がしのばれる。

▲ドイツ南部のミュンヘン・リーム基地にて、米地上軍に接収された、He162M23、W.Nr220006。本機は、新設計の主翼付根フィレットを付け、全般操縦性のテスト用機となっていた。

ブルク工場、ミッテルヴェルケ社ノルトハウゼン工場も動員し、木製部品の製作は、全国の家具工場に請け負わせることで、これを達成しようとした。

1945年1月14日、ロストック工場製の1号機（W.Nr120001）が、続いてヒンタープリュール製の1号機（W.Nr220001）も完成し、量産が軌道にのったところで、空軍はHe162部隊の編制に着手、まず実用テストを担当する第162実験隊――Erprobungs Kommando 162――を新編し、これを基幹として実戦部隊I./JG80――第80戦闘航空団第I飛行隊――を編制する予定をたてた。

しかし、戦況の逼迫により、こうした悠長な計画は放棄され、既存のレシプロ戦闘機隊をそのまま転換することに変更した。最初のHe162装備部隊に選ばれたのは、Fw190を使っていた、I./JG1――第1戦闘航空団第I飛行隊――で、2月12日、パルヒム基地にて転換訓練を開始した。

離着陸の難しさを除けば、He162の操縦そのものは、レシプロ機より容易で、I./JG1は、ほぼ1ヵ月半で訓練を修了し、3月31日には、デンマーク国境に近いレック基地に移動し、実働態勢に入った。

この時期、すでにドイツは〝虫の息〟状況で、I./JG1の活動も制限されていたが、敗戦までの約1ヵ月という短い期間に、少なくとも2機の撃墜戦果を記録した。うち1例は、敗戦4日前の5月4日、第1中隊のシュミット少尉が、ロストック上空で、イギリス空軍のホーカー タイフーンを仕止めたものである。しかし、He162がジェットの威力により、敵機を圧倒するという空軍の期待は、ついに叶えられなかった。

Ⅰ．／JG1に続き、Ⅱ．／JG1もHe162の転換訓練に着手するため、4月上旬にハインケル社工場のあるロストックに移動し、1ヵ月後の5月4日に、Ⅰ．／JG1の駐留するレックに移ってきたが、実戦行動を記録することなく敗戦を迎えた。計画によれば、Ⅲ．／JG1、Ⅰ．／JG400が、この後に続くことになっていた。

なお、敗戦までにハインケル社ロストック工場では約120機、ヒンターブリユール、およびウィーンで合わせて約70機、ユンカース社ベルンブルクで約30機、ミッテルヴェルケで18機以上の計約240機が完成し、さらに800機以上が製作途中だった。

●He162計画型

▲オーストリアのザルツブルク近郊の山中にあった、地下305mの岩塩採掘坑道内で生産中だったHe162胴体部分。1945年4月末、進攻してきた米地上軍に接収された直後の撮影で、画面には約40機分の胴体が写っている。こうして、地下工場で製作された胴体部分と、各地の木工場で製作された主、尾翼を地上で組み立てて完成させる。

▲◀ドイツ敗戦後、英地上軍がレック基地で接収し、それを譲渡してもらった機体も含め、米国は、調査、テストのため数機のHe162Aを本国に搬送した。写真は、そのうちの2機で、上はレック基地の、もとJG1航空団司令官ヘルベルト・イーレフェルト大佐乗機W.Nr120230、左は、同航空団第I飛行隊第2中隊（2./JG1）所属のA-2である。幸い、のちに両機ともNASM、プレーンズ・オブ・フェイムの公、民設博物館に引き取られ、現存している。

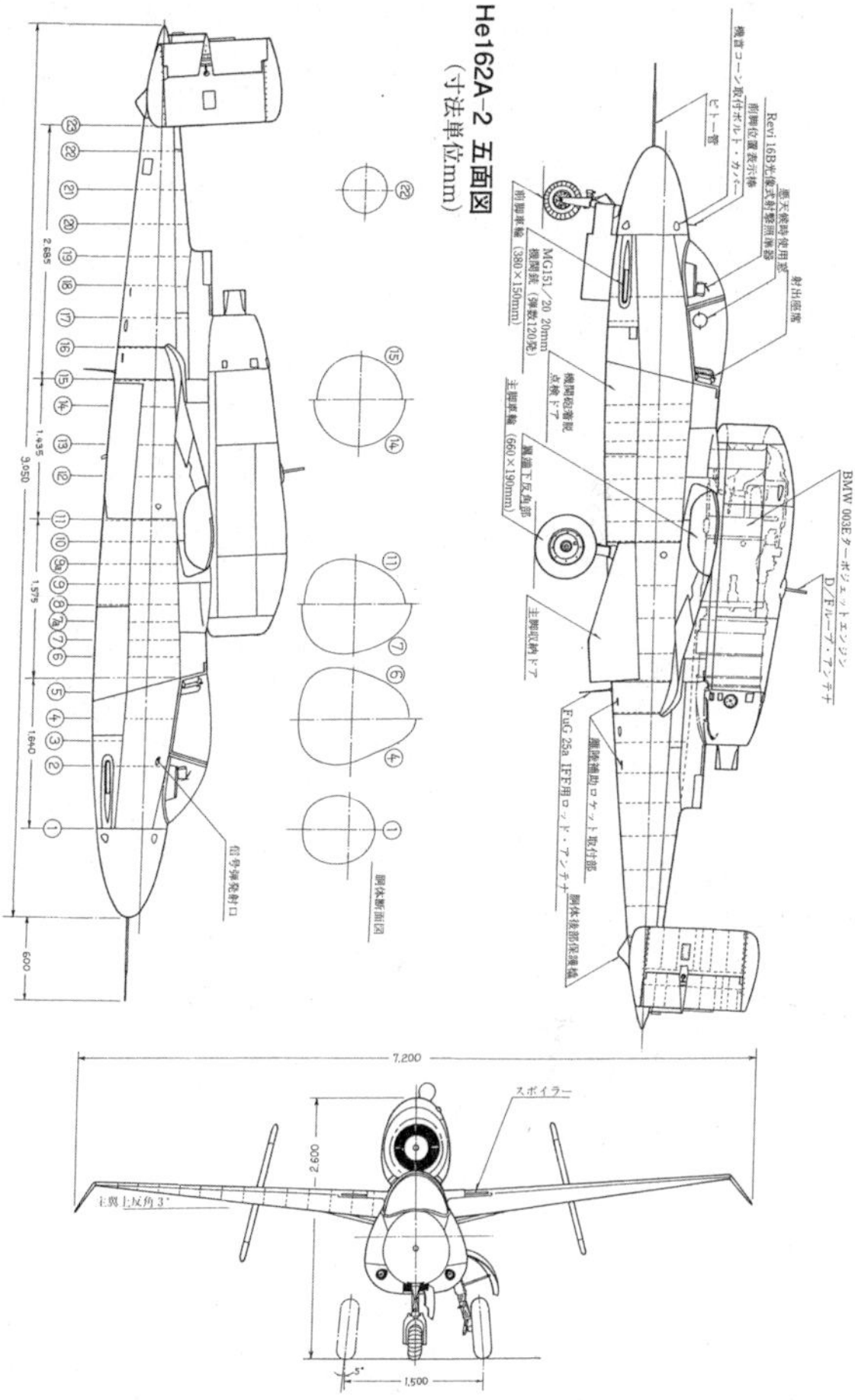
He162A-2 五面図
（寸法単位mm）
機首コーン取付ボルト・カバー
ピトー管
前脚位置表示棒
Revi 16B光像式射撃照準器
悪天候時使用窓
射出座席
BMW 003Eターボジェットエンジン
D/Fループ・アンテナ
MG151/20 20mm機関銃（弾数120発）
前脚車輪（380×150mm）
機関砲薬莢点検ドア
主脚車輪（660×190mm）
翼端下反角部
主脚収納ドア
離陸補助ロケット取付部
FuG 25a IFF用ロッド・アンテナ
胴体後部保護橇
信号弾発射口
胴体断面図
スポイラー
主翼上反角3°
7,200
2,600
1,500
9,050
2,685
1,435
1,575
1,640
600

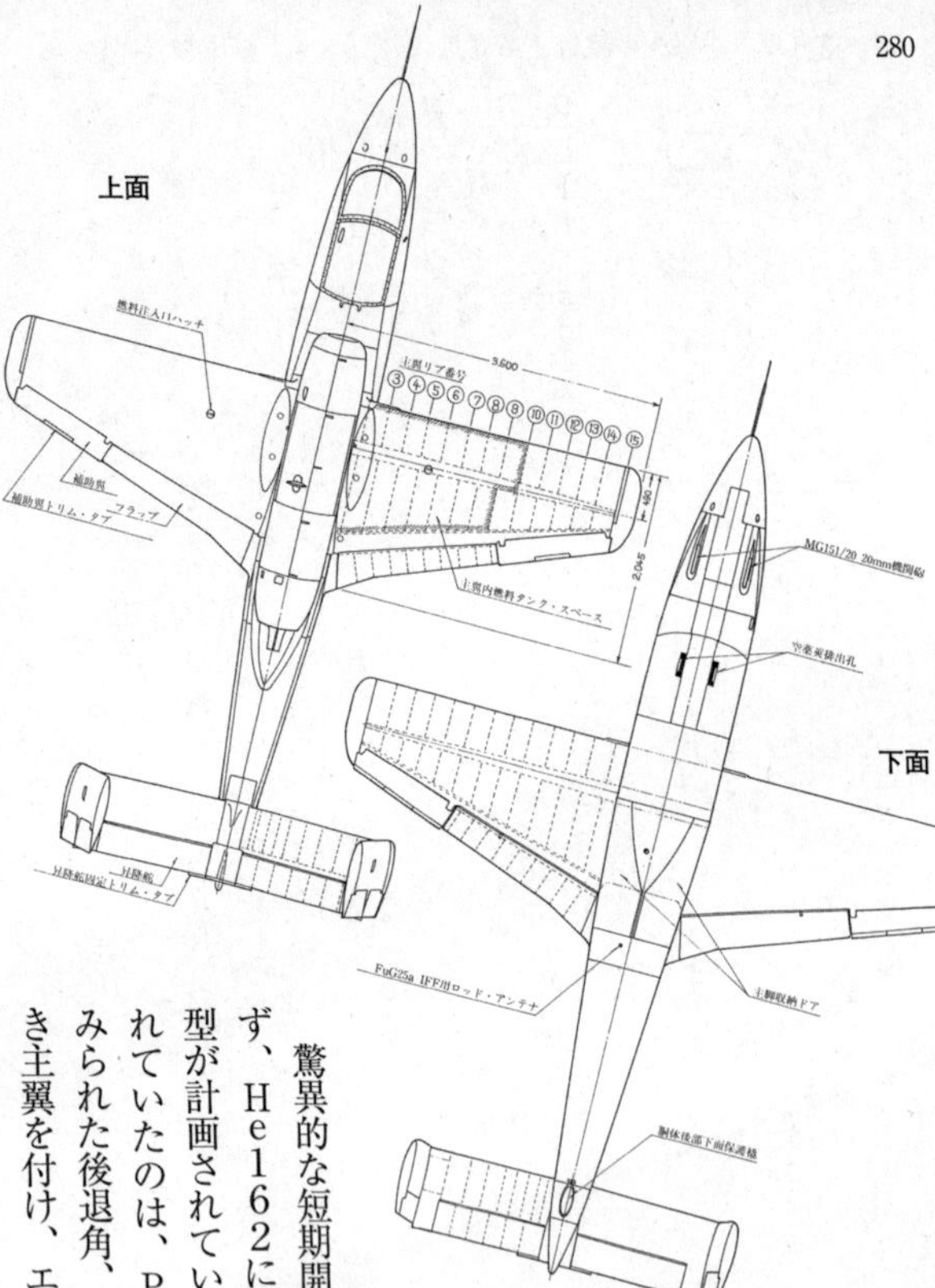

驚異的な短期開発機にもかかわらず、He162にはいくつかの発展型が計画されていた。最も有望視されていたのは、P.1073原案にみられた後退角、もしくは前進角付き主翼を付け、エンジンを、よりパ

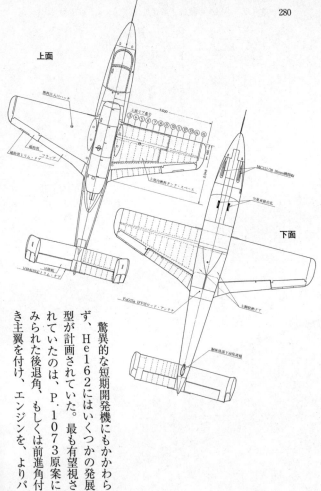

ワーの大きい自社製HeS011（推力1300kg）に換装、V型尾翼とする案だった。前進角付き主翼はHe162B、後退角付き主翼はHe162Cになるはずだった。

より手軽に、なおかつ大量に生産可能なパルスジェット エンジン、As014（推力335kg）を2基搭載するHe162A-10、同じくAs044（推力500kg）1基を搭載する、He162A-11も計画されたが、高空性能に難があるために早期に放棄された。

また、He162パイロット訓練用に、通常型A-2の操縦室直後に後席（教官席）を追加し、機首を延長した複座練習機He162S、A-2のエンジンを撤去したグライダー訓練機He162D、単にA-2の尾翼をV型に改めたHe162A-6なども計画された。これらのうち、He162Sは実際に1機作られ、その写真も現存している。

その他、エンジンをMe262と同じJumo004B、ジェット／ロケット併用のBMW003R（推力2040kg）に換装することも検討され、テスト用機も準備されていた。

奇抜な発想で知られる、特殊攻撃機〝ミステル〟にも、He162は使用されることが計画され、爆薬を積んだ〝子機〟アラドE377aとの組み合わせにより、〝ミステル5〟と名付けられることになっていた。

Me163、Me262と同じく、日本海軍はHe162にも注目し、ライセンス化を考えていたようだが、実現しなかった。

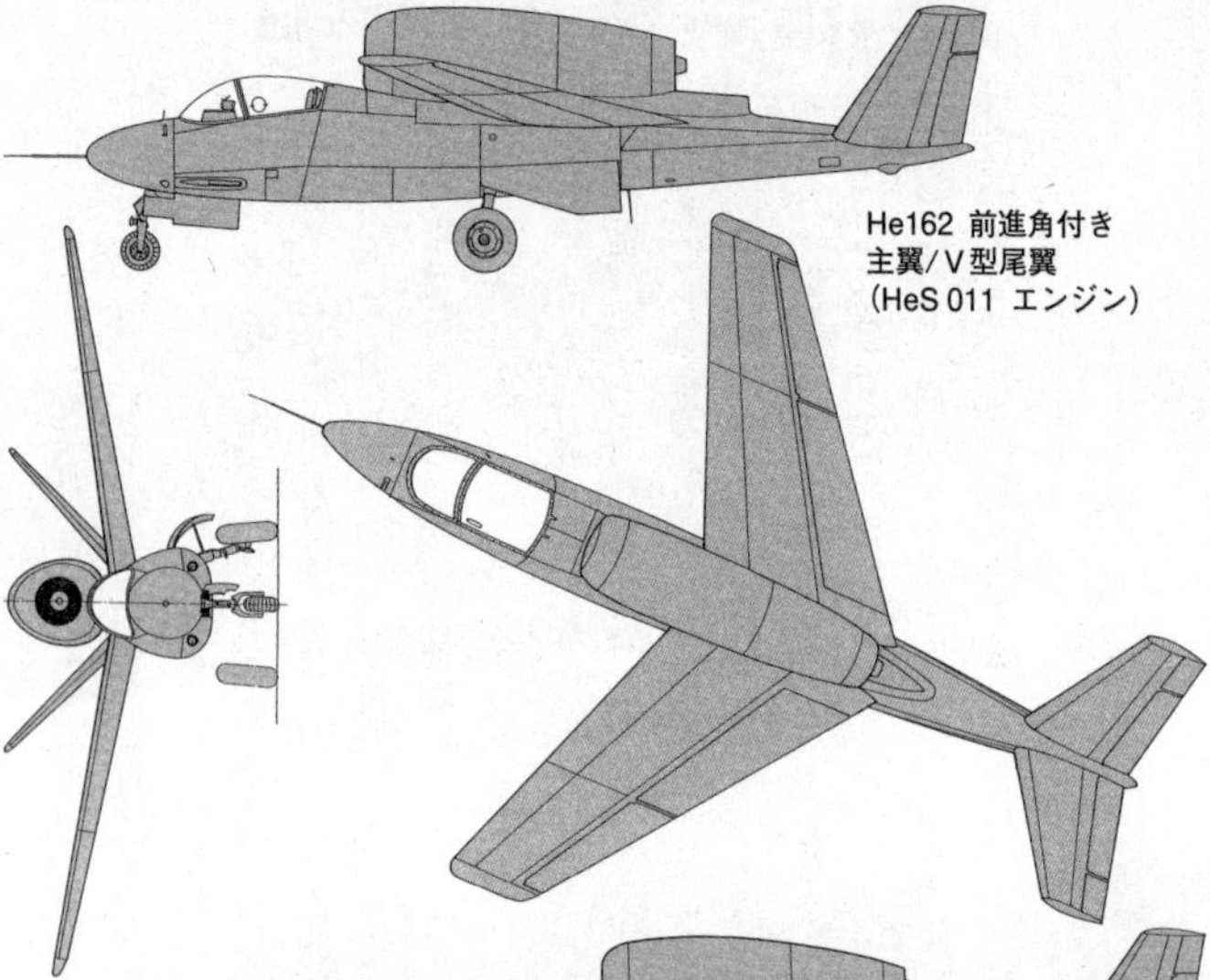

He162 前進角付き
主翼/V型尾翼
(HeS 011 エンジン)

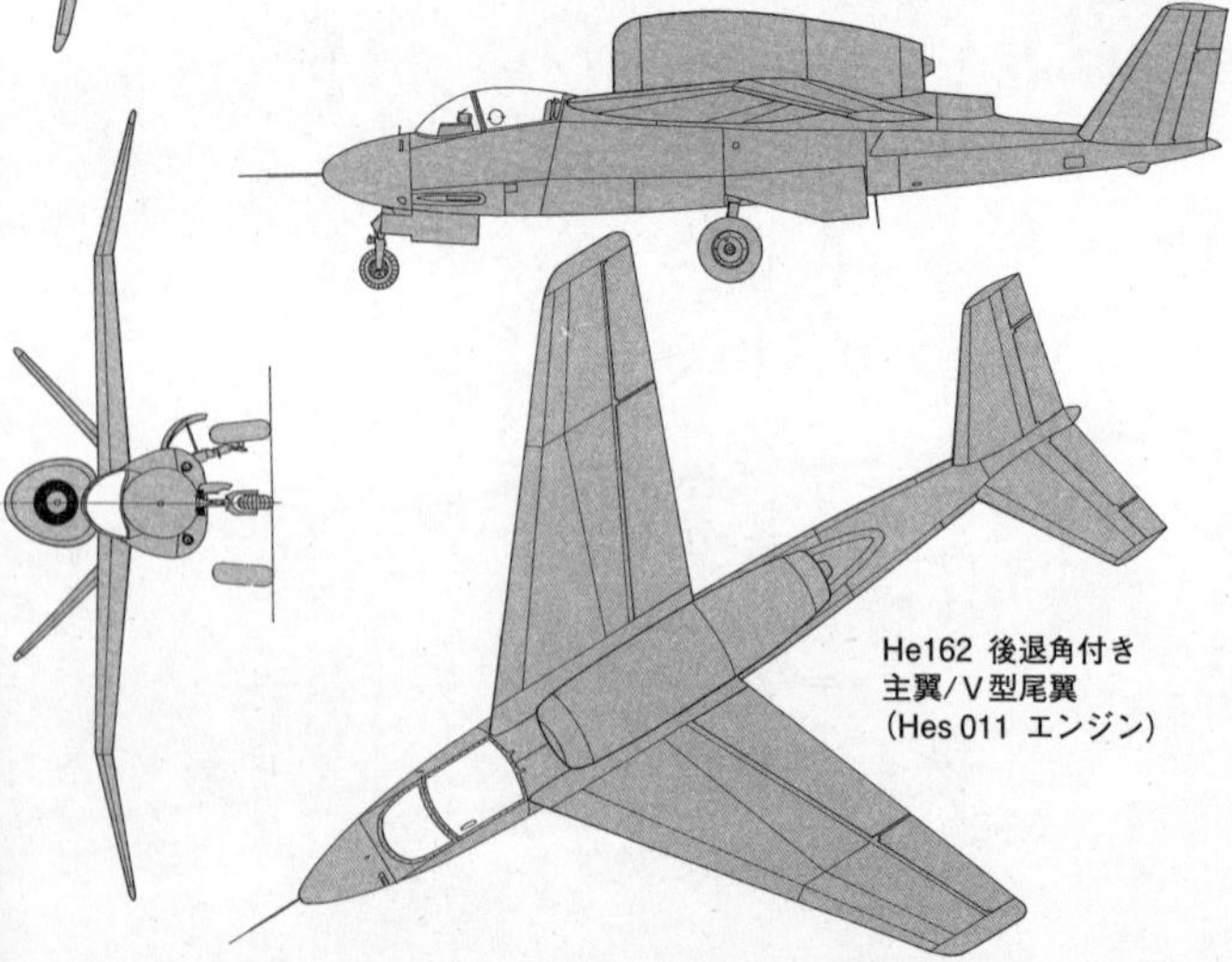

He162 後退角付き
主翼/V型尾翼
(Hes 011 エンジン)

He162計画型
He162D複座練習機
(BMW 003Eエンジン)

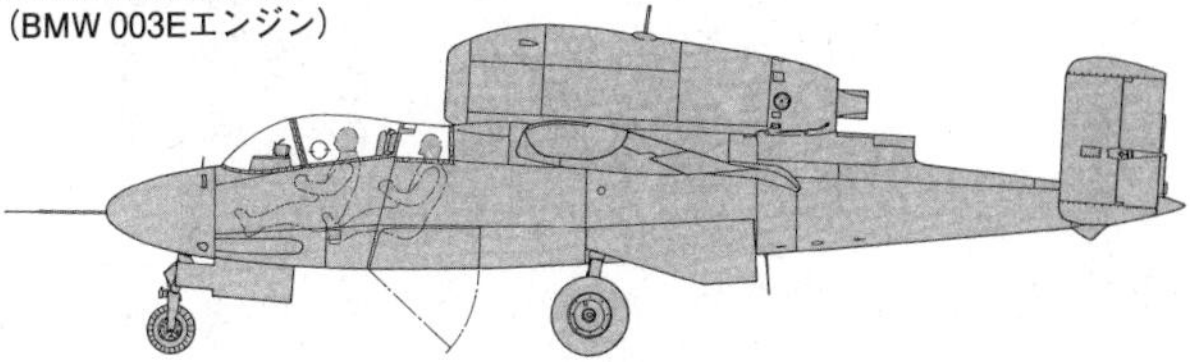

He162 (Jumo 004エンジン)

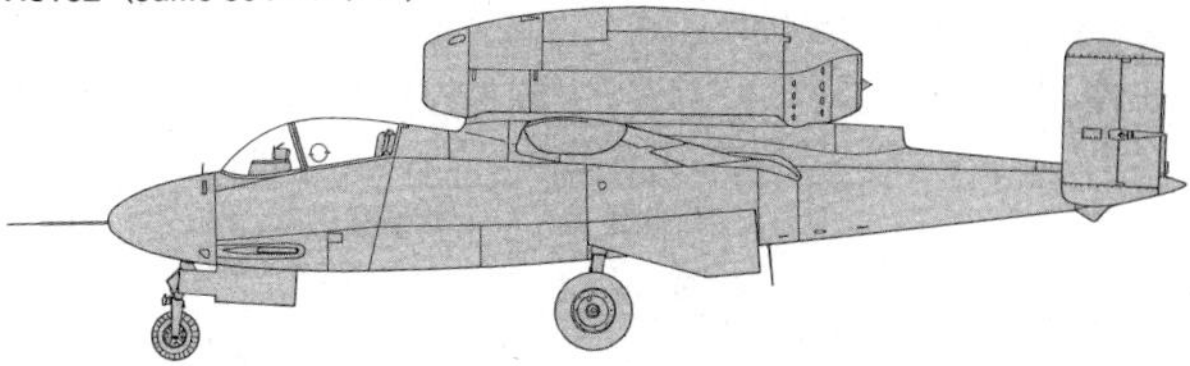

He162V型尾翼付き
(BMW 003Eエンジン)

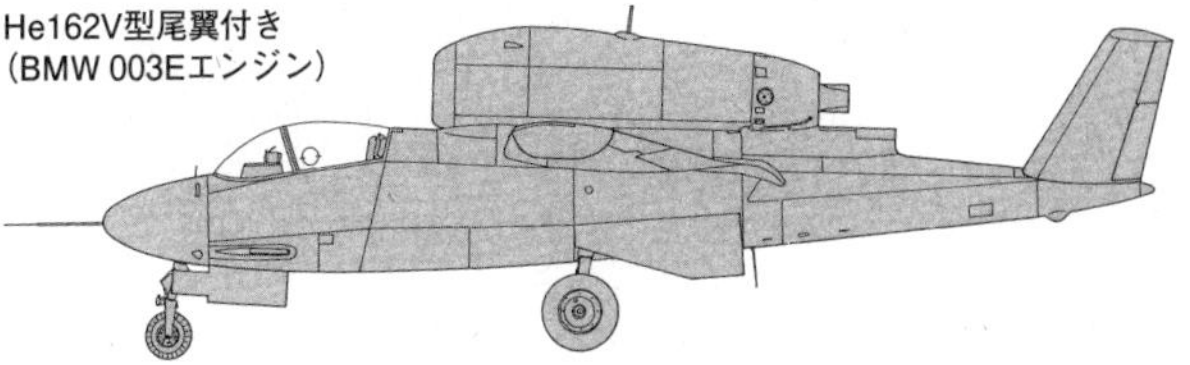

He162A/アラドE377a "ミステル"
(1944年11月30日付け提案)

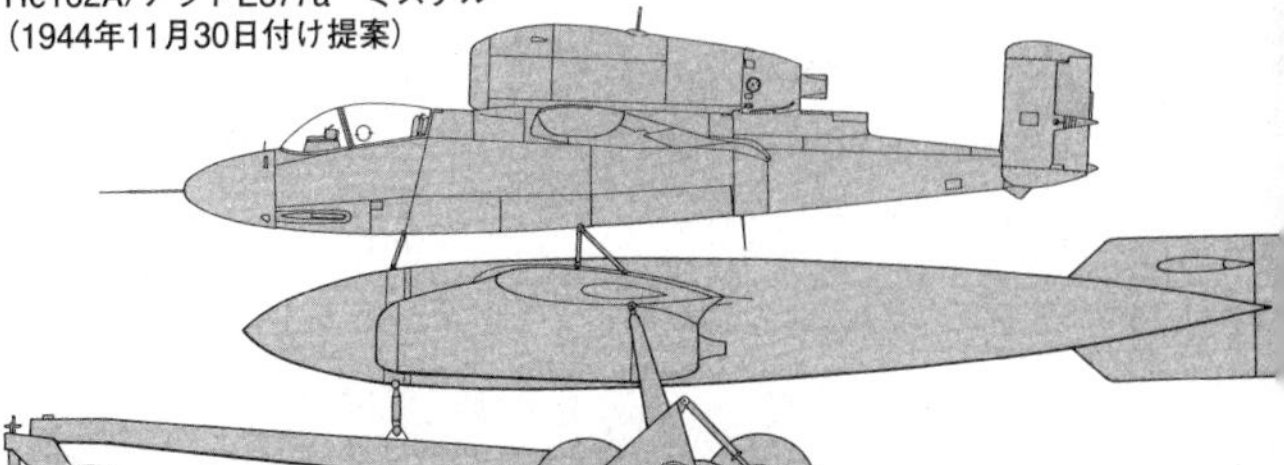

He162の機体構造

超短期開発と、戦略物資（主に軽合金）の節約が大前提とされたこともあって、He162の設計、構造はきわめて特殊ものとなっていた。それを象徴的に示すのが、背負式のエンジン配置と、双垂直尾翼、全木製の主翼であろう。以下、順にみていくとする。

●胴体

鋼製骨組みに、ジュラルミン外皮のセミ・モノコック構造で、前方より機首区画、操縦室区画、燃料タンク区画、主脚収納区画、尾部区画の5つのセクションから成っている。機首から操縦室にかけては、オムスビ型断面だが、次第に円形となり、主脚収納区画より後方は、完全な真円となる。胴体隔壁は23枚あり、第1隔壁に前脚、第5隔壁に射出座席、およびMG151／20機関銃、第11隔壁に主脚といった、重量の大きい部品が取り付けられた。

●主翼

生産の容易さを考えた、単純な直線テーパーの左、右一体翼で、骨組み、外皮ともすべて木製である。本体は、2本の桁に片翼15本のリブを配し、主桁より前方10番リブ、同後方は9番リブより内側内部を、特殊水密処理を施した燃料タンク（150ℓ入）に充てている。

この燃料タンクへの注入口を除いて、主翼表面には点検パネルなどはいっさいなく、きわめてノッペリしているのが特徴。

付根位置のコード（弦長）は２０４５㎜、アスペクト・レシオ（縦横比）は４・６５、翼面積11・１６㎡、上反角3°で、特徴ある翼端の下反角は55°（この部分のみ金属製）。

後縁外側には補助翼（作動角±18°）、同内側にはフラップ（作動角最大－45°）が付き、双方とも木製。補助翼は槓桿、フラップは油圧シリンダーにより操作される。

主翼付根前縁に付く、小さな三角形断面のスポイラー、およ

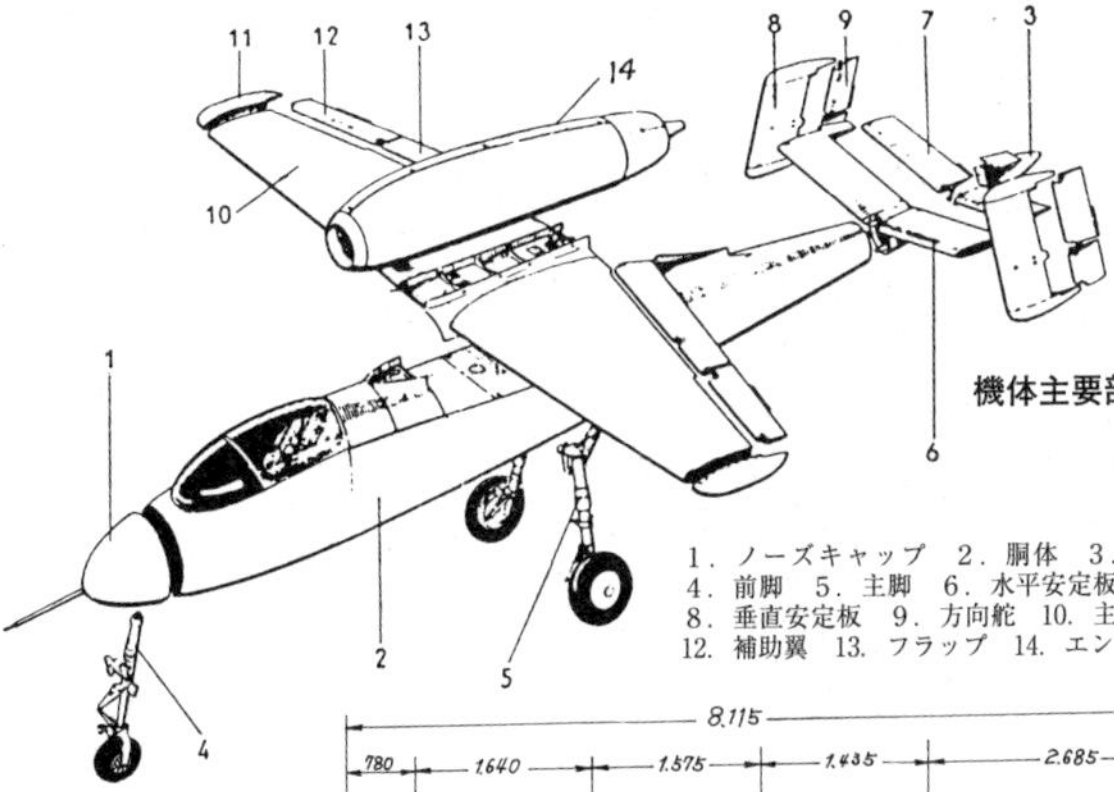

機体主要部品構成

1．ノーズキャップ　2．胴体　3．尾部コーン
4．前脚　5．主脚　6．水平安定板　7．昇降舵
8．垂直安定板　9．方向舵　10．主翼　11．翼端
12．補助翼　13．フラップ　14．エンジン

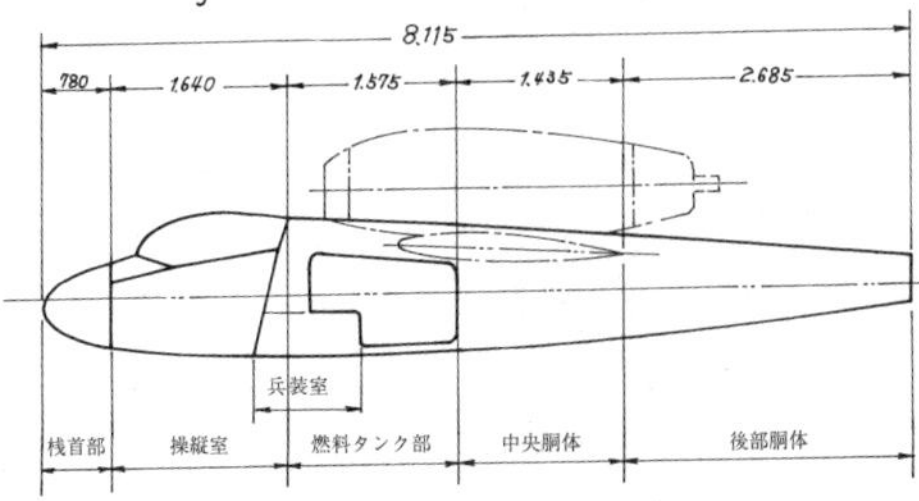

胴体構成
（寸法単位mm）

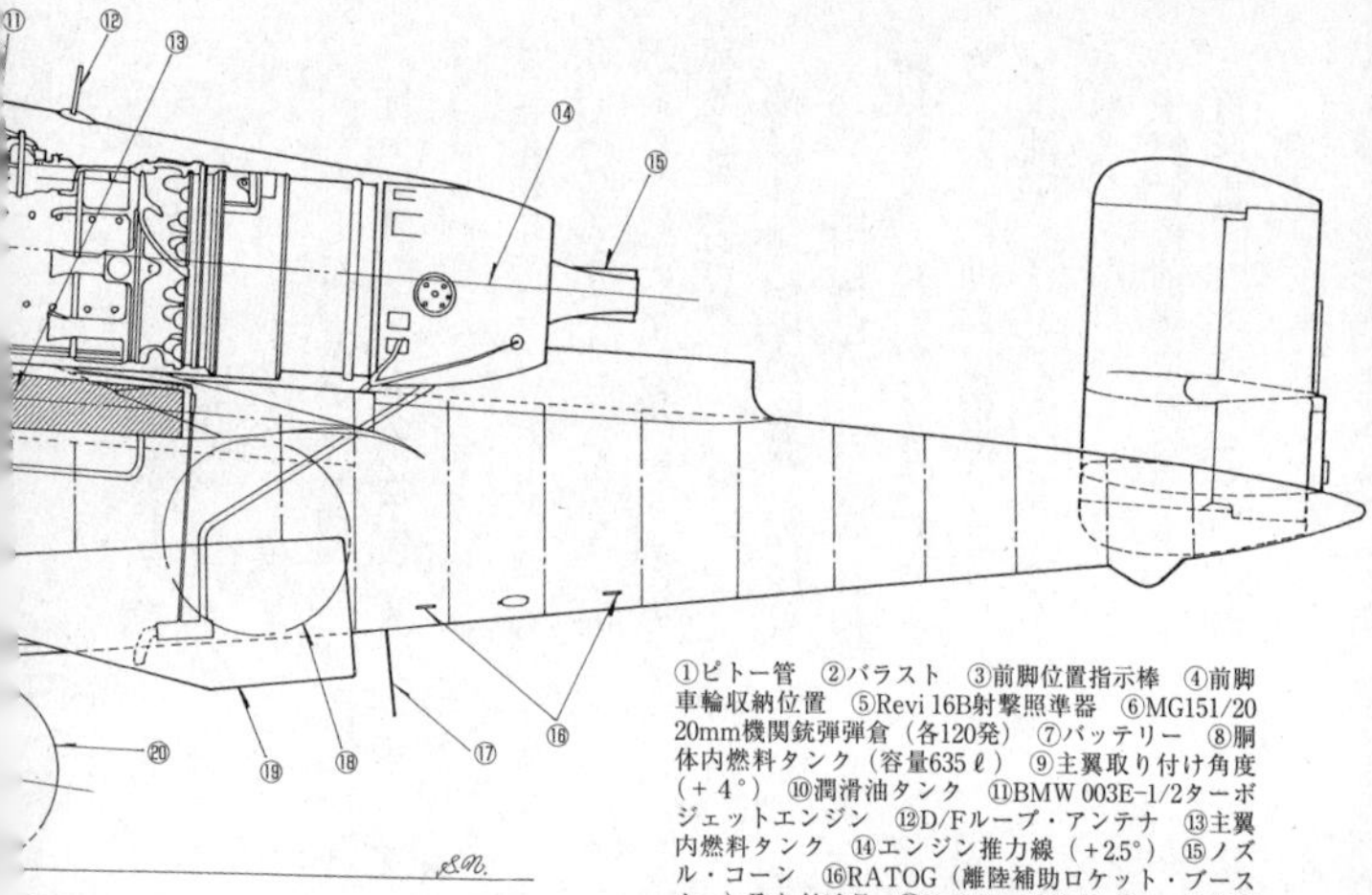

①ピトー管　②バラスト　③前脚位置指示棒　④前脚車輪収納位置　⑤Revi 16B射撃照準器　⑥MG151/20 20mm機関銃弾弾倉（各120発）　⑦バッテリー　⑧胴体内燃料タンク（容量635ℓ）　⑨主翼取り付け角度（＋4°）　⑩潤滑油タンク　⑪BMW 003E-1/2ターボジェットエンジン　⑫D/Fループ・アンテナ　⑬主翼内燃料タンク　⑭エンジン推力線（+2.5°）　⑮ノズル・コーン　⑯RATOG（離陸補助ロケット・ブースター）取り付け具　⑰FuG 25a IFFアンテナ　⑱主脚車輪収納位置　⑲主脚収納扉　⑳主脚車輪（660×190mm）　㉑MG151/20 20mm機関銃　㉒火薬式射出座席　㉓MG151/20銃身突出部　㉔前脚収納扉　㉕前脚車輪（380×150mm）

胴体骨組み図

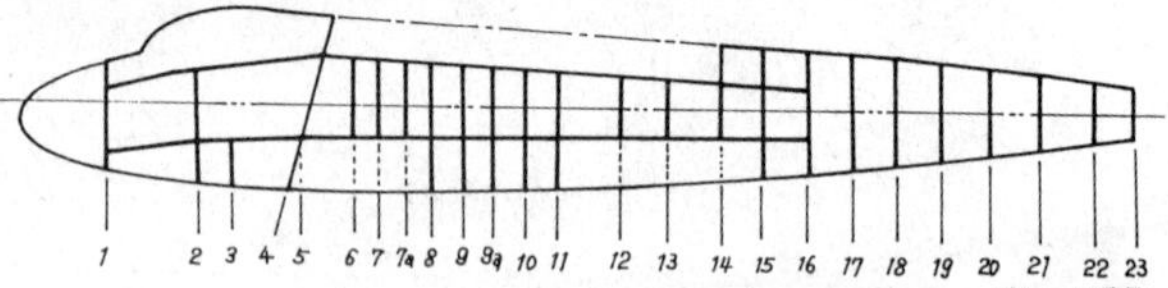

胴体外鈑分割図

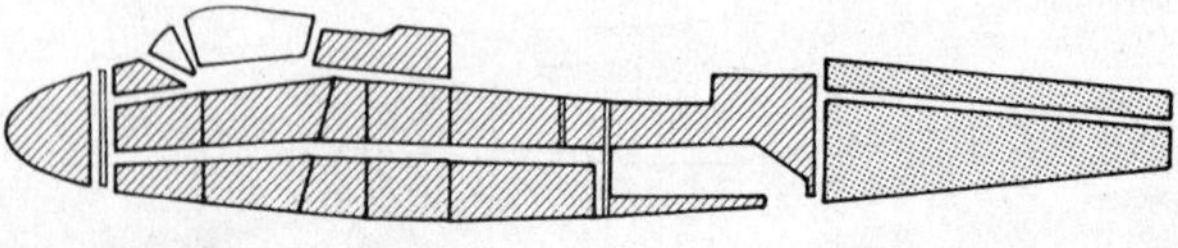

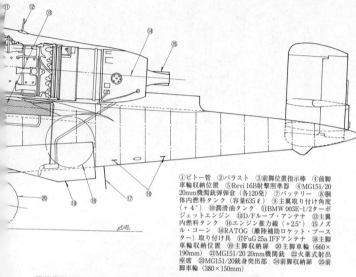

He162A-2 胴体内部配置図

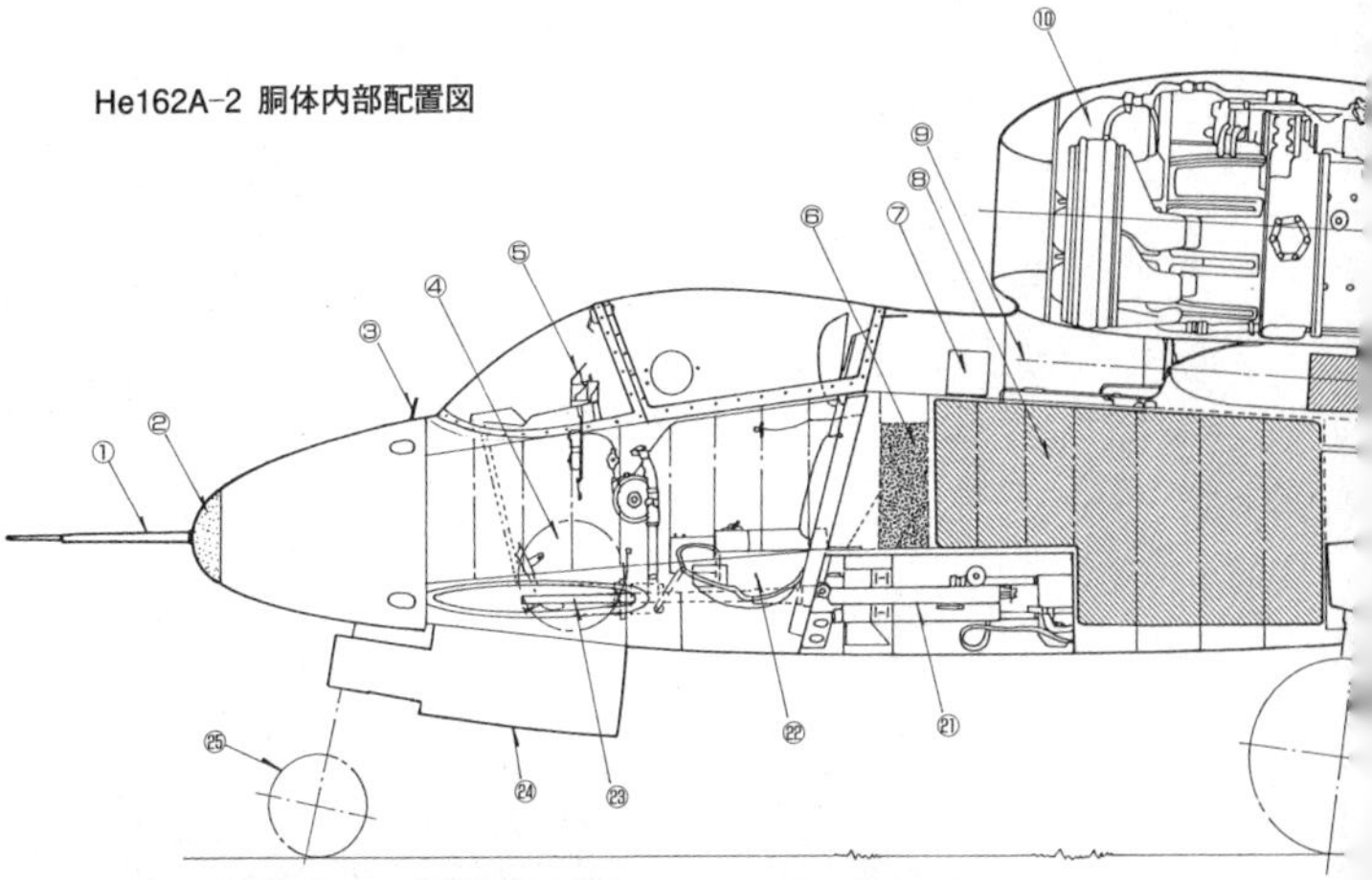

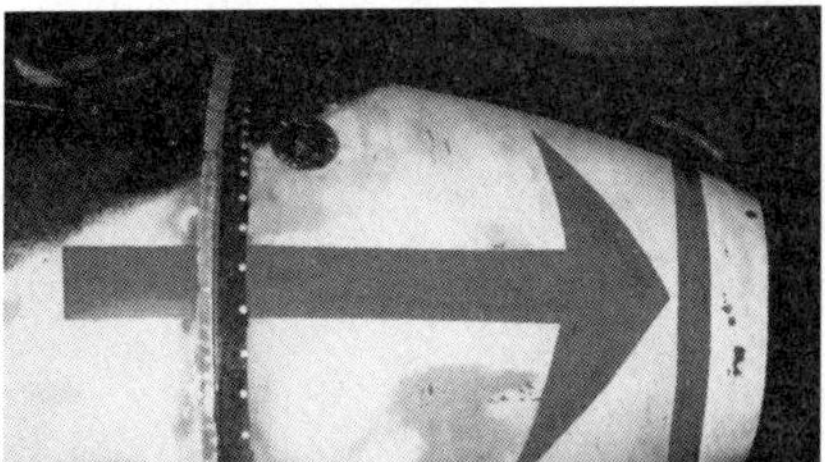

◀NASMに現存する、もとJG1航空団司令官ヘルベルト・イーレフェルト大佐乗機He162A-2、W.Nr120230の機首右側。先端部のカバーは着脱可能で、丸穴の開いた部分の、4本のボルトで本体に取り付けられた。

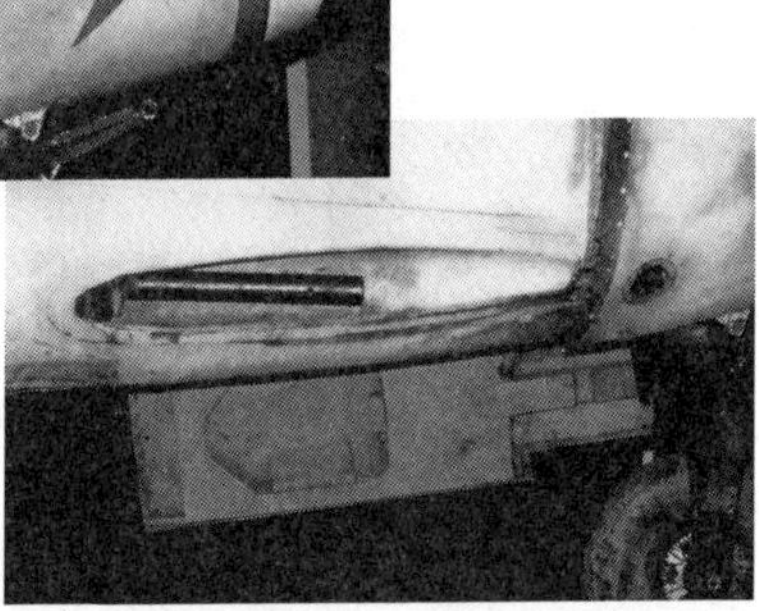

▶前脚収納部の両側に開口する、MG151/20 20mm機関銃々身の突出部。写真は右側を示す。He162A-1では、この射撃兵装がMK108 30mm機関砲で、砲身は外部に突出しなかった。

び同後縁付け根フィレットの独特の下向きカーブは、いずれも失速を防止するためのもの。

主翼は4本の垂直ボルトによって胴体に取り付けられた。

●尾翼

エンジンを、胴体上面に背負式に搭載することにしたため、必然的に双垂直尾翼形式になったが、水平尾翼が、14°の上反角を有しているのが特徴である。エンジンの排気に耐えるため、水平尾翼は骨組み、外皮ともジュラルミン製。昇降舵の作動角は±28°で、後縁に＋3°〜－2°の間を調整できるトリム・タブを有する。

垂直安定板は、骨組み、外皮とも木製で、3本のボルトにより水平安定板に直角に取り付けられた。方向舵はジュラルミン製で、水平尾翼への取付部を避け、上、下に2分割されている。作動角は左、右25°で、上部方向舵のみ、後縁にトリム・タブを有する。

●操縦室

主翼骨組図

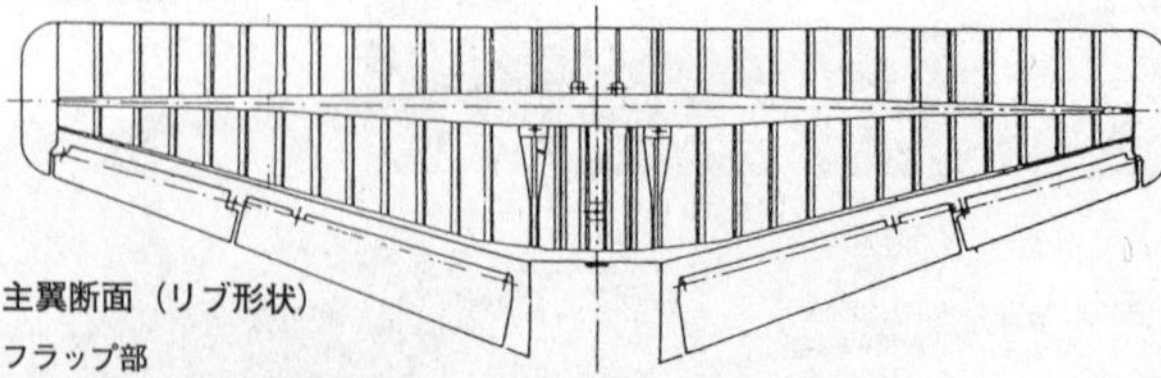

主翼断面（リブ形状）

フラップ部

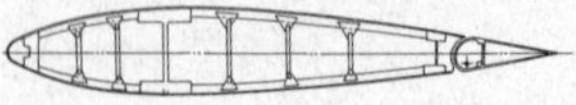

補助翼部

▶〔右２枚〕左、右の主翼付根後縁フィレット部を、後方（上写真）、および下方より見る。真円断面の胴体上部に、肩翼位置に取り付けられる主翼は、エンジンナセルとの絡みもあって、付根付近の気流が乱れ、失速し易いため、フィレット後方が下方にカーブを描いており、整流に苦心している。

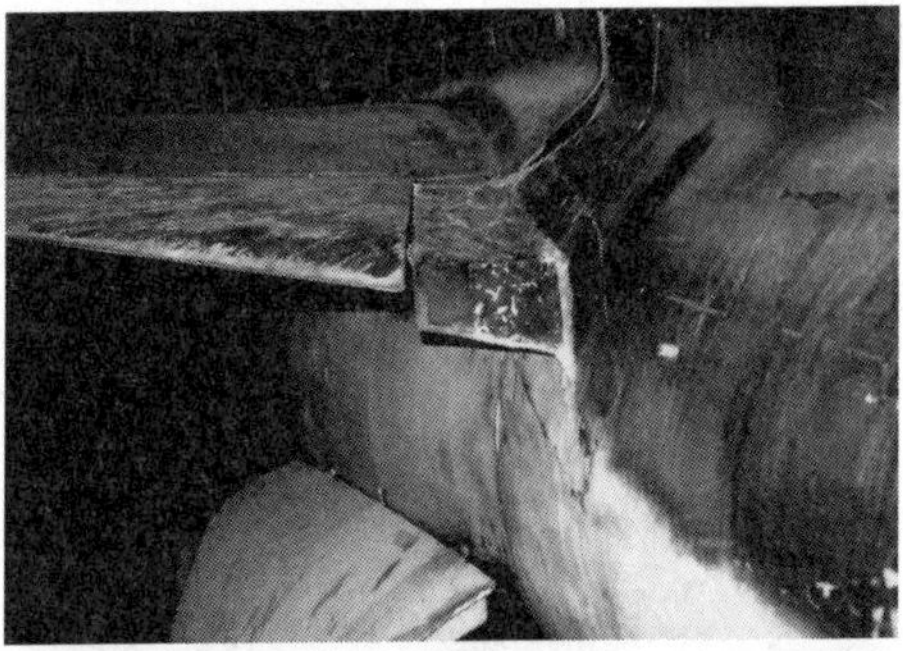

▼〔下２枚〕He162の外形を特徴づけるポイントのひとつ、主翼端下反角部を左翼上面（右写真）、右翼下面より見る。原型１号機の段階では付いていなかったが、同機の事故のあと、横安定向上のために、２号機から導入された。この助言をしたのが、Me163生みの親のリピッシュ博士であることは、よく知られている。主翼本体は木製であるが、この翼端部だけは金属製だった。

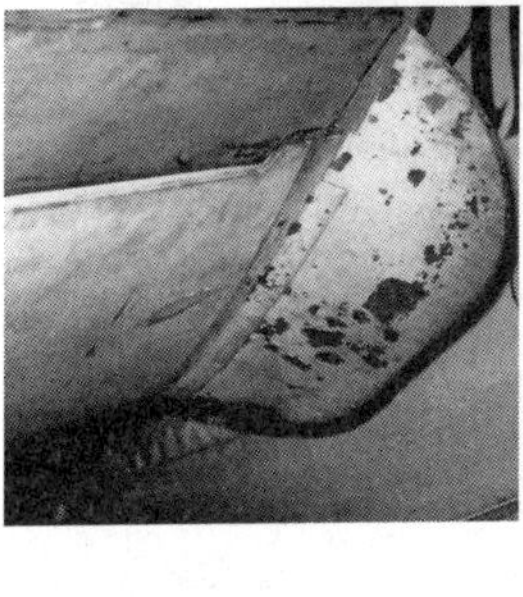

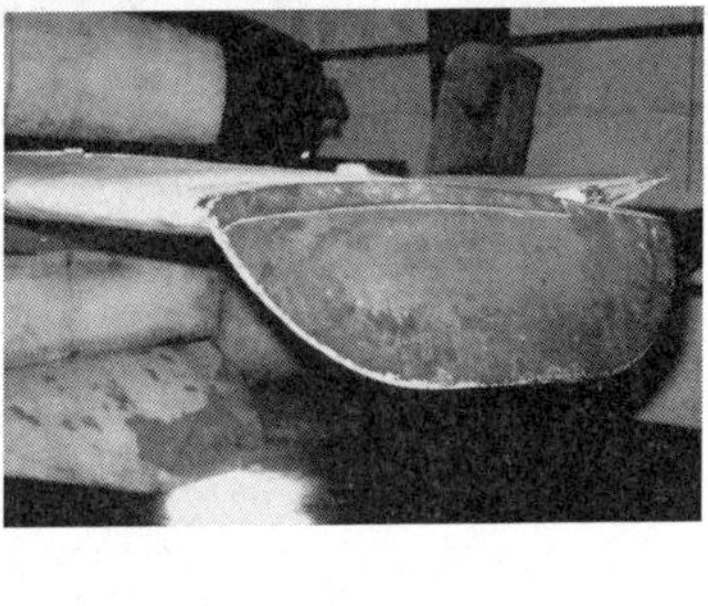

垂直尾翼構造図

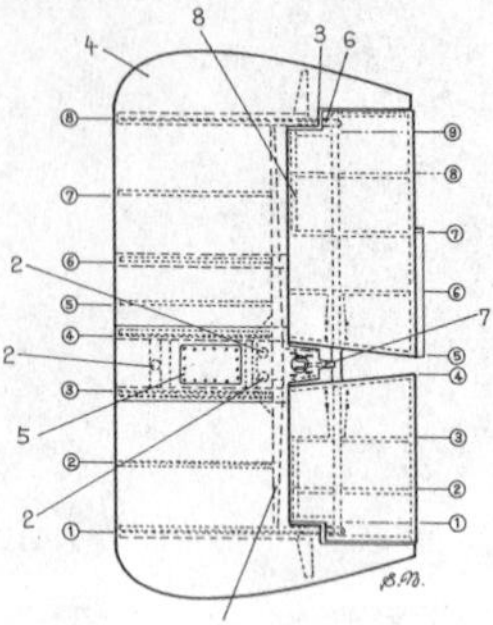

1．主桁　2．垂直安定板取付部　3．ベアリング取付部　4．テイル・キャップ　5．点検パネル　6．方向舵取付部　7．方向舵操作レバー　8．バランス・ウェイト

水平尾翼構造図

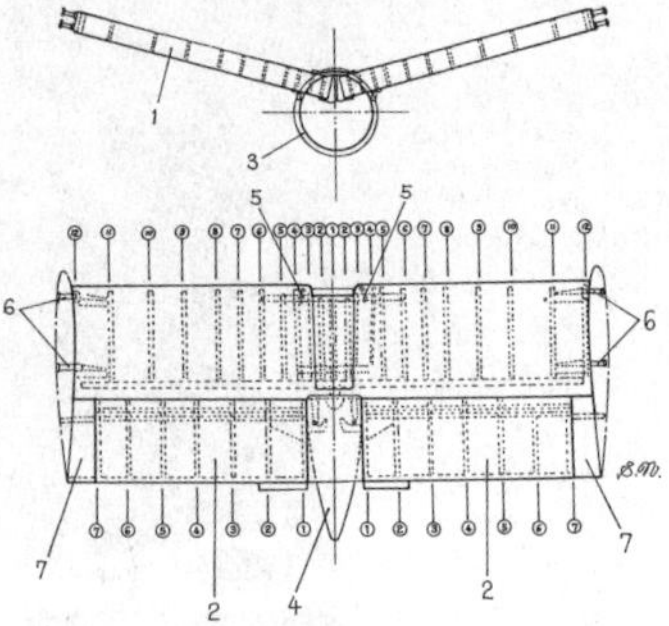

1．水平安定板　2．昇降舵　3．昇降舵支持架（尾部橇付）　4．尾部コーン　5．胴体/水平安定板結合部　6．垂直安定板取付部　7．水平安定板テイル・フレーム

▶水平尾翼。14度の上反角がついている。エンジン排気に触れるために、木製というわけにはいかず、安定版、昇降舵ともに全金属製。画面右下の胴体下面の突起は、“尻モチ”に備えた橇（スキッド）。

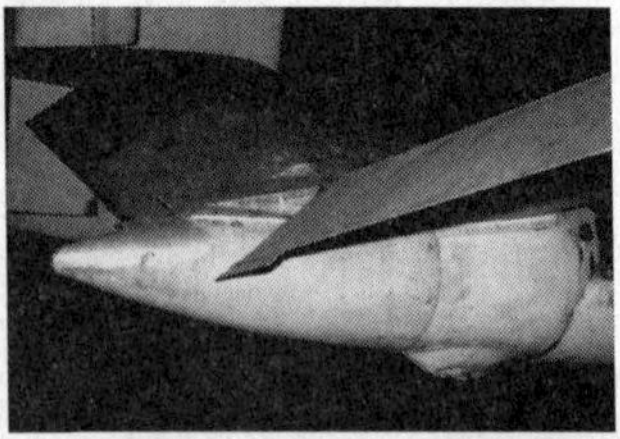

▶右垂直尾翼外側全体。方向舵は、水平尾翼と干渉しないよう、上、下に二分割されている。

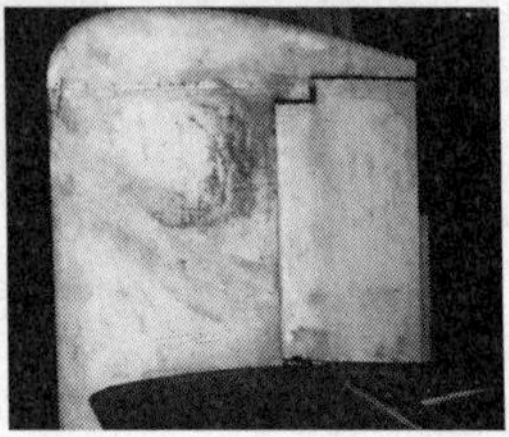

▶右垂直尾翼の内側。安定版は骨組み、外皮ともに木製だが、方向舵は金属製。

機首先端近くに配置された操縦室は、レシプロのＢｆ１０９などよりも簡潔にまとめられており、フレームの少ない大きなキャノピーと相まって、視界は良好だった。ただ、背負式に搭載された、ＢＭＷ００３エンジンの吸気口が、直後に開口しているため、非常時の脱出は決して安全とは言い難かった。むろん、Ｈｅ２８０で実用化されたのと同じ射出座席（圧搾空気から火薬式に改修）が装備されていたが……。射出の際にはキャノピーも同時に飛散する。

正面計器板上方には、Ｒｅｖｉ16Ｂ射撃照準器を備え、計画では新型ジャイロ式照準器ＥＺ42へ換装することになっていた。

He162A-2 操縦室内配置

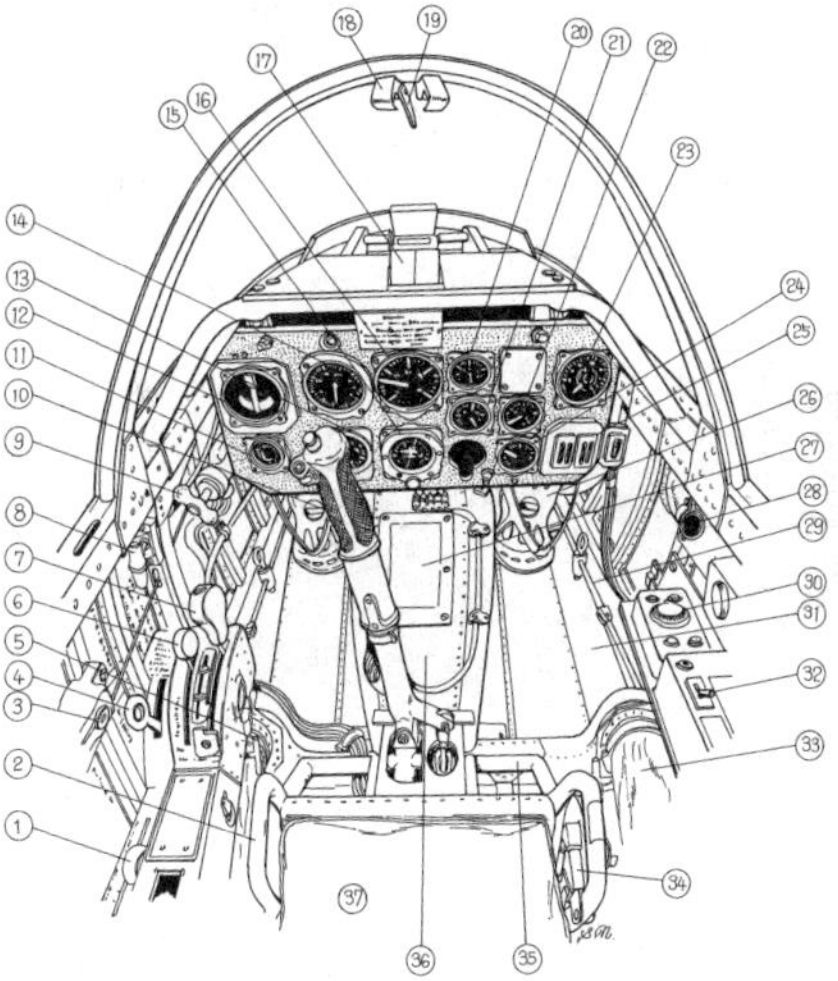

①昇降舵トリム調節レバー
②座席ハンドル（射出時使用）
③水平尾翼トリム調節ハンドル
④脚位置選択レバー
⑤機関銃取り付け金具
⑥燃料コック
⑦スロットル・レバー
⑧脚操作レバー
⑨フラップ手動操作ハンドル
⑩操縦桿
⑪フラップ角度指示計
⑫旋回計
⑬高度計
⑭速度計
⑮コンパス
⑯昇降計
⑰Revi 16B光像式射撃照準器
⑱キャノピー・キャッチ
⑲キャノピー開閉ハンドル
⑳ジェット・パイプ温度計
㉑油圧計
㉒油量計
㉓回転計
㉔燃料計
㉕機関銃弾消費ゲージ
㉖方向舵ペダル
㉗前脚車輪収納状況視認窓
㉘信号弾発射筒
㉙方向舵作動索
㉚無線機ダイヤル＆選択パネル
㉛MG151/20ブラスト・チューブ
㉜エンジン始動スイッチ＆電気回路パネル
㉝MG151/20リコイル・スプリング・カバー
㉞射出座席操作ハンドル
㉟足掛け（射出時使用）
㊱前脚車輪収納部覆
㊲射出座席（火薬式）

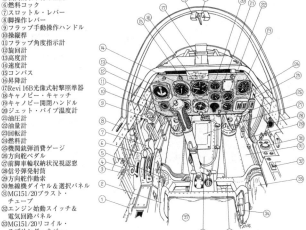

▲He162Aの正面形。機首先端近くに位置する操縦室は、フレームの少ないキャノピーと相俟って、後上方を除く視界は抜群だった。背中にエンジンがあるので、非常時の脱出は、射出座席があるとはいっても、パイロットには無気味であったろう。

▲キャノピー全体。後半の可動部は、ヒンジを支点に右側に開く。前部左側に開口した丸穴は、悪天候などでガラス窓が曇ったとき、この部分を内側に開いて、視界を得るためのもの。むろん、本来はガラスで塞いであった。

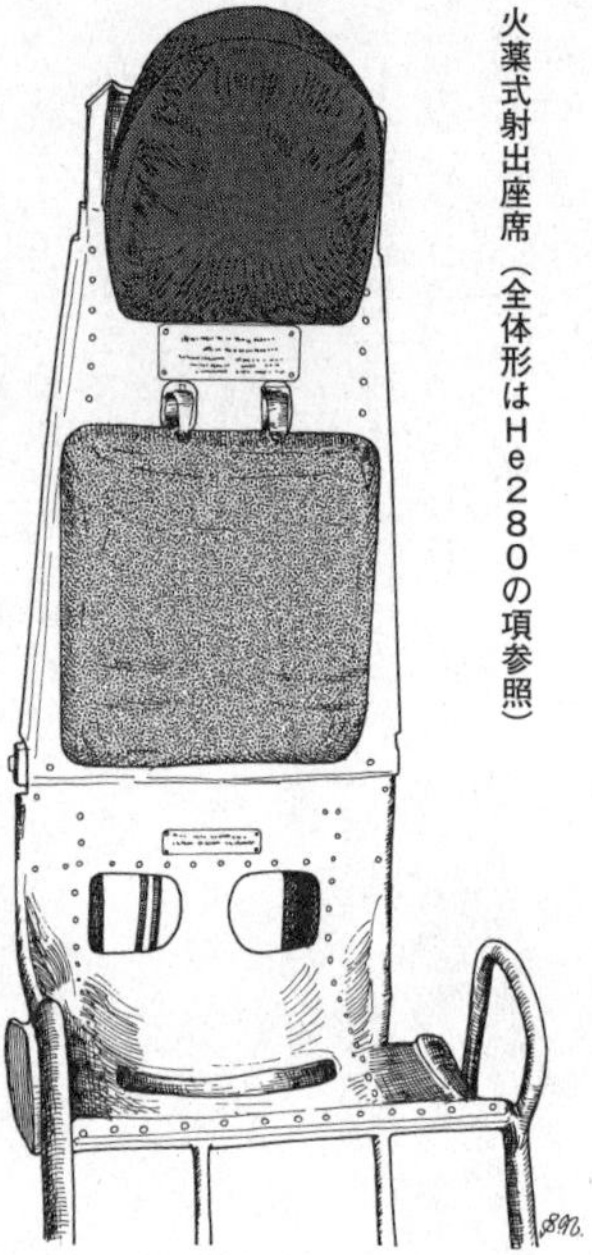

火薬式射出座席（全体形はＨｅ２８０の項参照）

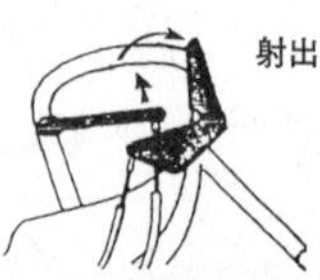

射出レバー

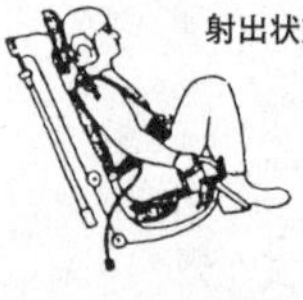

射出状態

●降着装置

ジェット機には標準的な前脚式で、前脚、主脚とも〝脚上げ〟は油圧、〝脚出し〟はスプリングによって行なう。両脚柱ともオレオ緩衝機構をもち、前脚車輪は380×150㎜、主脚車輪は660×190㎜サイズのタイヤを使用した。注目すべき点は、設計の手間を省くため、主脚は、

前脚

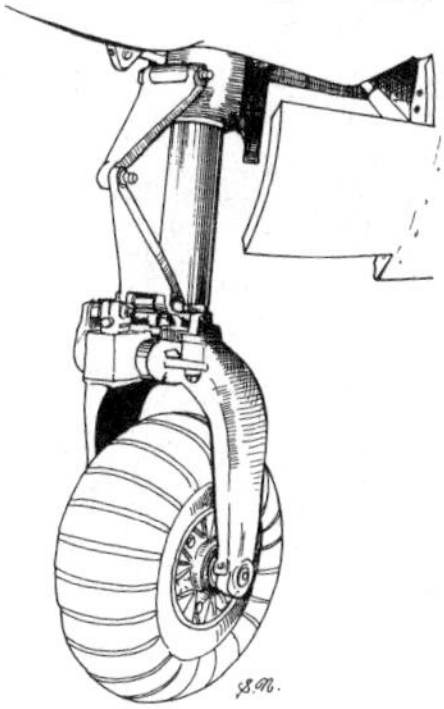

▶右側主脚、および同収納扉。主脚はBf109Kのものを流用、収納扉は木製と、He162の置かれた厳しい状況が察せられる部分だ。

主脚構成（寸法単位mm）

1．主車輪　2．緩衝脚柱　3．緩衝脚柱頂部　4．ブレーキ支柱　5．リターン・スプリング　6．主脚ドア　7．主脚ドア開閉アーム

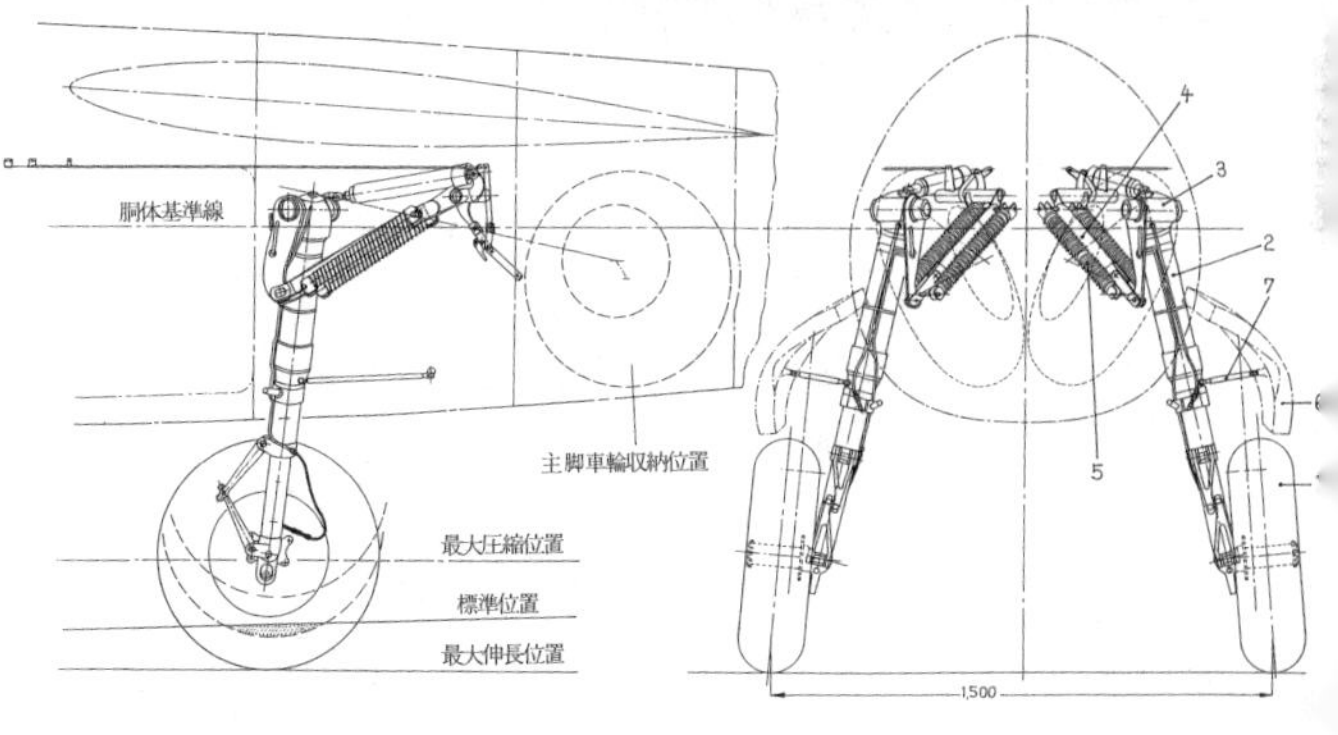

そっくりＢｆ１０９Ｋのものを流用していること。胴体に付く両脚の収納扉はいずれも木製だった。

●エンジン

Ｈｅ１６２Ａ-２が搭載した、ＢＭＷ００３Ｅターボジェットエンジンは、ユンカース社のＪｕｍｏ００４とともに、大戦中のドイツ・ジェットエンジンの主力となったもので、軸流圧縮機７段をもつ。Ｊｕｍｏ００４Ｂより１５０㎏も軽く、燃焼室が環状のもの１個ということもあり、直径は１００㎜小さかったが、推力はＪｕｍｏ００４Ｂの９００㎏より少し低い８００㎏であった。

先端に空冷２気筒のスターター

BMW 003ターボジェットエンジン

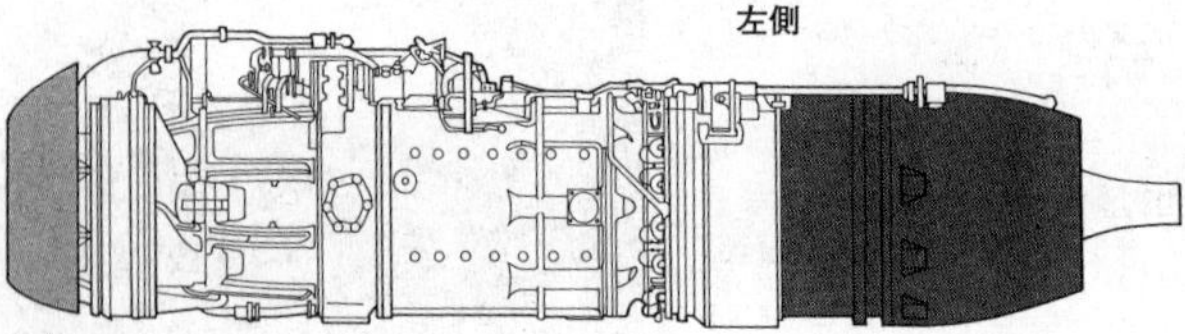

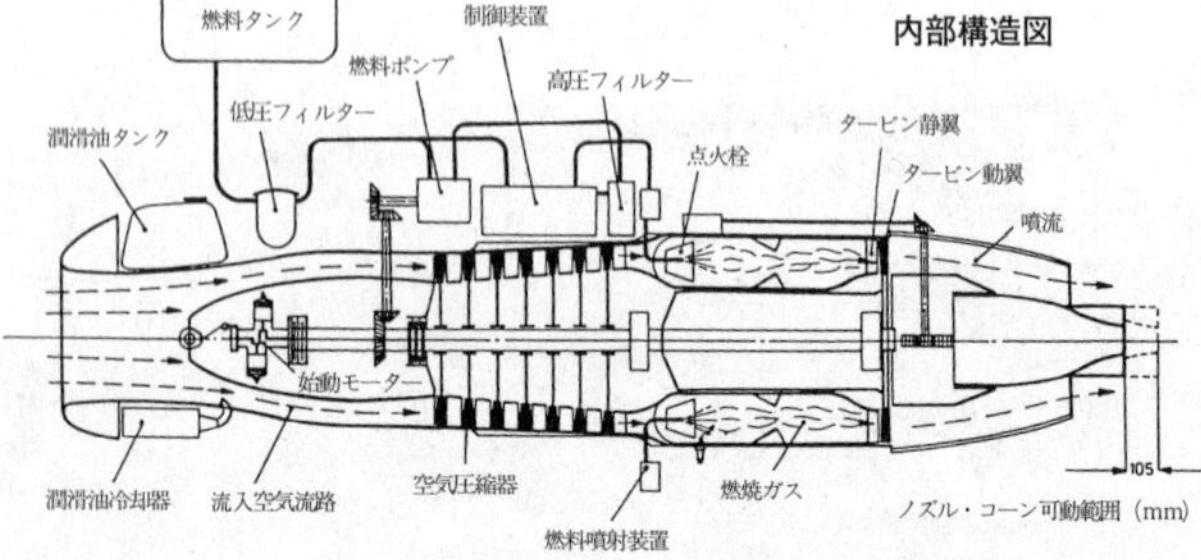

を有し、始動はマニュアル始動、外部電源始動、機上バッテリー始動の3とおりが可能だった。

特異な背負式配置としたのは、機体内に装備すると、空気取入口や排気口の設計が面倒になり、時間的なロスが懸念されたためである。

エンジンは、前端の2本の垂直ボルト、後端の1本の水平ボルトにより胴体背部に取り付けられる。ナセルは、上面中心線を境に、左、右に開閉し、5ヵ所のスナップロックにより、簡単に開閉できた。

エンジンの寿命は30〜50時間で、現代の水準からは想像できない低さだが、揺籃期のジェットエンジンとしては普通だった。

使用燃料は、87オクタンのB4（のちにJ2と改称）で、胴体内の635ℓ、両主翼内の302ℓ入タンクをあわせて、最大970㎞の航続距離をもたらした。

●武装

前記したように、He162A-2の射撃兵装はMG151/20 20㎜機関銃2挺で、ちょうど操縦室直後左、右に装備し、銃身が前部キャノピーの真下あたりに突出する。MG151/20本体の真上、燃料タンクと操縦室後壁の間が弾倉スペースに充てられ、1挺につき120発、計240発携行できた。

他の機体同様、He162も大戦末期に考案されたさまざまな新型兵器のなかのいくつかが装備予定とされ、30㎜弾を、リボルバー状に機首内部に7発収めたＳＧ１１８、Ｒ４Ｍ55㎜空対空ロケット弾、またはパンツァーブリッツ1と呼ばれた、80㎜ロケット弾を、主翼下面に懸吊することなどが計画されたが、いずれも実現には至っていない。

●その他

Ｈｅ１６２が使用した無線機は、

ナセル後正面

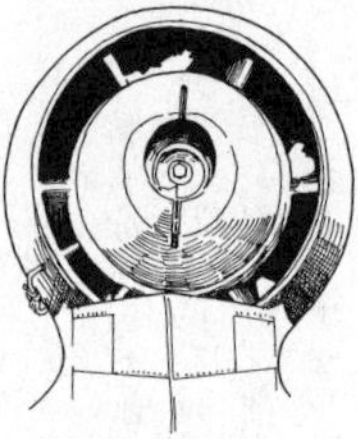

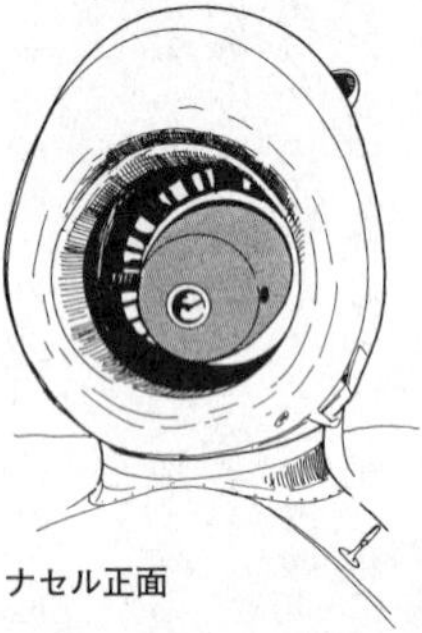

ナセル正面

▶エンジンナセル後部。ジェット噴流を調整するため、後端のノズル・コーンは、前、後に10.5cmの範囲内で可動する。

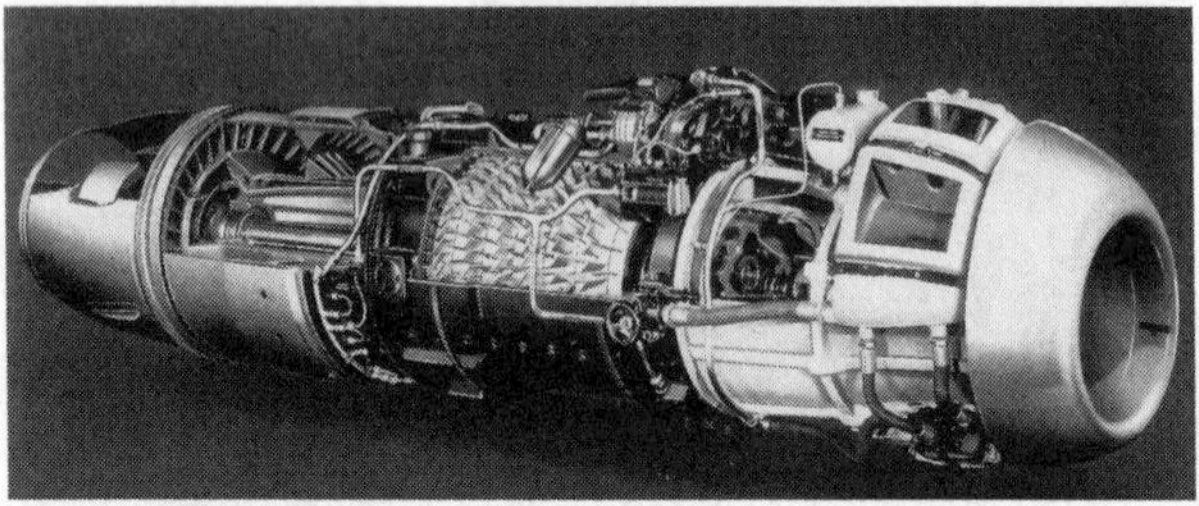

▲BMW 003エンジンのカッタウェイ・モデル。7段の圧縮器と、それに続く燃焼室、タービン静翼などの配置がよくわかる。

水平安定板トリム調整装置

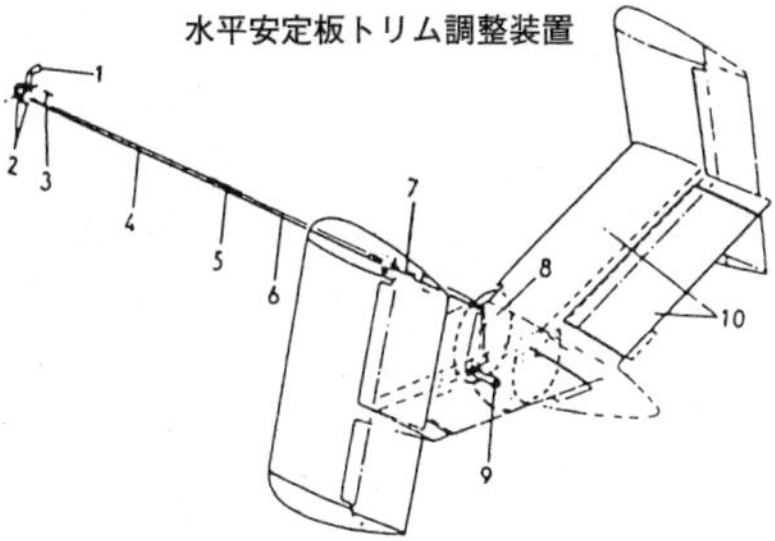

1．ハンド・クランク　2．ベベル・ギア　3．指示器　4．トリム・シャフト　5．ターン・バックル　6．トリム・シャフト　7．トリム・スピンドル　8．トリム・レバー　9．ラグ　10．水平尾翼組成部品

フラップ操作機構

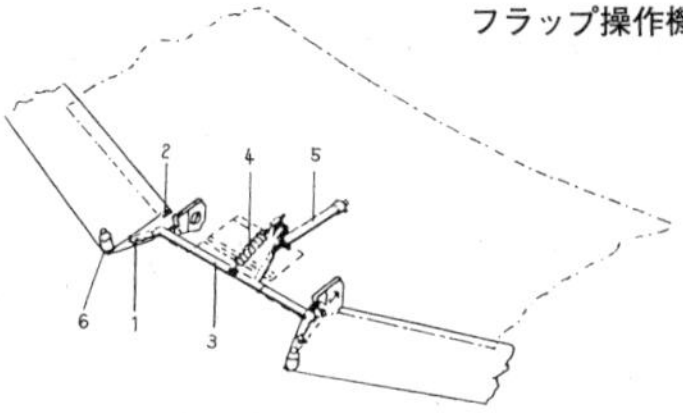

1．フォーク・ピース　2．静止調整具　3．ドライブ・シャフト　4．リターン・スプリング　5．油圧シリンダー　6．スプリング負荷部

操縦系統図

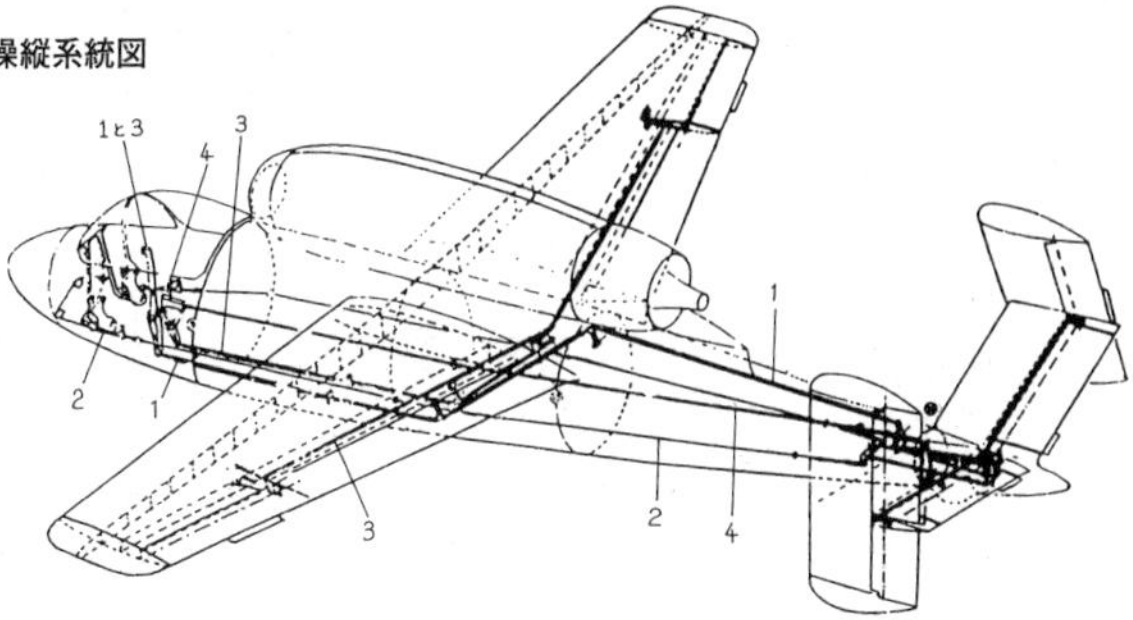

1．昇降舵操作桿　2．方向舵操作索　3．補助翼操作桿　4．水平安定板角度調整桿

交信用がＦｕＧ 24、味方識別用がＦｕＧ 25ａで、前者は操縦室直後上方、後者は主脚収納部直後にそれぞれセットされた。

実際には使用されなかったが、設計上は後部胴体下面に離陸補助ロケット2基が装着できるようになっていた。

第六章　驚愕の緊急戦闘機計画

祖国存亡を担って

ドイツの第Ⅰ世代ジェットエンジン、ユンカースＪｕｍｏ ００４と、ＢＭＷ ００３の実用化が進みつつあった１９４３年、そのジェットエンジンの先駆を成したハインケル社は、政治的な理由により当局から冷遇されるなかで、新しい高性能ジェットエンジン、ハインケル・ヒルトＨｅＳ ０１１の開発に熱意を注いでいた。

ＨｅＳ ０１１は、遠心式と軸流式をミックスしたような、特殊な圧縮器をもち、Ｊｕｍｏ ００４、ＢＭＷ ００３より40～60％も出力が大きい（１３００kg）、いわば第Ⅱ世代のエンジンだった。

このＨｅＳ ０１１を搭載すれば、単発でもＭｅ２６２を上まわる高性能戦闘機が実現可能であった。各メーカーの開発スタッフは、競ってＨｅＳ ０１１搭載機の計画を練り、当局の興味をひこうとした。

しかし、当のＨｅＳ ０１１は開発に手間どり、１９４４年夏を過ぎても実用化はまだまだの状態だったが、ドイツをとりまく状況は厳しくなり、当局は〝国民戦闘機〟Ｈｅ１６２を採用して、その早期配備を急ぐいっぽう、米陸軍の超重爆Ｂ-29や、ミーティアをはじめとした連合軍側ジェット戦闘機の出現をふまえ、同年末、ＨｅＳ ０１１を搭載して、１０００km／ｈの最大速度と、１４０００ｍの実用上昇限度、30㎜機関砲4門を備える〝緊急戦闘機〟競争試作計画を提示した。

前述したように、すでに1943年から、HeS 011搭載機の検討を行なっていた各メーカーは、この提示に応じて、一部を新しく手直しした設計案を提出し、競作に臨んだ。

競作に応じたのは、ブローム・ウント・フォス、フォッケウルフ、ハインケル、ヘンシェル、ユンカース、メッサーシュミットの6社で、12月19日～21日、翌1945年1月12日～15日にかけて2回実施された、OKL（空軍最高司令部）とDVL（ドイツ航空研究所）合同の審査会議を経て、1945年2月、フォッケウルフ社の〝プロイェクトⅥ〟案が選ばれ、Ta183の制式名で、翌3月に16機の原型機製作が発注された。

もっとも、それ以外の応募機が、すべて〝ボツ〟になったわけではなく、メッサーシュミット社のP.1101は、政治的な理由もないとはいえないが、設計もすぐれていたため、開発継続が許可され、ユンカース社のEF128も、自主的に開発は継続されたといわれる。ただ、末期の混乱もあって、この辺の正確ないきさつは、よくわかっていない。

ともかく、Me262、He162にかわるべき第Ⅱ世代のジェット戦闘機が完成寸前まででいっていたのは確実であり、〝ジェット先進国〟ドイツの、高度な技術力を証明する機体であろう。以下、緊急戦闘機競作に応募した各社案を紹介する。

ブローム・ウント・フォスP．２１２

レシプロ機分野でも多くの奇形機で知られたB&V社だが、緊急戦闘機競作に応募したP．212も、かなり変わった設計だった。大根の頭と尻尾を切り落としたような胴体に、40°の強い後退角付き主翼を中翼配置に取り付けた。通常型機の尾翼に相当するものはないが、両主翼端に昇降舵と補助翼の働きを兼ねる動翼を付けた、下反角付きの小翼と、その付根の上面に、方向舵付きの垂直翼を付けている。

構造は木、金混成で、主

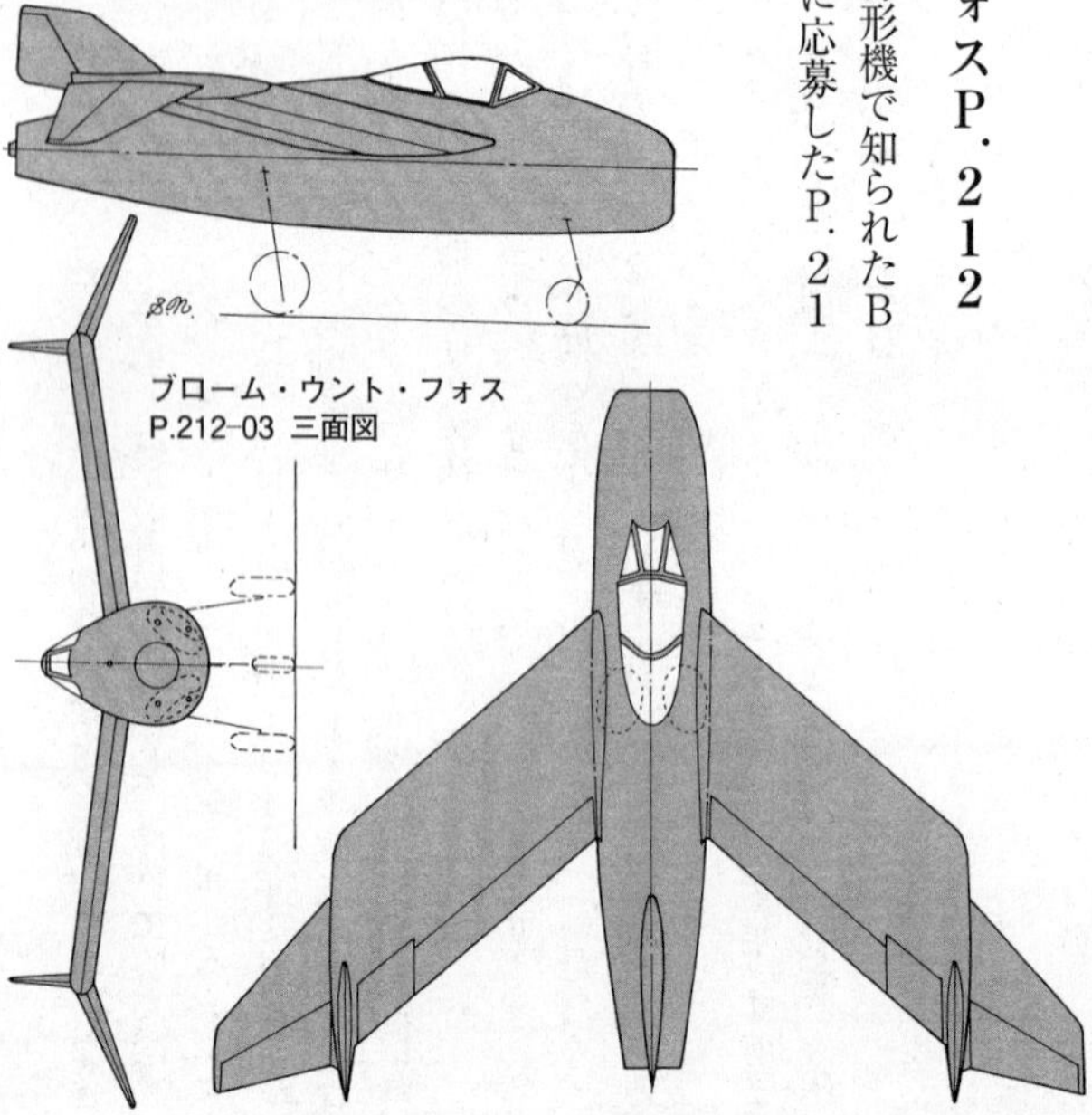

ブローム・ウント・フォス
P.212-03 三面図

翼前縁にフル・スパンに及ぶスラット、後縁に幅広のフラップを有する。

エンジンは胴体内部に搭載され、先端に開口した取入口から、カーブした長いダクトで空気を吸入する。操縦室は与圧化され、その前方に3門のＭＫ１０８ 30㎜機関砲（弾数は両サイドが各１００発、上部が60発）を備えた。前、主脚とも胴体内に前方へ引き込まれる。燃料は胴体、主翼内をあわせて計１５００ℓを収容する。
Ｐ.２１２は全幅７ｍ、全長７・５５ｍの小型機で、計算では高度７０００ｍにて９６５㎞／ｈ、実用上昇限度１２５００ｍ、航続距離１１２５㎞を発揮する計算になっていた。

フォッケウルフＴａ１８３〝フッケバイン〟

緊急戦闘機設計案審査に勝利した機体だけに、その出来映えは群を抜いており、１９５０年代の一線機としても充分通用する先進性に満ちていた。

Ｆｗ社では、１９４３年３月より、ハンス・ムルトップ技師を中心に、ジェット戦闘機の研究に着手し、最終的に３種のモックアップ（実物大木型模型）製作を決定した。それらは、１９４３年５月の〝Entwurf《エントウルフ》 2〟（デザイン２）、６月の〝Entwurf 5〟、１９４４年１月の〝Entwurf 6〟という型式だったが、間もなく、暫定的な設計より一歩踏み込んだ〝Projekt《プロイエクト》 III（計画Ⅲ）〟、〝Projekt VI〟、〝Projekt VII〟に改訂された。

Projekt IIIは、Ｊｕｍｏ　００４エンジンを胴体下面に吊り下げた配置とし、レシプロ機のような主、尾翼と、機首に埋まったような操縦室をもっていた。

Projekt VIは、ＨｅＳ　０１１エンジンを胴体後部に配

Ta183 飛行想像図

フォッケウルフ Ta183“Huckebein”三面図

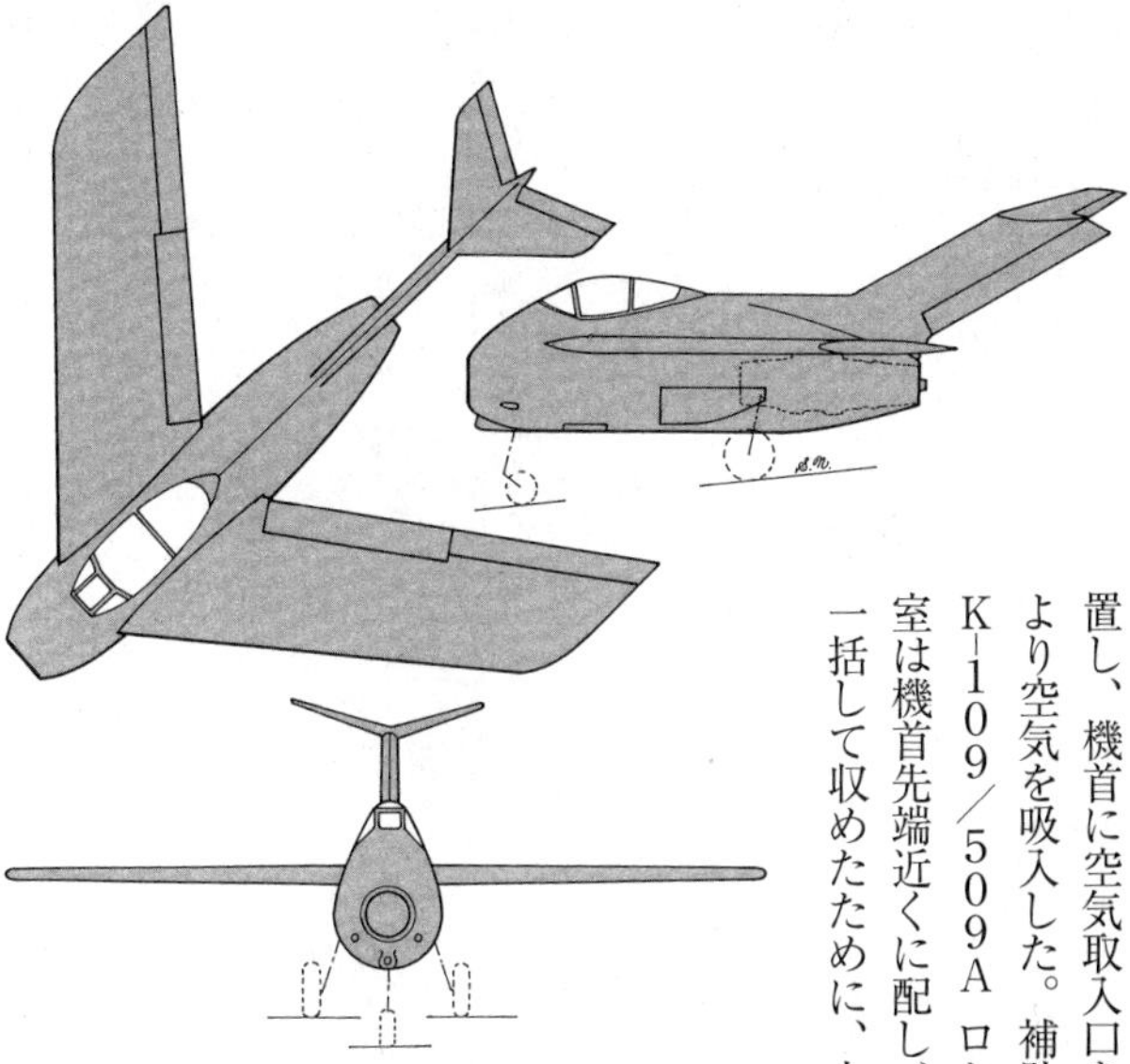

置し、機首に空気取入口を設けて、ストレートなダクトにより空気を吸入した。補助用動力として、その下面にHWK－109／509A ロケットエンジンを装備する。操縦室は機首先端近くに配し、エンジン、タンクなどをすべて一括して収めたために、太く短い胴体となった。強い後退角付き主翼と、ジェット・パイプ上方から著しく後上方へ伸びた垂直尾翼、その上端に取り付けられる上反角／後退角付き水平尾翼、いわゆる〝T〟字型尾翼が斬新だった。

Projekt VIIは〝Flizer《フリッツァー》〟（向こう見ずな）のコード名で呼ばれ、HeS 011エンジンを収めた中央胴体と、主翼の付根近くから、後方に伸びた双ブームの後端に垂直尾翼、その左、右垂直尾翼上端間に水平尾翼を

Ta183 胴体内部構造配置図
(生産型のHeS 011エンジン搭載状態を示す)

①MK108 30mm機関砲　②主脚車輪収納位置　③爆弾懸吊位置　④HeS 011ターボジェットエンジン

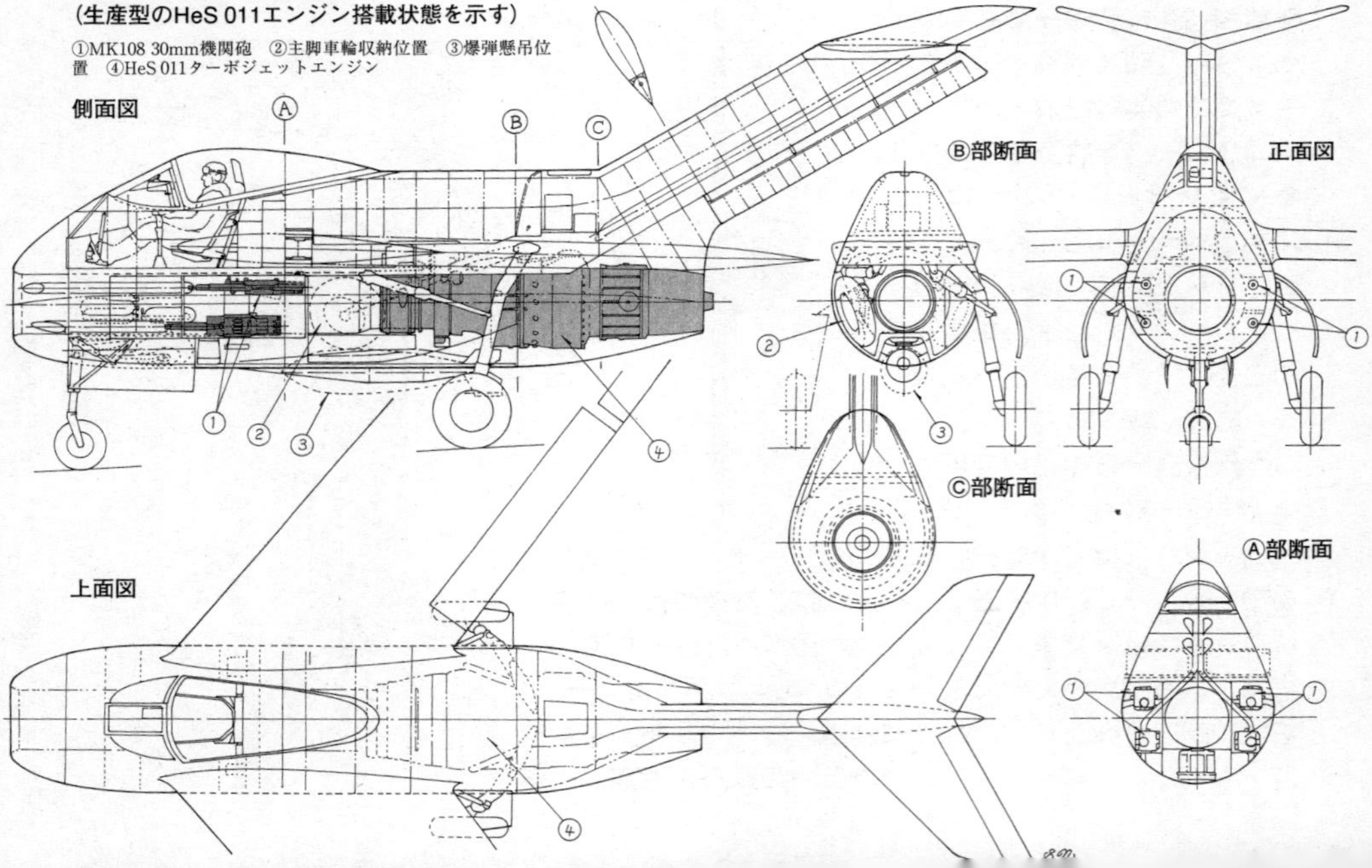

機体部品構成

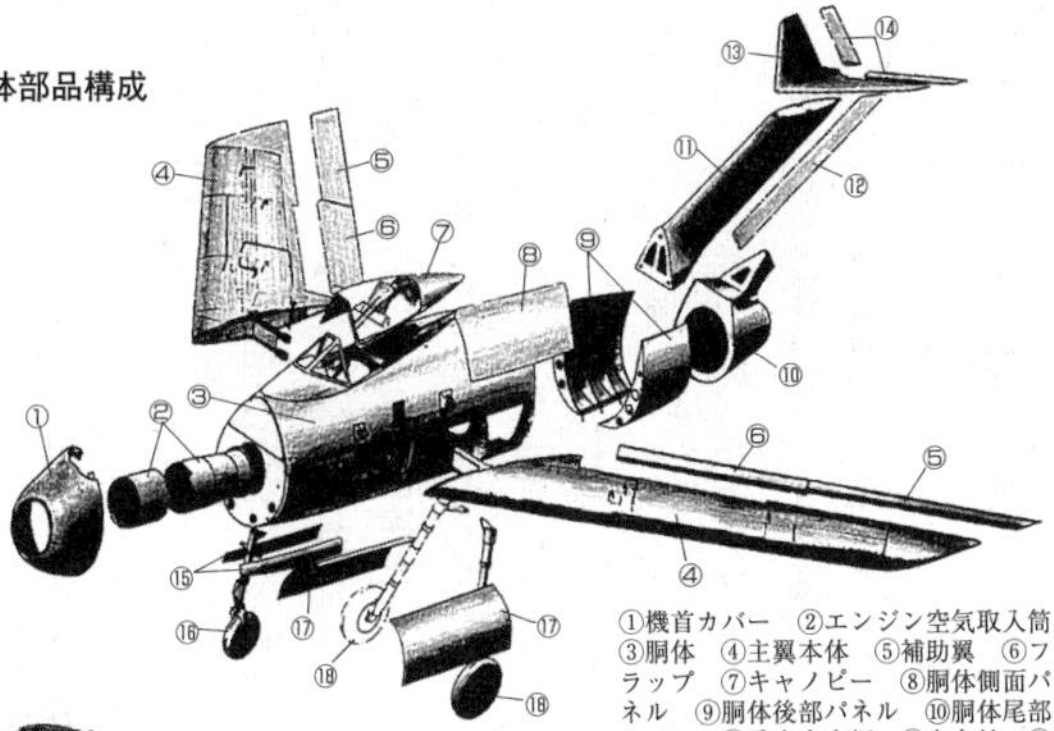

①機首カバー　②エンジン空気取入筒　③胴体　④主翼本体　⑤補助翼　⑥フラップ　⑦キャノピー　⑧胴体側面パネル　⑨胴体後部パネル　⑩胴体尾部カバー　⑪垂直安定板　⑫方向舵　⑬水平安定板　⑭トリム昇降舵　⑮前脚収納扉　⑯前脚　⑰主脚収納扉　⑱主脚

主翼骨組み

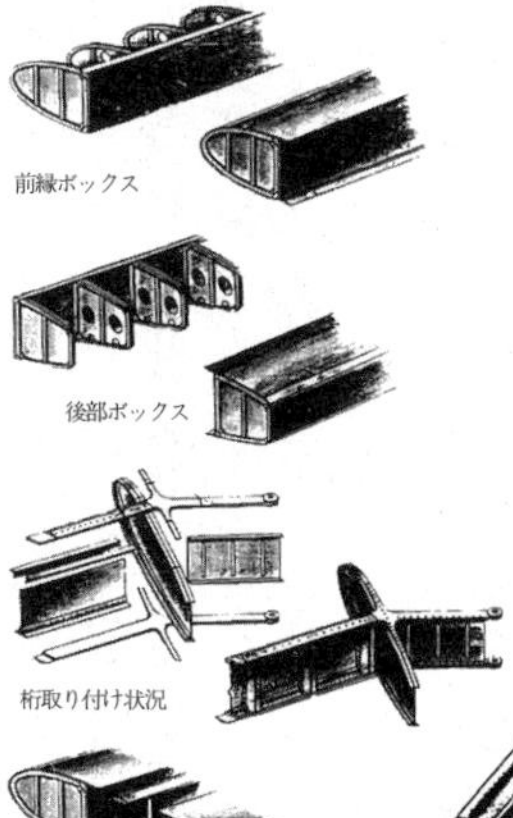

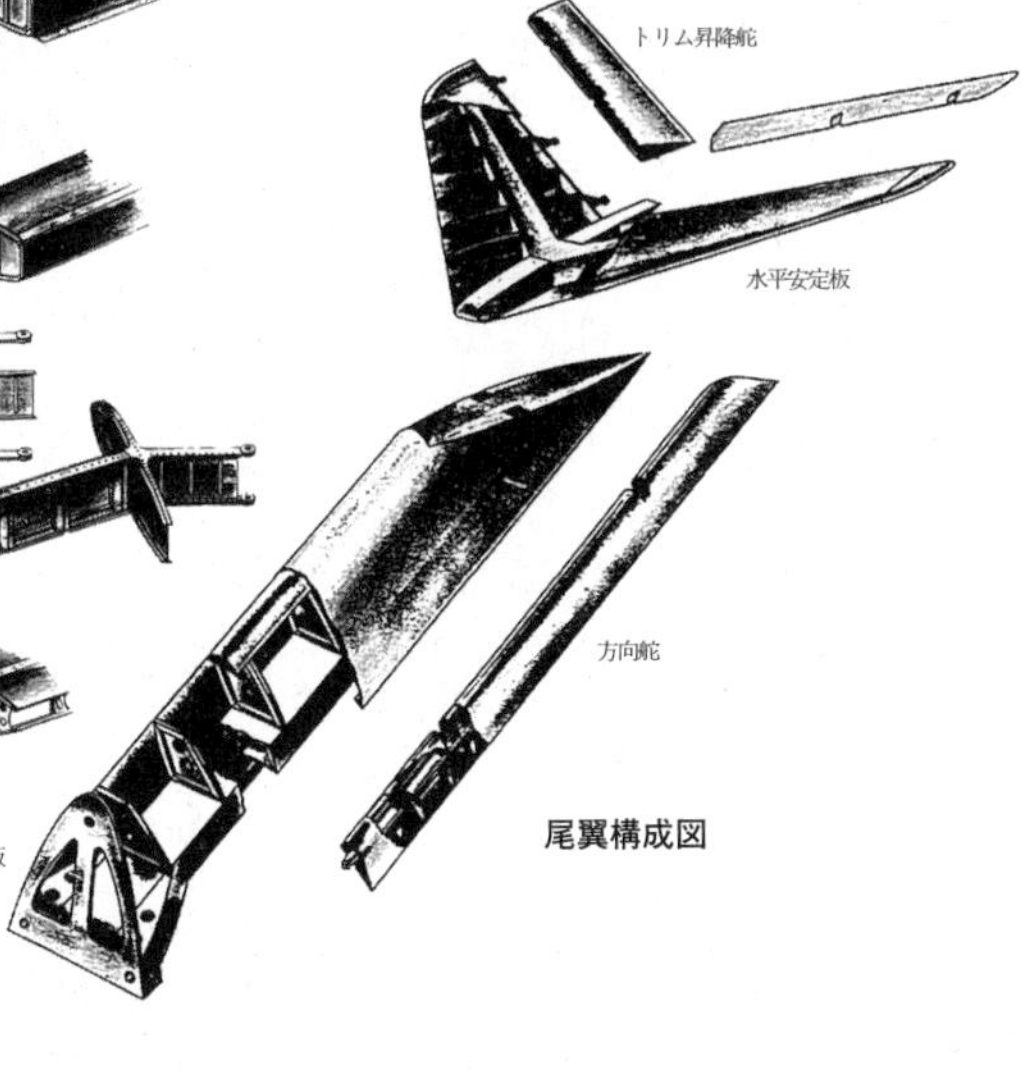

尾翼構成図

配置するという、異色のレイアウトを採った。戦後のイギリス空軍バンパイア戦闘機と同じ形である。

　社内検討の結果、１９４４年末の緊急戦闘機設計案審査には、Projekt VIを提出することに決定し、見事採用を勝ち取ったのだが、この頃にはProjekt VIは〝Huckebein《フッケバイン》〟（不幸を呼ぶ伝説上の大カラスの意）と名付けられ、その高性能で連合軍に厄災をもたらす願いを込めた。

　Ｔａ１８３の制式名が付与され、原型機16機の製作が発注されたのにともない、補助ロケットが削除されるなど、細部は少し変更され、最終的な実機製作図面となったのは、Ｔａ１８３Ｒａ４と称する設計案だった。

　Ｔａ１８３Ｒａ４を詳しくみてみると、胴体は機首、上部、下部、後部の４つのコンポーネンツから成り、機首部には空気取入口、ダクト、上部には与圧式操縦室、燃料タンク、下部には前脚、武装、主脚（油圧操作）などが取り付けられ、後方はエンジン収容スペースとなっている。胴体構造はジュラルミン材料が主体だが、一部に鋼、木材を使用して戦略物資節約を図っており、キャノピー・フレーム、操縦席、主脚は、ほとんどＦｗ１９０／Ｔａ１５２系の部品を流用している。

　主翼は40°の後退角（25%コード位置）をもち、２本のI型ジュラルミン製桁と、鋼製フランジによるボックス構造に、木製リブと合板外皮を張ったもの。上反角、捩り下げは全くない。この主翼内部は、前桁をはさんで、翼端近くまで燃料タンク・スペースに充てられ、６

つのコンパートメントに、計1440ℓも収容できた。燃料消費にともなう、重心の変動を押さえるため、翼端寄りのタンクから、圧搾空気により、いちど胴体内タンクを経由して、エンジンに送るようになっていた。

外翼後縁には、昇降舵の働きを兼ねる補助翼（エレボン）、内翼後縁にはフラップを有する。60°という、鋭い後退角の垂直尾翼は、太短い胴体による、モーメント・アームの低下を補うためにとられた処置である。後縁全体におよぶ方向舵は、面積3・10㎡。この垂直尾翼上端に、15°の上反角をもつ水平尾翼が取り付けられる。水平尾翼後縁には昇降舵が付いているが、通常の操縦翼として使われるのではなく、あくまでトリム調整用だった。したがって、飛行中の操縦は、エレボンと方向舵のみで行なう。なお、昇降舵の作動のみが電気式、エレボン、フラップ、方向舵はいずれも油圧作動である。垂直、水平尾翼とも、木製骨組みに合板外皮構造。

武装は、操縦室真下の空気取入ダクト両側にMK108 30㎜機関砲4門（弾数各60発）を装備できたが、飛行性能低下を押さえるため、通常は2門に制限される。

戦闘爆撃機型は、両主脚間の胴体下面をえぐり、ここに500kg、または250kg爆弾1発、もしくは70～50kg爆弾4

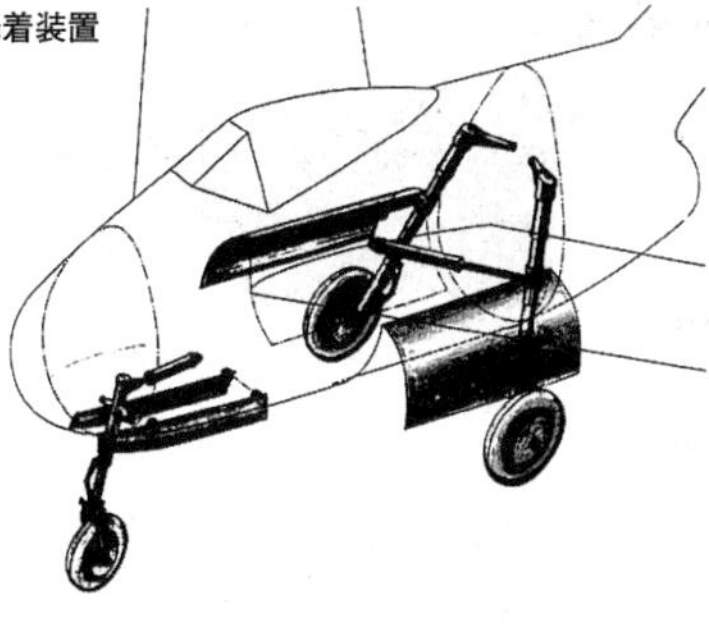
降着装置

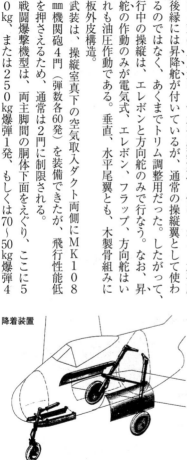

発が懸吊できるようにしたほか、Ｒｂ20／30小型カメラを装備した、偵察機型も計画されていた。

Ｔａ１８３Ｒａ４における構造材料比率は、鋼40％、木材23％、ジュラルミン21％となっており、超先進的なジェット戦闘機にふさわしくないものであったが、当時のドイツの事情を考えれば、これも当然であったろう。

なお、Ｔａ１８３の生産に要するマン・アワーは、１日２交代制のフル操業で、月産３００機を前提にして、約２５００

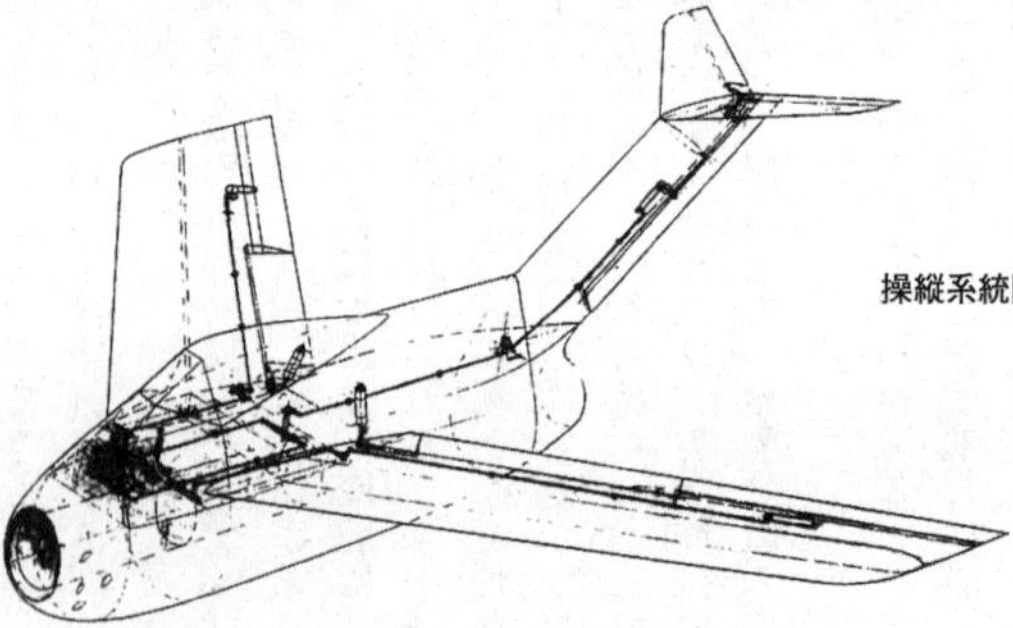

操縦系統図

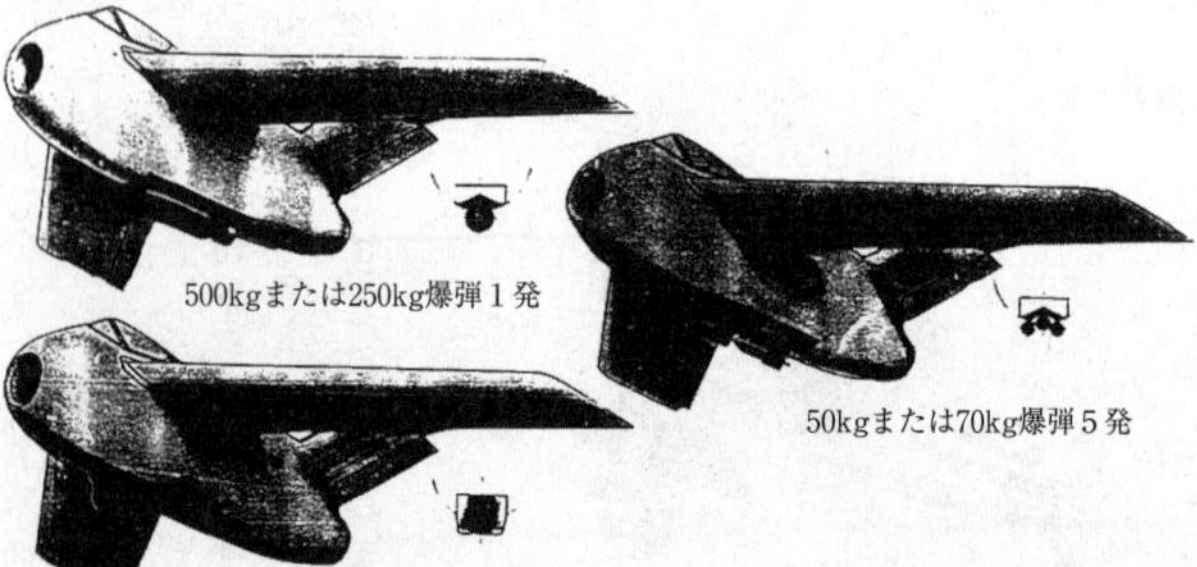

500kgまたは250kg爆弾１発

50kgまたは70kg爆弾５発

Rb20/30航空カメラ１台

兵装バリエーション

時間とされていた。

Ｆｗ社は、本工場のあるブレーメンのほか、バート・アイルセン、デトモルトの各工場を総動員して緊急量産を計画したが、肝心のＨｅＳ ０１１エンジンは、１９４５年３月時点においても実用化に至らず、とりあえず16機の原型機のうち、１～３号機はＪｕｍｏ ００４を搭載して完成させることにした。４号～14号機までは、先行生産型Ｔａ１８３Ａ‐０となり、15、16号機は地上試験機に充てることとされていた。

しかし、それから１ヵ月もしないうちに、侵攻してきた連合軍、ソビエト軍地上部隊によってＦｗ社各工場が占領されてしまい、Ｔａ１８３は、ついに１機も完成することなく潰え去ったのである。この時点でなお、細部設計は完了していなかったとも言われる。

陽の目をみなかったＴａ１８３だが、その先進性に優れた設計は、資料を押収した連合軍、ソ連軍に大きな衝撃を与え、当時試作段階にあったアメリカ、イギリスの直線翼ジェット戦闘機を、一夜にして旧式機にしてしまうインパクトを持っていた。

朝鮮戦争に登場し、国連軍から恐れられたソ連のＭｉＧ‐15も、機体レイアウトはＴａ１８３と酷似しており、本機を参考にしたことは間違いない。Ｔａ１８３は、１９５０年代のジェット戦闘機としても、充分通用する設計だったことは確実である。

ハインケルP．1078

ジェット機の分野では、完全に干された格好のハインケル社であったが、He162の採用でそれまでの努力がようやく報われ、緊急戦闘機競作には、P．1078と称する設計案を提出した。

P．1078は、A、B、Cの3型式が用意され、A案は胴体後部にHeS 011を収め、ジェット・パイプ上部から後方にブームを伸ばし、その後端に尾翼を取り付けた。肩翼配置の主翼は40°の後退角を有し、翼端には横安定のための下反角が付けられている。

全幅、全長ともに8・8m、自

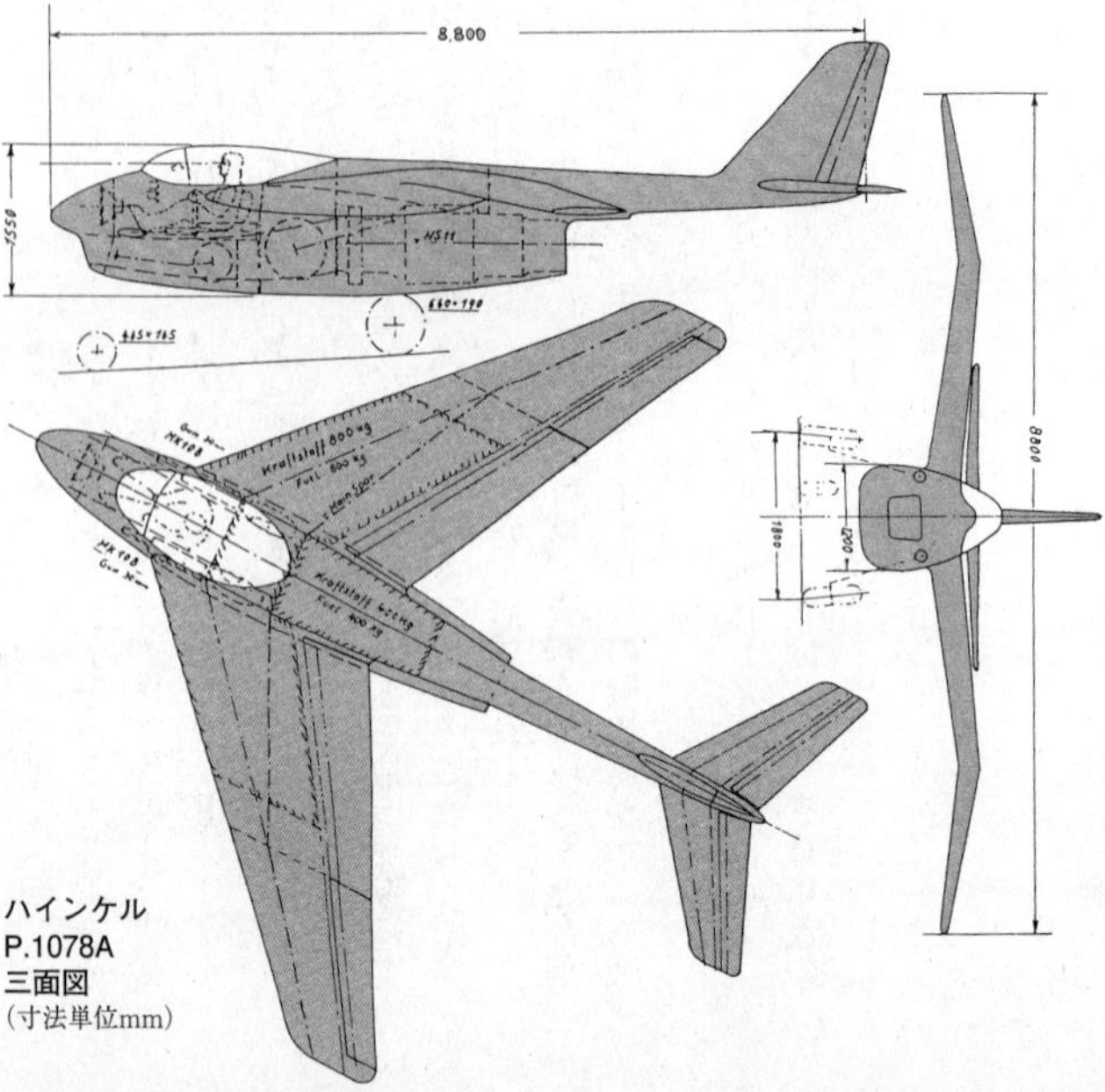

ハインケル
P.1078A
三面図
(寸法単位mm)

重２０００kgは、Ｈｅ１６２とほぼ同サイズの小型機で、最大速度９８０km／ｈを予定していた。機首先端に、マイクロ波長レーダーＦｕＧ２４０〝ベルリン〟を備えるよう図示されており、悪天候戦闘機としての使用も考慮していたのだろう。武装はＭＫ１０８ ２門。

Ｐ．１０７８Ｂは、Ａ案とは全く対照的な、無尾翼形態のラディカルなデザインで、ＨｅＳ０１１を収めた中央の胴体部分が、先端で、操縦室スペースに充てた左側、レーダー、武装、前脚収納部に充てた右側とに分かれるという、奇抜な配置になっていた。この間に空気取入口が開口する。

主翼は40°の後退角をもち、やはり

飛行想像図

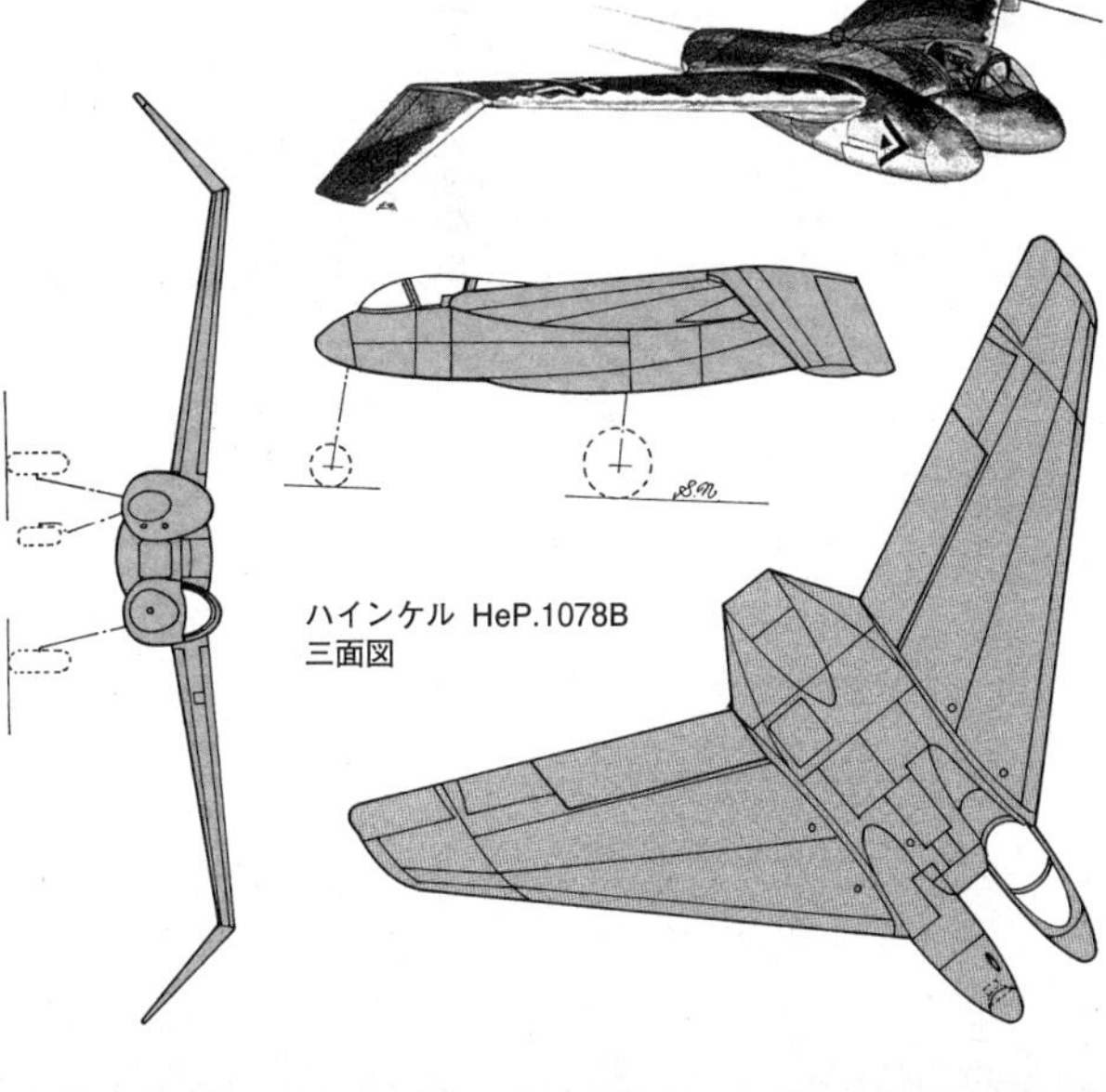

ハインケル HeP.1078B
三面図

翼端に下反角が付く。

左寄りに傾斜した前脚、右側視界の制限、機関砲発射ガスの空気取入口侵入など、実用的には問題も多い設計だった。

P．1078C（ハインケルの計画図には〝C〟という呼称は用いられていないが、説明の便宜上付けておく）は、問題の多いB案の〝双先胴〟をやめ、常識的な〝単胴〟に改めた無尾翼機である。当然のごとく、胴体は太くなり、翼付根は水平だが、上反角、および翼端の下反角が大きくなった。

しかし、こうしたハインケルの努力も、Ta183の現実的、かつ優れた設計に比較すると見劣りし、結局、不採用となった。

ヘンシェルP．１３５

過去に、Ｈｓ１２３、Ｈｓ１２９という制式機を送り出した実績はあったものの、ヘンシェル社は、航空機メーカーとしてよりも、どちらかというと陸戦兵器メーカーの感が強い。緊急戦闘機競作に応募したＰ．１３５は、同社が計画した唯一のジェット戦闘機であり、やはりＦｗ、Ｍｅ、ユンカースなどの専門メーカーの応募機に比較すると、見劣りは否めない。

Ｐ．１３５は、全幅９・２ｍ、全長７・７５ｍ、全備重

ヘンシェル P.135 三面図

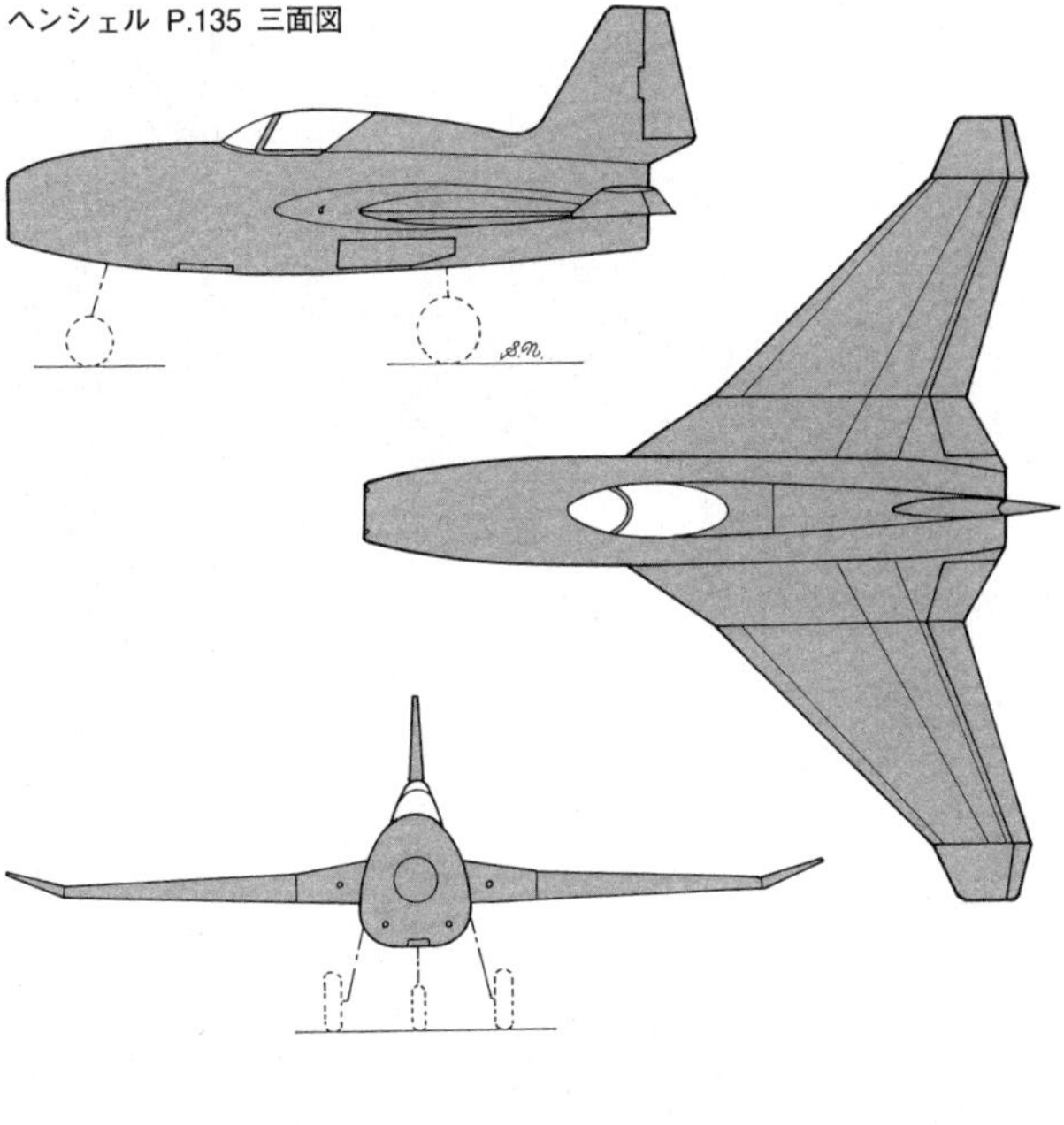

量4100kgの小型無尾翼機で、胴体後部に三角翼に近い形の後退翼を、中翼配置に取り付けており、翼端には上反角がついている。操縦室は、ほぼ胴体中央部に位置し、後端に垂直尾翼を付けた。武装はMK108 4門。

計算上、P.135は高度7000mにて、最大速度985km/hを予定していたが、結局、設計案審査で不採用となった。

ユンカースEF．128

ユンカース社は、戦闘機設計はほとんど手がけなかったが、1944年なかばに、HeS 011を搭載するジェット戦闘機の研究に着手、緊急戦闘機競作にはEF．128案をもって臨んだ。

EF．128は、ブローム・ウント・フォス社も顔負けのラディカルなデザインの無尾翼機で、太くて短い金属製胴体に、45°の後退角付き木製主翼を肩翼配置に取り付け、胴体後部内に搭載したHeS 011用の空気取入口は、その主翼取付け部下の両側に開口している。ここから取り入れた空気

飛行想像図

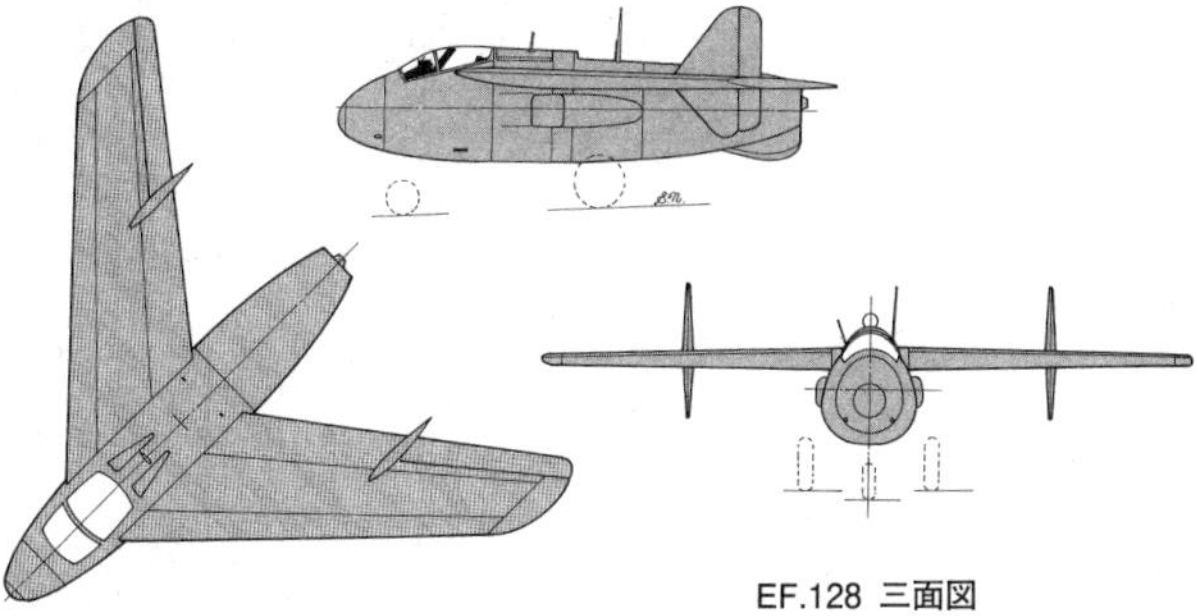

EF.128 三面図

の一部は、操縦室後上方の排気口に導かれ、境界層流を逸らすようになっているところなどは凝っていた。

主翼の中ほどの後縁には、垂直安定板が取り付けられ、後縁は方向舵になっている。操縦室は与圧式で、射出座席を備え、機首両側にMK108 2門（弾数各100発）を装備し、場合によっては、主翼付根にも2門追加装備可能とされた。燃料容量は、胴体内に1025ℓ、主翼内に540ℓ。

EF．128は、設計案審査でTa183が採用された後も開発が継続され、1945年なかばまでに、生産段階に入るよう要求されたといわれるが、真相は不明。

メッサーシュミットP．1101

メッサーシュミット社がP．1101の研究に着手したのは、1944年初め頃といわれているが、具体的な設計案として、図面で確認できる日付は同年8月30日である。

樽形断面の胴体は全金属製で、Ta183と同じように、機首のエア・ダクトとエンジンを含めた下部スペースの上に、操縦室と燃料タンクを収めた上部スペースをのせるという基本配置であるが、ジェット・パイプ上部からテイル・ブームが長く伸び、その先に尾翼を付けているため、はるかにスマートにみえる。

操縦室は与圧式で、視界のよい水滴状キャノピーが、胴体の上に突出するような配置になっている。ちょうど胴体上部、下部スペースを仕切るところに、地上においてのみ後退角を35°～45°の間で調整できる（！）主翼を取り付けた。構造は桁が鋼製、リブ、外皮は木製。前縁には自動スラット、後縁には通常の補助翼、フラップが付く。

水平尾翼は後退角40°、垂直尾翼は25％コード位置で後退角40°である。テイル・ブーム内は無線機収容スペースに充てられ、後端にコンパスが内蔵された。

前脚は後方へ、主脚は前方へ、それぞれ油圧で引き込まれるが、後者は、Bf109Kの部品をそっくり流用した。

武装は機首両側にMK108　2門、または3門が標準装備とされたが、生産型は4門（弾数はいずれも各100発）になる予定だった。1944年10月3日付けの改訂案では、胴体下面に500kg爆弾1発を搭載した状態が図示された。

P.1101は、一応、緊急戦闘機競作への応募機となっているが、すでに1944年夏の時点で原型機の製作が許可されていたともいわれ、この辺にも政治力の影がちらついている。実際、HeS 011の開発遅延により、Jumo 004を搭載して完成するとされていた原型1号機は、1945年4月29日、疎開先のオーバーアムメルガウ工場で米地上軍に鹵獲された際には、HeS 011を搭載していた。おそらくメーカーのハインケル社機（He162発展型用テスト機など）でさえ、HeS 011は搭載したことはなかったはずで、これもMe社の政治力のなせる技だろう。

要するに、P.1101は緊急戦闘機競作での採用、不採用にかかわらず、開発は保証されていたのである。

むろんP.1101は設計的にも優れた機体であり、Ta183に勝るとも劣らない性能を出したと思われる

ので、制式採用は少しも不自然ではないが、何か〝親方鉤十字〟的な機体にみえる。

米地上軍に鹵獲された時点で、1号機は80%完成の状態であり、2号機の部品も用意されていた。これらは戦後、米本国へ運ばれ徹底的に調査された後、ベル社に送られて、そっくりコピーした研究機、ベルX-5となって飛行したことはよく知られている。その後の米空軍ジェット戦闘機設計に、多大の貢献をしたことは間違いないところだ。

計画では昼間戦闘機型のほか、悪天候（全天候）戦闘機、夜間戦闘機、迎撃機、偵察機などの各型が開発されることになっていた。

▼〔下、右頁〕1945年4月29日、アルプスに近い、メッサーシュミット社オーバーアムメルガウの疎開工場にて、80%完成までこぎつけたところで、進攻してきた米地上軍に接収された、MeP.1101原型1号機。外された胴体パネルのおかげで、次世代のジェットエンジンHeS 011が見えている。メーカーのハインケル社機にさえ搭載されなかったHeS 011が、P.1101に優先して供給されたところに、空軍の本機に対する期待の大きさが示されている。それにしても、1950年代のジェット戦闘機のスタイルを、すでに大戦中にモノにしていた、ドイツの航空工業技術力には、ただ感嘆するばかりである。

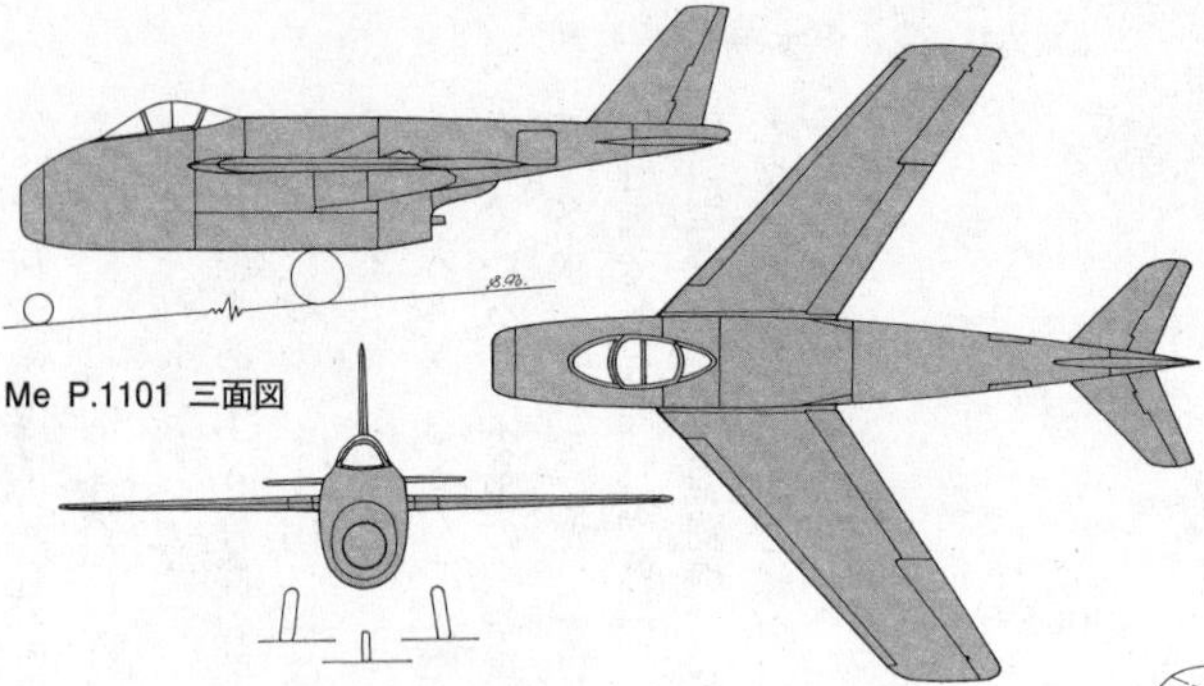

Me P.1101 三面図

Me P.1101 生産機 胴体内部配置図（計画）

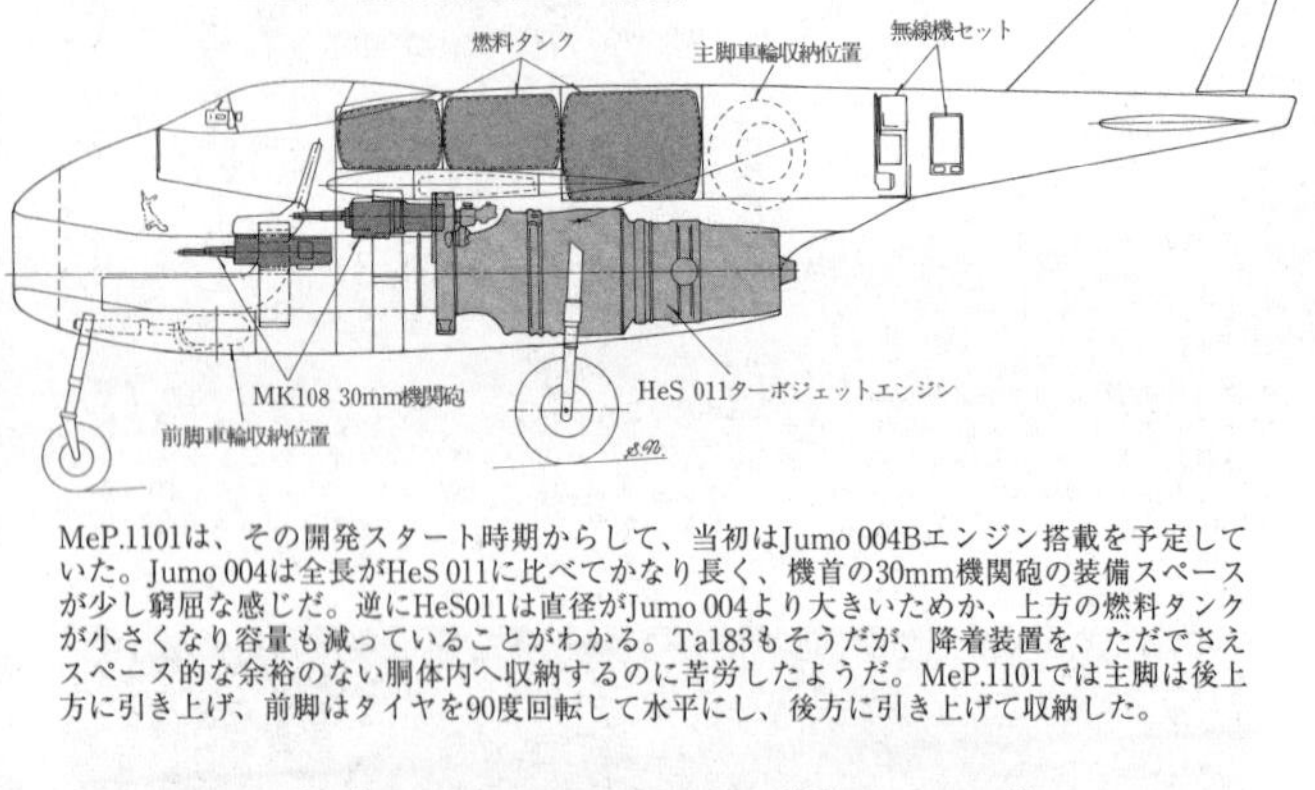

MeP.1101は、その開発スタート時期からして、当初はJumo 004Bエンジン搭載を予定していた。Jumo 004は全長がHeS 011に比べてかなり長く、機首の30mm機関砲の装備スペースが少し窮屈な感じだ。逆にHeS011は直径がJumo 004より大きいためか、上方の燃料タンクが小さくなり容量も減っていることがわかる。Ta183もそうだが、降着装置を、ただでさえスペース的な余裕のない胴体内へ収納するのに苦労したようだ。MeP.1101では主脚は後上方に引き上げ、前脚はタイヤを90度回転して水平にし、後方に引き上げて収納した。

ハインケル・ヒルト HeS 011 ターボジェットエンジン

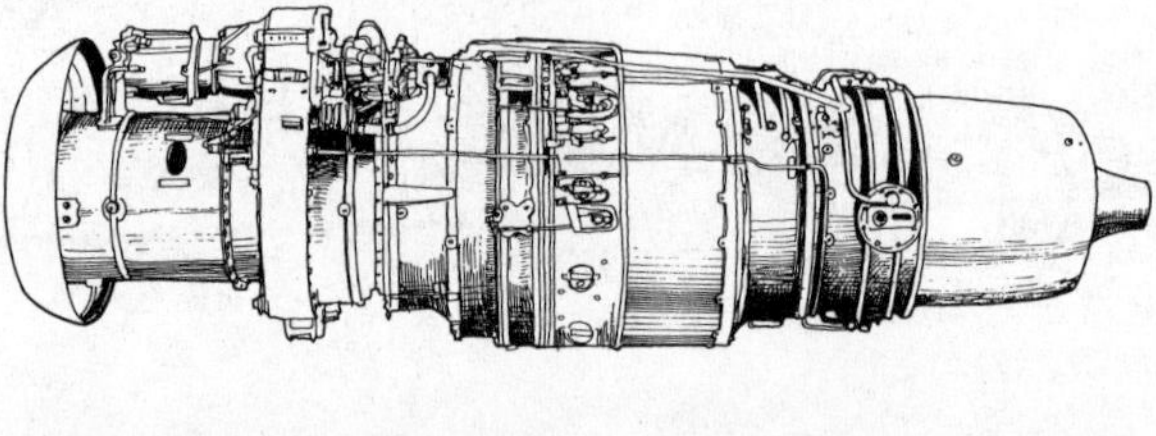

メッサーシュミットP．1106／1110／1111

なかば制式採用が約束されていたP．1101よりも、むしろ緊急戦闘機競作のために、メッサーシュミット社が提出したのは、P．1106、1110、1111の3種案だろう。

P．1106は全幅6・0m、全長6・7mの超小型ジェット戦闘機で、ほとんどエンジンで占められたような胴体の後端（！）に操縦室を置き、浅い後退角付き主翼と、V型尾翼を付けたスタイルは、無人標的機のような感じをうける。

Me P.1106 三面図

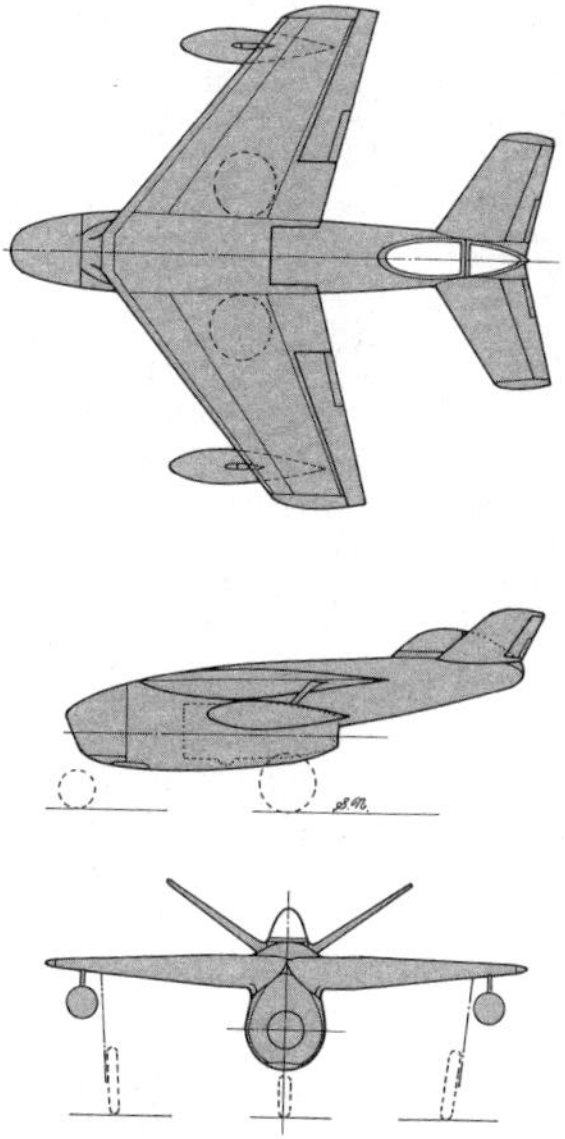

主脚が両主翼端に取り付けられて内側に引き込まれ、主翼内に収められるというのも、この当時のジェット機としては他に例がない。

メ社の真意はよくわからないが、とにかくP．1106の実用性に問題が多いことは確かであり、計画も早々に中止された。

P．1110は、一転してオーソドックスなレイアウトを採った、低翼配置のスマートな機体で、1950年代の欧、米ジェット戦闘機と比較しても見劣りしない。

胴体中央部両側に、空気取入口を開口しているのが特徴である。改良案のP．1110／Ⅱは、空気取入口が胴体全周に及び、V型尾翼になった点が異なる。

P．1111は、前縁で52°の後退角をもつ無尾翼機で、胴体部分に相当する中央部は〝ブレンデッド・ウイングボディ〟のように、滑らかに主翼とつながっているところが斬新である。空気取入口は、両翼付根前縁に開口し、胴体後端には後退角の強い垂直尾翼が付く。

結局、これら3案は採用されなかったわけだが、設計そのものが斬新すぎて、当時の技術力では、すぐには実現できないという判断もあったと思われる。P．1111などは、後年の、米海軍ダグラスF4Dスカイレイと、空力的にはほとんど同じである。

Me P.1110/1 三面図

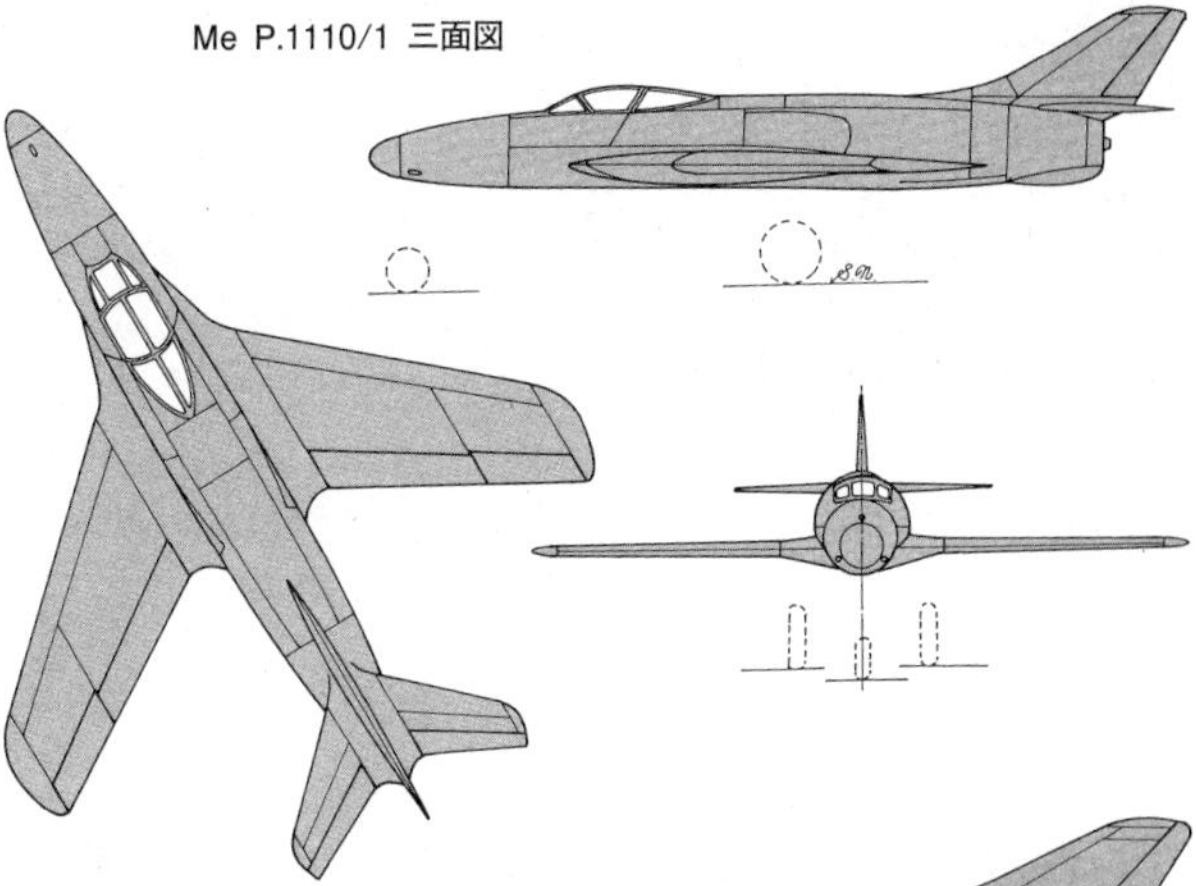

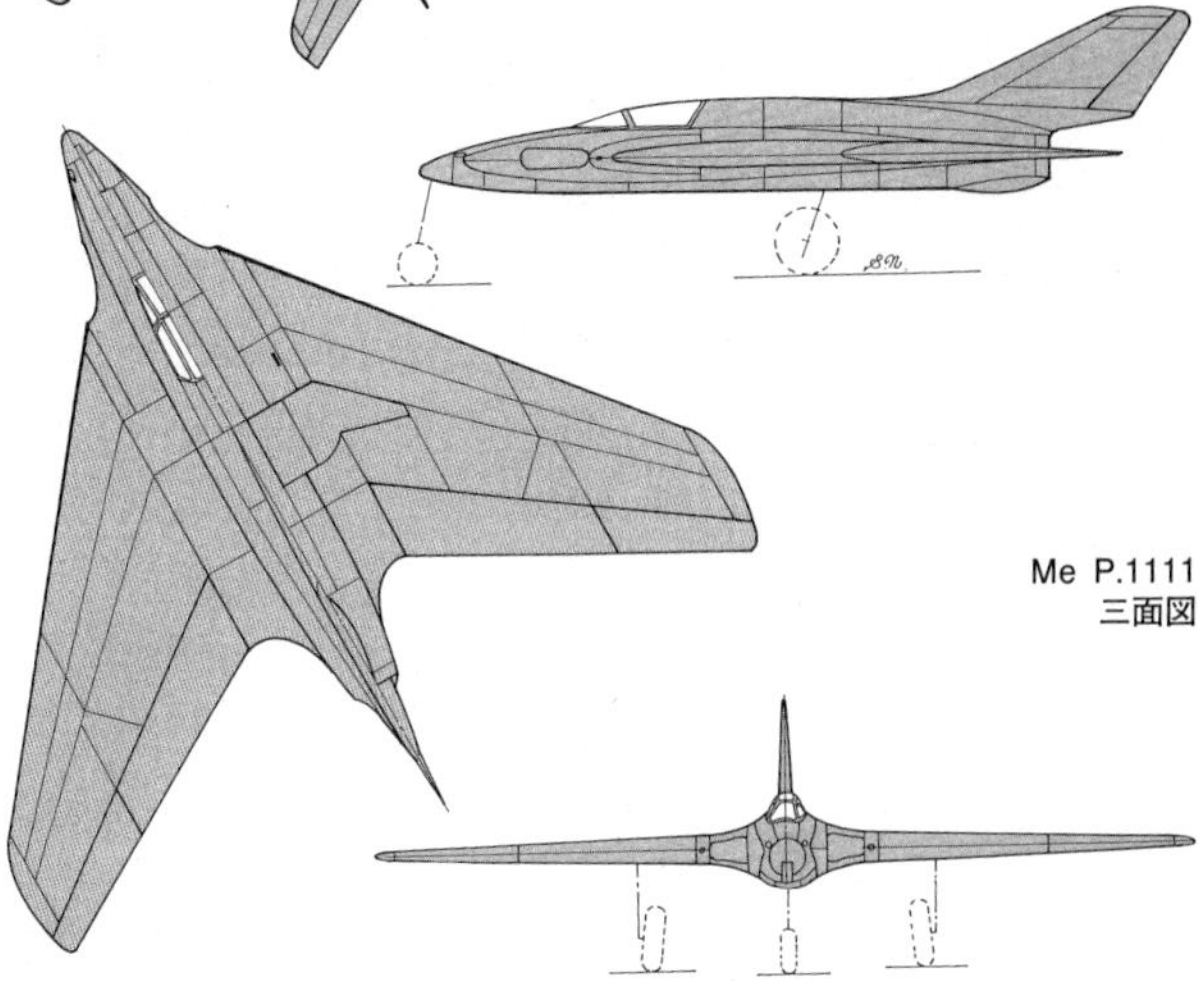

Me P.1111
三面図

第七章

前代未聞、ミサイル戦闘機

断末魔の申し子

1944年春、もはやBf109やFw190が、いくらがんばってみたところで、連日、波状的にドイツ本土に来襲する米軍戦・爆連合の大編隊を阻止するのは、ほとんど不可能という状況になった。Me262、Me163の実戦配備はまだまだ先のことであり、レシプロ戦闘機の増強もままならず、乗員の質は低下するいっぽうであり、すでに尋常な手段では、この危機的状況を打開できないところまで、ドイツ空軍は追い込まれていた。

こういう状況のなかで考え出されたのが、極端に簡易化した小型ロケット機による〝ミサイル迎撃法〟であった。敵編隊が近づいたら、垂直か、もしくはそれに近いランチャーから発進、自動制御装置により敵編隊へ誘導された後、ロケット弾、もしくは機関砲による攻撃を加え、帰投するという構想であった。攻撃に要する時間はわずか2分間、これなら熟練した乗員は必要なく、手軽に戦力が増強できると考えられた。何のことはない、人間の乗ったミサイルである。

こうしてバッフェム、ユンカース、ハインケル、メッサーシュミット4社に要求仕様が出され、1944年8月1日、審査の結果、バッフェム社のBP20案が採用され、Ba349の制式名で発注がなされることになった。

以下、各社案を順に紹介する。

バッフェム Ba349〝ナッター〟

BP20は、元フィーゼラー社に籍を置いた、エーリッヒ・バッフェム、元ドルニエ社のH・ベトベター両技師によって設計が進められた。全長5・72mの胴体に、全幅3・6mの小さな直線翼を中翼配置に取り付け、胴体後端上方に、やはり直線形の垂直、水平尾翼を配していた。主翼に操縦翼はなく、方向舵、昇降舵を使ってコントロールする。当初の設計では、胴体後端下面の安定ヒレは背の低い形であったが、見本機（M呼称機）の途中から垂直尾翼と同型にされた。

動力は、Me163と同じHWK-109/509Aロケットエンジンを、後部胴体内に搭載したが、ランチャーから垂直発進するときは、後部胴体両側に、各2本ずつのシュミッディング109-533固体燃料ロケット・ブースター（推力各500kg）を取り付けた。このブースターは、10秒間作動したのちに切り離される。

攻撃終了後、速度が250km/h程度に減少した後、機首部と胴体後部を切り離し、ロケットエンジンを内蔵した後部胴体は、パラシュートで回収して再使用、パイロットも機首から脱出し、パラシュートで生還するという運用法が前提とされた。

胴体、主翼ともすべて木製で、パイロットは機首先端近くの、ぶ厚い防弾ガラスで囲まれた操縦室に座る。

武装は、機首先端に、〝Föhn《フェーン》〟(吹きおろしの熱風)と呼ばれた、口径73㎜のロケット弾24発、またはR4M55㎜ロケット弾33発を装備し、発進時は、先端をプラスチックの透明カバーで覆っておき、攻撃時に飛散させる。精密な照準は必要ないので、機首上部につけられた、簡単な照星と照準環で狙いをつけるだけだった。

Ba349は、1944年9月にDVLにて風洞実験を行なった後、ただちにテスト用機15機の製作が開始され、10月までには完成した。He111に曳航されて離陸、無動力による滑空飛行で、操縦性テストなどが実施されたが、とくに大きな問題もなく、12月22日からは、無人機によるランチャーからの発進テストに入った。

Ba349A ナッター 三面図

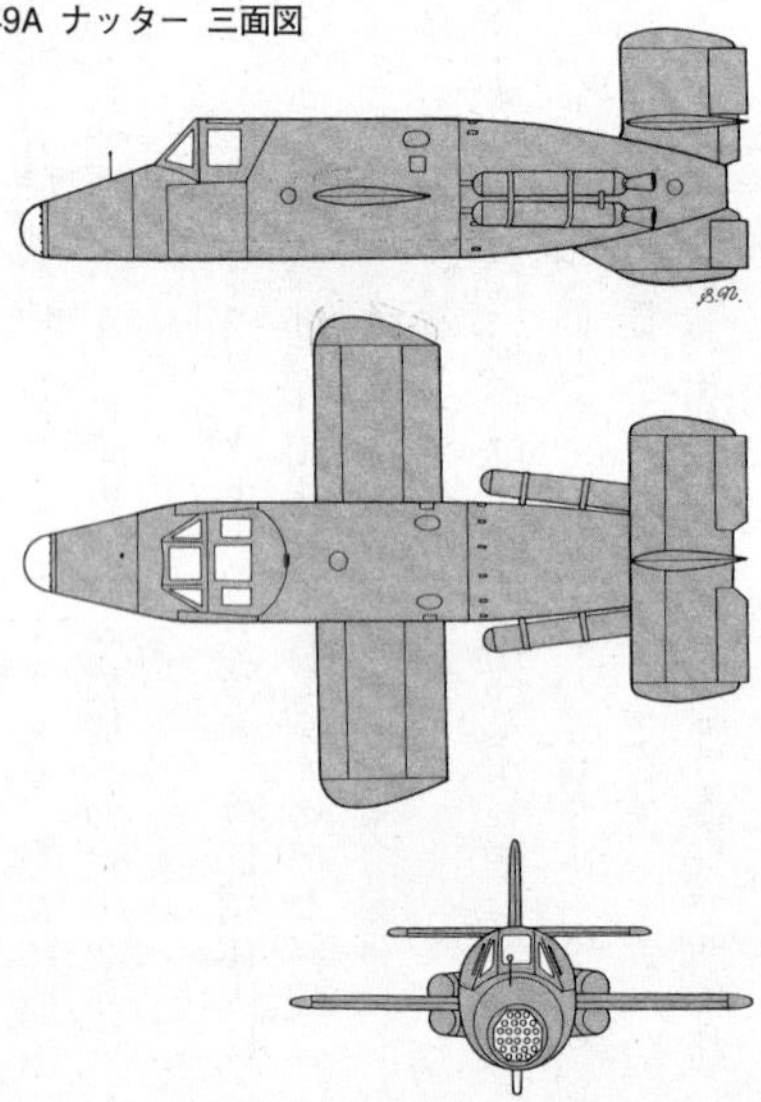

年が明け、1945年3月1日には、M23を使っての有人発進テストが行なわれ、パイロ

ットのローター・ジーベルトが乗り込んだが、発進直後に風防が吹き飛び、高度１５００ｍまで上昇したのち、急降下してそのまま地上に激突、ジーベルトも死亡した。風防飛散の際、ジーベルトが失神、もしくは負傷し、操縦不能になったものと考えられた。

しかし、この事故のあとも、有人発進テストは続けられ、最初の生産型Ｂａ３４９Ａは、航空省から50機、ＳＳ――ナチス親衛隊――から１５０機の発注をうけて、量産に入った。この頃には、陸軍のＶ２ミサイルを含めた秘密兵器の多くが、悪名高いＳＳ長官ヒムラー将軍の管

▶垂直に立てたランチャーにセットされた、射出テスト用の無人のBP20。内容は天と地ほどの差があるが、のちの米国スペース・シャトルと構想的には同じ。

▼ランチャーから発射された直後のBP20。胴体後部に備えた４本のロケット・ブースターは、発射後10秒間しか稼働せず、そのあとは、胴体内のHWK-109/509Aロケットエンジンに点火して飛行する。

轄下におかれ、空軍の権限も制限されるようになっていた。

敗戦までに、10機程度のBa349Aが完成し、ヴォルフ・ヒルト航空機会社の近くにあったキルヒハイムに配置され、実戦待機していたといわれるが、侵攻してきた米地上軍を前に、ドイツ兵自らが破壊してしまった。

結局、手軽に配備できると考えられたBa349も、現実には実用化までにHe162以上の時間がかかり、ついに戦局にはなんら貢献しないまま潰え去った。どだい、この種のキワモノ的兵器は、よほどの偶然がない限り、成功しないということを証明したようなものである。

Ba349に比べれば、はるかにまともなMe163でさえ、実際には役に立たなかったのであるから、たとえBa349が一定数配備されたところで、どれだけ役に立ったか大いに疑問である。

なお、計画では動力を推力2000kgのHWK-109/509Cに換装し、最大速度をA型の800km/hから880km/hに向上させた、Ba349Bも生産に入る予定で、日本にもライセンス権を譲渡し、その準備も行なわれていたらしい。

Ba349に付与された通称名〝Natter《ナッター》〟とは〝マムシ〟の意味である。

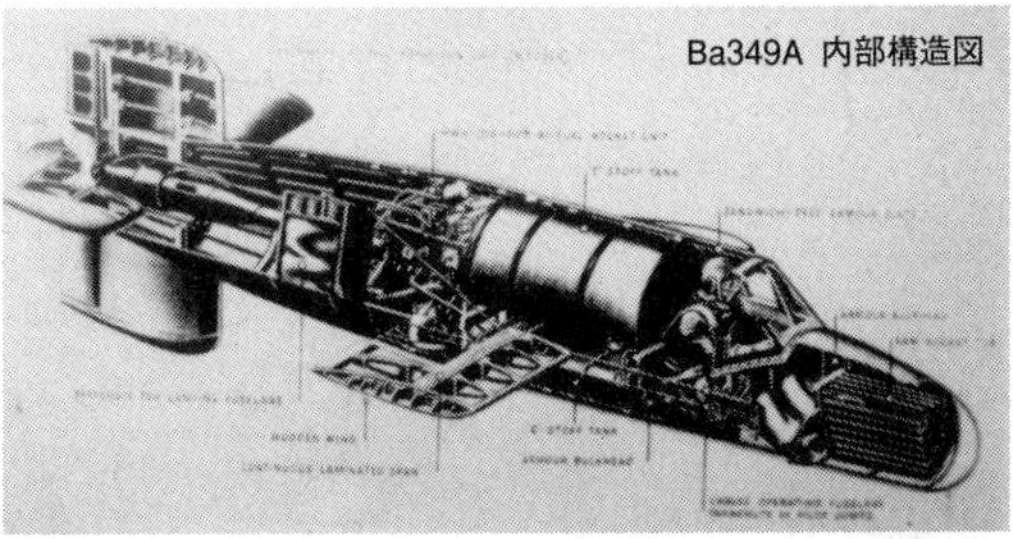

▶機首先端に〝フェーン〟ロケット弾、パイロットの直後は燃料タンク、その後ろがロケットエンジンと、Ｂａ３４９は、まさしく有人ミサイルそのものだった。

▶ドイツ国内を追われ、オーストリアのセント・レオナルト近郊の山間部で、米地上軍に接収されたＢａ３４９Ａ。結局、慌しく開発された本機も、実戦には一度も使う機会がないまま終わった。

◀戦後、米国に運ばれたBa349A。機首の透明カバーが外され、“フェーン”ロケット弾がよく見えている。

ハインケルP．1077〝ユーリア〟〝ローメオ〟

ハインケル社が提示した設計案は、Ba349に比べるとオーソドックスで、P．1077の型式で3案用意された。〝Julia《ユーリア》〟（女性名）と名付けられた2案のうち、P．1077／Iは全幅4・6m、全長6・8mで、細長い胴体の後部にHWK-109／509Aロケットエンジンを搭載、胴体の中央上部に肩翼配置に主翼を取り付け、胴体後端上方に長方形の水平尾翼、双垂直尾翼を配した。構造材料は、やはり木材を主体にしている。

パイロットは、機首先端に伏臥式に搭乗し、その両側にMK108 2門を固定した。

発進はやはり垂直か、それに近いランチャーから行ない、Ba349と同様に、その際は4本のシュミッティング109／533ロケット・ブースターを使うが、機体は使い棄てでなく、胴体下面の前、後2ヵ所に備えた、着陸用橇を使って帰投する点が、根本的に異なった。

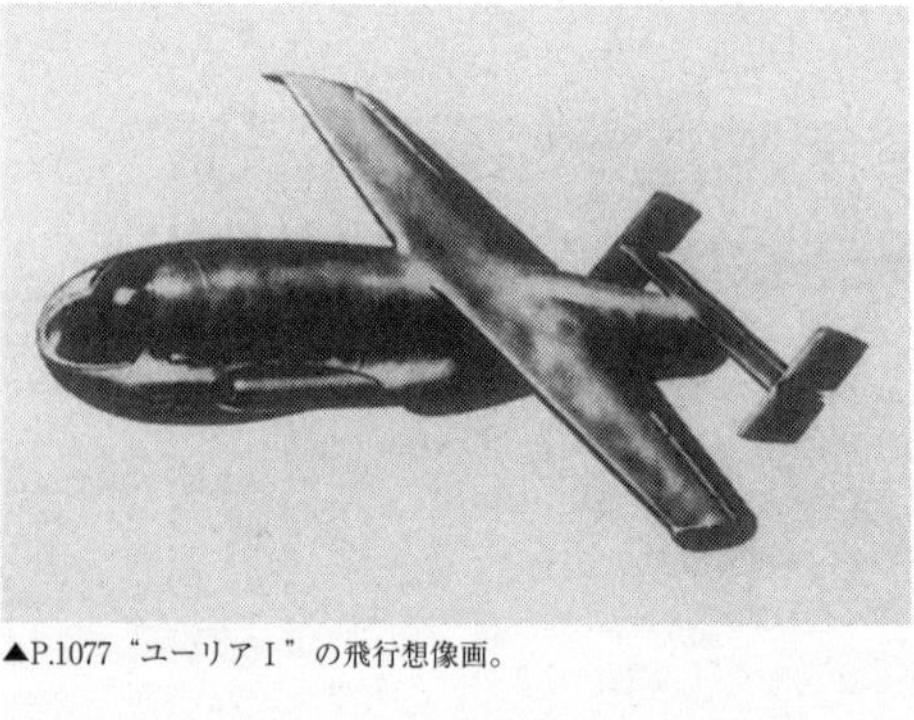

▲P.1077“ユーリアⅠ”の飛行想像画。

Julia IIとも呼ばれたP．１０７７／IIは、パイロットが通常の座席に搭乗するように改めた以外はJulia Iと同じ。

男性名の〝Romeo《ローメオ》〟と名付けられた、P．１０７７の３案目は、動力にＶ１飛行爆弾と同じ、アルグスAs ０１４パルスジェットを使用したこと以外は、Julia IIとほとんど同じで、速度性能を多少犠牲にして、航続距離を増加しようと試みたもの。

As ０１４は後部胴体上面に装着し、着陸用橇、キャノピーなどの細部が少し異なった。

バッフェムBa３４９が採用されたことにより、P．１０７７案も一度は放棄されたが、Me２６３の開発遅延などの理由により、１９４５年3月に、Juliaの開発が再開された。

しかし、無動力滑空テスト機の製作が、90％まで進んだところで敗戦となり、結局は間に合わなかった。

ハインケル He P.1077“ユーリアⅠ”三面図

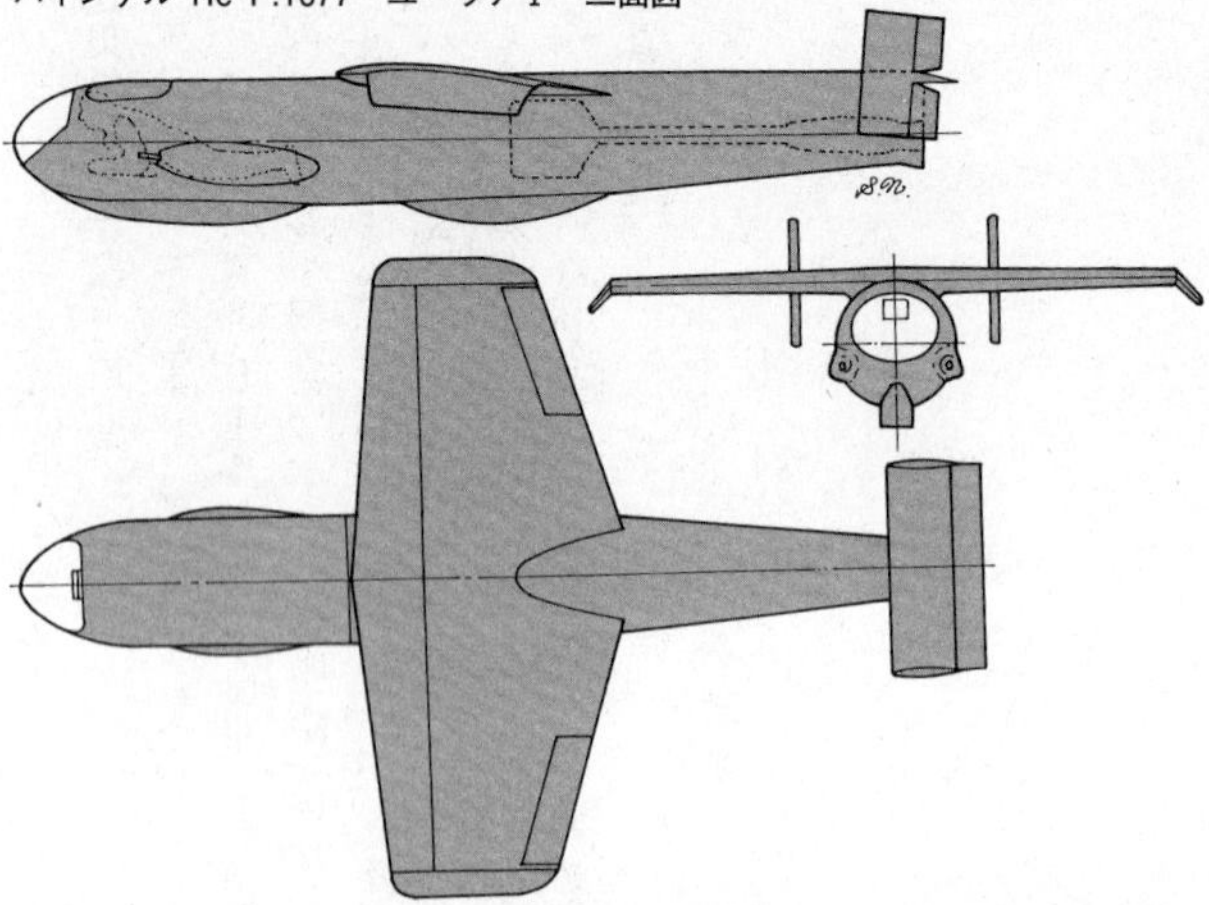

P.1077“ユーリアⅡ”内部構造図（寸法単位mm）

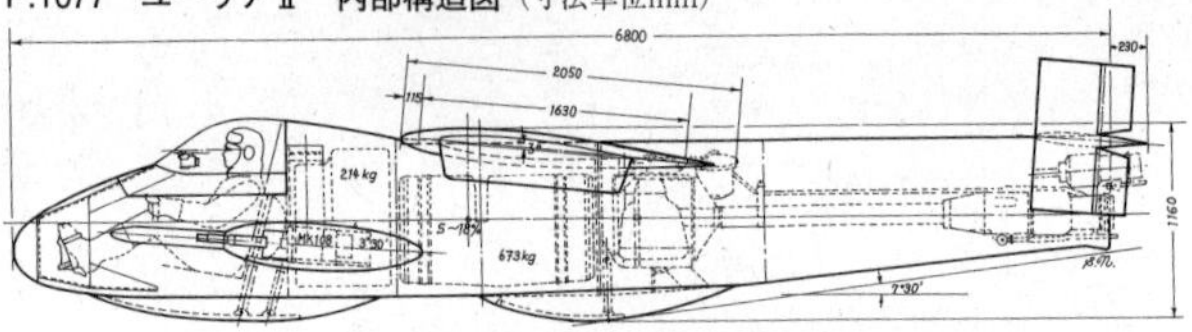

P.1077“ローメオ”（寸法単位mm）

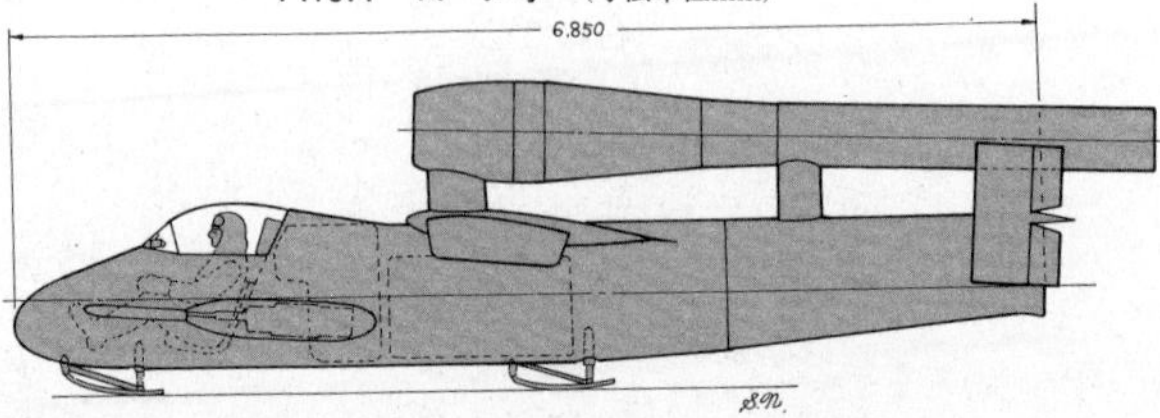

ユンカース EF.127〝ヴァーリ〟

EF127も、ハインケルのJuliaとほぼ同様な設計だったが、主翼は中翼配置で、通常の垂直尾翼を有するのが特徴だった。動力は、Juliaと同じくHWK-109/509A-1で、推力1000kgのロケット・ブースターを、発進時に使う予定だった。武装は機首下面にMG151/20 2挺もしくはMG213を2門か、〝パンツァーブリッツ〟ロケット弾を装備する。機首まわりのラインは、当時同社で開発中のJu248（Me263）とそっくりで、これを応用したことは明らかである。しかし、EF.127は実機完成に至らぬまま終わった。

ユンカース EF127“ヴァーリ”
三面図

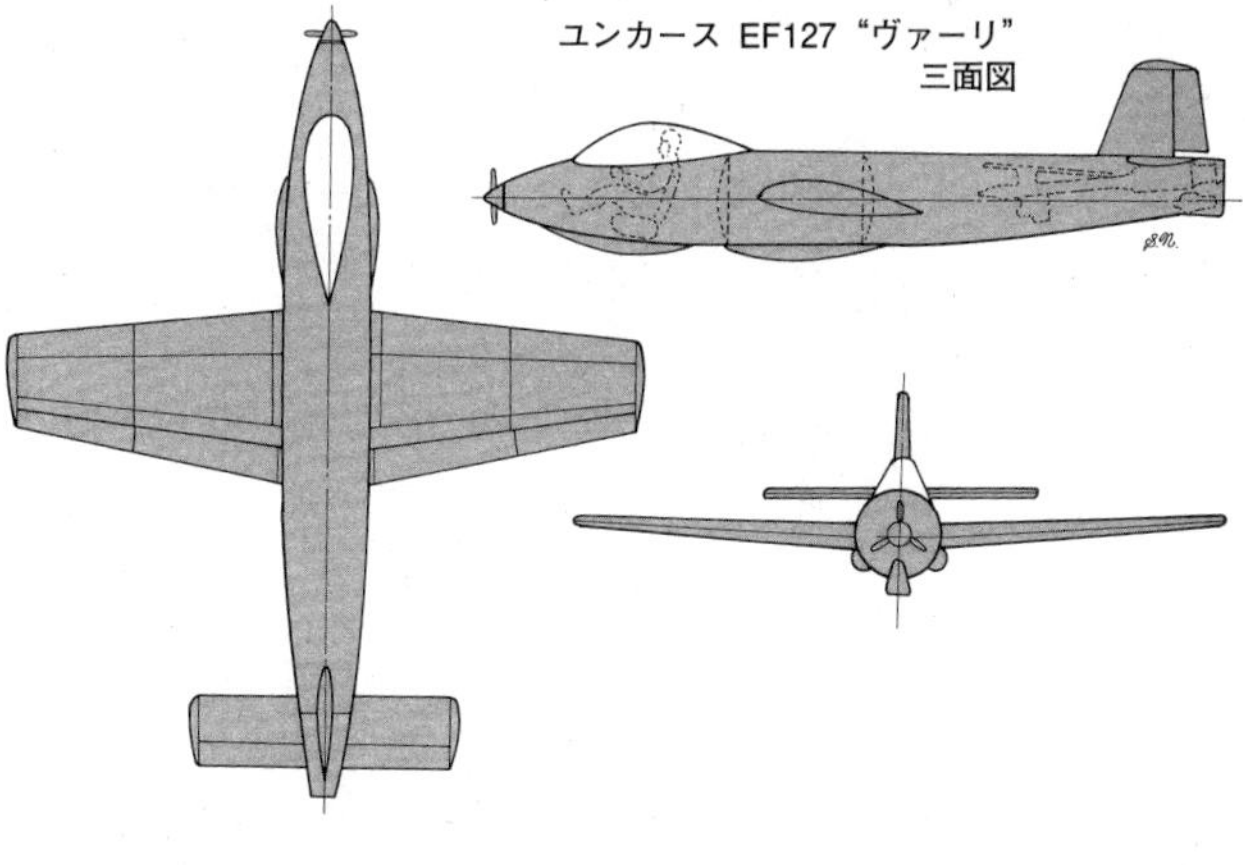

メッサーシュミット　Ｐ．１１０４

　Ｍｅ２６２との組み合わせによる、曳航式迎撃機構想Ｐ．１１０３をベースにしたような設計で、砲弾型の胴体に、全幅６・２ｍの矩形主翼を、中翼配置に取り付けている。キャノピーを含めた、上方の盛り上がりが前、後に長いのが特徴で、操縦室の配置は２種類あったようだ。武装は機首下面にＭＫ１０８　２門が図示されている。

　Ｐ．１１０４もまた、計画のみに終わった。

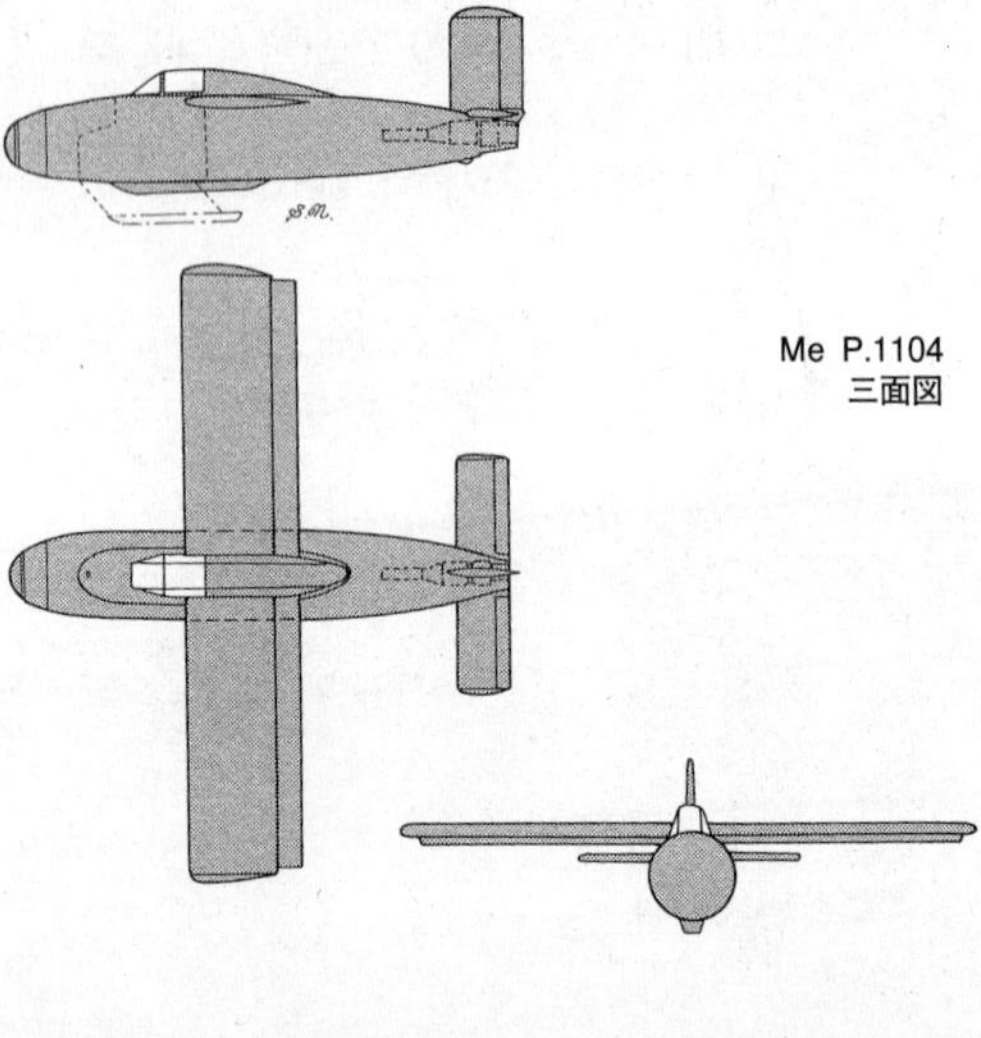

Me P.1104
三面図

第八章

見果てぬ夢、ラムジェット動力機

〝ミラクル・ラムジェット〟

ターボジェットエンジンの開発が本格的に始まろうとしていた1938年、ドイツでは、ヴォルフ・トロムスドルフ博士が、ラムジェットの原理を確認し、1941年には、ドイツ滑空研究所のオイゲン・ゼンガー博士により、航空機用動力としての可能性を追求するテストが開始された。

ラムジェットは、高速で飛行する航空機自身の力で空気を吸入し、それに燃料を噴霧して燃焼させ、推力を得るという原理である。要するに、ターボジェットの圧縮器のかわりに、自分が高速で飛ぶということだけの話。

したがって、構造はシンプルで、空気取入口と燃焼室があれば済むわけだが、高速飛行に達するまでの何らかの動力を持たねばならず、燃焼室の冷却をどう処理するかなどが問題だった。

しかし、ラムジェット動力を搭載すれば、ターボジェットよりさらに高速が期待できることは確実で、1944年後半には、各メーカーとも、ラムジェット動力機の計画に着手した。

実用機としての可能性は未知数であったが、近未来の新動力として注目すべき存在であったことは確かであり、当時、どの国も考えていなかったようなことを実現しようとした、ドイツ技術者の熱意は一考に値するものだろう。

リピッシュ P.13a

メッサーシュミット社を去った、Me163生みの親、アレクサンダー・リピッシュ博士は、オーストリア・ウィーンの航空研究所所長に就任し、ひき続き無尾翼機の研究に没頭していたが、ラムジェットの情報にいち早く反応し、1944年10月、デルタ翼迎撃機リピッシュP.13aと称する設計案をまとめあげた。

P.13aは、前縁後退角60°、翼厚比16・6%のぶ厚いデルタ翼の中央を、前、後に貫通するラムジェット燃焼室に充て、中央先端に、突出した空気取入口を設けていた。

アレクサンダー・リピッシュ博士（1894〜1976）

デルタ翼の中央上部に、これまたぶ厚い（翼厚比19・2%）デルタ形の垂直翼を取り付け、その前縁に操縦室を配置するという、奇抜なレイアウトだった。

いかにも〝奇才〟リピッシュ博士らしいデザインであり、のちの映画〝スター・ウォーズ〟に登場してもおかしくない、超未来的なフォルムである。P.13aの最大速度は、実に1650km/hに達すると計算されていた。

DVLにおける、模型を使った風洞実験では、マッハ2・6（3185・26km／h）までの速度域で優れた安定性を示し、機体そのものの設計は問題なかったが、ラムジェットの冷却をどう処理するのか、具体的な方法はまだ考えられていなかった。

燃料は、石炭の微粉末を使用し、ラムジェット始動までの離陸、加速用に、液体ロケットを搭載する予定だった。

リピッシュ博士は、まず、低速度域での空力テスト用に、無動力滑空機DM-1を製作することにし、1945年4月末、完成にこぎ

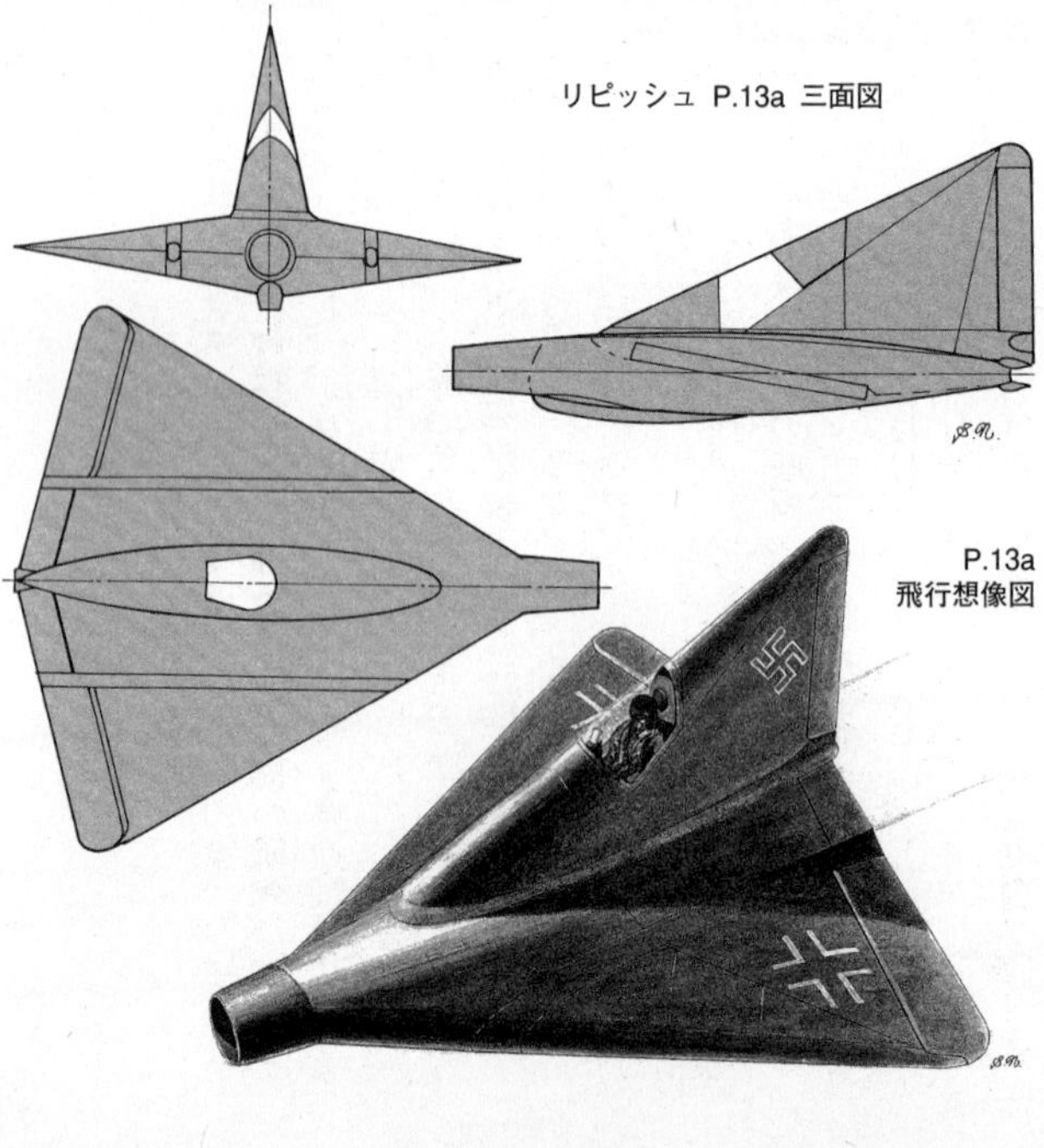

リピッシュ P.13a 三面図

P.13a
飛行想像図

つけたが、その直後、侵攻してきた米地上軍によって鹵獲され、1回のテスト飛行も実施できないまま終わった。

計画では、DM-1はジーベルSi204輸送機の背に載せられて離陸し、緩降下しながら切り離されることになっていた。

DM-1に続き、高速度域におけるテスト用機として、HWK-109/509Aロケットエンジンを搭載したDM-2、同じくHWK-109/509Cを搭載したDM-3、-4が製作されることになっていたが、計算上のDM-2の速度は6000㎞/h、DM-3は10000㎞/h(!)に達するとみられていた。

なお、戦後、アメリカに搬送されたDM-1は、風洞実験などで徹底的に調査され、これらのデータをもとに、コンベア社の一連のデルタ翼機、XF-92、F-102、F-106、B-58が生まれたことはよく知られている。

ハインケル P.1080

敗戦直前に、DFSが開発していたゼンガー式ラムジェット〝Lorin-Rohr〟を搭載する迎撃戦闘機として、ハインケル社に設計が依頼され、まとめられたのがP.1080案である。

直径900㎜の空気取入口をもつラムジェットを胴体左、右に配し、これに30°の後退角をつけた主翼を配した無尾翼形式。両ノズル間の上方に、デルタ形に近い垂直尾翼を取り付けた。

P.1080は全幅9m、全長8m、全備重量9300㎏、最大速度1015㎞/hと計算されていたが、机上プランの段階で敗戦となった。

ハインケル HeP.1080 三面図

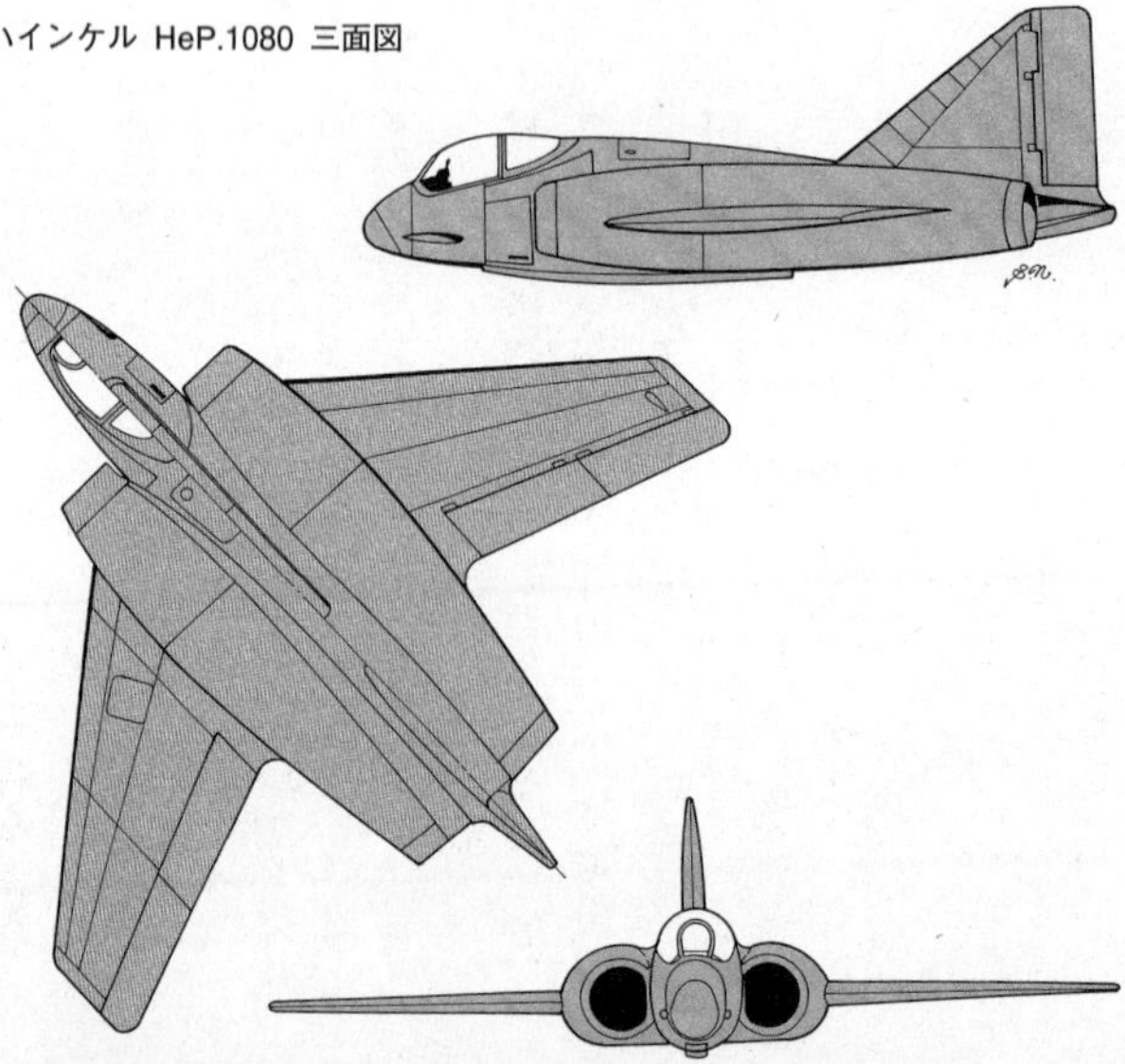

スコダ・カウバ　P.14―01

チェコスロバキアの兵器メーカー、スコダ社も、1945年初めにDFSの要求によって、ゼンガー式ラムジェットを動力とする迎撃機の設計に着手し、SK P.14としてまとめられた。

SK P.14は、全長9・45mに及ぶラムジェット・パイプの上に、カマボコ型の燃料槽をのせた太い胴体と、単純な直線テーパーの主、尾翼を付けた平凡なスタイルだったが、パイロットが、機首先端空気取入口の上に位置する操縦室に、伏臥式に搭乗する点が変わっていた。

SK P.14は、海面上にて1000㎞／hの速度が予定されていたが、これも机上プラン以上には進まなかった。

スコダ・カウバ P.14-01 三面図
（寸法単位mm）

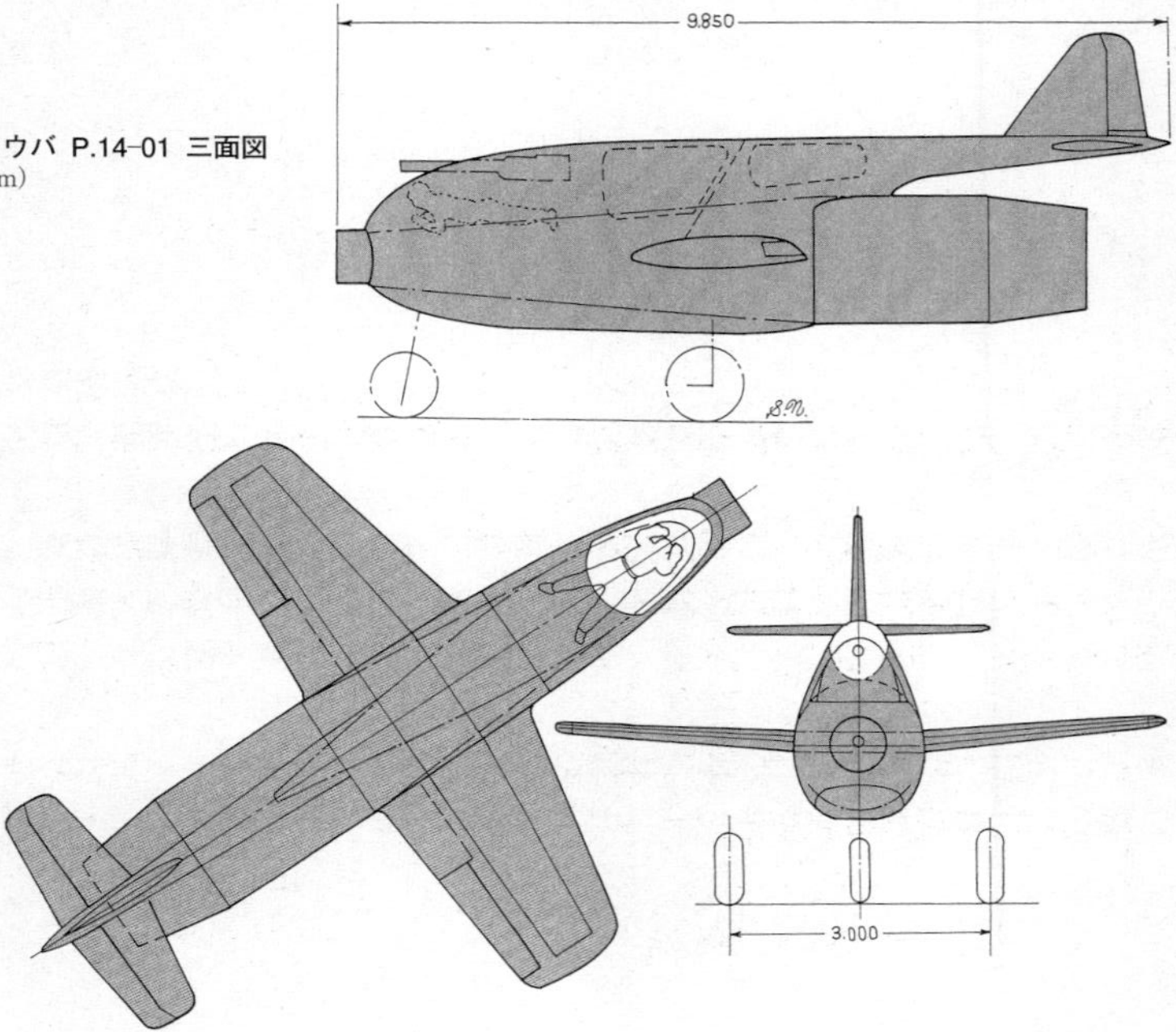

フォッケウルフ〝トリュープフリューゲル〟

ドイツで計画されたラムジェット動力機のなかで、最も奇抜なアイディアといえるのが、Ｆｗ社の〝Triebflügel《トリユープフリユーゲル》〟（推進主翼機）だろう。胴体の前方から$1/3$のところに、３枚の回転主翼を設け、この各々の先端に、Ｆｗ社のパブスト式ラムジェットを装着、ピッチ（捩り）の付いた主翼が回転することにより推力を発生するという、要するに、ラムジェットの力で、主翼にプロペラの役目をさせてしまおうという大胆な発想である。

　離発着の方法は、ヘリコプターと同じで、

正面図

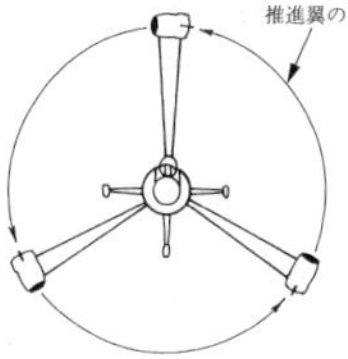

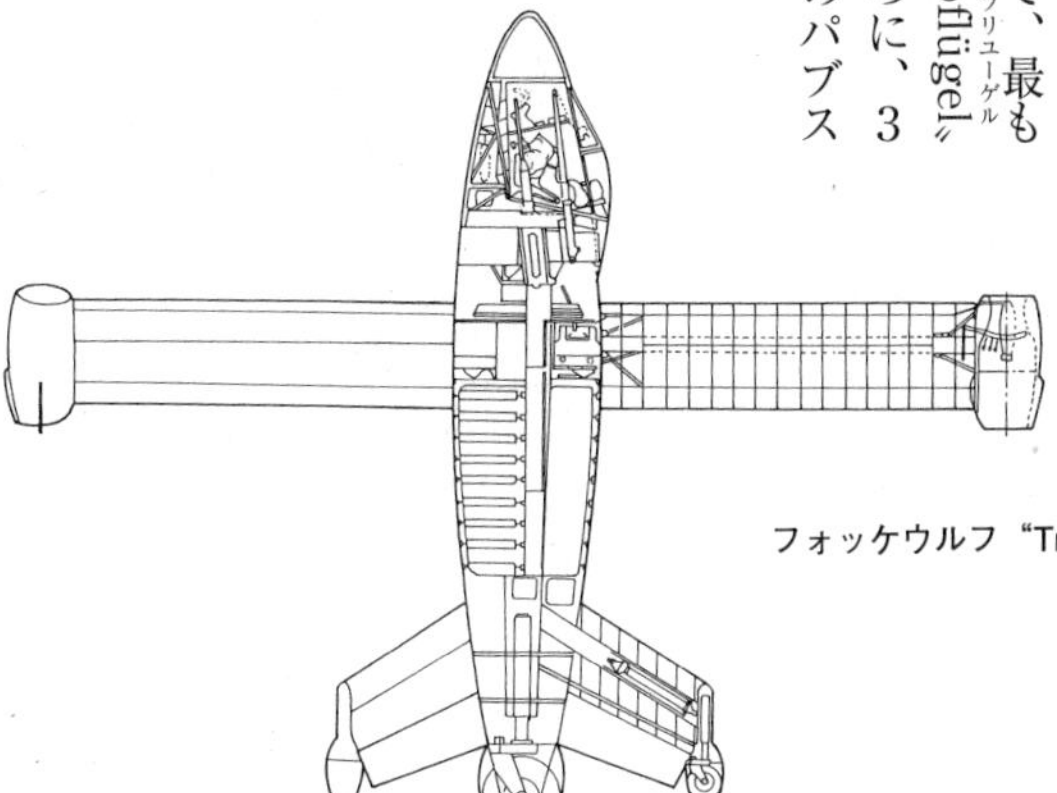

フォッケウルフ "Triebflügel"

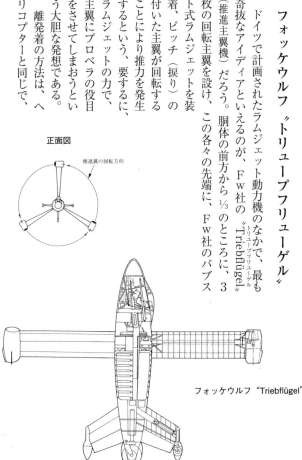

胴体後端に付けられた、４枚の安定翼先端の小型車輪、胴体後端の１個の大型車輪で垂直に立ち、そのまま上昇、着陸も同じ姿勢で行なう。主翼ピッチの変更が不可能なため、飛行中の速度調整、姿勢制御は推進翼の回転速度を増減し、安定翼舵面を操作して行なった。パイロットは機首先端の操縦室に搭乗する。

トリュープフリューゲルは、迎撃機として設計され、機首にＭＧ１５１／20 ２挺、ＭＫ１０３ ２門を装備予定していたが、結局、図面段階で敗戦を迎えた。

トリュープフリューゲルの設計資料を押収したアメリカは、戦後、これらのデータを参考に、コンベア社に垂直離着陸機の試作を発注、ＦＹポゴが完成した。結局、本機は不採用になったが、その後のＶＴＯＬ機開発に大きな功績を残した。

フォッケウルフTa283

トリュープフリューゲルとともに、Fw社で計画されたラムジェット動力戦闘機。DFSのゼンガー式ラムジェットと異なり、Fw社ガス・ダイナミック部門のオットー・パプスト技師が考案した、パイプの短い〝パプスト式ラムジェット〟を、両水平尾翼先端に装着するという斬新な設計が目をひく。戦後の、胴体後

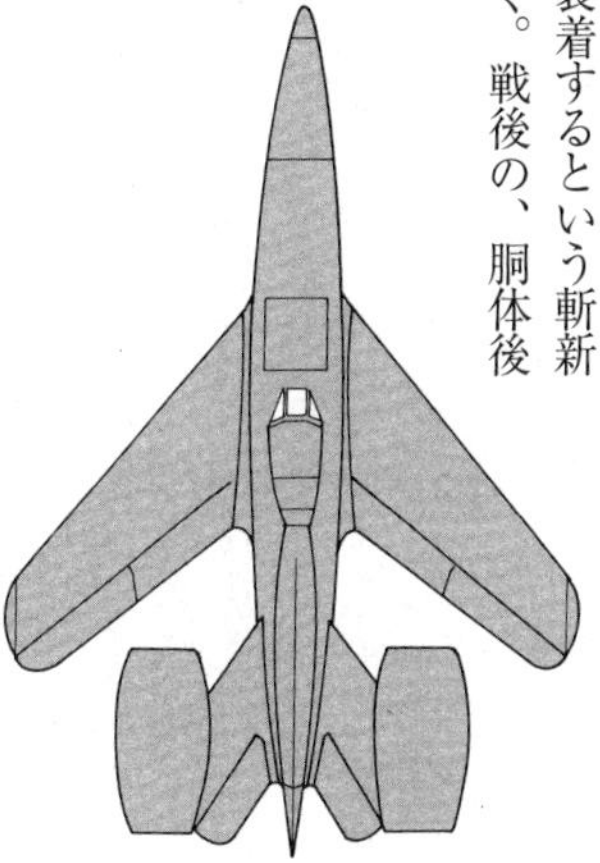

フォッケウルフ Ta283 三面図

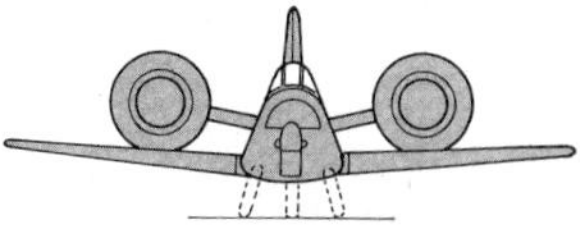

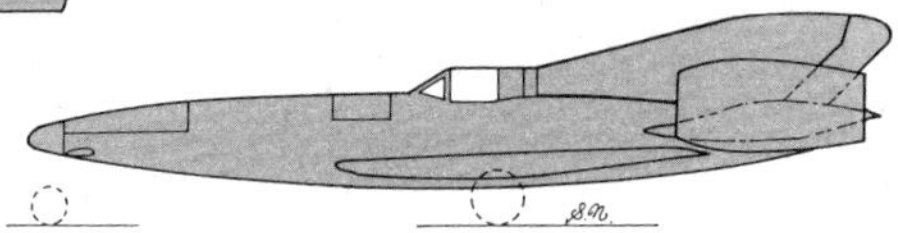

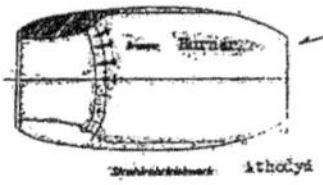

ラムジェットエンジン断面図

Ta283 内部構造図

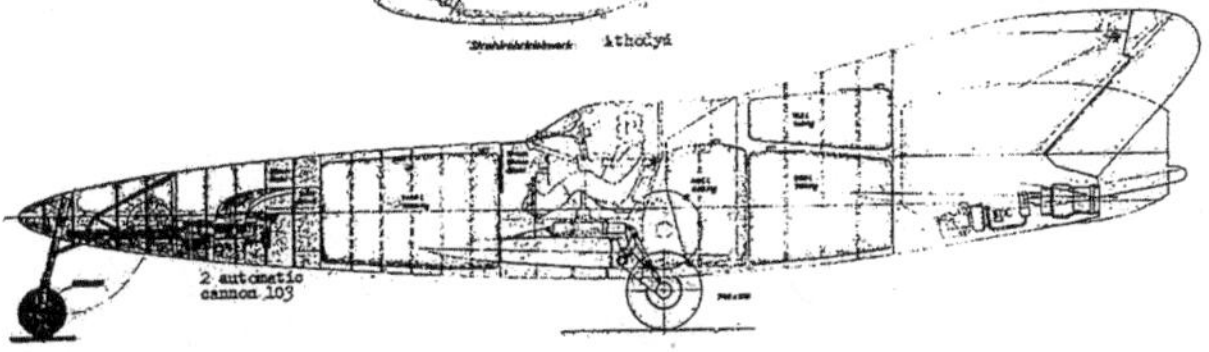

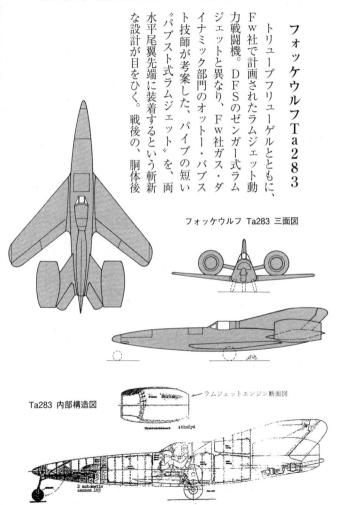

部両側にエンジンを装着する、中型ジェット旅客機に近いレイアウトである。

Ｔａ２８３は、トリュープフリューゲルとほぼ同時、１９４４年8月に開発着手され、最大速度１１２５㎞／ｈを予定したが、初期設計の段階で敗戦となった。

ドイツのジェット/ロケット機要目表

項目＼機体名称	He176	He178V1	He280V3	Me163A	Me163B-1a	Me163C	Me262A-1	Me263V1	He162A-2	Ar234B-2	Ar234C-3	Ho229V3	Me328A-1	Ju287V1	Hs132V1	He343
全幅(m)	5.00	7.20	12.20	9.30	9.30	9.80	12.65	9.50	7.20	14.41	14.41	16.80	6.40	20.11	7.20	18.00
全長(m)	5.20	7.48	10.40	5.25	5.92	7.04	10.60	7.89	9.05	12.62	12.84	7.465	6.83	18.30	8.90	16.50
全高(m)	1.44	2.10	3.06	2.16	3.06	2.89	3.83	3.17	2.60	4.28	4.15	2.81	1.60	5.10	—	5.37
主翼面積(m^2)	5.40	7.90	21.50	17.50	19.60	20.50	21.70	17.80	11.16	27	27	53.0	—	58.3	14.82	42.25
自重(kg)	900	1,650	3,055	1,140	1,505	1,927	4,000	1,922	2,338	4,900	6,530	5,067	1,600	12,510	—	9,598
全備重量(kg)	1,620	1,988	4,300	2,200	3,885	5,000	6,775	5,310	2,805	10,010	11,050	8,999	4,500	20,000	3,400	18,475
エンジン名称	HWK RI×1	HeS 3b×1	HeS 8a×2	HWK-RII-203×1	HWK-109/509A-2×1	HWK-109/509C×1	Jumo 004B-1×2	HWK-109/509C×1	BMW 003E×1	Jumo 004B-1×2	BMW 003A×4	Jumo 004B-2×2	As014 パルスジェット×2	Jumo 004B-2×4	BMW 003E×4	HeS 011A×4
推力(kg)	690	450	750	750	1,700	1,700 +300	900	1,700 +300	800	900	800	900	300	900	800	1,300
最大速度(km/h)	750	632	780	850	950	950	870	950	838	735	873	977	805	559	780	890
着陸速度(km/h)	135	165	140	—	160	145	175	145	165	145	167	157	—	190	153	173
実用上昇限度(m)	9,000	—	11,500	—	15,500	16,000	11,400	16,000	12,000	12,000	11,520	15,800	—	10,800	10,250	12,000
航続距離(km)	110	—	410	—	—	125	480	125	620	1,600	770	1,300	485	1,500	680	1,620
武　装	—	—	MG151/20×3 (予定)	—	MK108×2	MK108×4	MK108×4	MK108×2	MG151/20×2	—	MG151/20×2 (予定)	—	MG151/20×2	—	—	MG151/20×2
備　考				ロケット可動時間4分30秒	ロケット可動時間7分30秒	ロケット可動時間11分		ロケット可動時間15分		爆弾1,500kg 偵察型B-2bは各種航空カメラ2台装備	— 爆弾1,500kg	量産型A-1はMk103又はMk108×2を予定			爆弾500kg	爆弾2,000kg
乗員数	1	1	1	1	1	1	1	1	1	1	1	1	1	2	1	2
機　種	実験機	実験機	戦闘機	戦闘機	戦闘機	戦闘機	戦闘機	戦闘機	戦闘機	偵察/爆撃機	爆撃機	戦闘機	戦闘機	爆撃機	攻撃機	爆撃機

項目＼機体名称	Bv P.212-03	Ta183	He P.1078B	Hs P.135	Ju EF.128	Me P.1101	Me P.1110	Ba349A	He P.1077/I	Ju EF.117	リピッシュP.13a	He P.1080	SK P.14	FW トリープフリューゲル	Ta283
全幅(m)	9.50	10.00	9.01	9.20	8.90	8.25	6.65	3.60	4.60	6.65	6.00	9.00	7.00	11.50	18.00
全長(m)	7.20	9.40	6.10	7.75	7.05	9.25	8.50	5.72	6.80	7.60	6.70	8.00	9.85	9.15	11.85
全高(m)	2.75	—	2.40	4.10	2.05	2.80	2.80	2.20	1.50	—	3.25	—	4.50	—	2.90
主翼面積(m^2)	14.00	22.50	17.80	20.50	17.60	15.85	13.05	3.60	7.20	8.90	20.00	41.50	12.50	80.00	19.00
自重(kg)	2,760	2,830	2,000	—	2,607	2,667	2,720	800	850	1,030	—	—	1,480	3,200	2,680
全備重量(kg)	4,180	4,300	3,920	4,100	4,077	4,064	3,960	2,050	1,800	2,960	2,300	9,300	2,850	5,175	4,000
エンジン名称	HeS 011A×1	HeS 011A×1	HeS 011A×1	HeS 011A×1	HeS 011A×1	HeS 011A×1	HeS 011A×1	HWK-109/509A-2×1 シュミッティング109/533×4	HWK-109/509A-2×1	HWK-109/509A-2×1 他にブースター×2	ラムジェット×1	Lorin-Rohr ラムジェット×2	ラムジェット×1	Lorin-Rohr ラムジェット×3	ラムジェット×2 HWK×1
推力(kg)	1,300	1,300	1,300	1,300	1,300	1,300	1,300	1,700+2,000	1,700	1,700+2,000	—	1,900	4,400	715×3	2,300×2+3,000
最大速度(km/h)	1,020	955	1,010	985	990	1,100	1,006	900	900	1,015	1,650	1,015	1,000	900	1,100
着陸速度(km/h)	177	165	175	155	186	172	180	—	160	—	—	—	150	—	—
実用上昇限度(m)	12,200	14,000	12,900	14,000	13,700	14,000	13,100	16,000	15,000	—	—	—	18,500	15,000	—
航続距離(km)	1,125	990	1,500	—	1,800	1,500	1,500	40	50	105	—	—	—	740	790
武　装	MK108×2 R4Mロケット弾×22 爆弾500kg	MK108×2,又は4 爆弾500kg	MK108×2	MK108×4	MK108×2	MK108×2	MK108×3	R4Mロケット弾×33 又は "フェーン" ロケット弾×24	MK108×2	MG151/20×2	—	MK108×2	MK108×1	MK103×2 MG151/20×2 —	MK103×2
備　考							—	—	—	—	—	—	—	—	
乗員数	1	1	1	1	1	1	1	1	1	1	1	1	1	1	1
機　種	戦闘機	戦闘機	戦闘機	戦闘機	戦闘機	戦闘機	戦闘機	戦闘機	戦闘機	戦闘機	戦闘機	戦闘機	戦闘機	戦闘機	戦闘機

〔主要参考文献〕

Jet Planes of the Third Reich, Monogram Close-up No1, 11, 12, 17, 23, ARADO 234 BLITZ, GERMAN AIRCRAFT INTERIORS 1935-1945 Vol. 1, ——Monogram Aviation Publications, Luftfahrt International No5, 6, 7, 9, 10, 12, 13, 14, Luftfahrt Dokumente LD21 "Arado Ar234" Band 1 ——Kart R. Pawlas Publizistisches Archiv, The Captive Luftwaffe, German Aircraft of the Second World War——Putnam & Company Limited, Ar234B-2 Bedienungs-Karte——Luftwaffe Official, Heinkel He162 "Volksjäger——Verlag Dr. Alfred Hiller, Die Deutsche Luft-Rüstung 1933〜1945 Band1〜4, Ernst Heinkel Pionier der Schnellflugzeuge——Bernard & Graefe Verlag, German Jet's of World War Two——Arms & Armour Press, Waffen-Arsenal Band 32, 55, 61, 85, 90, 102, 108, 113, 118——Podzun-Pallas-Verlag, Profile No215, 225——Profile Publications Ltd., The Aero Series No4, 17——Aero Publishers Inc., Warplanes of the Third Reich, Wings of the luftwaffe, The German Jet's in Combat——Macdonald and Jane's, Rocket Fighter——Ballantine Books Inc., Messerschmitt Geheimprojekte——AVIATIC VERLAG, Strahljäger Me262 IM EINSATZ——Transpress Verlagsgesellschaft mbH, Me262 Volume one〜fore——CLASSIC Publications, JV44 THE GALLAND CIRCUS. Jagdgeschwader 7 die Chronik eines Me262——Geschwader 1944/45, Geschichte der Deutschen Nachtjagd 1917/1945——Motor buch Verlag, Messerschmitt Me262 Described Part 1, 2, Planes of the Luftwaffe Fighter Aces Vol 1, 2——Kookaburra Technical Publications pty Ltd., Die Ritter Kreuz Träger der Lufrwaffe 1939——1945 Band I Jagdflieger ——Verlag Dieter Hoffmann, The Germann Fighter since 1915 (Die Entwicklung der Deutshcen Jagdflugzeug)——Putnam, The Messerschmitt Me262 Combat Diary——Air Research Publications, Messerschmitt Me262 Arrow to the Future——Smithonian Institution Press,

Reichsverteidgung Die deutsche Tagjagd 1943～1945――Podzun-Pallar-Verlag GmbH, Archiv, Aero Journal No. 15――Aero Societe, Messerschmitt Me262 A Pictorial and Design study including the Pilot Handbook――Aviation Publications, Air International Apr. 1975, Me262A-1――Jäger――Messerschmitt A. G. Augsburg 1943, German Jets of World War Two――Arms & Armour Press, Adolf Galland Ein Fliegerleben――Podzun Pallar-Verlag, 始まりと終わり――フジ出版社、最後の反乱――原書房

〔取材・資料協力〕

Deutsches Museum, Mr. Gerhard Filchner, Aerospace Museum, National Air and Space Museum/Smithonian Institution, Mr. Russell E. Lee, National Archives, Imperial War Museum, Swiss Air Force Museum via Bundesarchiv, Messerschmitt-Bölkow-Blohm GmbH, U.S. Army, U.S.Air Force Official

単行本　平成十五年四月　光人社刊

NF文庫

ドイツのジェット／ロケット機

二〇二二年七月二十二日　第一刷発行
著　者　野原　茂
発行者　皆川豪志
発行所　株式会社　潮書房光人新社
〒100-8077　東京都千代田区大手町一-七-二
電話／〇三-六二八一-九八九一㈹
印刷・製本　凸版印刷株式会社
定価はカバーに表示してあります
乱丁・落丁のものはお取りかえ致します。本文は中性紙を使用
ISBN978-4-7698-3269-0　C0195
http://www.kojinsha.co.jp

NF文庫

刊行のことば

第二次世界大戦の戦火が熄《や》んで五〇年――その間、小社は夥しい数の戦争の記録を渉猟し、発掘し、常に公正なる立場を貫いて書誌とし、大方の絶讃を博して今日に及ぶが、その源は、散華された世代への熱き思い入れであり、同時に、その記録を誌して平和の礎とし、後世に伝えんとするにある。

小社の出版物は、戦記、伝記、文学、エッセイ、写真集、その他、すでに一、〇〇〇点を越え、加えて戦後五〇年になんなんとするを契機として、「光人社NF（ノンフィクション）文庫」を創刊して、読者諸賢の熱烈要望におこたえする次第である。人生のバイブルとして、心弱きときの活性の糧《かて》として、散華の世代からの感動の肉声に、あなたもぜひ、耳を傾けて下さい。